地基与基础工程 300 问

刘宪文 主编

中国建材工业出版社

图书在版编目（CIP）数据

地基与基础工程300问/刘宪文主编．—北京：中国建材工业出版社，2012.1
ISBN 978-7-5160-0058-8

Ⅰ．①地… Ⅱ．①刘… Ⅲ．①地基—基础（工程）—工程计算—问题解答 Ⅳ．①TU47-44

中国版本图书馆CIP数据核字（2011）第229253号

内 容 简 介

本书以问答的形式回答了地基与基础工程中常见的问题，内容涉及土方与基坑工程、建筑地基基础工程、地下水控制、土方开挖、混凝土基础、混凝土工程、地下钢结构工程、砖石基础。本书依据最新相关规范编写，对一线从事工程监理工作的人员具有一定的借鉴意义。

地基与基础工程300问
刘宪文 主编

出版发行：中国建材工业出版社
地　　址：北京市西城区车公庄大街6号
邮　　编：100044
经　　销：全国各地新华书店
印　　刷：北京雁林吉兆印刷有限公司
开　　本：787mm×1092mm　1/16
印　　张：19.5
字　　数：486千字
版　　次：2012年1月第1版
印　　次：2012年1月第1次
定　　价：48.00元

本社网址：www.jccbs.com.cn
本书如出现印装质量问题，由我社发行部负责调换。联系电话：（010）88386906

地基与基础工程 300 问
编委会

主　编：刘宪文
编　委：腾喜利　戚宏伟　刘治秋
　　　　腾喜军　王开强　朱训鸿
　　　　郭京辉　刘向阳　段淮北
　　　　杨春雷　欧阳湘斌

前 言

这里奉献给读者的是一本《地基与基础工程 300 问》。历年来建筑物、构筑物主体产生开裂、整体倾斜，甚至倒塌等质量事故的主要原因大多是地基与基础未按照现行国家规范及标准进行设计或施工。一旦出现这方面的问题将是无法挽救和弥补的，一般情况下要重新施工或采取必要的措施；给社会造成不必要的经济损失和资源的浪费，使工程不能按计划如期交付使用。

为解决这一严重问题，作者编写了这本《地基与基础工程 300 问》。若能细读这本书，会使读者更明了其中关键要点，避免工程质量事故或少出事故，使资源得以充分利用，更好地造福于人类。

作者于深圳

2011. 12

目 录

第一章 土方与基坑工程 ... 1

第一节 岩土分类 ... 1
1. 作为建筑地基的岩土分为哪几类? ... 1
2. 岩石有哪些力学性质? ... 1
3. 碎石土如何分类? 其密实度应如何掌握? ... 2
4. 砂土如何分类? 其密实度如何掌握? ... 3
5. 黏性土如何分类? 其状态又是怎样的? ... 4
6. 粉土有哪些特征? ... 4
7. 人工填土分几类? ... 4
8. 工程用土的物理性质有哪些? 意义是什么? ... 5
9. 淤泥类软土的工程特性有哪些? ... 5
10. 膨润土有哪些工程特性? ... 5
11. 黄土有哪些工程特性? ... 5
12. 红黏土有哪些工程特征? ... 5
13. 膨胀土有哪些工程特征? ... 6
14. 冻土有哪些工程特征? ... 6

第二节 土方开挖 ... 6
15. 土方开挖前应做好哪些准备工程? ... 6
16. 土方开挖应注意哪些问题? ... 6

第三节 土方回填 ... 7
17. 土方回填应注意哪些方面? ... 7
18. 填土工程质量检验标准有哪些? ... 8

第四节 地下水与土层 ... 8
19. 地下水对工程有哪些不利影响? ... 8
20. 土的水理性质是怎样的? ... 9
21. 什么土层为含水层? ... 9
22. 什么是承压水? ... 9
23. 潜水有哪些特性? ... 9
24. 上层滞水有哪些特性? ... 10
25. 包气带水有哪些特性? ... 10
26. 滞水层和隔水层有哪些区别? ... 10

27. 地基对地层结构应考虑哪些? ……………………………………… 10

第五节 基坑支护工程 …………………………………………………… 11

28. 基坑支护工程包括哪些方面? ……………………………………… 11
29. 排桩墙支护工程质量标准是怎样的? ……………………………… 11
30. 水泥土桩墙支护工程质量标准是怎样的? ………………………… 12
31. 锚杆及土钉墙支护工程应注意哪些方面? ………………………… 13
32. 钢或混凝土支撑系统工程应注意哪些? …………………………… 13
33. 地下连续墙应注意哪些问题? ……………………………………… 14
34. 沉井与沉箱工程施工应注意哪些? ………………………………… 16
35. 沉井与沉箱质量检验标准有哪些? ………………………………… 17
36. 降水与排水工程应注意哪些方面? ………………………………… 18
37. 工程降水措施方法有哪些? ………………………………………… 18
38. 排水的具体措施有哪些? …………………………………………… 19
39. 降水与排水施工质量检验标准有哪些? …………………………… 20

第二章 建筑地基基础工程 …………………………………………………… 21

第一节 地基 ………………………………………………………………… 21

40. 什么是土工合成材料地基? ………………………………………… 21
41. 什么是重锤夯实地基? ……………………………………………… 21
42. 什么是强夯地基? …………………………………………………… 21
43. 什么是注浆地基? …………………………………………………… 21
44. 什么叫预压地基? …………………………………………………… 21
45. 什么是高压喷射注浆地基? ………………………………………… 21
46. 什么是水泥土搅拌桩地基? ………………………………………… 22
47. 什么是土与灰土挤密桩地基? ……………………………………… 22
48. 水泥粉煤灰、碎石桩是怎样的桩体? ……………………………… 22
49. 锚杆静压桩是怎样的桩体? ………………………………………… 22
50. 地基基础工程施工前应做好哪些准备工作? ……………………… 22
51. 对地基与基础施工勘察有哪些规定? ……………………………… 22
52. 天然地基基础基槽检验要点有哪些? ……………………………… 23
53. 深基础施工勘察的要点有哪些? …………………………………… 23
54. 地基处理工程施工勘察有哪些要点? ……………………………… 23
55. 施工勘察报告包括哪些内容? ……………………………………… 24
56. 对从事地基基础工程的施工和见证试验单位有哪些要求? ……… 24
57. 在地基基础施工过程中出现异常情况应如何处理? ……………… 24
58. 对建筑物地基的施工国家有哪些规定? …………………………… 24
59. 对地基施工国家有哪些强制性规定? ……………………………… 25
60. 灰土地基施工应注意哪些方面? …………………………………… 25

61. 砂和砂石地基施工应注意哪些方面？	26
62. 土工合成材料地基施工应注意哪些方面？	27
63. 粉煤灰地基施工应注意哪些方面？	28
64. 强夯地基施工应注意哪些方面？	29
65. 注浆地基施工应注意哪些方面？	30
66. 预压地基施工应注意哪些方面？	32
67. 振冲地基施工应注意哪些方面？	33
68. 高压喷射注浆地基施工应注意哪些方面？	35
69. 水泥土搅拌桩地基施工应注意哪些方面？	36
70. 土和灰土挤密桩地基施工应注意哪些方面？	38
71. 水泥粉煤灰碎石桩地基施工应注意哪些方面？	39
72. 夯实水泥土桩地基施工应注意哪些方面？	39
73. 砂桩地基施工应注意哪些方面？	40

第二节　桩基础 ……………………………………………………… 41

74. 预制桩分几类？	41
75. 混凝土预制桩制作应注意哪些方面？	44
76. 先张法预应力高强混凝土管桩制作应注意哪些？	46
77. 钢桩施工应注意哪些？	46
78. 先张法预应力高强混凝土管桩沉桩方法有哪些？	48
79. 静力压桩施工应注意哪些方面？	49
80. 先张法预应力高强混凝土管桩质量检验标准有哪些？	50
81. 混凝土预制桩起吊、运输和堆放应注意哪些？	51
82. 混凝土预制管桩有哪些特点？	51
83. 钢管桩有哪些特点？	51
84. 桩的承载形式有哪些类？	51
85. 桩按材料组成和使用功能分哪些类？	52
86. 制作混凝土预制桩有哪些具体要求？	52
87. 打入桩常用哪些桩锤和桩架？	52
88. 打桩的顺序如何确定？	52
89. 打混凝土预制桩时应注意哪些？	53
90. 打混凝土管桩时应注意哪些方面？	53
91. 遵循哪些停打原则才能保证打桩质量？	53
92. 混凝土预制桩的接桩一般有哪些形式？	54
93. 什么是射水法沉桩？什么是植桩法沉桩？	54
94. 相对比较静压桩有哪些沉桩优势？	55
95. 锥形短桩有哪些特征？	55
96. 锚杆静压法沉桩有哪些特征？	55
97. 钢管桩施工应注意哪些事项？	56

98. 钢筋混凝土预制桩质量检验标准是怎样的？ 56
99. 钢桩施工质量检验标准有哪些？ 57
100. 预制桩（钢桩）桩位允许偏差如何掌握？ 57
101. 管桩有哪些方面对工程有利？ 57
102. 管桩沉桩有哪些规定？ 58
103. 如何选择筒式柴油打桩机桩锤？ 59
104. 如何选择静力压桩机？ 59
105. 打桩施工应注意哪些重要环节？ 60
106. 桩顶与承台连接有哪些形式？ 64
107. 打桩过程中遇到问题如何处理？ 66
108. 预制混凝土桩施工质量验收有哪些规定？ 66
109. 预制混凝土管桩的施工质量验收标准有哪些？ 67

第三节 混凝土灌注桩 69

110. 混凝土和钢筋混凝土灌注桩有哪些成孔方法？ 69
111. 混凝土和钢筋混凝土灌注桩施工前有哪些准备工作？ 70
112. 桩基工程施工组织设计包括哪些内容？ 70
113. 成孔工艺应如何选择？ 70
114. 混凝土和钢筋混凝土灌注桩成孔机具应如何选择？ 71
115. 冲击钻孔施工应注意哪些？ 72
116. 正反循环回转钻机成孔有哪些优缺点？ 73
117. 正反循环回转钻机有哪些施工要点？ 73
118. 螺旋钻机有哪些成孔优势？ 74
119. 长螺旋钻机施工混凝土灌筑桩应注意哪些事项？ 76
120. 干成孔灌注桩施工常遇问题如何处理？ 76
121. 桩的施工近年来有哪些新技术？ 77
122. 成孔施工过程中出现问题如何处理？ 79
123. 混凝土灌注桩施工质量验收标准有哪些？ 80

第四节 挤扩支盘灌注桩 82

124. 挤扩支盘灌注桩基本原理是怎样的？ 82
125. 挤扩支盘灌注桩的适用范围是怎样的？ 83
126. 挤扩支盘灌注桩的应用特点有哪些？ 84
127. 挤扩支盘灌注桩的应用经过了怎样的过程？ 85
128. 挤扩支盘灌注桩的发展前景如何？ 86
129. 挤扩支盘灌注桩的基本结构是怎样的？ 87
130. 挤扩支盘灌注桩的结构尺寸如何确定？ 88
131. 挤扩支盘成形及其形状特征是怎样的？ 90
132. 影响支盘桩成形及尺寸的因素有哪些？ 92
133. 支盘灌注桩的构造与普通桩有哪些区别？ 92

134. 支盘灌注桩的构造还有哪些其他规定? …… 93
135. 支盘桩施工组织设计编制的工程特点及依据是什么? …… 94
136. 支盘灌注桩施工组织设计的主要内容有哪些? …… 94
137. 挤扩支盘灌注桩施工应注意哪些方面? …… 96
138. 挤扩支盘桩质量检查包括哪些内容? …… 98

第三章 地下水控制 …… 102

139. 地下水控制的设计和施工依据有哪些? …… 102
140. 地下水控制方法有几种?适用条件有哪些? …… 102
141. 基坑降水井的深度、数量、出水量、过滤器长度如何计算或确定? …… 102
142. 基坑总涌水量如何计算? …… 104
143. 群井抽水时,单井过滤器进水部分长度如何计算? …… 107
144. 基坑中心点水位降深如何计算? …… 107
145. 管井结构应符合哪些要求? …… 108
146. 喷射井点的结构及施工应符合哪些要求? …… 108
147. 真空井点结构和施工应符合哪些技术要求? …… 109
148. 抽水设备应如何选择和利用? …… 109
149. 集水明排的排水沟和集水井如何设置? …… 109
150. 用回灌法控制地下水应注意哪些方面? …… 110
151. 控制地下水使用的截水法应注意哪些方面? …… 110
152. 地下工程排水有哪些相关规定? …… 110
153. 渗排水与盲沟排水有哪些具体要求? …… 110
154. 贴壁式衬砌排水系统应符合哪些要求? …… 112
155. 复合式衬砌应符合哪些要求? …… 113
156. 离壁式衬砌应符合哪些要求? …… 114
157. 衬套排水应符合哪些规定? …… 114
158. 隧道、坑道排水应注意哪些方面? …… 114
159. 预注浆、后注浆应符合哪些要求? …… 115
160. 衬砌裂缝注浆有哪些要求? …… 116
161. 盾构隧道施工应符合哪些要求? …… 117
162. 锚喷支护施工应符合哪些要求? …… 118
163. 地下连续墙防水控制应符合哪些要求? …… 119
164. 地下建筑防水混凝土施工应符合哪些要求? …… 119
165. 水泥砂浆防水层应符合哪些规定? …… 121
166. 卷材防水层施工应符合哪些要求? …… 122
167. 涂料防水层施工应符合哪些规定? …… 123
168. 塑料板防水层施工应符合哪些要求? …… 124
169. 金属板防水层施工有哪些具体规定? …… 124

170. 地下防水细部构造做法要求有哪些?	125
171. 子分部工程验收应符合哪些规定?	126
172. 合成高分子防水卷材的种类有哪些?	127
173. 合成高分子防水卷材有哪些特点？适用范围是怎样的?	128
174. 降水有哪些方法？应考虑哪些因素？明沟排水和暗沟排水有哪些区别?	129
175. 表面排水或明沟与集水井降水是怎样的?	129
176. 深层明沟排水有哪些特征?	129
177. 什么是动水压力？流砂对地面建筑有哪些危害?	130
178. 井点降水的作用和类型有哪些？其适用范围是怎样的?	130
179. 什么是轻型井点降水？其井点如何布置?	130
180. 完整井和非完整井有哪些区别？无压完整井的涌水量如何计算?	131
181. 喷射井点与电渗井点有哪些区别?	132
182. 管井井点和深井井点有哪些区别?	133

第四章　土方工程　134

183. 基坑土方开挖应做好哪些准备工作?	134
184. 无支护基坑土方开挖应注意哪些方面?	134
185. 土方开挖顺序和采取的技术措施有哪些?	136
186. 土方开挖的成品保护和注意事项有哪些?	137
187. 有支护土方开挖涉及哪些问题?	138
188. 基坑支护工程中的锚杆设计有哪些规定?	139
189. 基坑支护中的锚杆施工有哪些规定?	142
190. 基坑支护用全长粘结型锚杆施工应注意哪些?	143
191. 端头锚固型锚杆施工应注意哪些?	143
192. 摩擦型锚杆施工应注意哪些方面?	144
193. 预应力锚杆施工应注意哪些方面?	144
194. 自钻式锚杆施工应注意哪些方面?	145
195. 预应力锚杆的试验与监测有哪些规定?	146
196. 喷射混凝土支护设计有哪些规定?	147
197. 喷射混凝土与围岩粘结强度试验有哪些规定?	149
198. 喷射混凝土施工的原材料如何控制?	150
199. 喷射混凝土所使用的机具及施工工艺有哪些?	150
200. 混合料的拌制与配合比有哪些规定?	151
201. 喷射混凝土前应做好哪些准备工作?	151
202. 喷射混凝土作业有哪些规定?	152
203. 喷射钢纤维混凝土有哪些规定?	153
204. 钢筋网喷射混凝土施工应符合哪些规定?	153
205. 钢架喷射混凝土施工应符合哪些规定?	153

206. 水泥裹砂喷射混凝土施工应符合哪些要求？ ……………………… 154
207. 喷射混凝土的质量应如何控制？ ………………………………… 154
208. 喷射混凝土强度质量控制图如何绘制？ ………………………… 155
209. 喷射混凝土安全技术及防止粉尘措施有哪些？ ………………… 156
210. 测定喷射混凝土粉尘有哪些技术要求？ ………………………… 157
211. 喷射混凝土抗压强度标准试块制作有哪些规定？ ……………… 157

第五章 混凝土基础 …………………………………………………… 159

第一节 模板分项工程 ………………………………………………… 159
212. 对模板及其支架有哪些规定？ …………………………………… 159
213. 模板安装工程应注意哪些方面？ ………………………………… 159
214. 模板拆除应注意哪些方面？ ……………………………………… 161

第二节 钢筋分项工程 ………………………………………………… 161
215. 钢筋分项工程有哪些规定？ ……………………………………… 161
216. 对钢筋原材料有哪些要求？ ……………………………………… 162
217. 钢筋加工应注意哪些方面？ ……………………………………… 162
218. 钢筋连接应符合哪些要求？ ……………………………………… 163
219. 钢筋安装应注意哪些方面？ ……………………………………… 164
220. 钢筋工程所用钢筋的品种有哪些？力学性能及工艺性能是怎样的？ …… 165
221. 如何测定冷拉钢筋的应力？冷拉控制应力和最大冷拉率应如何控制？ … 166
222. 钢筋的冷拔和调直如何控制？ …………………………………… 167
223. 钢筋切断和弯曲应注意哪些？ …………………………………… 167
224. 钢筋焊接有哪些方法？ …………………………………………… 168
225. 钢筋机械连接有哪些形式？应掌握哪些关键？ ………………… 172
226. 钢筋绑扎应注意哪些方面？ ……………………………………… 180
227. 钢筋安装应注意哪些问题？ ……………………………………… 182
228. 钢筋工程质量等级如何划分？ …………………………………… 185
229. 钢筋代换有哪些规定？ …………………………………………… 189
230. 钢筋代换应注意哪些事项？ ……………………………………… 192
231. 冷轧扭钢筋与HPB235级钢筋代换如何计算？ ………………… 193
232. 钢筋工程冬期施工应注意哪些方面？ …………………………… 194
233. 钢筋工程工料计算包括哪些内容？ ……………………………… 196

第六章 混凝土工程 …………………………………………………… 215

第一节 混凝土原材料 ………………………………………………… 215
234. 拌制混凝土所使用的水泥应符合哪些要求？ …………………… 215
235. 拌制混凝土所使用的砂应符合哪些要求？ ……………………… 217
236. 对卵石或碎石有哪些要求？ ……………………………………… 218

237. 对混凝土拌合用水有哪些要求? ……………………………………………… 220
238. 对混凝土外加剂有哪些具体要求? ……………………………………………… 221
239. 混凝土用混合材料应符合哪些要求? ……………………………………………… 228
240. 混凝土的搅拌应注意哪些方面? ……………………………………………… 229
241. 混凝土的运输有哪些要求? ……………………………………………… 230

第二节 混凝土施工 ……………………………………………………………… 231
242. 混凝土浇筑应符合哪些要求? ……………………………………………… 231
243. 混凝土的养护应注意哪些方面? ……………………………………………… 233
244. 混凝土的冬期施工应注意哪些方面? ……………………………………………… 234
245. 混凝土工程质量应如何控制? ……………………………………………… 235

第三节 大体积混凝土工程 ……………………………………………………………… 239
246. 大体积混凝土有哪些特点? 如何识别大体积混凝土裂缝? ……………………………………………… 239
247. 大体积混凝土裂缝产生的原因是什么? ……………………………………………… 240
248. 大体积混凝土裂缝的控制应采取哪些措施? ……………………………………………… 241
249. 《块体基础大体积混凝土施工技术规程》有哪些具体规定? ……………………………………………… 242

第四节 钢管混凝土 ……………………………………………………………… 243
250. 钢管制作应符合哪些要求? ……………………………………………… 243
251. 钢管拼接组装应符合哪些规定? ……………………………………………… 244
252. 钢管柱吊装应注意哪些方面? ……………………………………………… 246
253. 钢管内混凝土浇筑应符合哪些要求? ……………………………………………… 246

第七章 地下钢结构工程 …………………………………………………………… 248

第一节 钢结构工程材料 ……………………………………………………………… 248
254. 钢结构用钢材的机械性能和化学成分是怎样的? ……………………………………………… 248

第二节 钢结构拼装和连接 ……………………………………………………………… 252
255. 钢结构拼装和连接应如何进行? ……………………………………………… 252
256. 钢结构拼装和连接工程质量如何控制? ……………………………………………… 266

第三节 钢结构安装 ……………………………………………………………… 270
257. 钢结构安装应注意哪些方面? ……………………………………………… 270
258. 地下钢结构安装工程质量应如何控制? ……………………………………………… 271
259. 地下钢结构防腐涂料涂装应符合哪些规定? ……………………………………………… 277
260. 地下钢结构防火涂料涂装应符合哪些规定? ……………………………………………… 278

第八章 砖石基础 …………………………………………………………… 279

第一节 砖石基础材料 ……………………………………………………………… 279
261. 砖石基础有哪些基本要求? ……………………………………………… 279
262. 砌筑砂浆的品种和砂浆对原材料的要求有哪些? ……………………………………………… 281
263. 砌筑砂浆的技术条件有哪些? ……………………………………………… 283

264. 砌筑砂浆的搅拌和使用应注意哪些方面?	283
265. 砌筑砂浆试块强度验收如何控制?	283
266. 砌筑水泥砂浆强度增长情况是怎样的?	284
267. 砌筑地基基础用砖有哪些要求?	285

第二节 普通砖基础施工 … 286

| 268. 烧结普通砖基础施工应遵循哪些原则? | 286 |
| 269. 基础砌体工程质量应如何掌握? | 288 |

第三节 石基础工程 … 290

270. 石基础用石应符合哪些要求?	290
271. 毛石基础施工应注意哪些方面?	290
271. 毛石基础工程质量如何控制?	293
273. 砖石基础砌体工程冬期施工应注意哪些?	294
274. 基础砌体工程冬期施工质量如何控制?	296

参考文献 … 298

第一章 土方与基坑工程

第一节 岩土分类

1. 作为建筑地基的岩土分为哪几类?

作为建筑地基的岩土,分为岩石、碎石土、砂土、粉土、黏性土和人工填土六类。

2. 岩石有哪些力学性质?

岩石的力学性质主要有变形特征和抗压强度及岩体完整程度。变形特征主要有:变形模量、弹性模量和泊松比。岩石的泊松比越小,弹性模量越大,则反映该类岩石受力后变形很小。岩土是颗粒间牢固联结,呈整体或具有节理裂隙的岩体。岩石与水作用后具有吸水性、溶解性、崩解性、抗冻性和软化性,故其抗压强度会受到一定程度的影响。

岩石的坚硬程度根据岩块的饱和单轴抗压强度标准值f_{rk}分为坚硬岩、较硬岩、较软岩、软岩、极软岩,其划分见表1-1。当缺乏饱和单轴抗压强度标准值或不能进行该项试验时,可通过现场观察定性划分,划分标准可按表1-2执行。岩石的风化程度可分为未风化、微风化、中风化、强风化和全风化。

岩体完整程度等级应根据完整性指数划分为完整、较完整、较破碎、破碎和极破碎,其划分见表1-1~1-3。当缺乏数据时可按表1-4执行。

表1-1 岩石坚硬程度的划分

坚硬程度类别	坚硬岩	较硬岩	较软岩	软岩	极软岩
饱和单轴抗压强度标准值f_{rk}(kPa)	$f_{rk}>60$	$60 \geqslant f_{rk}>30$	$30 \geqslant f_{rk}>15$	$15 \geqslant f_{rk}>5$	$f_{rk} \leqslant 5$

表1-2 岩石坚硬程度的定性划分

名称		定性鉴定	代表性岩石
硬质岩	坚硬岩	锤击声清脆,有回弹,震手,难击碎; 基本无吸水反应	未风化~微风化的花岗岩、闪长岩、辉绿岩、玄武岩、安山岩、片麻岩、石英岩、硅质砾岩、石英砂岩、硅质石灰岩等
	较硬岩	锤击声较清脆,有轻微回弹,稍震手,较难击碎; 有轻微吸水反应	1. 微风化的坚硬岩; 2. 未风化~微风化的大理岩、板岩、石灰岩、钙质砂岩等

续表

名称		定性鉴定	代表性岩石
软质岩	较软岩	锤击声不清脆，无回弹，轻易击碎；指甲可刻出印痕	1. 中风化的坚硬岩和较硬岩； 2. 未风化～微风化的凝灰岩、千枚岩、砂质泥岩、泥灰岩等
	软岩	锤击声哑，无回弹，有凹痕，易击碎；浸水后，可捏成团	1. 强风化的坚硬岩和较硬岩； 2. 中风化的较软岩； 3. 未风化～微风化的泥质砂岩、泥岩等
极软岩		锤击声哑，无回弹，有较深凹痕，手可捏碎；浸水后，可捏成团	1. 风化的软岩 2. 全风化的各种岩石 3. 各种半成岩

表1-3 岩体完整程度的划分（一）

完整程度等级	完整	较完整	较破碎	破碎	极破碎
完整性指数	>0.75	0.75~0.55	0.55~0.35	0.35~0.15	<0.15

注：完整性指数为岩体纵波波速与岩块纵波波速之比的平方。选定岩体、岩块测定波速时应有代表性。

表1-4 岩体完整程度的划分（二）

名称	结构面组数	控制性结构面平均间距（m）	代表性结构类型
完整	1~2	>1.0	整状结构
较完整	2~3	0.4~1.0	块状结构
较破碎	>3	0.2~0.4	镶嵌状结构
破碎	>3	<0.2	碎裂状结构
极破碎	无序	—	散体状结构

3. 碎石土如何分类？其密实度应如何掌握？

碎石土为粒径大于2mm的颗粒含量超过全重50%的土。碎石土根据其颗粒形状、粒组含量分为漂石、块石、卵石、碎石、圆砾和角砾。碎石土的分类如表1-5所示。

碎石土的密实度，根据重型圆锥动力触探锤击数 $N_{63.5}$ 分为松散、稍密、中密、密实。碎石土的密实度如表1-6所示。对于平均粒径大于50mm或最大粒径大于100mm的碎石土，可按碎石土密实度野外鉴别方法，按表1-7来鉴别其密实度。

表1-5 碎石土的分类

土的名称	颗粒形状	粒组含量
漂石	圆形及亚圆形为主	粒径大于200mm的颗粒含量超过全重50%
块石	棱角形为主	
卵石	圆形及亚圆形为主	粒径大于20mm的颗粒含量超过全重50%
碎石	棱角形为主	
圆砾	圆形及亚圆形为主	粒径大于2mm的颗粒含量超过全重50%
角砾	棱角形为主	

注：分类时应根据粒组含量栏从上到下以最先符合者确定。

第一章 土方与基坑工程

表1-6 碎石土的密实度

重型圆锥动力触探锤击数 $N_{63.5}$	密实度	重型圆锥动力触探锤击数 $N_{63.5}$	密实度
$N_{63.5} \leq 5$	松散	$10 < N_{63.5} \leq 20$	中密
$5 < N_{63.5} \leq 10$	稍密	$N_{63.5} > 20$	密实

注：①本表适用于平均粒径小于等于50mm且最大粒径不超过100mm的卵石、碎石、圆砾、角砾；
②表内 $N_{63.5}$ 为经综合修正后的平均值。

表1-7 碎石土密实度野外鉴别方法

密实度	骨架颗粒含量和排列	可挖性	可钻性
密实	骨架颗粒含量大于总重的70%，呈交错排列，连接接触	锹镐挖掘困难，用撬棍方能松动，井壁一般较稳定	钻进极困难，冲击钻探时，钻杆、吊锤跳动剧烈，孔壁较稳定
中密	骨架颗粒含量等于总重的60%~70%，呈交错排列，大部分接触	锹镐可挖掘，井壁有掉块现象，从井壁取出大颗粒处，能保持颗粒凹面形状	钻进较困难，冲击钻探时，钻杆、吊锤跳动不剧烈，孔壁有坍塌现象
稍密	骨架颗粒含量等于总重的55%~60%，排列混乱，大部分不接触	锹可以挖掘，井壁易坍塌，从井壁取出大颗粒后，砂土立即坍落	钻进较容易，冲击钻探时，钻杆稍有跳动，孔壁易坍塌
松散	骨架颗粒含量小于总重的55%，排列十分混乱，绝大部分不接触	锹易挖掘，井壁极易坍塌	钻进很容易，冲击钻探时，钻杆无跳动，孔壁极易坍塌

注：①骨架颗粒系指与碎石土的分类相对应粒径的颗粒；
②碎石土的密实度应按表列各项要求综合确定。

4. 砂土如何分类？其密实度如何掌握？

砂土为粒径大于2mm的颗粒含量不超过全重50%、粒径大于0.075mm的颗粒超过全重50%的土。

砂土按其粒组含量分为砾砂、粗砂、中砂、细砂和粉砂，如表1-8所示。

表1-8 砂土的分类

土的名称	粒组含量
砾砂	粒径大于2mm的颗粒含量占全重25%~50%
粗砂	粒径大于0.5mm的颗粒含量超过全重50%
中砂	粒径大于0.25mm的颗粒含量超过全重50%
细砂	粒径大于0.075mm的颗粒含量超过全重85%
粉砂	粒径大于0.075mm的颗粒含量超过全重50%

注：分类时应根据粒组含量栏从上到下以最先符合者确定。

砂土的密实度按其标准贯入试验锤击数 N 分为松散、稍密、中密、密实，如表1-9所示。

表1-9 砂土的密实度

标准贯入试验锤击数 N	密实度
$N \leq 10$	松散
$10 < N \leq 15$	稍密
$15 < N \leq 30$	中密
$N > 30$	密实

注：当用静力触探探头阻力判定砂土的密实度时，可根据当地经验确定。

5. 黏性土如何分类？其状态又是怎样的？

黏性土为塑性指数 I_p 大于10的土，按其塑性指数大小分为黏土和粉质黏土，如表1-10所示。

表1-10 黏性土的分类

塑性指数 I_p	土的名称
$I_p > 17$	黏土
$10 < I_p \leq 17$	粉质黏土

注：塑性指数由相应于76g圆锥体沉入土样中深度为10mm时测定的液限计算而得。

黏性土的状态，按其液性指数 I_L 大小分为坚硬、硬塑、可塑、软塑、流塑，如表1-11所示。

表1-11 黏性土的状态

液性指数 I_L	状态	液性指数 I_L	状态
$I_L \leq 0$	坚硬	$0.75 < I_L \leq 1$	软塑
$0 < I_L \leq 0.25$	硬塑	$I_L > 1$	流塑
$0.25 < I_L \leq 0.75$	可塑		

6. 粉土有哪些特征？

粉土是介于黏土和砂土之间，塑性指数 $I_p \leq 10$ 且粒径大于0.075mm的颗粒含量不超过全重50%的土。

7. 人工填土分几类？

人工填土根据填料的组成和成因分为素填土、压实填土、杂填土和冲填土。

素填土是由碎石土、砂土、黏土、粉土等组成的填土。

压实填土是经夯实或碾压而成的素填土。

杂填土是其中含有部分建筑垃圾、生活垃圾、工业废料等杂质的填土。

冲填土是由水力冲集泥砂而形成的填土。

8. 工程用土的物理性质有哪些？意义是什么？

工程用土的物理性质包括：土的密度、土的含水率、土的比重、土的孔隙率和土的饱和度。

用土的密度：可检查回填土的压实质量；

用土的含水率：可决定回填土的压实质量；

用土的比重：可进行土体的稳定性计算；

用土的孔隙率：可进行基础沉降计算，判别软弱的地基土；

用土的饱和度：可判别软弱地基土，确定土的承载力。

9. 淤泥类软土的工程特性有哪些？

淤泥类软土中含有较多松软的黏性土，天然含水量大于液限，孔隙比大于10，当 $1 \leq e < 1.5$ 时称为淤泥质土，当 $e \geq 1.5$ 时称为淤泥。当有机质含量大于5%时称为有机质土，大于60%时称为泥炭，其工程特性是含水率高、透水性低、孔隙比大，有明显的蠕变和触变性，这类土受力后结构容易遭破坏，强度低、压缩性大，一般需要经过特殊处理才能做地基填土。

10. 膨润土有哪些工程特性？

膨润土是以蒙脱石为主要成分的黏土岩，其中含有少量的高岭石、长石、方解石、沸石、伊利石等成分，蒙脱石是含少量碱土金属的含水铝硅酸盐矿物，故可分为：钙基和钠基膨润土、氢基膨润土。其主要工程特性是：黏粒含量高（一般在50%以上），塑性指数大于30，呈高可塑性；崩解性明显，钠基膨润土在水中易崩解，后呈糊状；膨胀性除钙基土外都很大；具有离子可交换性，钠基土遇钙离子可变成钙基土，同样钙基土遇钠离子可变成钠基土；胶体性和不透水性都很好，具有"滑润性"，处于薄层膨润土的岩体容易造成滑坡。

11. 黄土有哪些工程特性？

黄土是第四纪沉积物，并分布范围很广，黄土以粉粒为主，颜色呈黄色，本身含有碳酸钙，表面有肉眼可见的孔隙，遇水浸润后易产生塌陷，具备以上特征的土便是典型黄土。另有一种与黄土特征相似的黄状土也属黄土范畴。黄土的湿陷性是其最重要的工程性质，它是由黄土特有的结构特征（孔隙率较高）和物质组成（土中大约60%及以上为粉粒）所决定的，黄土的工程特征是：含水较少，天然含水量一般在10%～25%之间，常处于硬塑或坚硬状态；塑性较弱，液限一般在23～33之间，塑性指数在8～13之间；压实程度差、孔隙大、孔隙率高；抗水性弱，遇水湿陷明显；强度较高；透水性较强。

12. 红黏土有哪些工程特征？

红黏土是指（石灰岩）碳酸盐类岩石，在湿热天气条件下，由于强烈风化作用形成褐红、黄褐色或棕红色的高塑性黏土，其天然含水率高，孔隙比较大，但仍比较坚硬，强度也较高，其黏土矿物质以高岭石为主，并含有多量石英颗粒。它的工程特征是孔隙比高，低密度，强度高，压缩性低，高含水量，地基承载力高，高塑性，塑限、液限及塑性指数都很大等。

13. 膨胀土有哪些工程特征？

膨胀土是随含水量的增减而体积明显胀缩的硬塑黏土（裂土），其中含有大量的亲水性黏土矿物质。膨胀土具有压缩性低，强度比较高，使人们误认为是较优越的建筑地基土。其工程特性有：天然含水量较低，接近或略小于塑限，孔隙比小、塑性高、具有较强的膨胀力。所以，当用膨胀土作为地基时，如荷载引起的基底压力超过土的膨胀力或当建筑物基础埋深超过冻融深度时，可采用天然含水率时地基承载力计算，否则，因其吸水膨胀及失水收缩，极易使低层房屋主体产生开裂。

14. 冻土有哪些工程特征？

土的温度低于或等于摄氏零度且含有冰霜的土层称作冻土。冻结后3年保持状态不变的称作多年冻土，随季节冻结和融化的地表土称作季节性冻土。融沉性和冻胀性（冻胀性是指冻土在受冻后膨胀，融沉性是指冻土融化后强度降低、压缩性急剧增大）是冻土的两个重要变形特征。对于季节性冻土冻胀性的危害是主要的，对于多年冻土融沉性对建筑物的危害也是主要的。

第二节 土方开挖

15. 土方开挖前应做好哪些准备工程？

土方开挖前应按设计图样检查定位放线、排水和降低地下水位系统，合理安排土方运输车的行走路线、弃土场和边坡放坡坡度，当施工场地条件不能放坡的，应考虑基坑支护设计方案的编制。

16. 土方开挖应注意哪些问题？

永久性挖方的边坡坡度应符合设计要求。临时性挖方的边坡坡度可根据岩土的类别而确定，可参照 1-12。

表 1-12 临时性挖方边坡值

土的类别		边坡值（高:宽）
砂土（不包括细砂、粉砂）		1:1.25～1:1.50
一般性黏土	硬	1:0.75～1:1.00
	硬、塑	1:1.00～1:1.25
	软	1:1.50 或更缓
碎石类土	充填坚硬、硬塑黏性土	1:0.50～1:1.00
	充填砂土	1:1.00～1:1.50

注：①设计有要求时，应符合设计标准。
②如采用降水或其他加固措施，可不受本表限制，但应计算复核。
③开挖深度，对软土不应超过 4m，对硬土不应超过 8m。

基坑（槽）、管沟的挖土应分段、分层进行，挖土时不应碰撞或损伤支护结构、降水设施，堆集在基坑（槽）、管沟边的土方不应超过设计荷载或施工规范的要求。

基坑（槽）底部的开挖宽度，除基坑底部宽度外，应根据施工需要适当留置作业面、排水设施和支护结构的宽度。管沟底部开挖宽度，除管道结构宽度外，还应留置作业面宽度。

基坑（槽）、管沟开挖至设计标高后，应对基坑（槽）底、管沟底进行保护，经验收合格后，方可进行垫层施工。对特大型基坑，应分层、分段挖至设计标高后，再分区、分段及时浇筑垫层混凝土。

挖方经过不同类别的土层或深度超过 10m 时，其边坡可做成折线形或台阶形；土方开挖宜从上至下分层、分段依次进行，随时做成一定的坡势，以利泄水；在挖方上侧弃土时，应保证挖方边坡的稳定；弃土堆坡脚至挖方上边缘的距离，应根据挖方深度、边坡坡度、土的性质确定；弃土堆应连续堆置，其顶面应向外倾斜，以利排水。

在挖方下侧弃土时，应将弃土堆表面整平且向外倾斜，弃土堆表面应低于相邻挖方场地设计标高，以防地面水流入挖方场地。

施工过程中应经常检查基坑的平面位置、水平标高、边坡坡度、压实度、排水与降水系统，并随时观测周围的环境变化。

土方开挖工程质量检验标准应符合表 1-13 的规定。

表 1-13　土方开挖工程质量检验标准　　　　　　　　　　（mm）

项	序	项目	允许偏差或允许值					检验方法
			柱基基坑基槽	挖方场地平整		管沟	地（路）面基层	
				人工	机械			
主控项目	1	标高	-50	±30	±50	-50	-50	水准仪
	2	长度、宽度（由设计中心线向两边量）	+200 -50	+300 -100	+500 -150	+100	—	经纬仪，用钢尺量
	3	边坡	设计要求					观察或用坡度尺检查
一般项目	1	表面平整度	20	20	50	20	20	用2m靠尺和楔形塞尺检查
	2	基底土性	设计要求					观察或土样分析

注：地（路）面基层的偏差只适用于直接在挖、填方上做地（路）面的基层。

第三节　土方回填

17. 土方回填应注意哪些方面？

土方回填前应清除基底的树根、垃圾等杂物，排除坑内积水、淤泥，验收基底边线、标高。如在松土或耕作土方回填时，应将基底夯（压）实后进行。

回填土土料的质量应符合设计要求。

回填土施工前，应根据施工工程特点、填料种类、设计要求的压实系数、现场施工条件等合理选择夯实（碾压）机具，并测定回填土含水率符合控制范围，控制铺设厚度及碾

（夯）实遍数等参数。

回填土每层的虚铺厚度和压实遍数应根据回填土的土质、设计要求的压实系数及现场现有的压实工具综合考虑确定。如无试验依据可参照表1-14的规定执行。

表1-14 填土施工时的分层厚度及压实遍数

压实机具	分层厚度（mm）	每层压实遍数
平碾	250～300	6～8
振动压实机	250～350	3～4
柴油打夯机	200～250	3～4
人工打夯	＜200	3～4

回填土施工应接近水平分层填土、压实和测定压实后土的干密度，检验其压实系数及压实范围符合设计要求后，方可填筑上一层土层。

采用机械填方时，应保证边缘部位的压实质量。填土后，如设计不要求对边坡修整，宜将填方的边缘宽填0.5m；如设计要求将边坡整平拍实，应宽填0.2m。

当用碾压机压实填方时，应严格控制行走速度，碾迹应相互搭接，防止漏压。

分段填筑时，每层的接缝处应做成斜坡形，碾迹重叠0.5～1m。上下层接缝应错开不小于1m。

填方中采用两种透水性不同填料分层填筑时，上层应填筑透水性小的填料，下层宜填筑透水性较大的填料，填方基土表面应做成适宜的排水坡度。填方施工过程中应检查排水措施、每层填筑厚度、含水量控制、压实质量。

18. 填土工程质量检验标准有哪些？

填土工程质量检验标准应符合表1-15的规定。

表1-15 填土工程质量检验标准 （mm）

项	序	检查项目	允许偏差或允许值					检查方法
			桩基基坑基槽	场地平整		管沟	地（路）面基础层	
				人工	机械			
主控项目	1	标高	−50	±30	±50	−50	−50	水准仪
	2	分层压实系数	设计要求					按规定方法
一般项目	1	回填土料	设计要求					取样检查或直观鉴别
	2	分层厚度及含水量	设计要求					水准仪及抽样检查
	3	表面平整度	20	20	30	20	20	用靠尺或水准仪

第四节 地下水与土层

19. 地下水对工程有哪些不利影响？

地下水是地质环境的重要组成部分，能影响环境的稳定性，这对建筑工程尤为重要。地基受水的侵蚀会降低土的承载力；基坑的泉涌水会给工程的施工带来一定的麻烦；地下水往往是山体滑坡、地面沉降或塌陷的主要原因；一些水还含有腐蚀性，对建筑材料的耐久性造成不利影响。因此土木建筑工程师必须重视地下水，掌握地下水的常识，建筑物周围 0.8m 以内的回填土大多用三七灰土，便是阻止水的渗透，出于对建筑耐久性的考虑。

20. 土的水理性质是怎样的？

土的水理性质是指土与水接触时，控制水分储存和运移的性质。土的孔隙率不同，其容纳、保持、释出水量和透水的能力均有所不同。土的水理性质包括 5 个方面：

（1）持水度。持水度是指饱水土在重力作用下，保持在土中水的体积与土体积的比值，用小数或百分数表示。

（2）容水度。容水度是指土中含水饱和时所能容纳最大水体积与土体积之比，一般用小数或百分数表示。

（3）给水度。给水度是指潜水面下降 1 个单位深度，在压力作用下从单位含水层面积柱体所释出水的重量。给水度 = 容水度 - 持水度。

（4）毛细性。毛细性是指土中的水，在毛细张力作用下，沿毛细孔隙向各个方向流动的性能。

（5）透水性。透水性是指土允许水渗透过的能力。

21. 什么土层为含水层？

含水层是指在正常水力梯度（指流体从机械能较大的区域向机械能较小区域流动时的水头损失）下，饱水、透水并能给出一定水量的岩土层。含水层的形成必须具备以下条件：含水层受隔水层所限制，使地下水积聚不致流失；含水层要有充足的补给水源；岩土层中有较大的空隙以利透水。

广义讲含水层在空间分布的几何形状是多样的，多为起伏层状、似层状，故称含水层，狭义讲有砾石含水层、细砂含水层等。此外，还有含水带（一般呈脉状或带状分布），如断层含水带、裂隙含水带等。

22. 什么是承压水？

承压水是充满两层隔水层之间含水层中有一定承重压力的水。承压水具有以下特性：

（1）承压含水层的分布区与补给区不一致，一般分布区远大于补给区。

（2）承压水的动态较稳定，受气候影响较小。

（3）承压水无自由水面，所承受的静水压力来自补给区的上覆地层压力和静水压力。

含量较大的承压含水层是良好的供水水源，但在工程的角度看，含水层的承压水水头压力会引起基坑泉涌或突涌。长时间的泉涌和突涌会带走大量的泥砂，使地面出现沉降或塌陷，会对地面的工业与民用建筑工程的地基产生不均匀沉降和结构开裂。

23. 潜水有哪些特性？

潜水是埋藏在土层以下的第一个稳定隔水层以上，具有自由水面的重力水。大多分布在松散土层中，或高于地表的裂隙岩层和溶岩层中，潜水具有以下特性：

（1）潜水动态主要受季节和气候影响明显。

（2）水量丰富的潜水是较好的供水水源，但对工程建设是不利的，由于它距地面较浅，建筑物的基础无法避开这一含水层，无论是基土的浸透，还是对建材的腐蚀、建筑物的耐久性都是不利的。

（3）潜水与大气相通时具有自由水面，为无压水。在其上有不稳定的隔水层覆盖时，如水位超过其底面，则局部承压。

24. 上层滞水有哪些特性？

当包气带中局部存在隔水层时，降水渗透的重力水可在局部隔水层的上部聚集起来，形成上层滞水。上层滞水的动态是很不稳定的，它受气候和季节的影响，上层滞水对工程建设存在潜在的危害，常会瞬时间突然涌入基坑而危及施工安全。所以应引起特别注意。

25. 包气带水有哪些特性？

地表以下有包气带与饱水带，包气带处在稳定地下水水面以上，包气带含有结合水、气态水和毛细水，包气带又称为非饱和带。包气带中的水是在颗粒表面吸附力及孔隙中毛细张力作用下，其绝对值的大小与含水量成反比，水压力为负值。而饱水带处在稳定地下水水面以下，其绝对值大小与含水量成正比，水压力为正值。包气带水对工程耐久性是不利的，但与承压水相比，要微弱得多。

26. 滞水层和隔水层有哪些区别？

滞水层是弱透水的岩土层，而隔水层是指在正常水力梯度下不透水或透水比较微弱的岩土层。

27. 地基对地层结构应考虑哪些？

场地的地层结构有以下几种情况：

（1）场地由深厚坚硬的岩层或致密的土层组成。这是最为理想的场地条件，这种地基的变形小、承载力高，但对于斜坡场地或高层建筑还应考虑稳定性问题。

（2）场地由较厚的软黏土（如淤泥质土、塑性黏土等）组成，多层建筑建造在软土层，常用筏板基础解决地基承载力不足的问题，但经一定时间，建筑物均产生较大的均匀沉降，如温州的华侨饭店、上海展览馆（4层）沉降已超过1.4m以上。而嘉兴市由于软土层上有较厚的硬壳层，采用浅埋式地基而沉降量并不大，为此软土层地区的建筑物应进行沉降和不均匀沉降计算。为减少地基的沉降和不均匀沉降量，在软土层地区常用桩基或特别对地基进行加固处理。

（3）下覆软土层，在有限深度内有坚实的岩土层，这类地基应采用短桩基础或沉井来将基础深埋在坚实的岩土层中或用地基处理的方法将地基加固。也可用这种方法对硬土层上由于振动而液化的粉土层或粉细砂层的基础进行处理。

（4）下覆坚硬岩土层表面起伏较大，上覆软弱土层厚度变化大的地区，上层结构容易由于不均匀沉降出现问题（包括房屋主体倾斜或开裂），由于勘察工作不可能将地下岩面的起伏变化精确勾画出来，致使设计预制桩长度成为不好确定的难题，所以可能要增加勘察工作量或改变桩型为混凝土灌注桩。

第五节 基坑支护工程

28. 基坑支护工程包括哪些方面？

基坑支护工程包括：排桩墙支护工程，水泥土桩墙支护工程，锚杆及土钉墙支护工程，钢或混凝土支撑系统，地下连续墙，沉井与沉箱，降水与排水。

29. 排桩墙支护工程质量标准是怎样的？

排桩墙支护结构包括由混凝土灌注桩，混凝土预制桩、钢板桩等构成的支护结构。

混凝土灌注桩、混凝土预制桩的检验标准见相应规定。钢板桩为工厂成品，新桩可按出厂标准检验，重复使用的钢板桩质量检验标准应符合表1-16的规定。混凝土板桩制作质量标准应符合表1-17的规定。

表1-16 重复使用的钢板桩检验标准

序	检查项目	允许偏差或允许值		检查方法
		单位	数值	
1	桩垂直度	%	<1	用钢尺量
2	桩身弯曲度		<2%l	用钢尺量，l为桩长
3	齿槽平直度及光滑度		无电焊渣或毛刺	用1m长的桩段做通过试验
4	桩长度		不小于设计长度	用钢尺量

表1-17 混凝土板桩制作标准

项	序	检查项目	允许偏差或允许值		检查方法
			单位	数值	
主控项目	1	桩长度	mm	+10 0	用钢尺量
	2	桩身弯曲度		<0.1%l	用钢尺量，l为桩长
一般项目	1	保护层厚度	mm	±5	用钢尺量
	2	横截面相对两面之差	mm	5	用钢尺量
	3	桩尖对桩轴线的位移	mm	10	用钢尺量
	4	桩厚度	mm	+10 0	用钢尺量
	5	凹凸槽尺寸	mm	±3	用钢尺量

排桩墙支护的基坑，开挖时应及时支护。每道支撑的施工应确保基坑变形在设计要求的

范围以内。

30. 水泥土桩墙支护工程质量标准是怎样的？

水泥土桩墙支护结构是指水泥土搅拌桩（包括加筋水泥土搅拌桩）、高压喷射注浆桩所构成的围护结构。

水泥土搅拌桩及高压喷射注浆桩的质量检验标准见相应规定。

加筋水泥土搅拌桩的质量检验标准应符合表1-18的规定。

表1-18　加筋水泥土搅拌桩质量检验标准

序	检查项目	允许偏差或允许值		检查方法
		单位	数值	
1	型钢长度	mm	±10	用钢尺量
2	型钢垂直度	%	<1%	经纬仪
3	型钢插入标高	mm	±30	水准仪
4	型钢插入平面位置	mm	10	用钢尺量

加筋水泥土搅拌桩内插入的劲性材料（如型钢、钢板桩、混凝土板桩等）可最后拔出，也可不拔出，如果拔出应采取相应的填充措施，并及时填充，以减少周围的土体变形。

水泥土搅拌桩地基质量检验标准应符合表1-19的规定。进行强度检验时，对承重水泥土搅拌桩应取90d后的试件；对支护水泥土搅拌桩应取28d后的试件。

承载力检验数量为总数的0.5%～1%，但不应少于3处。有单桩强度检验要求的，数量为总数的0.5%～1%，但不应少于3根。

其他主控项目及一般项目至少应抽查总数的20%。

表1-19　水泥土搅拌桩地基质量检验标准

项	序	检查项目	允许偏差或允许值		检查方法
			单位	数值	
主控项目	1	水泥及外掺剂质量	设计要求		查产品合格证书或抽样送检
	2	水泥用量	参数指标		查看流量计
	3	桩体强度	设计要求		按规定办法
	4	地基承载力	设计要求		按规定办法
一般项目	1	机头提升速度	m/min	≤0.5	量机头上升距离及时间
	2	桩底标高	mm	±200	测机头深度
	3	桩顶标高	mm	+100 -50	水准仪（最上部500mm不计入）
	4	桩位偏差	mm	<50	用钢尺量
	5	桩径		<0.04D	用钢尺量，D为桩径
	6	垂直度	%	≤1.5	经纬仪
	7	搭接	mm	>200	钢尺量

31. 锚杆及土钉墙支护工程应注意哪些方面？

锚杆及土钉墙支护结构一般适用于开挖深度不超过 5m 的基坑。一般情况，应遵循分段开挖、分段支护的原则，并应考虑土钉与锚杆均应有一定的养护时间，不能为抢进度而不顾养护期。

施工过程中应对锚杆及土钉的位置，钻孔直径、深度、角度、长度，注浆配合比，压力及注浆量，喷锚墙面厚度及强度，锚杆及土钉应力等进行检查，每段支护体施工完后，应检查坡顶或坡面位移，坡顶沉降及周围环境变化。如有异常情况应采取措施，恢复正常后方可继续施工。

锚杆及土钉墙支护工程质量标准应符合表 1-20 的规定。

表 1-20 锚杆及土钉墙支护工程质量检验标准

项	序	检查项目	允许偏差或允许值		检查方法
			单位	数值	
主控项目	1	锚杆土钉长度	mm	±30	用钢尺量
	2	锚杆锁定力	设计要求		现场实测
一般项目	1	锚杆或土钉位置	mm	±100	用钢尺量
	2	钻孔倾斜度	°	±	测钻机倾角
	3	浆体强度	设计要求		试样送检
	4	注浆量	大于理论计算浆量		检查计量数据
	5	土钉墙面厚度	mm	±10	用钢尺量
	6	墙体强度	设计要求		试样送检

32. 钢或混凝土支撑系统工程应注意哪些？

工程中常用的支撑系统有钢围囹、混凝土围囹、钢支撑、混凝土支撑、钢立柱、型钢立柱、格构式立柱等。立柱往往埋入灌注桩内，有的直接打入一根钢管桩或型钢桩，使桩柱形成一体。

支撑系统施工前，应熟悉支撑系统的设计图样及各种计算工况，掌握开挖及支撑设置的方式、预顶力及周边环境保护的要求。

施工过程中，应严格控制开挖和支撑的程序及时间。对支撑的位置、每层开挖深度、预加顶力、钢围囹与围护体或支撑与围囹的密贴度应做周密细致的检查。

支撑体系不宜承受垂直荷载，所以不能在支撑上堆放钢材或当脚手架使用。

全部支撑安装完毕投入使用后，应对整个使用期做细心的观测，发现有过大的变形应及时采取相应的措施，以防发生意外。

钢或混凝土支撑系统工程质量检验标准应符合表 1-21 的规定。

表 1-21　钢及混凝土支撑系统工程质量检验标准

项	序	检查项目	允许偏差或允许值		检查方法
			单位	数值	
主控项目	1	支撑位置：标高	mm	30	水准仪
		平面	mm	100	用钢尺量
	2	预加顶力	kN	±50	油泵读数或传感器
一般项目	1	围图标高	mm	30	水准仪
	2	立柱桩	参见该规范第 5 章		参见该规范第 5 章①
	3	立柱位置：标高	mm	30	水准仪
		平面	mm	50	用钢尺量
	4	开挖超深（开槽放支撑不在此范围）	mm	<200	水准仪
	5	支撑安装时间	设计要求		用钟表估测

①指《建筑地基基础工程施工质量验收规范》（GB 50202—2002）。

33. 地下连续墙应注意哪些问题？

地下连续墙应注意以下问题：

（1）导墙施工。地下连续墙应设置导墙，导墙可采用现浇、预制混凝土或钢筋混凝土。现浇导墙形状有"L"形或倒"L"形，导墙深度一般为 1～2m，顶面高于施工地面。

导墙的内墙面应垂直，内外导墙墙面间距应为地下连续墙设计厚度与施工余量之和，施工余量一般为 40～60mm。导墙顶面应保持水平。

现浇混凝土或钢筋混凝土导墙，应拆模后立即在墙间加设支撑。预制的钢筋混凝土导墙安装时必须保证连接质量。

（2）槽段开挖。挖槽机械应根据现场实际地质条件、施工环境、地下连续墙的结构尺寸及质量要求等适当选用。

挖槽前，应预先将地下连续墙划分为若干个单元槽段，其长度一般为 4～6m。每个单元槽段可分为若干个开挖槽段。

槽段间的连接形式，应根据地下连续墙的使用要求选用，无论选用何种接头，在浇筑混凝土前，都应将接头清洗干净。

地下连续墙挖槽的槽壁及接头均应保持垂直。接头处相邻两槽段的挖槽中心线，在任一深度的偏差值不得大于墙厚的 1/3。

槽段开挖结束后，应检查槽位置、槽深、槽宽、槽壁垂度等。重要结构每段槽段都应检查，一般结构可抽查总槽段数的 20%，每一槽段应抽查 1 个段面。检查合格后方可进行清槽换浆工作。

（3）泥浆。拌制泥浆宜选用膨润土，使用前应进行泥浆取样配合比试验。如采用其他黏土时，应进行物理、化学分析和矿物质鉴定。

泥浆拌制和使用前必须通过检验，不合格的泥浆应及时调整处理。

施工过程中，槽内泥浆面必须高于地下水位 0.5m 以上，也不应低于导墙顶面 0.3m。

第一章 土方与基坑工程

施工场地应设置集水井和排水沟,以防止地表水流入槽内破坏泥浆性能。

泥浆回收,可采用振动筛、旋流器、沉淀池等净化处理后重复使用。

(4)钢筋笼安装。钢筋笼应经检验合格,钢材应有合格证、检测报告、复试报告并必须符合设计要求;钢筋笼应在清槽换浆合格后立即安装。在入槽过程中应尽量避免碰撞使钢筋笼产生变形,更不可强行入槽。浇筑混凝土时应对钢筋笼采取防止上浮措施。

钢筋笼的吊点、起点及固定方式应符合设计和施工规范的要求。

(5)混凝土浇筑。混凝土的配合比应符合设计要求。

接头管(箱)和钢筋笼就位后,应检查沉淀物厚度并在4小时内浇筑完混凝土,超过时限的应重新清底。

浇筑混凝土应使用导管,槽内混凝土面上升速度不应少于2m/h;导管埋入混凝土内的深度不得小于1.5m,亦不宜大于6m。在单元槽段内,同时使用两根以上导管浇筑时,其间距不应大于3m,各导管处的混凝土表面的高差不宜大于0.3m。浇筑混凝土时,顶面应高于设计标高300~500mm。待凝结有一定强度后凿除浮浆,使墙顶标高符合设计标高。

接头管(箱)应承受混凝土的压力,并应避免混凝土绕过接头管(箱)进入另一个槽段。浇筑混凝土时应经常转动及提动接头管。拔管时不得损坏接头部位的混凝土。

地下连续墙质量检验标准应符合表1-22的规定。

表1-22 地下连续墙质量检验标准

项	序	检查项目		允许偏差或允许值		检查方法
				单位	数值	
主控项目	1	墙体强度		设计要求		查试件记录或取芯试压
	2	垂直度:永久结构			1/300	测声波测槽仪或成槽机上的监测系统
		临时结构			1/150	
一般项目	1	导墙尺寸	宽度	mm	W+40	用钢尺量,W为地下墙设计厚度
			墙面平整度	mm	<5	用钢尺量
			导墙平面位置	mm	±10	用钢尺量
	2	沉渣厚度:永久结构		mm	≤100	重锤测或沉积物测定仪测
		临时结构		mm	≤200	
	3	槽深		mm	+100	重锤测
	4	混凝土坍落度		mm	180~220	坍落度测定器
	5	钢筋笼尺寸	主筋间距	mm	±10	用钢尺量
			长度	mm	±10	
	6	地下墙表面平整度	永久结构	mm	<100	此为均匀黏土层,松散及易坍土层由设计决定
			临时结构	mm	<150	
			插入式结构	mm	<20	
	7	永久结构时的预埋件位置	水平向	mm	≤10	用钢尺量
			垂直向	mm	≤20	水准仪

34. 沉井与沉箱工程施工应注意哪些？

沉井与沉箱是下沉结构，应根据其底面积的尺寸设置钻孔和基坑。

沉井与沉箱在浇筑混凝土前，对模板的尺寸及封闭严密性、预埋件的位置进行检查验收。

（1）沉井施工。沉井前必须掌握确凿的地质资料，钻孔或设置基坑可按以下要求进行：

①面积在 $200m^2$ 以下的沉井（含 $200m^2$）应设一个钻孔或一个基坑（可设置在沉井的中心位置）。

②面积在 $200m^2$ 以上的沉井，应在四周（圆的相互垂直的两直径端头）各设一个钻孔或基坑。

③特大沉井可根据实际情况增加钻孔基坑的数量。

④钻孔或基坑的底标高应低于终沉标高。

⑤每座沉井应有一个钻孔提供地下土层的各项物理力学性能指标、地下水位和水含量的具体资料。

制作沉井的场地应预先清理平整、场地的地面标高应比从制作至开始下沉期间的周围水域最高水位（加浪高）高出 0.5m 及以上，当在基坑内制作时，基坑底面应比制作至开始下沉时的最高地下水位高出 0.5m 及以上。

当采用承垫木方法制作沉井时，其承垫木的数量、尺寸及间距应由设计计算确定。垫土之间应用砂填实，砂垫层的铺设厚度应根据扩散井重量的要求由计算确定，并应考虑承垫木便于抽出的环节。当采用无承垫木方法制作沉井时，应经计算确定，如在均匀土层上可采用铺筑一层与井壁宽度相适应的混凝土垫层代替承垫木或砂垫层。

沉井分节制作的高度，应保持其稳定性和确保其顺利下沉的要求。如采用分节制作、一次下沉法施工，制作的总高度不宜超过沉井直径或短边的长度，且不超过 12m。

分节制作的沉井，应在下节沉井混凝土达到设计强度的 70% 以后方可浇筑上一节沉井的混凝土。

浇筑混凝土时应对称和均匀进行。

沉井第一节的混凝土和各节混凝土均达到设计强度的 70% 以上，方可进行下沉。

当沉井挖土下沉时，应分层、均匀、对称施工下沉，使沉井能均匀下沉，不产生过大的倾斜，一般情况下，不应从刃脚踏面下挖土。如沉井的下沉系数较大，应先挖锅底中间部分，沿刃脚周围保留一定尺寸的土堤，使沉井以自重挤土下沉；当沉井的下沉系数较小或出现卡阻现象时，则应采取相应措施，当卡阻是由于岩土硬块引起时，则应找准部位，并根据卡阻岩土硬块的大小、硬度，在保证沉井壁不受损坏的前提下采取爆破方法排除，以保沉井不断下沉，中间不应有较长时间的间歇，也不得将锅底开挖得过深。

由数个井孔组成的沉井，为使其下沉均匀，挖土时各井孔土面高差不应超过 1m。

在软土层中以排水法进行沉井施工时，在沉井沉至距设计标高 2m 时，应对挖土情况加强观测，如出现沉井仍不断下沉的现象时，可改用向井内灌水的方法阻止下沉。

当决定沉井由不排水改为排水施工或抽取沉井内的灌水时，必须经过计算慎重进行。

沉井采用排水封底，应确保终沉时，井内不发生管涌，涌土及沉井止沉稳定。如不能保证,则应采用水下封底(往井内灌水,进行不排水封底)措施。

沉井过程中,每班至少测量两次,如有位移或倾斜应及时予以纠正;沉井沉至设计标高后应进行沉降观测,在8h内下沉量不大于10mm时,方可封底。

(2)沉箱施工。沉箱施工应遵循沉井施工有关要求及气压沉箱安全技术有关规定执行。

气闸、升降筒、贮气罐等承压设备应按有关规定检验合格后,方可使用。

沉箱上部箱壁模板和支撑系统,不得支撑在升降筒或气闸上;沉降施工应有备用电源和备用空气压缩机。

沉箱下沉过程中,作业室内应设置枕木垛或采取其他安全措施;作业室内土面距顶板的高度不得小于1.8m。

沉箱开始下沉至填筑作业室完毕,应用两根或两根以上输气管不断向沉箱作业室内供应压缩空气,供应管路应有逆止阀,以保证安全和正常施工。

沉箱沉放到水下基床后应校核中心线、设计标高、压载符合设计要求后,方可排除作业室内的水。如沉箱自重小于下沉阻力,可采用降压强制下沉,强制下沉时沉箱内不得有人;沉箱内压力降低值不得超过其原有工作压力的50%,每次强制下沉量不得超过0.5m。

沉箱下沉到设计标高后,应按要求填筑作业室,并采取压浆方法充实顶板与填筑物之间的缝隙。

35. 沉井与沉箱质量检验标准有哪些?

沉井与沉箱质量检验标准应符合表1-23的规定。

表1-23 沉井与沉箱的质量检验标准

项	序	检查项目	允许偏差或允许值		检查方法
			单位	数值	
主控项目	1	混凝土强度	满足设计要求(下沉前必须达到70%设计强度)		查试件记录或抽样送检
	2	封底前,沉井(箱)的下沉稳定	mm/8h	<10	水准仪
	3	封底结束后的位置; 刃脚平均标高(与设计标高比)	mm	<100	水准仪
		刃脚平面中心线位移		<1%H	经纬仪,H为下沉总深度,H<10m时,控制在100mm之内
		四角中任何两角的底面高差		<1%l	水准仪,l为两角的距离,但不超过300mm,l<10m时,控制在100mm之内
一般项目	1	钢材、对接钢筋、水泥、骨料等原材料检查	符合设计要求		查出厂质保书或抽样送检
	2	结构体外观	无裂缝,无风窝、空洞,不露筋		直观

续表

项	序	检查项目		允许偏差或允许值		检查方法
				单位	数值	
一般项目	3	平面尺寸：长与宽		%	±0.5	用钢尺量，最大控制在100mm之内
		曲线部分半径		%	±0.5	用钢尺量，最大控制在50mm之内
		两对角线差		%	1.0	用钢尺量
		预埋件		mm	20	用钢尺量
	4	下沉过程中的偏差	高差	m	1.5~2.0	水准仪，但最大不超过1m
			平面轴线		<1.5%H	经纬仪，H为下沉深度，最大应控制在300mm之内，此数值不包括高差引起的中线位移
	5	封底混凝土坍落度		cm	18~22	坍落度测定器

注：主控项目3的三项偏差可同时存在，下沉总深度系指下沉前后刃脚之高差。

36. 降水与排水工程应注意哪些方面？

降低地下水位以利施工，但由于近年来气候变化，水源变得濒临短缺，为保护水资源，国家开始提倡阻水施工，以减少水资源的流失。

缩短降水时间也是减少水资源浪费和减少地面沉降的有力措施之一。

37. 工程降水措施方法有哪些？

必须采取降水的工程项目，使用井点降水的方法和设备的选择，可根据施工现场土层的渗透系数、要求降低地下水位的深度及工程特点，可选择轻型井点、喷射井点、电渗井点、深井井点进行降水。降水的类型及适用条件可参照表1-24的规定执行。

表1-24 降水类型及适用条件

降水类型 \ 适用条件	渗透系数（cm/s）	可能降低的水位深度（m）
轻型井点	$10^{-2} \sim 10^{-5}$	3~6
多级轻型井点		6~12
喷射井点	$10^{-3} \sim 10^{-6}$	8~20
电渗井点	$<10^{-6}$	宜配合其他形式降水使用
深井井点	$\geq 10^{-5}$	>10

（1）轻型井点施工顺序如下：
①挖井点沟槽，敷设集水总管；
②冲孔，设沉井点管，灌填砂滤料，将井点管与集水总管连接；
③安装抽水机组，连接集水总管；

④试抽。

（2）喷射井点施工顺序如下：
①安装水泵设备（包括循环水池或水箱）及泵的进出水管路；
②敷设进水总管和回水总管；
③沉设井点管、灌填砂滤料，接通进水总管后及时单根试抽；
④全部井点管在沉设完毕后，接通回水总管，全面试抽。

（3）电渗井点施工：

电渗井点施工前应通过必要的试验，确定合理的电压梯度和电极布置。降水应经过试验后选择连续或间歇通电方式，通电时间应根据现场施工的不同阶段和具体情况而定。

（4）沉井井点施工：

深井井点的钻孔方法可根据土层条件和孔深要求，适当选择冲击钻孔、旋转钻孔或水冲法施工。根据现场土层情况和设计要求配齐所用管材。井管沉放前应清孔，需要疏干的含水层均应设置滤管。在周围填砂滤料后及时洗井和单井试抽。降水过程中应根据施工要求，确定启动和暂不抽水井点的数量，按时观测水位下降情况和流量等。

38. 排水的具体措施有哪些？

在一般的基坑开挖时，大部分采用明沟集水井抽水、井点降水或二者相结合的做法来排除地下水。

（1）基坑明沟排水法。当基坑开挖遇到地下水或地表水时，可在基坑设置排水沟，其截面一般在0.2m×0.5m以上，沟底低于准备挖土表面0.5m以上，并朝向集水井做成一定坡度。每30~40m设集水井一个，直径不小于0.8m，井底应低于排水沟0.7~1m。随着土方开挖逐步加深，挖到设计标高时井底要低于坑底1~2m。集水井应设木板笼、铁笼或竹笼，混凝土滤水管等滤水设施，以防泥砂、杂物堵塞水泵影响排水。井底铺设碎石防止水泵抽入大量泥砂损坏水泵部件。

（2）基坑暗沟排水法。在场地狭窄、地下水很丰富的情况下，设置明沟排水有一定的困难，可结合工程实际情况在基础底板四周设置暗沟，暗沟的坡度朝向集水井。在挖土前先挖排水沟，向集水井逐步加深，形成连通基坑内外的暗沟体系，以控制地下水位。达到基坑底板以后做成暗沟，使基础周围地下水流向排水管道或集水井中，然后用水泵将水抽走。

本法适用于挖土较深且场地紧张，地下水较丰富的建筑物基坑排水。

（3）当基坑不太深、面积不太大并周围已设挡水墙，且有一定的地下水不断涌出时，可在基坑正中央挖一深0.8m、直径1m（可根据基坑面积和水量而定）的集水井，排水沟朝向集水井并设一定的坡度，使水能顺利流入集水井中，然后在井中立一铁管，底部不与坑底泥土相接触，然后将集水井用碎石（卵石）填满。铁管上口与水泵或压水机相连，开动水泵或压水机抽水，至（卵石）碎石表面无水时浇筑混凝土。当混凝土未达到一定强度前，水泵或压水机要不停地抽水，在混凝土达到一定强度以后，迅速将铁管沿混凝土面用铁锯割断，用软木将铁管迅速塞紧，强行阻止地下水上溢，然后再在混凝土的上面浇第二层混凝土，其效果很理想。

39. 降水与排水施工质量检验标准有哪些？

降水与排水施工质量检验标准应符合表 1-25 的规定。

表 1-25　降水与排水施工质量检验标准

序	检查项目	允许值或允许偏差		检查方法
		单位	数值	
1	排水沟坡度	%	1~2	目测：坑内不积水，沟内排水畅通
2	井管（点）垂直度	%	1	插管时目测
3	井管（点）间距（与设计相比）	mm	≤150	用钢尺量
4	井管（点）插入深度（与设计相比）	mm	≤200	水准仪
5	过滤砂砾料填灌（与计算值相比）	%	≤5	检查回填料用量
6	井点真空度：轻型井点 喷射井点	kPa kPa	>60 >93	真空度表 真空度表
7	电渗井点阴阳极距离：轻型井点 喷射井点	mm mm	80~100 120~150	用钢尺量 用钢尺量

第二章　建筑地基基础工程

第一节　地　基

40. 什么是土工合成材料地基?

土工合成材料地基是在土工合成材料上填以土（砂土料）构成建筑物的地基，土工合成材料可以是单层，也可以是多层。一般为浅层地基。

41. 什么是重锤夯实地基?

重锤夯实地基是利用重锤靠自重自由下落时产生的冲击能来夯实浅层填土的地基，使表面形成一层较为均匀的硬层来承受上部荷载。强夯的锤击与落距要远大于重锤夯实地基。

42. 什么是强夯地基?

强夯地基是用机械设备将 30 多吨的锤提升 20 多米左右的高度，将锤脱钩使锤自由落下，产生冲击能来夯实的地基。为支撑重锤重量，一般要在起重机的前方设两个支架，支架可随起重机一起挪动位置。重锤底面积较大，为减少阻力产生更大的能量，一般设六至八个与锤顶贯通且直径 250mm 的孔。其工艺与重锤夯实地基基本相同，但锤重与落距远大于重锤夯实地基。

43. 什么是注浆地基?

注浆地基是将配制好的化学浆液或纯水泥浆液，通过预先埋设在土体的导管将液体压入土体，使土体形成一体，发生物理化学反应或氧化反应，从而减小其压缩性和渗透性，提高土体强度，增强地基承载力的地基。其导管大多为 25mm 直径的铁管，其端部为塑料管，能在一定压力时破裂，使化学液体或纯水泥浆液顺利到达所需要注浆加固的土层。

44. 什么叫预压地基?

预压地基是在原状土上加载，使土体中所含水排出，以实现土的预先固结，减少建筑物后期沉降和提高地基承载力。按加载方法的不同，分为堆载预压、真空预压、降水预压三种不同方法的预压地基。

45. 什么是高压喷射注浆地基?

高压喷射注浆地基是利用钻机把带有喷嘴的注浆管钻至土层的预定位置或先钻孔后将注

浆管放置在预定位置，以高压方式使浆液或水从喷嘴中射出，边旋转边喷射浆液，使土体与浆液搅拌充分混合形成一固结体，施工采用单独喷出水泥浆的工艺，称为单管法；施工采用同时喷出高压空气与水泥浆的工艺，称为二管法；施工采用同时喷出高压水、高压空气及水泥浆的工艺，称为三管法。

46. 什么是水泥土搅拌桩地基？

水泥土搅拌桩地基是利用水泥作为固化剂，通过搅拌机械将其与地基土强制搅拌，硬化后构成的地基。

47. 什么是土与灰土挤密桩地基？

土与灰土挤密桩地基是在原土中成孔后分层填以素土和灰土，并逐层夯实，使填土达到预定的密实度，同时挤密周围的土体而构成的地基。

48. 水泥粉煤灰、碎石桩是怎样的桩体？

水泥粉煤灰、碎石桩是用长螺旋钻机钻孔或沉管桩机成孔后，将水泥、粉煤灰及碎石混合搅拌后，以泵压或下料斗投入孔内而构成的密实桩体（以三种材料英文第一个字母简称 CFG 桩）。

49. 锚杆静压桩是怎样的桩体？

锚杆静压桩是利用锚杆将桩分节压入土层中的沉桩工艺，锚杆可用垂直土锚或临时锚锚在混凝土底板或平台中的地锚上。

50. 地基基础工程施工前应做好哪些准备工作？

地基基础工程施工前，必须具备完备的地质勘察资料及工程临近管线、建筑物、构筑物和其他公共设施的构造情况，必要时应进行施工勘察和调查以确保工程质量及临近建筑的安全。施工勘察要点包括：

（1）天然地基基础基槽检验要点。
（2）深基础施工勘察要点。
（3）地基处理工程施工勘察要点。
（4）施工勘察报告。

51. 对地基与基础施工勘察有哪些规定？

所有建（构）筑物均应进行施工验槽，遇到下列情况之一时，应进行专门的施工勘察。

（1）工程地质条件复杂，详勘阶段难以查清时。
（2）基槽开挖时发现土质、土层结构与勘察资料不符时。
（3）施工过程中边坡失稳，需要查明原因，进行观察处理时。
（4）施工过程中，基土受扰动，需要查明其性状及工程性质时。
（5）为地基处理，需要进一步提供勘察资料时。

（6）建（构）筑物有特殊要求，或在施工时发现新的岩土地质问题时。

对施工勘察应针对需要解决的岩土工程问题布置工程量，勘察方法可根据具体情况选用施工验槽、钻探取样和复位测试等。

52. 天然地基基础基槽检验要点有哪些？

天然地基基础基槽检验要点包括以下几方面：

（1）基槽开挖前应检验基坑的位置、平面尺寸、现场标高，挖土完成以后检验坑底标高；核对基坑土质和地下水情况；施工现场的空穴、古墓、古井、防空掩体及地下建筑物、构筑物的位置、深度、性状。

（2）在进行直接观察时，可使用袖珍式贯入仪作为辅助手段。

（3）当发现以下情况时，应对基坑底部进行普通的轻型动力触探：

①浅部有软弱下卧层。

②持力层明显不均匀。

③有浅埋的坑穴、古墓、古井等，直接观察难以发现时。

（4）进行轻型动力触探检验时，检验深度及间距应符合以下规定：

①当基槽宽度小于0.8m，在槽中心设一排触探点时，其检验深度为1.2m，检验间距为1~1.5m（应视地层复杂情况适当调整）。

②当槽宽在0.8~2m且设双排错开的触探点时，其检验深度为1.5m，检验间距为1~1.5m。

③当槽宽大于2m且采用梅花形布置触探点时，检验深度为2.1m，检验间距为1~1.5m。

（5）有以下情况时可不进行轻型动力触探：

①当基坑不深处有承压水层，触探可能会造成涌砂时。

②当持力层为砾石层或卵石层，且其厚度符合设计要求时。

（6）基槽检验应填写验槽记录或检验报告。

53. 深基础施工勘察的要点有哪些？

深基础施工勘察的要点包括以下内容：

（1）锤击沉管灌注桩或预制打入桩、静压桩的入土深度与勘察报告不符或对桩端下卧深度有怀疑时，应检查桩端下卧主要受力层范围内的标准贯入击数和岩土工程性质。

（2）在单柱单桩的大直径桩施工中，如发现地层变化异常或对持力层怀疑可能处于破碎带或溶洞情况时，应对其分布、性质和程度进行核查，评价对工程安全的影响程度。

（3）应对人工挖孔桩进行逐孔持力层岩土性质鉴别，当发现实际与勘察报告不符时，应对异常部位进行施工勘察，重新评价，并提供处理技术措施。

54. 地基处理工程施工勘察有哪些要点？

地基处理工程施工勘察的要点如下：

（1）当地基处理施工中发生异常情况时，进行施工勘察，查明原因，为调整、变更设计方案提供岩土工程设计参数，并提供处理的技术措施。

（2）根据地基处理技术方案，对勘察资料中场地工程地质及水文地质条件进行核查和补充；对详勘阶段遗留问题或地基处理设计中的特殊要求进行有针对性的勘察，提供地基处理所需要的岩土工程设计参数，评价现场施工条件及施工对环境的影响。

55. 施工勘察报告包括哪些内容？

施工勘察报告包括以下内容：
（1）工程概况。
（2）目的和要求。
（3）原因分析。
（4）工程安全性评价。
（5）处理措施及建议。

56. 对从事地基基础工程的施工和见证试验单位有哪些要求？

从事地基基础工程的施工单位必须具备相应的专业资质，并应建立完善的质量管理体系和质量检验制度。

从事地基基础工程检验及见证取样试验单位，必须具备省级以上（含自治区、直辖市）建设行政主管部门颁发的资质证书和计量行政主管部门颁发的计量认证合格证书。

57. 在地基基础施工过程中出现异常情况应如何处理？

在地基基础施工过程中出现异常情况时，应及时停止施工，由监理或建设单位组织勘察、设计、施工等参建单位共同分析情况、解决发生的问题，消除质量隐患，并形成文件资料。

58. 对建筑物地基的施工国家有哪些规定？

对建筑地基的施工国家有以下规定：
（1）建筑物地基的施工应具备以下资料：
①岩土工程勘察报告。
②临近周边的建筑物和地下管线设施的类型、分布位置及结构质量情况。
③工程设计图样，设计要求及需达到的标准和检验手段。
（2）所用建筑材料（包括水泥、砂、石子、钢筋、石灰、粉煤灰等）的质量、检验项目、批量及检验方法应符合现行国家标准的规定。
（3）地基施工结束，宜在一个间歇期后，进行质量验收，间歇期由设计确定。
（4）地基加固工程，应在正式施工前进行试验段施工，论证设定的施工参数及加固效果。为验证加固效果所进行的载荷试验，其施加荷载应不低于设计荷载的两倍。
（5）除强制性条文指定的主控项目外，其他主控项目及一般项目可随意抽查，但复合地基的水泥土搅拌桩、高压喷射注浆桩、振冲桩、土和灰土挤密桩、水泥粉煤灰碎石桩及夯实水泥土桩至少应抽查总数的20%。

59. 对地基施工国家有哪些强制性规定？

对地基的施工国家有以下强制性规定：

（1）对水泥土搅拌桩复合地基、高压喷射注浆复合地基、砂桩地基、振冲桩复合地基、土和灰土挤密桩复合地基、水泥粉煤灰碎石桩复合地基及夯实水泥土桩复合地基，其承载力检验数量为总数量的 0.5%~1%，且不应少于 3 处。有单桩强度检验要求时，数量为总数的 0.5%~1% 且不应少于 3 根。

（2）对灰土地基、砂和砂石地基、土工合成材料地基、粉煤灰地基、强夯地基、注浆地基、预压地基，其竣工后的结果（地基强度或承载力）必须达到设计要求的标准。检验数量，每单位工程不应少于 3 点；1000m^2 以上的工程，每 100m^2 至少应有 1 点，3000m^2 以上的工程，每 300m^2 至少应有 1 点。每一独立基础下方应至少有 1 点，基槽每 20 延米应有 1 点。

60. 灰土地基施工应注意哪些方面？

灰土地基是指以石灰与土的拌合料通过夯实而成的地基。

灰土地基施工应注意以下方面：

（1）灰土的体积比宜为 2:8 或 3:7（石灰:黏土），石灰宜用新鲜的消石灰，其颗粒不得大于 5mm。土料宜用黏性土及塑性指数大于 4 的粉土，不得含有松软杂质，并应过筛，其颗粒不得大于 15mm。

（2）灰土使用的石灰与黏土混合料应拌合均匀，混合料的施工含水量宜控制在最优含水量 ±2% 的范围内，最优含水量可通过击实试验确定，也可按当地经验取用。若混合料的湿度过大或过小，应分别晾晒、翻松、掺加吸水材料或洒水湿润，以调整其含水量。

（3）灰土混合料应分层铺设、分层压实。宜采用平碾、蛙式夯等压实机械进行压实。当 8~12t 平碾压实时，每层铺设厚度为 200~300mm，每层压实 6~8 遍；当用蛙式打夯机夯实时，每虚铺厚度为 200~250mm，每层夯实 3~4 遍。

（4）灰土地基分段施工时，不得在柱基、墙角及承重窗间墙下接缝，上下两层的缝距不得小于 500mm，接缝处更应夯压密实。

（5）灰土混合料拌合均匀后应当日铺设夯压。夯压密实后 3d 内不得被水浸泡。

（6）灰土混合料最大虚铺厚度应根据夯实机具而定，可参照表 2-1 的规定选用。

表 2-1 灰土混合料最大虚铺厚度

序	夯实机具	重量（t）	厚度（mm）	备注
1	石夯、木夯	0.04~0.08	200~250	人力送夯，落距 400~500mm，每夯搭接半夯
2	轻型夯实机械	—	200~250	蛙式或柴油打夯机
3	压路机	机重 6~10	200~300	双轮

（7）灰土地基的质量检验标准应符合表 2-2 的规定。

表 2-2 灰土地基质量检验标准

项	序	检查项目	允许偏差或允许值		检查方法
			单位	数值	
主控项目	1	地基承载力	设计要求		按规定方法
	2	配合比	设计要求		按拌合时的体积比
	3	压实系数	设计要求		现场实测
一般项目	1	石灰粒径	mm	≤5	筛分法
	2	土料有机质含量	%	≤5	试验室焙烧法
	3	土颗粒粒径	mm	≤15	筛分法
	4	含水量（与要求的最优含水量比较）	%	±2	烘干法
	5	分层厚度偏差（与设计要求比较）	mm	±50	水准仪

61. 砂和砂石地基施工应注意哪些方面？

砂和砂石地基施工应注意以下方面：

砂和砂石地基是指用砂和砂石混合料，铺填、夯压密实而成的地基。

（1）砂和砂石地基施工所使的砂石应级配良好，不含植物残体、垃圾等杂物、宜用中砂、粗砂、砾砂、碎石、卵石、石屑等。当使用细砂时，应掺 25%～30% 的碎石或卵石，卵石的最大粒径不宜大于 50mm。

（2）砂和砂石地基应分层铺设，分层压实。压实宜用振动碾或振动压实机。当使用 8～15t 振动碾压实时，每层铺设厚度为 600～1300mm，每层压实 6～8 遍；当使用 2t、振动力 98kN 的振动压实机时，每层铺填厚度为 1200～1500mm，每层压实 10 遍。

（3）砂和砂石地基每层铺筑厚度及最优含水量可参考表 2-3 所提供的数值。

表 2-3 砂和砂石地基每层铺筑厚度及最优含水量

序	压实方法	每层铺筑厚度（mm）	施工时的最优含水量（%）	施工说明	备注
1	平振法	200～250	15～20	用平板式振捣器往复振捣	不宜使用干细砂或含泥量较大的砂所铺筑的砂地基
2	插振法	振捣器插入深度	饱和	（1）用插入式振捣器 （2）插入点间距可根据机械振幅大小决定 （3）不应插至下卧黏性土层 （4）插入振捣完毕后，所留的孔洞，应用砂填实	不宜使用细砂或含泥量较大的砂所铺筑的砂地基

续表

序	压实方法	每层铺筑厚度（mm）	施工时的最优含水量（%）	施工说明	备注
3	水撼法	250	饱和	（1）注水高度应超过每次铺筑面层 （2）用钢叉摇撼捣实，插入点间距为100mm （3）钢叉分四齿，齿的间距80mm，长300mm，木柄长90mm	—
4	夯实法	150～200	8～12	（1）用木夯或机械夯 （2）木夯重40kg，落距400～500mm （3）一夯压半夯全面夯实	—
5	碾压法	250～350	8～12	6～12t压路机往复碾压	适用于大面积施工的砂和砂石地基

注：在地下水位以下的地基其最下层的铺筑厚度可比上表增加50mm。

（4）砂和砂石地基质量检验标准应符合表2-4的规定。

表2-4 砂及砂石地基质量检验标准

项	序	检查项目	允许偏差或允许值 单位	允许偏差或允许值 数值	检查方法
主控项目	1	地基承载力	设计要求		按规定方法
主控项目	2	配合比	设计要求		检查拌合时的体积比或重量比
主控项目	3	压实系数	设计要求		现场实测
一般项目	1	砂石料有机质含量	%	≤5	焙烧法
一般项目	2	砂石料含泥量	%	≤5	水洗法
一般项目	3	石料粒径	mm	≤100	筛分法
一般项目	4	含水量（与最优含水量比较）	%	±2	烘干法
一般项目	5	分层厚度（与设计要求比较）	mm	±50	水准仪

（5）承载力检验数量：每单位工程不应少于3点，1000m²以上工程，每100m²至少应有1点，3000m²以上工程，每300m²至少应有1点。每一独立基础下至少应有1点，基槽每20延长米应有1点。其他项目随意抽查。

62. 土工合成材料地基施工应注意哪些方面？

土工合成材料地基是指在合成材料上填筑以砂土料构成的地基。土工合成材料可以是单层，也可以是多层，一般为浅层地基。

土工合成材料地基施工应注意以下方面：

(1) 土工合成材料必须符合设计要求，包括机织土工织物、土工网、土工格栅、土工垫、土工格室等进场应有验收记录。

(2) 铺设土工合成材料时，土层表面应均匀平整，防止土工合成材料被刺穿、顶破。铺设土工合成材料时，端头应固定或回折锚固，且避免长时间暴晒或暴露；宜用搭接法、缝接法或胶结法。搭接法的搭接长度宜为300~1000mm（基底较软者应取大值）；胶结法的搭接长度不应小于100mm，并均应保证主要受力方向的连接强度不低于所采用材料的抗拉强度。

(3) 当铺设多层土工合成材料时，层间应填以中、粗、砾、砂、也可填细粒碎石类土等能增加地基内摩阻力的材料。

(4) 土工合成材料在地基中受力时，伸长率不宜大于4%~5%，且不应被拔出。

(5) 土工合成材料地基应分层铺设、分层压实。

(6) 土工合成材料地基质量检验标准应符合表2-5的规定。

表2-5 土工合成材料地基质量检验标准

项	序	检查项目	允许偏差或允许值 单位	允许偏差或允许值 数值	检查方法
主控项目	1	土工合成材料强度	%	≤5	置于夹具上做拉伸试验（结果与设计标准相比）
主控项目	2	土工合成材料延伸率	%	≤3	置于夹具上做拉伸试验（结果与设计标准相比）
主控项目	3	地基承载力	设计要求		按规定方法
一般项目	1	土工合成材料搭接长度	mm	≥300	用钢尺量
一般项目	2	土石料有机质含量	%	≤5	焙烧法
一般项目	3	层面平整度	mm	≤20	用2m靠尺
一般项目	4	每层铺设厚度	mm	±25	水准仪

(7) 承载力检验数量：每单位工程不应少于3点，1000m²以上工程，每100m²至少应有1点，3000m²以上工程，每300m²至少应有1点。每一独立基础下至少应有1点，基槽每20延长米应有1点。

土工合成材料的强度、伸长率检验，以100m²为一批，每批抽查5%。其他主控项目及一般项目可随意抽查。

63. 粉煤灰地基施工应注意哪些方面？

粉煤灰地基是指用粉煤灰铺设后用机械设备压实，而形成的坚实地基。粉煤灰地基施工应注意以下方面：

(1) 粉煤灰材料可采用电厂排放的硅铝型低钙粉煤灰，其 $SiO_2 + Al_2O_3$ 总含量不低于7%（或 $SiO_2 + Al_2O_3 + Fe_2O_3$ 总含量），烧失量不大于12%。

(2) 粉煤灰应分层铺设，分层压实。分层厚度应经试验确定。每摊铺一层后，先用履带式机具或轻型压路机初压1~2遍，然后用中、重型振动压路机振动碾压3~4遍，速度为2~2.5km/h，再静碾压1~2遍，碾压轮迹应相互搭接，后轮必须每次碾压都超过两施工段的接缝。

（3）粉煤灰地基质量检验标准应符合表2-6的规定。

表2-6 粉煤灰地基质量检验标准

项	序	检查项目	允许偏差或允许值		检查方法
			单位	数值	
主控项目	1	压实系数	设计要求		现场实测
	2	地基承载力	设计要求		按规定方法
一般项目	1	粉煤灰粒径	mm	0.001~2.000	过筛
	2	氧化铝及二氧化硅含量	%	≥70	试验室化学分析
	3	烧失量	%	≤12	试验室烧结法
	4	每层铺设厚度	mm	±50	水准仪
	5	含水量（与最优含水量比较）	%	±2	取样后试验室确定

（4）粉煤灰地基承载力检验数量：每单位工程不应少于3点，1000m² 以上工程，每100m² 至少应有1点，3000m² 以上工程，每300m² 至少应有1点。每一独立基础下至少应有1点，基槽每20延长米应有1点。其他项目随意抽查。

64. 强夯地基施工应注意哪些方面？

强夯地基施工有以下特点：

（1）强夯地基适用于处理碎石土、砂土、低饱和度的黏性土与粉土、湿陷性黄土、杂填土和素填土地基。

（2）一般情况下强夯地基施工使用10~25t 的夯锤作业。其夯底面形式宜为圆形，锤底面积宜按土的性质确定，锤底静压力值可取25~40kPa，对于细颗粒土锤底静压力宜取较小值。锤底面积宜取较小值。锤的底面宜对称设置若干个与顶面贯通的排气孔，孔径可取250~300mm。

（3）强夯施工宜采用带有自动脱钩装置的履带式起重机或其他专用起重设备。强夯施工可按以下步聚进行：

①清理平整场地。
②测量场地标高，放第一遍夯点位置。
③起重机设备就位，使夯锤对准夯点位置。
④测量夯前锤顶标高。
⑤将夯锤起吊到预定高度，待夯锤脱钩自由下落后，放下吊钩，测定锤顶高程；若发现因坑底倾斜而造成夯锤歪斜时，应及时将坑底修平。
⑥重复步骤⑤，按设计规定的夯击次数及控制标准，完成一个夯点的夯击。
⑦重复步骤③~⑥，完成第一遍全部夯点的夯击。
⑧用推土机将夯坑填平，并测量场地标高。
⑨在规定的时间间隔后，按上述步骤逐次完成全部夯击遍数，最后用低能量满夯，将场地表层松土夯实，并测量夯后场地标高。

（4）强夯的单位夯击能，应根据地基土类别、结构类型、荷载大小和处理深度等综合考虑，并通过现场试夯确定。一般情况下，对于粗颗粒土可取1000~3000kN·m/m²；细颗

粒土可取 $1500\sim4000 kN\cdot m/m^2$。

（5）夯点的夯击次数，应按现场试夯得到的夯击次数和夯沉量关系曲线确定，同时满足下列条件：

①最后两击的平均夯沉量不大于 50mm，当单击夯击能量较大时不大于 100mm。

②夯点周围地面不应发生过大的隆起。

③不应夯坑过深而发生起锤困难。

（6）夯实遍数应根据地基土的性质确定，一般情况下，可采用 2~3 遍。对于渗透性弱的细颗粒土，必要时夯击遍数可适当增加。

（7）两遍夯击之间应有一定的时间间隔。时间间隔的长短取决于土中超静孔隙水压力的消散时间。当缺少实测资料时，可根据地基土的渗透性确定。对于渗透性较差的黏性土地基的时间间隔，应不少于 3~4 周；对于渗透性好的地基可连续夯击。

（8）夯击点的布置可采用等边三角形、等腰三角形或正方形。第一遍夯击点间距可取 5~9m，以后各遍夯击点间距可与第一遍相同，也可适当缩小。对于处理深度较深或单击夯击能较大的工程，第一遍夯击点间距宜适当增大。

（9）强夯处理范围应大于建筑物基础范围。每边超出基础外缘的宽度宜为设计处理深度的 1/2 至 2/3，并不宜小于 3m。

（10）强夯地基质量检验标准应符合表 2-7 的规定。质量检验应在夯后两周进行。

表 2-7 强夯地基质量检验标准

项	序	检查项目	允许偏差或允许值		检查方法
			单位	数值	
主控项目	1	地基强度	设计要求		按规定方法
	2	地基承载力	设计要求		按规定方法
一般项目	1	夯锤落距	mm	±300	钢索设标志
	2	锤重	kg	±100	称重
	3	夯击遍数及顺序	设计要求		计数法
	4	夯点间距	mm	±500	用钢尺量
	5	夯击范围（超出基础范围距离）	设计要求		用钢尺量
	6	前后两遍间歇时间	设计要求		—

（11）承载力检验数量：每单位工程不应少于 3 点，$1000m^2$ 以上工程，每 $100m^2$ 至少应有 1 点，$3000m^2$ 以上工程，每 $300m^2$ 至少应有 1 点。每一独立基础下至少应有 1 点，基槽每 20 延长米应有 1 点。其他主控项目及一般项目随意检查。

65. 注浆地基施工应注意哪些方面？

注浆地基是指将配置的化学浆液或水泥浆液通过导管用注浆泵压力压入预定土体孔隙中，使之与土体结合，发生物理化学反应，从而提高土体强度，减少土体的压缩性和渗透性。

注浆地基施工应注意以下方面：

（1）注浆地基施工前，应进行室内浆液配比试验及现场注浆试验，以确定浆液配方及施工参数。

常用浆液类型如表2-8所示。

表2-8 常用浆液类型

浆液		浆液类型
粒状浆液（悬液）	不稳定粒状浆液	水泥浆
		水泥砂浆
	稳定粒状浆液	黏土浆
		水泥黏土浆
化学浆液（溶液）	无机浆液	硅酸盐
	有机浆液	环氧树脂类
		甲基丙烯酸酯类
		丙烯酰胺类
		木质素类
		其他

（2）化学注浆加固的施工顺序如下：

①加固渗透系数相同的土层应自下而上进行。

②如相邻土层的土质不同，应首先加固渗透系数大的土层。

③如土的渗透系数随深度而增大，应自下而上进行。

（3）注浆地基质量检验标准应符合表2-9的规定。

表2-9 注浆地基质量检验标准

项	序	检查项目		允许偏差或允许值		检查方法
				单位	数值	
主控项目	1	原材料检验	水泥		设计要求	查产品合格证书或抽样送检
			注浆用砂：粒径	mm	<2.5	试验室试验
			细度模数	%	<2.0	
			含泥量及有机物含量	%	<3	
			注浆用黏土：塑性指数		>14	试验室试验
			黏粒含量	%	>25	
			含砂量	%	<5	
			有机物含量	%	<3	
			粉煤灰：细度		不粗于同时使用的水泥	试验室试验
			烧失量	%	<3	
			水玻璃：模数		2.5~3.3	抽样送检
			其他化学浆液		设计要求	查产品合格证书或抽样送检
	2	注浆体强度			设计要求	取样检验
	3	地基承载力			设计要求	按规定方法

续表

项	序	检查项目	允许偏差或允许值		检查方法
			单位	数值	
一般项目	1	各种注浆材料称量误差	%	<3	抽查
	2	注浆孔位	mm	±20	用钢尺量
	3	注浆孔深	mm	±100	量测注浆管长度
	4	注浆压力（与设计参数比）	%	±10	检查压力表读数

（4）承载力检验数量：每单位工程不应少于3点，1000m² 以上工程，每100m² 至少应有1点，3000m² 以上工程，每300m² 至少应有1点，每一独立基础下至少应有1点；基槽每20延长米应有1点。

（5）注浆体强度检查孔数为总量的2%～5%，不合格率大于或等于20%时应进行二次注浆。检验应在注浆后15d（黄土、砂土）或60d（黏性土）进行。

其他项目随意抽查。

66. 预压地基施工应注意哪些方面？

预压地基是在原状土上加载，使土中水排出，以实现土体的预先固结，减少建筑物地基后期沉降和提高地基承载力，适用于处理淤泥质土，淤泥和冲填土等饱和黏性土地基。

预压地基按加载方法不同，分为堆载预压法、真空预压法、降水预压法。

预压地基施工应注意以下方面：

（1）堆载预压法。

①堆载预压法的砂井分普通砂井和袋装砂井。普通砂井直径可取300～500mm。袋装砂井直径可取70～100mm。砂井的平面布置可采用等边三角形或正方形排列。砂井间距可按井径比 n 确定（n 为一根砂井的有效排水圆柱体直径与砂井直径之比）。普通砂井的间距可可按 $n=6$～8 选用；袋装砂井的间距可按 $n=15$～20 选用。砂井的深度应根据建筑物对地基的稳定性和变形要求确定。对以地基抗滑移稳定性控制的工程，砂井深度至少应超过最险滑动面2m。对以沉降控制的工程，如压缩土层厚度不大，砂井宜贯穿压缩土层；对深厚的压缩土层，砂井深度应根据在限定的预压时间内应消除的变形量确定。砂井的灌砂量，应按井孔的体积和砂在中密时的干密度计算，其实际灌砂量不得小于计算值的95%。砂袋放入井内的高度至少应高出井口200mm。

②塑料排水带应有良好的透水性，并有足够的湿润抗拉强度和抗弯曲能力。塑料排水带需要接长时，应采用滤膜内芯板平搭接的连接方法，搭接长度宜大于200mm。排水带间距 $n=15$～20。

③预压荷载的大小应根据设计要求确定，通常可与建筑物的基底压力大小相同。堆载的范围不应小于建筑物基础外缘所包围的范围。

④堆载预压必须分级堆载，以确保预压效果并避免坍滑事故的发生。一般每天沉降速率控制在10～15mm/h，边桩位移速率控制在4～7mm。孔隙水压力增量不超过预压荷载增量的60%。

（2）真空预压法。

①用真空预压法处理地基必须设置砂井或塑料排水带。砂井或塑料排水带的间距可按堆载预压法中所述执行。砂井的砂料应采用中粗砂，其渗透系数宜大于 1×10^{-2} cm/s。

②真空预压的总面积不得小于建筑的基础外缘所包围的面积，每块面积宜尽可能大且相互连接。

③真空预压的抽气设备宜采用射流真空泵，真空泵的设置应根据预压面积大小、真空泵效率等确定，但每块预压区至少应设置两台真空泵。

④水平向分布滤水管可采用条状、梳齿状、或羽毛状等形式。滤水管一般设在排水砂层中，其上宜有 100～200mm 砂覆盖层。滤水管可采用钢管或塑料管，管外围绕铅丝，外包尼龙布或土工织物等滤水材料。

⑤密封膜应采用抗老化性能好、韧性好、抗穿刺能力强且不透气材料。密封膜热合时宜用两条热合缝的平搭接，搭接长度应大于 15mm。密封膜宜铺设 3 层，膜周边应进行密封处理。

⑥真空预压的密封膜下真空度应保持在 80kPa 以上，压缩土层的平均固结度应大于 80%。

⑦预压地基和塑料排水带质量检验标准应符合表 2-10 的规定。

表 2-10　预压地基和塑料排水带质量检验标准

项	序	检查项目	允许偏差或允许值		检查方法
			单位	数值	
主控项目	1	预压载荷	%	≤2	水准仪
	2	固结度（与设计要求比）	%	≤2	根据设计要求采用不同的方法
	3	承载力或其他性能指标	设计要求		按规定方法
一般项目	1	沉降速率（与控制值比）	%	±10	水准仪
	2	砂井或塑料排水带位置	mm	±100	用钢尺量
	3	砂井或塑料排水带插入深度	mm	±200	插入时用经纬仪检查
	4	插入塑料排水带时的回带长度	mm	≤500	用钢尺量
	5	塑料排水带或砂井高出砂垫层距离	mm	≥200	用钢尺量
	6	插入塑料排水带的回带根数	%	<5	目测

注：如真空预压，主控项目中预压载荷的检查为真空度降低值<2%。

⑧承载力检验数量：每单位工程不应少于 3 点，1000m² 以上工程，每 100m² 至少应有 1 点，3000m² 以上工程，每 300m² 至少应有 1 点。每一独立基础下至少应有 1 点，基槽每 20 延长米应有 1 点。

其他主控项目及一般项目随意抽查。

67. 振冲地基施工应注意哪些方面？

振冲地基是指用振冲器在原状土中冲水成孔，在孔内倒入填料，并进行振密而构成的地基。振冲地基的施工方法分为振冲置换法和振冲密实法。振冲置换法是在地基土中制造一群以石块、砾石等散粒材料构成的桩体，这些桩与原状地基土一起构成复合地基。振冲密实法主要是利用振动和压力水使砂层发生液化，砂颗粒重新排列，孔隙减少，从而提高地基的承载力和抗液化能力。振冲置换法适用于处理不排水抗剪强度不小于 20kPa 的黏性土、粉土、饱和黄土和人工填土等地基。振冲密实法适用于处理砂土和粉土等地基。不加料的振冲密实法仅适用于处理黏粒含量小于 10% 的粗砂、中砂地基。振冲地基施工应注意以下方面：

(1) 振冲置换法。

振冲置换法处理面积应大于基底面积。一般地基在基础外缘宜扩大 1~2 排桩；对于液化地基，在基础外缘应扩大 2~4 排桩。

①桩位布置，对大面积满堂处理，宜用等边三角形；对独立或条形基础，宜用正方形、矩形或等腰三角形。

②桩的直径常为 0.8~1.2m；桩的间距可取 1.5~2.5m；桩长不宜短于 4m。

③桩孔填料可用含泥量不大的碎石、卵石、角砾、圆砾等，填料的最大粒径不宜大于 80mm。对碎石，常用粒径为 20~50mm。

④振冲地基常用功率为 30kW 的振冲器。升降振冲器的机具可用起重机、自行井架式施工平车等。

⑤振冲施工可按以下步骤进行：

a. 清理平整场地，放桩位点线。

b. 施工机具就位，使振冲器对准桩位。

c. 启动水泵和振冲器，水量可用 200~400L/min，水压可用 400~600kPa，使振冲器徐徐沉入土中，直至设计处理深度以上 0.3~0.5m，记录振冲器经各深度的电流值和时间，提升振冲器至孔口。

d. 重复 c. 步骤 1~2 次，使孔内泥浆变稀，然后将振冲器提出孔口。

e. 向孔内倒入填料，将振冲器沉入填料中进行振密，此时电流随填料的密实而逐渐增大，电流必须超过规定的密实电流，若达不到规定值，应向孔内增加填料并振密，记录这一深度的最终电流量和填料量。

f. 振冲器提出孔口，继续施工上部的桩段。

g. 重复步骤 f. 自下而上施工桩体，直至孔口。

h. 关闭水泵和振冲器。

i. 将桩顶部的松散桩体挖除，或用碾压等方法使之密实，随后铺设一层 200~500mm 厚的碎石垫层。

(2) 振冲密实法。振冲密实法处理范围应大于建筑物基础范围，在建筑物基础外缘每边放宽不少于 5m。

①振冲点宜按等边三角形或正方形布置，间距可取 1.8~2.5m。

②填料宜用卵石、碎石、砂砾、圆砾、角砾、粗砂、中砂等。每一振冲点所需填料量随地基土要求达到的密实程度和振冲点间距而定。

③振冲器功率宜不低于 300kW，升降振冲器的机具可用起重机、自行井架式施工平车等。

④加填料的密实施工可按以下步骤进行：

a. 清理场地、平整场地、布置振冲点。

b. 施工机具就位，在振冲点上安放护筒，使振冲器对准护筒的正中心。

c. 启动振冲器和水泵，使振冲器徐徐沉入砂层，水量一般控制在 200～400L/min，水压在 400～600kPa，下沉速度宜控制在 1～2m/min 范围内。

d. 振冲器达到设计要求深度后，将水量和水压降至孔口有一定量回水，但无大量细颗粒带出的程度，将填料堆于护筒周围。

e. 填料在振冲器振动下，依靠自重沿护筒壁下沉至孔底，在电流升高到规定的控制值后，将振冲器上提 0.3～0.5m。

f. 重复步骤 e，直至完成全孔处理，详细记录各深度的最终电流值和填料量等。

g. 关闭振冲器和水泵。

不加填料的振冲器密实施工方法与加填料的振冲密实施工大体相同。振冲器沉至设计处理深度，留振至电流稳定地大于规定值后，将振冲器上提 0.3～0.5m，如此反复进行，直至完成全孔处理。

振冲密实施工顺序宜沿平行直线逐点进行。

h. 振冲地基质量检验标准应符合表 2-11 的规定。

表 2-11 振冲地基质量检验标准

项	序	检查项目	允许偏差或允许值		检查方法
			单位	数值	
主控项目	1	填料粒径	设计要求		抽样检查
	2	密实电流（黏性土）	A	50～55	电流表读数
		密实电流（砂性土或粉土）	A	40～50	
		（以上为功率 30kW 振冲器）			
		密实电流（其他类型振冲器）	A	$(1.5～2.0) A_0$	电流表读数，A_0 为空振电流
	3	地基承载力	设计要求		按规定方法
一般项目	1	填料含泥量	%	<5	抽样检查
	2	振冲器喷水中心与孔径中心偏差	mm	≤50	用钢尺量
	3	成孔中心与设计孔位中心偏差	mm	≤100	用钢尺量
	4	桩体直径	mm	<50	用钢尺量
	5	孔深	mm	±200	量钻杆或重锤测

i. 承载力检测数量：承载力检测数量为总数的 0.5%～1%，但不应少于 3 处。有单桩强度检验要求的数量为总数的 0.5%～1%，且不应少于 3 根。其他主控项目及一般项目至少应抽查总数的 20%。

68. 高压喷射注浆地基施工应注意哪些方面？

高压喷射注浆地基是指利用钻机把带有喷嘴的注浆管带入土层的预定位置或先钻孔后再将注浆管放至预定位置，以高压使浆液或水从喷嘴中射出，边旋转边喷射浆液，使土体与浆液搅拌混合形成一固结体。适用于处理淤泥、淤泥质土、黏性土、粉土、砂土、黄土、人工填土和碎石土等的地基。高压喷射注浆地基施工应注意以下方面：

（1）高压喷射注浆地基施工可采用单管法、二管法或三管法。单管法是单独喷出水泥浆的工艺；二管法是同时喷出高压空气与水泥浆的工艺；三管法是同时喷出高压空气、高压水及水泥浆的工艺。

(2) 水泥宜用32.5级或42.5级普通硅酸盐水泥，根据需要加入适量的速凝、悬浮或防冻等外加剂。水灰比可取1.0~1.5，常用1.0。

(3) 高压喷射注浆单管法及二管法的高压水泥浆液流压力和三管法高压水射流的压力宜大于20MPa，三管法使用的低压水泥浆液流压力宜大于1MPa，气流压力宜取0.7MPa，提升速度宜取0.1~0.25m/min。

(4) 设计孔位应根据现场环境和地下埋设物的位置等情况确定。

(5) 高压喷射注浆施工工序：机具就位、贯入注浆管、喷射注浆、拔管及清洗等。

(6) 当注浆管贯入土中，喷嘴达到设计标高时，即可喷液注浆。在喷射注浆达到规定值后，随即分别按旋喷、定喷或摆喷的工艺要求，提升注浆管，由下而上喷射注浆。注浆管分段提升的搭接长度不得小于100mm。

(7) 高压喷射注浆完毕，应迅速拔出注浆管，为了防止浆液凝固收缩影响桩顶高程，必要时可在原孔位置采用冒浆回灌或二次注浆等措施。

(8) 高压喷射注浆地基质量验收标准应符合表2-12的规定。

表2-12 高压喷射注浆地基质量检验标准

项	序	检查项目	允许偏差或允许值		检查方法
			单位	数值	
主控项目	1	水泥及外掺剂质量	符合出厂要求		查产品合格证书或抽样送检
	2	水泥用量	设计要求		查看流量表及水泥浆水灰比
	3	桩体强度或完整性检验	设计要求		按规定办法
	4	地基承载力	设计要求		按规定办法
一般项目	1	钻孔位置	mm	≤50	用钢尺量
	2	钻孔垂直度	%	≤1.5	经纬仪测钻杆或实测
	3	孔深	mm	±200	用钢尺量
	4	注浆压力	按设定参数指标		查看压力表
	5	桩体搭接	mm	>200	用钢尺量
	6	桩体直径	mm	≤50	开挖后用钢尺量
	7	桩身中心允许偏差		≤0.2D	开挖后桩顶下500mm处用钢尺量，D为桩径

(9) 承载力检验数量：承载力检验数量为总数的0.5%~1%，且不少于3处。有单桩检验要求时，数量为总桩数的0.5%~1%，且不应少于3根。

其他主控项目及一般项目至少应抽查总桩数的20%。质量检验应在注浆结束4周后进行。

69. 水泥土搅拌桩地基施工应注意哪些方面？

水泥土搅拌桩地基是指利用水泥作固化剂，通过搅拌机械将水泥与地基土强制搅拌，硬化后构成的地基。水泥土搅拌桩地基适用于处理淤泥、淤泥质土、粉土和含水量较高且地基承载力标准值不大于120kPa的黏性土的地基。

水泥土搅拌桩地基施工应注意以下方面：

（1）水泥掺入量宜为被加固土重的7%～15%，可根据需要掺入适量的早强、缓凝、减水剂等。

（2）施工场地应事先平整、清除地上及地下一切障碍物。低洼场地应回填黏性土。桩位平面布置可采用桩状、壁状、格栅状、块状等形式。可只在基础范围内布桩。

（3）基础底面以上宜预留500mm厚的土层，搅拌桩施工到地面，开挖基坑时，应将上部质量较差的桩段挖除。

（4）水泥土搅拌桩施工可按以下步骤进行：

①深层搅拌机械就位。
②预搅下沉。
③喷浆搅拌提升。
④重复搅拌下沉。
⑤重复搅拌提升直至孔口。
⑥关闭搅拌机械。

（5）搅拌机预搅下沉不宜冲水，当遇到较硬土层下沉太慢时，方可适量加水，但应考虑冲水成桩对桩体本身强度的影响。

（6）搅拌机喷浆提升的速度和次数必须符合施工工艺的要求，应派专人记录搅拌机每米下沉或提升的时间，深度记录误差不得大于50mm，时间记录误差不得大于5s。

（7）水泥土搅拌桩地基质量检验标准应符合表2-13的规定。

表2-13 水泥土搅拌桩地基质量检验标准

项	序	检查项目	允许偏差或允许值		检查方法
			单位	数值	
主控项目	1	水泥及外掺剂质量	设计要求		查产品合格证书或抽样送检
	2	水泥用量	参数指标		查看流量计
	3	桩体强度	设计要求		按规定方法
	4	地基承载力	设计要求		按规定方法
一般项目	1	机头提升速度	m/min	≤0.5	量机头上升距离及时间
	2	桩底标高	mm	±200	测机头深度
	3	桩顶标高	mm	+100 -50	水准仪（最上部500mm不计入）
	4	桩位偏差	mm	<50	用钢尺量
	5	桩径		<0.04D	用钢尺量，D为桩径
	6	垂直度	%	≤1.5	经纬仪
	7	搭接	mm	>200	用钢尺量

进行强度检验时，对承重水泥土搅拌桩应取90d后的试件；对支护水泥土搅拌桩应取28d以后的试件。

（8）承载力检验数量：承载力检验数量应为总数的0.5%～1%，且不应少于3处。有单桩强度检验要求时，检验数量应为总桩数的 0.5%~1%，但不应少于 3 根。

其他主控项目及一般项目至少应抽查总数的 20%。

70. 土和灰土挤密桩地基施工应注意哪些方面？

土和灰土挤密桩地基是指在原土中成孔后分层以素土或灰土充填，并夯压密实，同时挤密周围的土体，而构成的地基。土和灰土挤密桩地基适用于处理地下水位以上的湿陷性黄土、素填土和杂填土等地基，一般处理的深度宜为 5~15m，土和灰土挤密桩地基施工应注意以下方面：

（1）土和灰土挤密桩地基处理宽度应大于基础的宽度。局部处理时，对非自重湿陷性黄土、素填土、杂填土等地基，每边超出基础宽度不应小于 0.25b（b 为基础短边宽度），且不应小于 0.5m；对自重湿陷性黄土地基不应小于 0.75b，且不应小于 1m。整片处理Ⅲ、Ⅳ级自重湿陷性黄土场地，每边超出建筑物外墙基础外缘宽度不宜小于处理土层厚度的 1/2，且不应小于 2m。

（2）桩孔直径宜为 300~600mm。桩孔宜为等边三角形布置。

（3）桩孔内的填料，应用压实系数控制夯实质量，当用素土回填夯实时，压实系数不应小于 0.97。灰土的体积配合比宜为 2∶8 或 3∶7。

（4）成孔施工可根据现场条件选用沉管（振动、锤击）、冲击或爆扩等方法。

（5）成孔施工时，地基土宜接近最佳含水率，当含水率低于 12% 时，应加水增湿至最佳含水率。

（6）向孔内填料前，孔底必须夯实，然后用素土或灰土在最佳含水率状态下分层回填夯实，其压实系数应符合设计及规范要求。

（7）成孔和回填夯实的施工顺序，宜间隔进行。对大型工程可分段施工。

（8）基础底面以上应预留 0.7~1m 厚的土层，待施工结束后，将表面挤松的土挖除或分层夯压密实。

（9）土和灰土挤密桩地基质量检验标准应符合表 2-14 的规定

表 2-14 土和灰土挤密桩地基质量检验标准

项	序	检查项目	允许偏差或允许值		检查方法
			单位	数值	
主控项目	1	桩体及桩间土干密度	设计要求		现场取样抽查
	2	桩长	mm	+500	测桩管长度或垂球测孔深
	3	地基承载力	设计要求		按规定的方法
	4	桩径	mm	-20	用钢尺量
一般项目	1	土料有机质含量	%	≤5	试验室焙烧法
	2	石灰粒径	mm	≤5	筛分法
	3	桩位偏差		满堂布桩≤0.40D 条基布桩≤0.25D	用钢尺量，D 为桩径
	4	垂直度	%	≤1.5	用经纬仪测桩管
	5	桩径	mm	-20	用钢尺量

注：桩径允许偏差负值是指个别断面。

（10）承载力检验数量：承载力检验数量为总数的0.5%~1%，且不应少于3处。有单桩强度检验要求时，检验数量为总数的0.5%~1%，且不应少于3根。

其他主控项目及一般项目至少抽查总数的20%。

71. 水泥粉煤灰碎石桩地基施工应注意哪些方面？

水泥粉煤灰碎石桩地基是指用长螺旋钻机钻孔或沉管桩机成孔后，将水泥、粉煤灰及碎石混合搅拌后，泵压或经下料斗送入孔内，构成密实的桩体而构成的复合地基。

水泥粉煤灰碎石桩地基施工应注意以下方面：

（1）水泥粉煤灰碎石桩地基施工中，应检查桩身混合料的配合比、坍落度和提拔钻杆的速度、成孔深度、混合料的灌入量等。

（2）提拔钻杆（或套管）的速度必须与泵入混凝土的速度相匹配，否则容易产生缩颈或断桩现象，而且不同土层中提拔钻杆的速度也不相同，砂性土，砂质黏土、黏土中提拔的速度为1.2~1.5m/min，在淤泥质土中应适当放慢。桩顶标高应高出设计标高0.5m。

（3）水泥粉煤灰碎石桩复合地基质量检验标准应符合表2-15的规定。

表2-15 水泥粉煤灰碎石桩复合地基质量检验标准

项	序	检查项目	允许偏差或允许值		检查方法
			单位	数值	
主控项目	1	原材料	设计要求		查产品合格证书或抽样送检
	2	桩径	mm	-20	用钢尺量或计算填料量
	3	桩身强度	设计要求		查28d试块强度
	4	地基承载力	设计要求		按规定的办法
一般项目	1	桩身完整性	按桩基检测技术规范		按桩基检测技术规范
	2	桩位偏差	满堂布桩≤0.40D 条基布桩≤0.25D		用钢尺量，D为桩径
	3	桩垂直度	%	≤1.5	用经纬仪测桩管
	4	桩长	mm	+100	测桩管长度或垂球测孔深
	5	褥垫层夯填度		≤0.9	用钢尺量

注：1. 夯填度指夯实后的褥垫层厚度与虚体厚度的比值。
2. 桩径允许偏差负值是指个别断面。

（4）承载力检验数量：承载力检验数量为总数的0.5%~1%，且不少于3处。有单桩检验要求时，数量为总桩数的0.5%~1%，且不少于3根。

其他主控项目及一般项目至少应抽查总数的20%。

72. 夯实水泥土桩地基施工应注意哪些方面？

夯实水泥土桩地基是指用长螺旋钻机钻孔或沉管桩机成孔后，将水泥和黏土的混合料，用筛过滤后填入孔内，分层夯实，构成密实的桩体而形成的复合地基。

夯实水泥土桩复合地基施工应注意以下方面：

（1）夯实水泥土桩复合地基施工中应检查桩位、孔深、孔径、水泥和黏土的配合比、混合料的含水量等。混合料的含水量应控制在最佳含水量范围以内。

（2）混合料每层虚铺厚度宜为200~250mm，每层夯实3~4遍。

（3）桩顶标高应高出设计标高0.5m。

（4）夯实水泥土桩复合地基质量检验标准应符合表2-16的规定。

表2-16 夯实水泥土桩复合地基质量检验标准

项	序	检查项目	允许偏差或允许值		检查方法
			单位	数值	
主控项目	1	桩径	mm	-20	用钢尺量
	2	桩长	mm	+500	测桩孔深度
	3	桩体干密度		设计要求	现场取样检查
	4	地基承载力		设计要求	按规定的办法
一般项目	1	土料有机质含量	%	≤5	焙烧法
	2	含水量（与最优含水量比）	%	±2	烘干法
	3	土料粒径	mm	≤20	筛分法
	4	水泥质量		设计要求	查产品质量合格证书或抽样送检
	5	桩位偏差		满堂布桩≤0.40D 条基布桩≤0.25D	用钢尺量，D为桩径
	6	桩孔垂直度	%	≤1.5	用经纬仪测桩管
	7	褥垫层夯填度		≤0.9	用钢尺量

承载力检验数量：承载力检验数量为总数的0.5%~1%，且不应少于3处。

其他主控项目及一般项目至少应抽查总数的20%。

73. 砂桩地基施工应注意哪些方面？

砂桩地基是指在原状土中成孔后分层填以砂料经夯压密实，同时挤密桩周围土体，形成坚实的地基。适用于挤密松散砂土、素填土和杂填土等地基。砂桩地基施工应注意以下方面：

（1）砂桩孔宜采用等边三角形或正方形布置，砂桩直径可采用300~800mm。砂桩间距不宜超过砂桩直径的4倍。

当地基中的松软土层厚度不大时，砂桩宜穿过软土层；当软土层较厚时，桩长应根据地基的允许变形值确定。

（2）砂桩挤密地基的宽度应超过基础的宽度，每边放宽不应少于1~3排桩；砂桩用于防止砂层液化时，每边放宽不宜小于处理深度的1/2，且不应小于5m。

桩孔内的砂料宜用砾砂、粗砂、中砂等。砂料中含泥量不得大于5%。

（3）砂桩施工可采用振动成桩法或锤击成桩法。振动成桩法施工步骤如下：

①移动桩机及导向架，将桩管及桩尖对准桩位。

②启动振动锤，将桩管下到预定深度。

③向桩管内施加规定数量的砂料。

④把桩管提升一定的高度（下砂料顺利时提升高度不超过1~2m），提升时桩尖自动打

开,桩管内的砂料注入桩孔内。

⑤降落桩管,利用振动及桩尖的挤压作用使砂料密实。

⑥重复步骤④、⑤,桩管上下运动,砂料不断补充,砂桩不断提高。

⑦桩管提到地面,砂桩完成。

(4) 锤击成桩法施工有单管法和双管法,一般宜用双管法。锤击成桩双管法施工步骤如下:

①将内外管安放在预定的桩位上,将用作桩塞的砂料投入外管底部。

②以内管做锤冲击砂塞,靠摩擦力将外管打入预定深度。

③固定外管将砂塞压入土中。

④提内管并向外管内送入砂料。

⑤边提外管边用内管将管内砂料冲出挤压土层。

⑥重复步骤④、⑤。

⑦将外管拔出地面,砂桩完成。

(5) 以挤密为主的砂桩施工顺序应间隔进行。孔内实际填砂量(不包括水重)不应少于设计值的95%。

施工结束后,应将基底标高下的松土层夯压密实。

(6) 砂桩地基质量检验标准应符合表2-17的规定。质量检验应在砂桩施工结束7d后进行。

表2-17 砂桩地基的质量检验标准

项	序	检查项目	允许偏差或允许值		检查方法
			单位	数值	
主控项目	1	灌砂量	%	≥95	实际用砂量与计算体积比
	2	地基强度	设计要求		按规定方法
	3	地基承载力	设计要求		按规定方法
一般项目	1	砂料的含泥量	%	≤3	试验室测定
	2	砂料的有机质含量	%	≤5	焙烧法
	3	桩位	mm	≤50	用钢尺量
	4	砂桩标高	mm	±150	水准仪
	5	垂直度	%	≤1.5	经纬仪检查桩管垂直度

(7) 承载力检验数量:承载力检验数量为总数的0.5%~1%,但不应少于3处,有单桩强度检验要求时,检测数量为总桩数的0.5%~1%,但不应少于3根。

其他主控项目及一般项目可随意抽查。

第二节 桩基础

74. 预制桩分几类?

预制桩分两类:

(1) 预制实心桩。预制实心桩有时根据需要和现场实际条件在现场制作。这样可以节约运输成本，但是由于现场条件较差，桩的质量难以保证。所以，要求现场管理人员应具有较高的技术素质和责任心。

预制实心桩截面有：200mm×200mm，250mm×250mm，300mm×300mm 及 350mm×350mm；桩长一般在12m 以内。

（2）预制管桩。外径尺寸有以下规格：

①PTC 型：300mm，400mm，500mm，550mm，600mm，800mm，1000mm。

②PC 型：300mm，400mm，500mm，550mm，600mm。

②PHC 型：300mm，350mm，400mm，450mm，500mm，550mm，600mm。

随着社会的发展进步，管桩的规格亦在不断增加。

预应力高强混凝土管桩（PHC 桩）的配筋和力学性能如表2-18 所示。

表 2-18 预应力高强混凝土管桩（PHC 桩）的配筋和力学性能

外径 D/mm	壁厚 t/mm	单节桩长/m	混凝土强度等级	型号	预应力钢筋	螺旋筋规格	混凝土有效预应力/MPa	抗裂弯矩检验值 M_{Cr}/(kN·m)	极限弯矩检验值 M_u/(kN·m)	单桩竖向承载力最大特征值 R_a/kN	桩身结构竖向承载力设计值 R_p/kN	理论重量/(kg/m)
550	125	≤15	C80	A	11ϕ9.0	ϕ^b5	3.4	125	188	3050	4150	434
				AB	11ϕ10.7		4.7	154	254			
				B	15ϕ10.7		6.1	182	328			
				C	15ϕ12.6		7.9	211	422			
600	110	≤15	C80	A	13ϕ9.0	ϕ^b5	3.9	164	246	3150	4250	440
				AB	13ϕ10.7		5.5	201	332			
				B	17ϕ10.7		7	239	430			
				C	17ϕ12.6		9.1	276	552			
600	130	≤15	C80	A	13ϕ9.0	ϕ^b5	3.5	164	246	3550	4800	499
				AB	13ϕ10.7		4.8	201	332			
				B	17ϕ10.7		6.2	239	430			
				C	17ϕ12.6		8.2	276	552			
800	110	≤15	C80	A	15ϕ10.7	ϕ^b6	4.4	367	550	4400	6000	620
				AB	15ϕ12.6		6.1	451	743			
				B	22ϕ12.6		8.2	535	962			
				C	27ϕ12.6		11	619	1238			
1000	130	≤15	C80	A	22ϕ10.7	ϕ^b6	4.4	689	1030	6600	8900	924
				AB	22ϕ12.6		6	845	1394			
				B	30ϕ12.6		8.3	1003	1805			
				C	40ϕ12.6		10.9	1161	2322			

预应力混凝土管桩（PC 桩）的配筋和力学性能如表 2-19 所示。

表 2-19 预应力混凝土管桩（PC 桩）的配筋和力学性能

外径 D/mm	壁厚 t/mm	单节桩长/m	混凝土强度等级	型号	预应力钢筋	螺旋筋规格	混凝土有效预压应力/MPa	抗压弯矩检测值 M_{Cr}/(kN·m)	极限弯矩检测值 M_u/(kN·m)	单桩竖向承载力最大特征值 R_a/kN	桩身结构竖向承载力设计值 R_p/kN	理论重量/(kg/m)
300	70	≤11	C60	A	6φ7.1	$\phi^b 4$	3.8	23	34	700	950	131
				AB	6φ9.0		5.2	28	45			
				B	8φ9.0		7.1	33	59			
				C	8φ10.7		9.3	38	76			
400	95	≤12	C60	A	10φ7.1	$\phi^b 4$	3.7	52	77	1300	1750	249
				AB	10φ9.0		5.0	63	104			
				B	13φ9.0		6.7	75	135			
				C	13φ10.7		9.0	87	174			
500	100	≤15	C60	A	10φ9.0	$\phi^b 5$	3.9	99	148	1750	2400	327
				AB	10φ10.7		5.4	121	200			
				B	14φ10.7		7.2	144	258			
				C	14φ12.6		9.8	166	332			
550	100	≤15	C60	A	11φ9.0	$\phi^b 5$	3.9	125	188	2000	2700	368
				AB	11φ10.7		5.4	154	254			
				B	15φ10.7		7.2	182	328			
				C	15φ12.6		9.7	211	422			
600	110	≤15	C60	A	13φ9.0	$\phi^b 5$	3.9	164	246	2400	3250	440
				AB	13φ10.7		5.4	201	332			
				B	18φ10.7		7.2	239	430			
				C	18φ12.6		9.8	276	552			

预应力混凝土薄壁管桩（PTC 桩）的配筋和力学性能如表 2-20 所示。

表 2-20 预应力混凝土薄壁管桩（PTC 桩）的配筋和力学性能

外径 D/mm	壁厚 t/mm	单节桩长/m	混凝土强度等级	预应力钢筋	螺旋筋规格	混凝土有效预压应力/MPa	抗裂弯矩检验值 M_{Cr}/(kN·m)	极限弯矩检验值 M_u/(kN·m)	单桩竖向承载力最大特征值 R_a/kN	桩身结构竖向承载力设计值 R_p/kN	理论重量/(kg/m)
300	60	≤9	C60	6φ7.1	$\phi^b 4$	4.2	19	26	640	870	117
350	60	≤10	C60	6φ7.1	$\phi^b 4$	3.5	27	38	770	1050	142
400	60	≤11	C60	7φ7.1	$\phi^b 4$	3.2	39	55	990	1230	166
450	65	≤11	C60	9φ7.1	$\phi^b 4$	3.4	55	77	1100	1500	204
500	70	≤12	C60	10φ7.1	$\phi^b 5$	3.1	71	100	1350	1820	245
550	80	≤13	C60	12φ7.1	$\phi^b 5$	3.2	97	136	1680	2270	307
600	80	≤13	C60	9φ9.0	$\phi^b 5$	3.3	119	167	1850	2500	340

这种桩大部分在混凝土构件厂生产。由于预制桩要求的参数指标比较高，对建筑主体结构的安全起着至关重要的作用，所以要求预制厂有相应的资质、严谨的管理体系、管理人员应有相应的资格证书、质保体系及生产许可证。

75. 混凝土预制桩制作应注意哪些方面？

混凝土预制桩制作应注意以下方面：

（1）混凝土预制桩的制作场地必须平整、坚实、硬化，并涂隔离剂。

（2）混凝土预制桩的模板可是木模板或钢模板，但必须保证平整、牢靠、尺寸准确。

（3）钢筋骨架的主筋连接宜采用对焊或电弧焊，主筋接头配置在同一截面内，接头的数量应符合以下规定：

①当采用闪光对焊或电弧焊时，对于受拉钢筋，不得超过50%。

②相邻两根主筋接头截面的距离应大于$35d$（d为钢筋直径），且不应小于500mm。

③必须符合钢筋焊接及验收规范的要求。

④桩顶1m区段范围内主筋不应有接头，环筋应加密；钢筋保护层应严格控制。

（4）用先做预制桩作底模时，应待下层预制桩混凝土强度达到设计要求强度的30%以上方可进行，重叠制作一般不超过4层。

（5）单节预制桩的长度应考虑桩架的有效高度，长桩应考虑分节制作，根据勘察报告应设法避开桩尖接近持力层或正在持力层时接桩。

（6）静压沉桩的预制桩混凝土强度等级不应低于C20，使用机械搅拌混凝土的坍落度不大于60mm，硬骨料用5~40mm的碎石或卵石，应整桩连续浇筑并振捣密实。12h开始浇水养护，连续养护的时间应不少于7d。

（7）打桩沉桩的预制桩混凝土强度等级不应低于C30。

（8）混凝土预制桩在现场制作时，应对原材料、钢筋骨架、混凝土强度进行检查。采用工厂生产成品桩时，桩进场应进行外观检查。

（9）预制桩钢筋骨架质量检验标准应符合表2-21的规定。

表2-21 预制桩钢筋骨架质量检验标准 （mm）

项	序	检查项目	允许偏差或允许值	检查方法
主控项目	1	主筋距桩顶距离	±5	用钢尺量
	2	多节桩锚固钢筋位置	5	用钢尺量
	3	多节桩预埋铁件	±3	用钢尺量
	4	主筋保护层厚度	±5	用钢尺量
一般项目	1	主筋间距	±5	用钢尺量
	2	桩尖中心线	10	用钢尺量
	3	箍筋间距	±20	用钢尺量
	4	桩顶钢筋网片	±10	用钢尺量
	5	多节桩锚固钢筋长度	±10	用钢尺量

（10）混凝土预制桩质量检验标准应符合表 2-22 的规定。

表 2-22 混凝土预制桩的质量检验标准

项	序	检查项目	允许偏差或允许值		检查方法
			单位	数值	
主控项目	1	桩体质量检验	按基桩检测技术规范		按基桩检测技术规范
	2	桩位偏差： 桩数 1～3 根时 桩数 4～16 根时 桩数 16 根以上时		100mm 1/2 桩径 外侧 1/3 桩径 内侧 1/2 桩径	钢尺量
	3	承载力	按基桩检测技术规范		按基桩检测技术规范
一般项目	1	砂、石、水泥、钢材等原材料（现场预制时）	符合设计要求		查出厂质保文件或抽样送检
	2	混凝土配合比及强度（现场预制时）	符合设计要求		检查称量及查试块记录
	3	成品桩外形	表面平整，颜色均匀，掉角深度＜10mm，蜂窝面积小于总面积 0.5%		直观
	4	成品桩裂缝（收缩裂缝或起吊、装运、堆放引起的裂缝）	深度＜20mm，宽度＜0.25mm，横向裂缝不超过边长的一半		裂缝测定仪，该项在地下水有侵蚀地区及锤击数超过 500 击的长桩不适用
	5	成品桩尺寸：横截面边长 桩顶对角线差 桩尖中心线 桩身弯曲矢高 桩顶平整度	mm mm mm 　 mm	±5 ＜10 ＜10 ＜1/1000l ＜2	用钢尺量 用钢尺量 用钢尺量 用钢尺量，l 为桩长 用水平尺量
	6	电焊接桩焊缝： ①上下节错口 外径≥700mm 外径＜700mm ②咬边深度 ③焊缝高度 ④焊缝宽度 ⑤外观质量 ⑥焊缝探伤	mm mm mm mm mm 　 	≤3 ≤2 ≤0.5 2 2 无气孔、焊瘤、裂缝 满足设计要求	用钢尺量 焊缝检查仪 观察 按设计要求
	7	硫磺胶泥接桩：胶泥浇筑时间 浇注后停歇时间	min min	＜2 ＞7	秒表测定 秒表测定
	8	桩顶标高	mm	±50	水准仪
	9	停锤标准	设计要求		现场实测或查沉桩记录

（11）桩体质量检验的数量不应少于总桩数的 10%，且不得少于 10 根。每个承台下不得少于 1 根。

（12）承载力检验数量不应少于总桩数的 1%，且不应少于 3 根，当总桩数少于 50 根时，不应少于 2 根。

其他主控项目应全部检查，一般项目按总桩数 20% 抽查。

76. 先张法预应力高强混凝土管桩制作应注意哪些？

先张法预应力高强混凝土管桩的制作均在工厂制作。

（1）钢筋根据桩长断切后两端均有墩头，墩头安装在桩的端板上，为使桩的钢筋受力均匀，所以要求钢筋的断切长度应相当准确。

（2）先张法预应力钢筋张拉，用楔板固定牢靠。

（3）扣好模具，浇筑高强混凝土。

（4）开动机械，使桩模具连同混凝土高速旋转，靠离心力作用使混凝土在模具内形成一个空心的圆柱体。

（5）将成形的管桩用平车推进蒸护室，经 16 小时管桩的强度便可达到 100%。

（6）管桩的冷却过程应尽量缓慢，防止剧烈降温引起桩体龟裂。

（7）高强混凝土管桩的长度一般在 2～12m 不等；内设 10～20 根 ϕ16～22mm 的主筋；桩端设有钢盘；连接方法一般以焊接或自动销栓；混凝土强度等级在 C30～C80 不等。

管桩的混凝土结构密实，强度高，抗腐蚀反抗水侵蚀性能好，管桩的混凝土强度应达到设计强度 100% 方可运往施工现场进行沉桩。

77. 钢桩施工应注意哪些？

（1）钢桩制作应注意以下方面：

①钢桩制作使用的材料应符合设计要求。

②钢桩制作所用的焊条应与母材特性相匹配。

③焊接钢桩的焊工应持证上岗。

④钢桩的各部尺寸应符合设计和相关规范的要求。

（2）钢桩的沉桩应注意以下方面：

①施工前应检查进场钢桩的外观质量、合格证、检测报告；成品钢桩的质量检验标准应符合表 2-23 的规定。

表 2-23 成品钢桩质量检验标准

项	序	检查项目	允许偏差或允许值		检查方法
			单位	数值	
主控项目	1	钢桩外径或断面尺寸：桩端 桩身		±0.15%D ±1%D	用钢尺量，D 为外径或边长
	2	矢高		<1/1000l	用钢尺量，l 为桩长

续表

项	序	检查项目	允许偏差或允许值		检查方法
			单位	数值	
一般项目	1	长度	mm	+10	用钢尺量
	2	端部平整度	mm	≤2	用水平尺量
	3	H钢桩的方正度 $h>300$	mm	$T+T'≤8$	用钢尺量，h、T、T'见图示
		$h<300$	mm	$T+T'≤6$	
	4	端部平面与桩中心线的倾斜值	mm	≤2	用水平尺量

②施工前应检查电焊的质量。

③根据现场地质条件、桩型、桩的规格尺寸选用适宜的桩锤。如土层松软，特别是柴油打桩机一击之后，二次喷油不再爆发，致使打桩机不能进行工作，只能调整为轻锤才可施工。（如将8t锤换为6t锤）。

（3）桩打入时应符合以下规定：

①桩帽或送桩帽与桩周围的间隙应为5~10mm。

②锤与桩帽、桩帽与桩之间应加弹性衬垫。

③桩锤、桩帽或送桩应与桩身处于同一中心线上。

④桩插入时的垂直度偏差不得超过0.5%。

（4）打桩顺序如下：

①对于密集的桩群，自中间向两边方向或向四周对称施打。

②当一侧有毗邻建筑物时，由建筑物处向另一方向施打。

③根据桩底标高，宜先深后浅。

④根据桩的规格尺寸，宜先大后小，先长后短施工。

（5）桩停止锤击的控制原则如下：

①桩端（指桩的底端断面）位于一般土层时，以控制桩端设计标高为主，贯入度作参考。

②桩端达到硬塑、坚硬的黏土、中密以上的粉土、砂土、碎石类土、风化岩时，以贯入度控制为主，以桩端标高作参考。

③贯入度已达到要求而桩端标高未达到时，应继续锤击3阵，按每阵10击的贯入度不大于设计规定的数值加以认定。

（6）施工过程中应检查桩的贯入情况、桩顶完整状况、电焊接桩质量、桩体垂直度、电焊后的停歇时间，重要工程应对电焊接头做10%的焊缝探伤检查。

（7）桩体质量检验数量不应少于总桩数的20%，且不应少于10根，每个承台下不得少于1根。

（8）承载力检验数量不应少于总桩数的1%，且不应少于3根，当总桩数少于50根时，检验数量不应少于2根。

其他主控项目应全部抽查，对一般项目可按总桩数20%抽查。

（9）H型钢桩断面刚度较小，锤重不宜大于4.5t级（柴油锤），且在锤击过程中桩架前应有横向约束装置，防止桩架横向失稳；持力层较硬时，H型钢桩不宜送桩；

钢管桩如锤击沉桩有困难，可在管内取土以助沉。

（10）施工过程中应检查钢桩的垂直度、沉入过程、电焊连接质量、焊后的停歇时间、桩顶锤击后的完整状况。电焊质量除常规检查外，应做10%的焊缝探伤检查。

（11）钢桩施工质量检验标准应符合表2-24的规定。

表2-24 钢桩施工质量检验标准

项	序	检查项目	允许偏差或允许值		检查方法
			单位	数值	
主控项目	1	桩位偏差： 总桩数1～3根时 总桩数4～6根时 总桩数16根以上时		100mm 1/2桩径 外侧1/3桩径 内侧1/2桩径	钢尺量
	2	承载力	按基桩检测技术规范		按基桩检测技术规范
一般项目	1	电焊接桩焊缝： （1）上下节端部错口 （外径≥70mm） （外径＜700mm） （2）焊缝咬边深度 （3）焊缝加强层高度 （4）焊缝加强层宽度 （5）焊缝电焊质量外观 （6）焊缝探伤检验	mm mm mm mm mm	≤3 ≤2 ≤0.5 2 2 无气孔，无焊瘤，无裂缝 满足设计要求	用钢尺量 用钢尺量 焊缝检查仪 焊缝检查仪 焊缝检查仪 直观 按设计要求
	2	电焊结束后停歇时间	min	＞1.0	秒表测定
	3	节点弯曲矢高		＜1/1000l	用钢尺量，l为两节桩长
	4	桩顶标高	mm	±50	水准仪
	5	停锤标准	设计要求		用钢尺量或沉桩记录

78. 先张法预应力高强混凝土管桩沉桩方法有哪些？

先张法预应力高强混凝土管桩沉桩方法有冲击力沉桩和非冲击力沉桩两种形式。

非冲击力沉桩法的静力压桩，有锚杆静压、液压千斤顶加压、绳索系统加压等。适用于软弱土层的沉桩施工。

冲击力沉桩使用的柴油打桩机是利用柴油机的原理制作的，先将重锤提升，自然落下，同时油嘴喷油，靠重锤压力，柴油爆发，产生一定的能量将重锤冲起，又自然下落，重复冲击桩帽使管桩下沉。

79. 静力压桩施工应注意哪些方面？

静力压桩施工应注意以下方面：

（1）静力压桩机应根据现场实际土质情况配备足够的压重。

（2）桩顶、桩身和送桩的中心线应在同一垂直线上。

（3）施工前，应对成品桩的外观质量及强度进行检验，所使用的接桩焊条或半成品硫磺胶泥应有产品合格证、检测报告，硫磺胶泥半成品应每100kg做一组试件（每组3件）。压桩用压力表，锚杆规格及质量也应进行检查。

（4）压桩过程中应检查压力、管桩垂直度、按桩间歇时间、桩的连接质量及压入深度。重要工程应对电焊接桩的接头做10%的探伤检查。

（5）检查压力的目的在于检查压桩是否正常。接桩间歇时间对硫磺胶泥必须严格控制，间歇时间过短，硫磺胶泥强度未达到，容易被压坏，接头处有薄弱部位，甚至断桩。浇注硫磺胶泥的时间必须快，慢了硫磺胶泥在容器内结硬，浇注到连接孔内不易均匀流淌，质量不易保证。

（6）压入桩（包括预制混凝土方桩、先张法预应力管桩、钢桩）的桩位偏差，必须符合表2-25的规定。桩的倾斜度允许偏差不得大于倾斜角正切值的15%（倾斜角指桩的纵向中心线与垂直线的夹角）。

表2-25　压入桩（钢桩）桩位的允许偏差　　　　　　　　　　　　　　　　（mm）

项	项目	允许偏差
1	盖有基础梁的桩： （1）垂直基础梁的中心线 （2）沿基础梁的中心线	$100+0.01H$ $150+0.01H$
2	桩数为1~3根桩基中的桩	100
3	桩数为4~16根桩基中的桩	1/2桩径或边长
4	桩数大于16根桩基中的桩： （1）最外边的桩 （2）中间桩	1/3桩径或边长 1/2桩径或边长

注：H为施工现场地面标高与桩顶设计标高的距离。

（7）静力压桩质量检验标准应符合表2-26的规定。

表 2-26 静力压桩质量检验标准

项	序	检查项目		允许偏差或允许值		检查方法
				单位	数值	
主控项目	1	桩体质量检验		按基桩检测技术规范		按基桩检测技术规范
	2	桩位偏差		见表 2-25		用钢尺量
	3	承载力		按基桩检验技术规范		按基桩检测技术规范
一般项目	1	成品桩质量:	外观	表面平整,颜色均匀,掉角深度<10mm,蜂窝面积小于总面积的 0.5%		直观
			外形尺寸	见表 2-23		见表 2-23
			强度	满足设计要求		查产品合格证书或钻芯试压
	2	硫磺胶泥质量(半成品)		设计要求		查产品合格证书或抽样送检
	3	接桩	电焊接桩:焊缝质量	见钢桩检验标准		见钢桩检验标准
			电焊结束后停歇时间	min	>1.0	秒表测定
			硫磺胶泥接桩:胶泥浇注时间	min	<2	秒表测定
			浇注后停歇时间	min	>7	秒表测定

(8) 桩体质量检验数量不应少于总数的 20%,且不应少于 10 根。对混凝土预制桩的检验数量不应少于总桩数的 10%,且不得少于 10 根,每个柱子的承台下不得少于 2 根。

其他主控项目应全部检查,对一般项目可按总桩数的 20% 抽查。

80. 先张法预应力高强混凝土管桩质量检验标准有哪些?

先张法预应力高强混凝土管桩施工同钢桩施工,其质量检验标准应符合表 2-27 的规定。

表 2-27 先张法预应力高强混凝土管桩质量检验标准

项	序	检查项目		允许偏差或允许值		检查方法
				单位	数值	
主控项目	1	桩体质量检验		按基桩检测技术规范		按基桩检测技术规范
	2	桩位偏差		见表 2-25		用钢尺量
	3	承载力		按基桩检测技术规范		按基桩检测技术规范
一般项目	1	成品桩质量	外观	无蜂窝、露筋、裂缝、色感均匀、桩顶处无孔隙		直观
			桩径	mm	±5	用钢尺量
			管壁厚度	mm	±5	用钢尺量
			桩尖中心线	mm	<2	用钢尺量
			顶面平整度	mm	10	用水平尺量
			桩体弯曲		1/1000l	用钢尺量,l 为桩长
	2	接桩:焊缝质量		见钢桩检验标准		见钢桩质量检验标准
		电焊结束后停歇时间		min	>1.0	秒表测定
		上下节平面偏差		mm	<10	用钢尺量
		节点弯曲矢高			<1/1000l	用钢尺量,l 为两节桩长
	3	停锤标准		设计要求		现场实测或查沉桩记录
	4	桩顶标高		mm	±50	水准仪

81. 混凝土预制桩起吊、运输和堆放应注意哪些？

混凝土预制桩起吊、运输和堆放应注意以下方面：

（1）起吊。当预制桩的混凝土的强度达到设计强度标准值的70%以后方可起吊，其吊点应在设计规定范围以内，如无吊环，可按所示位置设置吊点起吊。在吊索与桩间应加衬垫，平稳提升，保护桩体不受撞击和振动。

（2）运输。管桩运输时的混凝土强度应能达到设计标准值的100%，装载时桩的支承点应在设计支承位置的规定范围以内并叠放平稳和垫实；长桩采用挂车运输时，桩不宜设活动支点，严禁在现场以直接拖拉桩体的方式代替装车运输。

（3）堆放场地应平整坚实，排水良好。桩的支承点应设在设计规定的吊点范围以内，保持在同一横断平面上，各层垫木应上下对齐，并支承平稳，堆放层数不宜超过4层。

82. 混凝土预制管桩有哪些特点？

混凝土预制管桩一般在预制厂用离心法生产。桩径有300mm、400mm、550mm等，每节长度为2~12m不等，管壁厚100mm，内设10~20根ϕ16~22mm主筋，外缠ϕ6（也有使用ϕ4~5mm高强钢丝的）螺旋箍筋，间距100mm；桩端1m范围内螺旋箍筋的间距为50mm。而高强混凝土管桩的箍筋是高强钢丝，ϕ4mm。浇筑的混凝土强度等级为C30。混凝土管桩各节段之间的连接可以用角钢焊接或法兰螺栓连接。此类管桩具有混凝土结构致密、强度高、抗地下水和抗腐蚀性较好等特点。混凝土管桩应达到设计强度100%后方可运往施工现场沉桩。

83. 钢管桩有哪些特点？

钢管桩一般使用无缝钢管，也有使用钢板卷板焊接的。钢管桩分开口型和闭口型两种。开口型管桩的桩端为了穿透硬土层或含漂砾的土层而不造成损伤，一般桩端作补强处理，补强处理的方法有在桩端焊十字肋或在桩端焊加强环处理。闭口型桩端一般用于端承桩，在桩端套上一个桩靴。

由于钢管桩的端部要承受桩锤的冲击力或静压桩机的压力，故根据冲击力（压力）和地基阻力的大小，钢管桩的端部可以保持开口，或对端部适当补强。

钢管桩容易受水或其他物质的侵蚀，所以沉桩时应提前做防腐处理，防腐处理的方法有阴极保护和外表面涂防腐层等。

84. 桩的承载形式有哪些类？

桩的承载形式分为两类：
（1）摩擦桩。
①摩擦桩。在极限承载力状态下，桩顶荷载由桩体与土体的摩擦力所承受。
②端承摩擦桩。在极限承载力状态下，桩顶荷载由桩端和桩体与土体的摩擦力同时承受，但主要以桩体与土体的摩擦力所承受。
（2）端承桩。

①端承桩。在极限承载力状态下，桩顶荷载由桩端所承受。

②摩擦端承桩。在极限承载力状态下，桩顶荷载由桩体与土体的摩擦力和桩端同时承受，但主要以桩端所承受。

85. 桩按材料组成和使用功能分哪些类？

（1）按桩体使用的材料分。有混凝土桩（预制混凝土桩、混凝土灌注桩）；钢桩（钢管桩、型钢桩）；组合材料桩（指用两种材料组合而成的桩体，如钢管混凝土桩或上部为钢管下部为混凝土的组合桩）。

（2）按桩的功能分。有竖向抗压桩；竖向抗拔桩；水平荷载桩和复合荷载桩等。

86. 制作混凝土预制桩有哪些具体要求？

制作混凝土预制桩有以下具体要求：

（1）制作混凝土预制桩时（指同一规格尺寸的方桩或有凹槽的 x 桩），上层桩的混凝土的浇筑必须待下层混凝土桩的强度达到设计强度的 30% 以上时进行。预制桩的重叠一般不宜超过 4 层。

（2）长桩可分节制作，单节长度应满足桩架的有效高度、制作场地现有条件、运输及装卸能力等的具体情况，并考虑避开在桩尖接近硬持力层或处于硬持力层中接桩。

（3）桩体中的钢筋分布应均匀（侧面受力的除外），位置应正确，桩尖应位于纵轴线上；钢筋骨架的主筋连接宜采用对焊或电弧焊，主筋接头配置在同一截面内的数量不得超过 50%；相邻两根主筋接头截面的距离应大于 $35d$（d 为主筋直径），且不小于 500mm。桩顶 1m 范围内不应有接头。纵向钢筋顶部混凝土保护层不应过厚。

（4）混凝土强度等级不应低于 C30（静压桩的混凝土强度等级不应低于 C20，粗骨料（碎石或卵石的粒径一般在 5～40mm，机械搅拌混凝土的坍落度不应大于 60mm，混凝土的浇筑应由桩顶向桩尖连续进行，并用振捣器振捣密实。12 小时开始浇水覆盖养护不少于 7d。

87. 打入桩常用哪些桩锤和桩架？

打入桩常用的桩锤有汽锤、落锤、振动锤、柴油锤等，可根据现场土质条件、桩的类型、结构、密集程度及现场施工条件而确定，但重锤大多选用柴油锤。

（1）多功能桩架。多功能桩架的适应性很强，可作水平 360° 旋转，导架可以伸缩和前后倾斜，底盘可以在轨道上行走，底座装有铁轮。适用于各种灌注桩和预制桩的施工作业。

（2）履带式桩架。以履带起重机为底盘，增加了导杆和斜撑组成部件，用来打桩。移动方便，比多功能桩架行动更灵便，适用于各种灌注桩和预制桩的施工作业。

（3）滚筒式桩架。移动靠两根钢滚筒在垫木上滚动，优点是结构比较简单、制造比较容易，但平面转弯和调头不够灵便，需要的操作人员较多。适用于灌注桩和各种预制桩的施工作业。

88. 打桩的顺序如何确定？

现场先打的桩往往由于后打桩对土体的挤密作用使土体对先打的桩产生水平推挤作用而

造成偏移和变位，或由于垂直挤压造成浮桩；而后打的桩又因土体的挤密难以达到设计入土深度或设计标高，形成土体隆起和挤压，使截桩长度过大。所以打群桩时，为防止对周围建筑受土体挤压而造成的伤害和保证打桩的质量，打桩前根据桩的密集程度、规格尺寸及方便于桩架的移位等情况而正确选择打桩的顺序。

当桩的分布较密集时，应从中间向两侧对称施打或由中点向四周施打，这样施工可以使土体向两侧或四周挤压，当面积较大，桩数较多时，可分区段施打。

当桩较稀疏时，也可以由一侧向单一方向施打或由两侧向中间施打，逐排打设，桩架单方向移动，使打桩效率较高。但打桩机前进方向一侧不宜侧移位。防止由于打桩的振动使周边建筑物、构筑物、地下管线遭受破坏。

当桩的埋深、长度、规格尺寸不同时，宜先深后浅、先大后小、先长后短施工。当一侧有建筑物时，应由建筑物向另一方向施打。当桩头高出地面时，桩基宜采用往后退打，否则可采取往前顶打的方法施打。

89. 打混凝土预制桩时应注意哪些？

打混凝土预制桩时应注意以下方面：

（1）桩的垂直度偏差不得超过 0.5%。

（2）桩就位以后，先在桩顶安上桩帽，放下桩锤，使桩体、桩帽和桩锤中心线在同一垂直线上。为保护桩顶应在桩帽与桩顶间设硬木、粗草纸或麻袋等作缓冲层。

（3）打桩宜用"重锤低击"，开始时桩锤落距为 0.6~0.8m，待桩入土 1~2m 时，可适当增大落距，并逐步提高到规定的数据，连续锤击。

（4）打桩过程应做好测量和记录，统计桩体下沉 1m 的击数和时间，以掌握沉桩速度的沉入量。

（5）打桩的入土速度应均匀，锤击间歇时间不要过长，并应随时检查桩架的垂直度，如发现桩架偏差超过 1%，则需及时调整。

（6）打桩时应观察桩锤的回弹情况，当发现回弹较大则说明桩锤较轻，应予以更换。

（7）打桩过程中应注意观察贯入度的变化，当贯入度骤减，桩锤有较大回弹时，表明桩尖遇到较硬的障碍，此时将锤击的落距减小，加快锤击，如上述现象仍然存在，应停止锤击，寻找原因并进行适当处置。

90. 打混凝土管桩时应注意哪些方面？

打混凝土管桩的方法与打混凝土桩的方法大致相当。在施工开口型管桩时，如发现打桩困难，可采用冲水助沉或清除管内土助沉措施，如已沉至持力层，混凝土管桩桩端的土塞对桩的承载力有力，可不进行处理。当桩顶标高设计在自然地面以下时，应用送桩器直接送桩，继续锤击，将其送至设计标高。去除送桩器以后，应将洞口进行防护，以免对现场人员造成伤害。

91. 遵循哪些停打原则才能保证打桩质量？

遵循以下停打原则才能保证打桩质量：

(1) 桩端（指桩的全断面）位于一般土层时，以控制桩端设计标高为主，贯入度可作参考。

(2) 桩端达到坚硬、硬塑的黏土、砂土、风化岩时，以贯入度控制为主，桩端标高可作参考。

(3) 贯入度已达到而桩端标高未达到时，应继续锤击3阵，按每阵10击的贯入度不大于设计规定的数值加以认定。

必要时施工控制贯入度应通过试验与有关单位协商后确定。

92. 混凝土预制桩的接桩一般有哪些形式？

混凝土预制桩的接桩一般有以下形式：

混凝土预制桩的接桩形式有：焊接接桩、法兰接桩、硫磺胶泥锚接和端盘销钉四种形式。

(1) 焊接接桩。一般先将接桩打至地面500mm时吊装上节桩，先将桩对准已打入地下桩的桩端并垂直校正，校正一般使用两台经纬仪，在地面以90°角分两个方向交叉支设，分别测定两个方向的垂直度偏差不大于1%时进行焊接，先用点焊将端板固定，重新检查垂直度是否在允许偏差范围内，再进行焊接。一般使用电弧焊或二氧化碳保护焊，当使用二氧化碳保护焊时应采取挡风措施。焊后应注意有一定的焊接间隙方可继续打桩。此法适用于各类土层的打桩接桩。

(2) 法兰接桩。是在原桩端板上带有螺栓孔的钢板，将螺栓孔上下对准穿入螺栓，拧紧螺母。这种方法连接速度快，但耗钢量大，多用于混凝土管桩。此接桩适用打桩各类土层的接桩。

(3) 硫磺胶泥锚接。是用硫磺等混合搅拌后灌入接桩锚筋孔内并使浆液溢出桩面，然后将上节桩迅速对准落下，待胶泥冷凝以后再进行施打。

所使用的硫磺胶泥配合比为硫磺:水泥:粉砂:聚硫胶＝44:11:41:1。硫磺胶泥锚接法接桩适用于软土层，硫磺胶泥的配合比应经试验确定。硫磺胶泥接桩的缺点是接桩时间比前两种方法持续时间长。

(4) 端盘销钉连接。端盘销钉连接时应将销栓位置对准确，且销栓簧功能必须可靠，连接部位应做防腐处理。

93. 什么是射水法沉桩？什么是植桩法沉桩？

(1) 射水法沉桩。射水法沉桩又称水冲法沉桩，其方法是将射水管附着在桩身上，以高压水来冲击桩尖四周的土体，使土体松散液化，以减少土体对桩体的摩阻力，同时以水的压力将液化的泥水沿桩体溢出地面，使桩体靠自重下沉，必要时可稍加压力促沉。缺点是在坚实的砂土中沉桩施工比较困难，射水法施工，可不使桩体受外力的破坏，比锤击法施工工效提高2~4倍，缩短了工期，此法适用于黏土及坚实砂土或砂砾石土层的支承桩工程。缺点是湿法作业、浪费水资源、污染环境。

(2) 植桩法沉桩。植桩法沉桩又称钻孔植桩法，是先用钻机钻出设计要求的孔径和孔深的孔，然后将混凝土预制桩插入孔中，后用锤击或振动锤打入，将桩打入设计持力层，先钻孔的深度一般为桩长的2/3左右，可防止在软土层打桩对邻近建筑物和地下管线的挤压和土体的隆起，使其他桩体的位移。

植桩法适用于软土层的沉桩和建筑物密集、地下管线繁多、采用长桩下部有较硬土层或采用锤击法或振动打入相对比较困难的地域施工。

94. 相对比较静压桩有哪些沉桩优势？

静压桩是用静力压桩机将预制钢筋混凝土桩分节压入地基土层中成桩，相对比较静压桩有以下沉桩优势：

（1）静压桩机通过液压操作，自动化程度高。

（2）移位方便，运转灵活，桩位定点准确，可提高桩基施工质量。

（3）施工无噪声、无振动、无污染。

（4）沉桩采用全液压夹持桩体向下施加压力，对桩头无损坏。

（5）混凝土强度等级可降低1~2级，从而节省钢筋40%左右，并可节省试桩费用。

（6）静压桩机有顶压式，箍压式和前压式三种。顶压式的动力是用卷扬机通过钢丝绳、滑轮组和压梁对桩顶施加压力；箍压式是利用液压夹持装置抱夹桩体，对桩施加压力；前压式是比较先进的压桩机型，可自行插桩就位，也是利用液压装置实施沉桩的设备。

（7）适用于软土、回填土及一般黏性土层中应用，特别适用于居民稠密及危房附近、环保要求严格的地段沉桩，但不宜用于地下有较多障碍物、孤石或硬隔离层的厚度超过4m的土层，及设计单桩竖向承载力超过1600kN的情况下施工。

95. 锥形短桩有哪些特征？

锥形短桩是在普通预制方桩的基础上改进而来的，是一种新桩型，其特点是：桩身短，一般有1.5~4.0m，最常用的为2.0m；桩与土的接触面积大，桩锥度一般为5°~9°，桩顶尺寸一般为600~800mm或500~700mm。所以刚度大，承载力高，受力性能好，沉降量小，钢耗量低；它与普通混凝土方桩比较，单方混凝土垂直承载力提高50%~250%，水平承载力提高25%~150%。制作、运输方便，可利用小型打桩设备进行施工。它适用于一般黏性土、砂土土层和回填土上建造6层以下住宅的基础工程。

96. 锚杆静压法沉桩有哪些特征？

锚杆静压法沉桩（锚杆静力压桩法），是近年来新开发的一项地基加固新技术。在已有建筑物基础托换加固及新建工程和老厂或原有建筑物改造工程施工中得到较为广泛的应用，并取得了较好的效果。

是利用建筑物本身的自重作为压载，先在基础上开凿出压桩孔和锚杆孔，然后埋入锚杆，借用锚杆的反力，通过反力架，用液压桩机将钢筋混凝土预制短桩逐段压入基础的桩孔内。当压桩承载力达到设计要求的数值以后，再将桩与基础连接起来。压桩完毕以后卸去液压压桩机，该桩便能马上承受上部荷载，从而减少地基土的压力，起到阻止建筑物产生不均匀沉降的作用。

锚杆静压法沉桩适用于加固黏性土、淤泥质土、人工填土、黄土等土质的地基，特别适用于已建沉降开裂建筑物基础的加固工程；建筑物加层工程；倾斜建筑物的纠偏加固；老厂房技术改造桩基及设备基础的托换加固工程；新建工程先建后压桩逆做法施工和要求无振动的精密仪器车间附近工程的沉桩。

97. 钢管桩施工应注意哪些事项？

钢管桩施工应注意以下事项：

（1）钢管桩的端部应加固补强，以承受桩锤通过桩帽传递来的作用力冲击。

（2）钢管桩应做表面防腐层或阴极保护。

（3）钢管桩应用无缝钢管或用钢板卷制焊接而成。

（4）闭口型钢管桩一般用于端承桩，即是在钢管桩的桩端加一桩套，以扩大受力面积。

（5）打钢管桩除应注意打混凝土预制桩的一些问题外，还应注意打开口桩时，可采取水冲法清除管内积土进行助沉施工。

（6）对桩端进入持力层的管内积土应不再清除，以增加桩端面的受力面积，增强桩的承载能力。

（7）当设计桩顶标高在自然地面以下时，可用送桩器施工，以达到设计标高。

98. 钢筋混凝土预制桩质量检验标准是怎样的？

钢筋混凝土预制桩质量检验标准如表 2-28 所示。

表 2-28 钢筋混凝土预制桩质量检验标准

项	序	检查项目	允许偏差或允许值		检查方法
			单位	数值	
主控项目	1	桩体质量检验		按基桩检测技术规范	按基桩检测技术规范
	2	桩位偏差		桩位允许偏差	用钢尺量
	3	承载力		按基桩检测技术规范	按基桩检测技术规范
一般项目	1	砂、石、水泥、钢材等原材料（现场预制时）		符合设计要求	查出厂质保文件或抽样送检
	2	混凝土配合比及强度（现场预制）		符合设计要求	检查称量及查试块记录
	3	成品桩外形		表面平整，颜色均匀，掉角深度 <10mm，蜂窝面小于总面积的 0.5%	直观
	4	成品桩裂缝（收缩裂缝或起吊、装运、堆放引起的裂缝）		深度 <20mm，宽度 <0.25mm，横向裂纹不超过边长的一半	裂缝测定仪，该项在地下水有侵蚀区及锤击数超过 500 击的长桩不适用
	5	成品桩尺寸：横截面边长 桩顶对角线差 桩尖中心线 桩身弯曲矢高 桩顶平整度	mm	±5 <10 <10 <L/1000 <2	用钢尺量 用钢尺量 用钢尺量 用钢尺量，L 为桩长 用水平尺量
	6	电焊接桩：焊缝质量 电焊结束后停歇时间 上下节平面偏差 节点弯曲矢高	min mm	见钢桩施工质量检验 >1.0 <10 <L/1000	见钢桩施工质量检验标准 秒表实测 用钢尺量 用钢尺量，L 为两节桩长
	7	硫磺胶泥接桩：胶泥浇注时间 浇注后停歇时间	min	<2 >7	秒表实测
	8	桩顶标高	mm	±50	水准仪
	9	停锤标准		设计要求	现场实测或查沉桩记录

99. 钢桩施工质量检验标准有哪些？

钢桩施工质量检验标准如表 2-29 所示。

表 2-29 钢桩施工质量检验标准

项	序	检查项目	允许偏差或允许值		检查方法
			单位	数值	
主控项目	1	桩位偏差	见预制桩桩位允许偏差		用钢尺量
	2	承载力	按基桩检测技术规范		按基桩检测技术规范
一般项目	1	电焊接桩焊缝： （1）上下节端部错口 外径≥700mm 外径<700mm （2）焊缝咬边深度 （3）焊缝加强层高度 （4）焊缝加强层宽度 （5）焊缝电焊质量外观 （6）焊缝探伤检验	mm mm mm mm mm	≤3 ≤2 ≤0.5 2 2 无气孔，无焊瘤，无裂缝满足设计要求	用钢尺量 用钢尺量 焊缝检查仪 焊缝检查仪 焊缝检查仪 直观 按设计要求
	2	电焊结束后停歇时间	min	>1.0	秒表测定
	3	节点弯曲矢高		<L/1000	用钢尺量，L 为两节桩长
	4	桩顶标高	mm	±50	水准仪
	5	停锤标准	设计要求		用钢尺量或沉桩记录

100. 预制桩（钢桩）桩位允许偏差如何掌握？

预制桩（钢桩）桩位允许偏差如表 2-30 所示。

表 2-30 预制桩（钢桩）桩位允许偏差 (mm)

项	检查项目	允许偏差
1	盖有基础梁的桩： （1）垂直基础梁的中心线 （2）沿基础梁的中心线	100 + 0.01H 150 + 0.01H
2	桩数为 1～3 根桩基中的桩	100
3	桩数为 4～16 根桩基中的桩	1/2 桩径或边长
4	桩数大于 16 根桩基中的桩 （1）最外边的桩 （2）中间桩	1/3 桩径或边长 1/2 桩径或边长

101. 管桩有哪些方面对工程有利？

管桩有以下方面对工程比较有利：

管桩的成桩工艺比较简单。首先按设计图样定好桩位，然后用薄铁板做一与管桩直径相同、中心有一孔的样板，将样板套在桩位的铁桩上，用石灰沿圆样板撒成一个圆圈。将管桩吊放在石灰圆上；用两台经纬仪以90°角架设在地面，当两个方向的经纬仪显示垂直度在允许偏差范围以内时，再开动打桩机或静压机将预制桩打入或压入土层中。这种成桩的方法称作部分挤土成桩法。

部分挤土成桩法可施工预钻孔打入式预制桩（孔径≤600mm）、混凝土（预应力）管桩（孔径≤600mm）、敞口钢管桩（孔径600～900mm之间）。

挤土成桩法可施工打入混凝土预制桩、闭口钢管桩、混凝土管桩（桩径≤600）等桩。

管桩承载力设计值最高可达4000kN以上。由于采用离心成型、压蒸养护、科学配比、掺外加剂工艺，可确保混凝土强度等级大于C80，比普通混凝土预制桩承载力高2～4倍。选用高强度的预应力钢棒，采用先张法预应力工艺，管桩比普通混凝土预制桩有较高的抗裂、抗弯强度。因管桩桩身混凝土密实、强度高、耐打性好，对持力层起伏变化大的地质条件适应性要比预制方桩强。管桩检测方便，监理强度低，运输方便，施工场地简单，不污染环境，符合环保要求。另外，由于桩的承载力高，并可以根据需要接长，比其他桩种施工周期短，可节约施工费用，单桩承载力造价低，综合经济效益较好。

102. 管桩沉桩有哪些规定？

管桩沉桩有以下规定：

（1）桩基的轴线应从基准线引出。在打桩地区附近设置的基准点，其位置应不受打桩的影响。基准点不得少于2个。

（2）桩基轴线位置的允许偏差不得超过以下数值。桩基和板桩：20mm；单排桩：10mm。

（3）控制桩基和板桩轴线的控制桩，应设在不受打桩影响的地点。施工过程中对桩基轴线应做系统检查，每10d不少于2次。控制桩应妥善保护，移动时应先检查其正确性，并做好记录。

每根桩打入前，均应检查样桩位置是否符合设计要求。

（4）打桩前应处理高空和地下建筑物、构筑物、障碍物及管线，所在位置应做好标记。打桩和运桩的场地应平整。在桩机移动的范围内除应保证桩机垂直度的要求外，并应考虑地面的承载力，施工场地及周围应保持排水畅通。

（5）桩基工程所必需的工程地质资料必须按照规范规定提供，必要时尚需补充静力触探或标准贯入试验等测试资料。在工程地质复杂地区应加密钻孔，有特殊要求时，每个基础位置均应有详细的工程地质资料。

（6）打桩的控制原则如下。

①桩尖位于坚硬、硬塑的黏性土、碎石土、中密以上的砂土或风化岩等土层时，应以贯入度控制为主，桩尖进入持力层的深度或桩尖标高可作为参考。

②桩贯入度已达要求而桩尖标高未达到要求时，应继续锤击3阵，其每阵10击的平均贯入度不应大于规定的数值。

③桩尖位于其他软土层时，以桩尖设计标高为主，贯入度可作为参考。

④打桩时，如控制指标已符合要求，而其他的指标与要求相差较大时，应会同有关单位研究处理。

⑤贯入度应通过试桩确定或做打桩试验与有关单位共同确定。

⑥打桩宜重锤低击，锤重的选择应根据工程地质条件、桩的类型、结构、密集程度及施工条件确定。

⑦桩基工程施工前应做打桩或成孔试验，以检验设备和加工工艺是否符合要求，数量是否符合要求。试验数量最少不得少于2根。

⑧打桩过程中如发现实际地质条件与建设单位提供的勘察报告资料不符，应与有关单位协商处理并做好记录。

⑨当在原有建筑物（构筑物）附近打桩前，必须了解邻近建筑物（构筑物）的结构类型及基础深度、形式等详细情况，如果新建工程的地基与基础的施工危及原有建筑物（构筑物）的使用功能安全时，应会同有关单位采取有效处理措施或隔振措施（如开挖防振沟、打隔离板桩及砂井排水等）。并可采用预钻孔取土打桩或采用无振动的钻孔成孔混凝土灌注桩施工。在邻近河边或斜坡上打桩时，应随时观测对边坡的影响情况，发现问题及时处理。

⑩在软土地基打、压较密集的群桩时，为减少由于挤土造成的桩位偏移，应根据现场实际情况适当选择砂井排水、井点降水、盲沟排水、预先钻孔取土及控制打桩速度等措施。

⑪打桩完毕后的基坑开挖，应制定合理的施工顺序和技术措施，以防止桩的位移和上浮。

103. 如何选择筒式柴油打桩机桩锤？

筒式柴油打桩机桩锤的选择可参照表2-31的规定进行选用。

表2-31 选择筒式柴油打桩机桩锤参考表

柴油锤型号 项目	25#	32#~36#	40#~50#	60#~62#	72#	80#
冲击体质量/t	2.5	3.2、3.5、3.6	4.0、4.5、4.6、5.0	6.0、6.2	7.2	8.0
锤体总质量/t	5.6~6.2	7.2~8.2	9.2~11.0	12.5~15.0	18.4	17.4~20.5
常用冲程/m	1.5~2.2	1.6~3.2	1.8~3.2	1.9~3.6	1.8~2.5	2.0~3.4
管桩规格/mm	$\phi 300$	$\phi 300 \sim \phi 400$	$\phi 400 \sim \phi 500$	$\phi 500 \sim \phi 600$	$\phi 550 \sim \phi 600$	$\phi 600 \sim \phi 800$
桩尖可进入的岩土层	密实砂、坚硬土、全风化岩层	密实砂、坚硬土、强风化岩层	强风化岩层	强风化岩层	强风化岩层	强风化岩层
锤的常用控制贯入度/（mm/10击）	20~40	20~50	20~50	20~50	30~70	30~80
单桩竖向承载力设计值适用范围/kN	600~1200	800~1600	1300~2400	1800~3300	2200~3800	2600~4500

注：1. 桩锤应根据工程地质条件、单桩竖向承载力设计值、桩的规格及入土深度等因素选用，选用时应遵循重锤低击的原则。
2. 本表仅供选锤参考，不能作为设计确定贯入度和承载力的依据。
3. 本表适用于桩长为16~60m且桩尖进入硬土层一定深度的情况，不适用于桩尖处于软土层的情况。
4. 当岩石为变质强化岩时，桩尖进入强化岩深度不宜小于0.5m。

104. 如何选择静力压桩机？

静力压桩机的选择可参照表2-32的规定。

表 2-32　选择静力压桩机参考表

压桩机型号 项目	160~180	240~280	300~380	400~460	500~560
最大压桩力/kN	1600~1800	2400~2800	3000~3600	4000~4600	5000~5600
管桩规格/mm	$\phi 300 \sim \phi 400$	$\phi 300 \sim \phi 500$	$\phi 400 \sim \phi 500$	$\phi 400 \sim \phi 550$	$\phi 500 \sim \phi 600$
单桩极限承载力/kN	1000~2000	1700~3000	2100~3800	2800~4600	3500~5500
桩端持力层	中密-密实砂层、硬塑-坚硬黏土层、残积土层	密实砂层、坚硬黏土层、全风化岩层	密实砂层、坚硬黏土层、全风化岩层	密实砂层、坚硬黏土层、全风化岩层、强风化岩层	密实砂层、坚硬黏土层、全风化岩层、强风化岩层
桩端持力层标贯值/N	20~25	20~35	30~40	30~50	30~55
穿透中密-密实砂层厚度/m	约2	2~3	3~4	5~6	5~8

注：1. 静力压桩机压桩采用顶压式桩机时，桩帽或送桩器与桩之间应加设弹性衬垫；采用抱压式桩机时，夹持机构中夹具应避开桩身两侧合缝位置。PTC桩不宜使用抱压式静力压桩机进行压桩，也不适于单桩竖向承载力超过1600kN的工程。
2. 静力压桩机作业适合于建筑物密集地区的桩基工程，其优点是无噪声、无振动、无污染、可避免打碎桩头，桩强度可降低1~2级，可省钢筋40%左右，并节省试桩费用。

105. 打桩施工应注意哪些重要环节？

打桩施工应注意以下重要环节：

（1）打桩前，应在桩的侧面或桩架上设置标尺并参照表 2-33 的格式做好记录。

表 2-33　钢筋混凝土预制桩施工记录

施工单位_____ 工程名称_____
施工班组_____ 桩的规格_____
桩锤类型及冲击部分重量_____ 自然地面标高_____ 桩帽重量_____ 气候_____ 桩顶设计标高_____

编号	打桩日期	桩入土每米锤击次数1 2 3 4 5 6 7	落距/cm	桩顶高出或低于设计标高/m	最后贯入度/（cm/10击）

（2）打桩应符合以下规定：
①桩帽和送桩帽与桩之间的间隙应为5~10mm。
②桩锤、桩帽、送桩帽与桩体应在同一垂直线上，且各接触面应平整、受力均匀。
③锤与桩帽、桩帽与桩体之间应有相应的弹性衬垫。
④桩或管桩插入时的垂直度偏差，不得超过0.5%。
⑤送桩后的桩孔，应立即回填或设置盖板，以免伤人事故的发生。

（3）打桩的顺序应符合以下规定：
①根据桩的密集程度，可采取以下措施：

a. 由中间向两个方向对称打桩；

b. 由中间向四周打桩；

c. 由一侧向另一方向打桩。

②根据基础的设计标高，宜先深后浅。

③根据桩的规格，宜先大后小，先长后短。

（4）水冲法打桩，应符合以下规定：

①水冲法打桩适用于砂土和碎石土。

②水冲法打桩到最后1~2m时，应停止冲水，用锤击打至设计标高，如遇困难，可根据锤击打桩相关要求处理。

（5）在冻土场地打桩有困难时，应先将冻土凿除或用解冻法解冻以后（如用电热法解冻），应切断电源以后再打桩。

（6）开始打桩时，锤的落距应较小，入土一定深度待桩稳定后，再按要求的落距进行；用落锤或单动汽锤打桩时，最大落距不宜大于1m；用柴油锤打桩时应使锤跳动正常。

（7）遇到以下情况时应暂停打桩，并及时与有关单位研究处理：

①贯入度剧变。

②桩体突然倾斜。

③桩顶或桩体出现严重裂缝或破碎。

（8）桩的最后贯入度应在以下条件时测量：

①锤的落距符合规定。

②桩帽的弹性垫正常。

③锤击没有偏心。

④桩顶没被破坏或破坏后已修平。

（9）管桩的混凝土必须达到设计强度或龄期（常压养护28d或压蒸养护1d）方可打桩。

注：采用常压养护生产的试件，如有其他有效措施且有充分的试验数据证实混凝土抗压强度及抗拉强度能达到标准养护28d的龄期强度时，可不受龄期的限制；但采用锤击打桩的管桩混凝土龄期仍不得少于14d。

（10）锤击法打桩时，桩锤与桩帽、桩帽与桩顶之间应设弹性衬垫，衬垫厚度应均匀，且经锤击压实后的厚度不宜小于120mm。在打桩期间应经常检查发现衬垫或桩帽内钢丝绳叠起时，应及时调整、更换或补充。

（11）静压法压桩采用顶压桩机时，桩帽和送桩器与桩之间应加设弹性衬垫；采用抱压式桩机压桩时，夹持机构中夹具应避开桩体两侧模具合缝位置。PTC桩不宜采用抱压式压桩。

（12）任一单桩的总锤击数：PHC桩、PC桩、PTC桩分别不宜超过2500击、2000击、1500击，最后1m的锤击数分别不宜超过300击、250击、200击。

（13）桩帽和送桩器应做成圆筒形与管桩桩顶相匹配，并应有足够的强度、刚度和耐打性；桩帽和送桩器下端面应开孔，孔径不宜小于管桩内径的1/5~1/3，应使管桩内腔与外界接通。

（14）第一节管桩插入地面时的垂直度偏差不得超过0.5%；桩锤、桩帽或送桩器应与桩体在同一垂直线上。

沉桩过程中应经常观测桩身的垂直度，若桩体的垂直度偏差超过1%时，应查明原因并设法纠正；当桩尖进入较硬土层后，严禁用移动桩架等强行扳回的方法纠偏。

(15) 每一桩应一次性连续打（压）到底，接桩、送桩应连续进行，尽量减少中间停歇时间。

(16) 管桩拼接

①上下两节桩拼接成整桩时，宜采用端板焊接连接或机械快速接头连接，接头连接强度应不小于管桩桩体强度。机械快速接头构造图详图如图2-1所示。

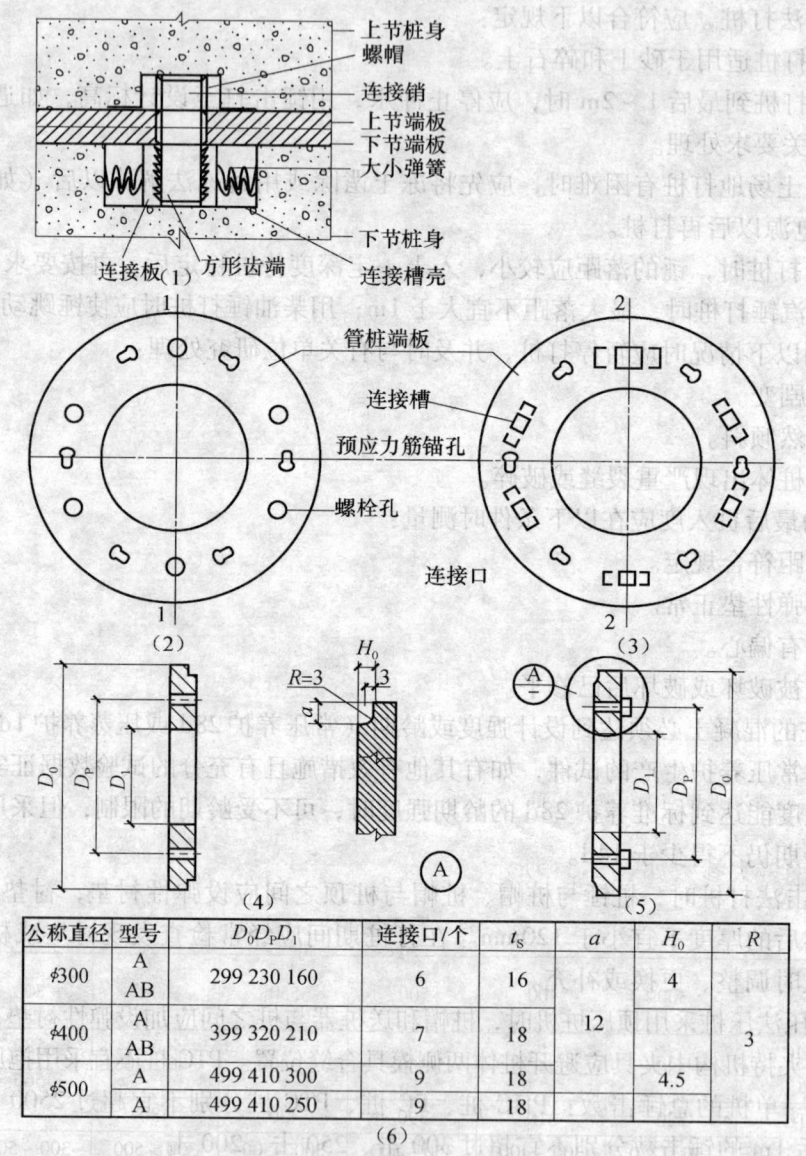

图2-1 机械快速接头构造图

(1) 螺栓孔、连接销和连接槽示意图；(2) 上节端板平面；(3) 下节端板平面；
(4) 1—1剖视图；(5) 2—2剖视图；(6) 不同直径桩的尺寸
注：详图A中的圆弧圆心水平尺寸为 H_0-3。

②管桩用作受拉（抗拔桩）时，应优先采用机械快速接头连接。

③机械快速接头的安装顺序如下：先将连接销安装在上节桩上，并涂上沥青漆，待下节

桩打到距地面0.5~1.0m时将端板涂上沥青漆,把上节桩的连接销插入下节桩的连接盒中,并校正准确。上下两桩连接后,应用电焊封闭上下节桩的接缝,最后焊缝处做防腐处理。

④接桩时,下节桩的桩头宜设导向箍,以便上节桩就位,接桩时上下节桩应保持对直在同一轴线上,错位偏差不宜大于2mm。

⑤焊接时宜先在坡口圆周上对称点焊4~6点,待上下桩节固定后拆除导向箍再分层施焊,施焊宜对称进行。

⑥采用焊接连接时,焊接前应先确认管桩接头是否合格,上下端板表面应用铁刷子等工具清理干净,坡口处应清除油污和铁锈,刷至露出金属光泽。

⑦桩尖焊接可采用手工焊接或二氧化碳保护焊,焊接层数宜为3层,内层焊渣必须清理干净后方可施焊外一层,焊缝应饱满、连续,且根部必须焊透,如图2-2所示。

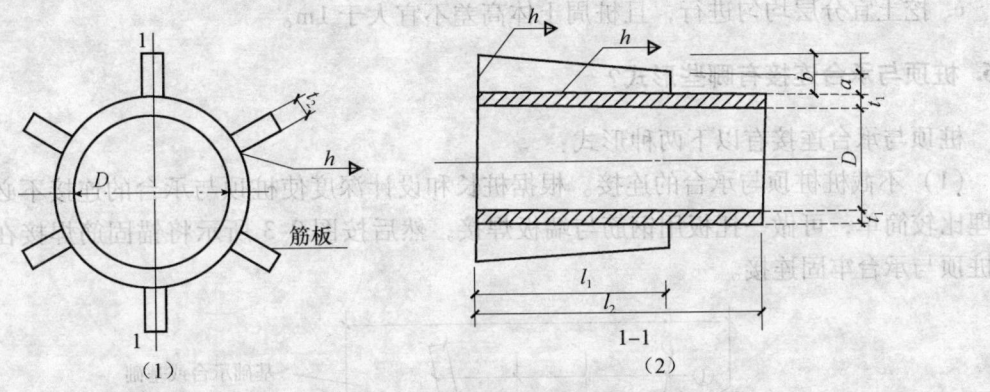

图2-2 开口型钢桩尖焊接图
(1) 正视图;(2) 1—1剖视图

注:1. 图中 t_1、t_2、l_1、l_2、a、b 及焊缝高度 h 可根据工程地质情况适当调整。
2. 桩尖所有焊缝均为角焊缝。
3. 桩尖材料采用Q235钢。
4. 筋板厚度与钢桩壁厚相同。

开口型钢桩尖参数如表2-34所示。

表2-34 开口型钢桩尖参数 (mm)

项目	外径	300	400	500	550	600	800	1000
D	PHC	180	240	300	340	380~400	580	740
	PC						560	
	PTC	220	310	390	430	480	—	—
l_1		150~220	300~400	350~500	300~500	300~500	300~500	300~500
l_2		200~300	400~500	400~600				
t_1		12~15	12~18	12~20	12~20	12~20	12~20	12~20
t_2		10	10	12	12	12	20	20
a		25~40			30~40		50	60
b		45			65		75	95
h		6~10			8~12		10~14	
筋板数量		4			6			

⑧焊接接头应自然冷却后才可继续沉桩。

（17）其他应注意事项：

①冬期施工的管桩工程应按《建筑工程冬期施工规程》JGJ 104 的有关规定，根据地基的主要冻土性能指标，采用相应的措施。宜选用混凝土有效预应力值较大且采用高压蒸养护生产的 PHC 桩。

②如需截桩，应采用有效措施以确保截桩后管桩的质量。截桩宜采用锯桩器，严禁采用大锤横向敲击截桩或强行扳拉桩。

③管桩工程的基坑开挖应符合以下规定：

a. 严禁边打桩边开挖基土。

b. 饱和黏性土、粉土的现场基坑开挖宜在打桩完毕以后的 15d 以后进行。

c. 挖土宜分层均匀进行，且桩周土体高差不宜大于 1m。

106. 桩顶与承台连接有哪些形式？

桩顶与承台连接有以下两种形式：

（1）不截桩桩顶与承台的连接。根据桩长和设计深度使桩顶与承台的连接不必截桩时，处理比较简单，可做一托板用钢筋与端板焊接，然后按图 2-3 所示将锚固筋焊接在端板上，使桩顶与承台牢固连接。

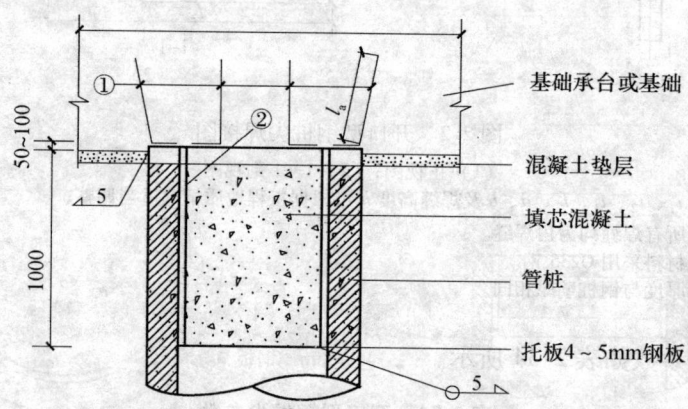

图 2-3　不截桩桩顶与承台的连接

注：1. 桩填芯混凝土强度等级同承台或基础梁，可以与承台或基础梁一起浇筑。
2. 浇筑填芯混凝土前，应先将管桩内壁浮浆清除干净；可根据设计要求，采用内壁涂刷水泥净浆、混凝土界面剂或采用微膨胀混凝土等措施，以提高填芯混凝土与管桩桩身混凝土的整体性。
3. 图中①号钢筋应与端板焊牢，采用双面焊，焊缝长度 $>5d$；②号钢筋应与端板可靠连接，保证浇筑填芯混凝土时托板不下沉。
4. 桩顶埋入平台内深度及①号钢筋锚固长度 l_a 按现行工程规范取值，托板尺寸宜略小于管桩内径。
5. ①号钢筋与②号钢筋应沿管桩圆周均匀布置。
6. 管桩顶填芯混凝土的高度可根据工程设计要求确定。
7. ①号钢筋采用 HRB335 级钢筋，②号钢筋采用 HPB235 级钢筋。
8. 对抗拔桩，①号钢筋数量按设计确定。

不截桩桩顶与承台的连接配筋如表 2-35 所示。

表2-35 不截桩桩顶与承台连接配筋表

管桩类型	外径/mm	配筋 ①	配筋 ②
PHC 桩及 PC 桩	φ300	4Φ16	4Φ10
	φ400	4Φ20	4Φ10
	φ500	6Φ18	4Φ10
	φ550	6Φ18	4Φ10
	φ600	6Φ20	4Φ10
	φ800	6Φ20	4Φ10
	φ1000	8Φ20	6Φ10
PTC 桩	φ300	4Φ16	4Φ10
	φ350	4Φ16	4Φ10
	φ400	4Φ18	4Φ10
	φ450	4Φ18	4Φ10
	φ500	6Φ18	4Φ10
	φ550	6Φ18	4Φ10
	φ600	6Φ18	4Φ10

（2）截桩桩顶与承台的连接。由于地质条件的变化及施工经验的不足或管桩本身质量的差异，有时使管桩不能达到预定的深度，这种情况就要进行截桩，截桩一般采用锯桩的方法，不能使用大锤敲击的方法，否则会使桩受到破坏。

截桩桩顶与承台连接形式如图2-4所示。

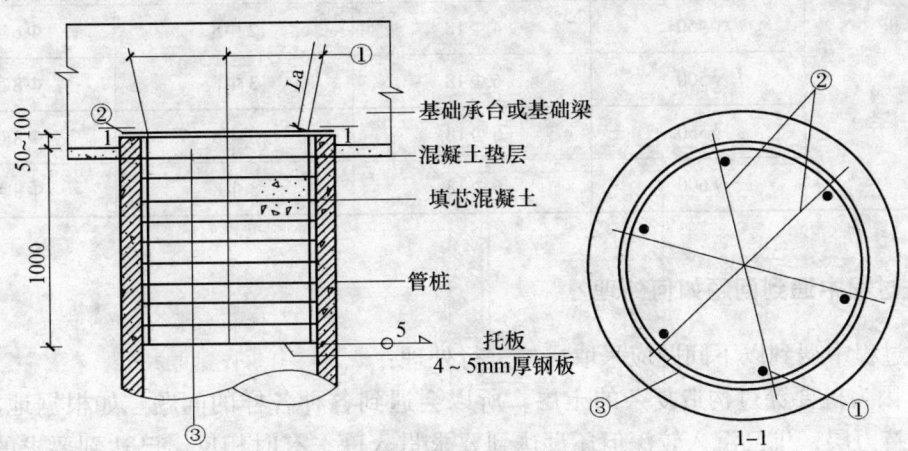

图2-4 截桩桩顶与承台连接形式

注：1. 桩顶内应设置托板及放入钢筋骨架。桩顶设计标高以下的填芯混凝土，其强度等级同承台或基础梁。
2. 浇筑填芯混凝土前的处理与不截桩桩顶的处理相同。
3. ②号钢筋应与①号钢筋焊牢，再与③号端板焊牢。
4. 桩顶埋入承台内深度及①号钢筋锚固长度与不截桩顶的要求相同。
5. ①号钢筋与②号钢筋应沿管桩圆周均匀布置。
6. 管桩顶填芯混凝土的高度可根据工程设计要求确定。
7. 对抗拔桩，桩身全部纵向预应力钢筋应锚入承台，锚固长度不得小于 $50d$，且不得小于500mm。
8. ①号钢筋采用 HRB335 级钢筋，②号钢筋采用 HPB235 级钢筋。

截桩桩顶与承台连接配筋如表 2-36 所示。

表 2-36　截桩桩顶与承台连接配筋表

管桩类型	外径/mm	配筋 ①	配筋 ②	配筋 ③
PHC 桩及 PC 桩	φ300	4Φ16	2Φ8	Φ6@200
	φ400	4Φ20	2Φ8	Φ6@200
	φ500	6Φ18	3Φ8	Φ8@200
	φ550	6Φ18	3Φ8	Φ8@200
	φ600	6Φ20	3Φ8	Φ8@200
	φ800	6Φ20	3Φ10	Φ8@150
	φ1000	8Φ20	4Φ10	Φ8@150
PTC 桩	φ300	4Φ16	2Φ8	Φ6@200
	φ350	4Φ16	2Φ8	Φ6@200
	φ400	4Φ18	2Φ8	Φ6@200
	φ450	4Φ18	2Φ8	Φ6@200
	φ500	6Φ18	3Φ8	Φ8@200
	φ550	6Φ18	3Φ8	Φ8@200
	φ600	6Φ18	3Φ8	Φ8@200

107. 打桩过程中遇到问题如何处理？

打桩过程中遇到以下问题应采取措施进行处理：

（1）因为桩要穿过构造复杂的土层，所以会遇到各种各样的问题。如根据地质勘察报告已达到持力层，桩已沉入较深但还没达到要求贯入度；有时相反，已达到要求的贯入度，但还没有进入持力层。处理的方法一般是要求勘察单位查明原因，然后将桩移位或采取补桩的方法进行处理。

（2）桩头被打碎或桩体被打断、打坏，原因可能是桩遇到硬夹层、旧的建筑物、构筑物基础，或由于桩头有异、桩体不垂直、桩的混凝土强度不足、过打等原因造成的。处理的方法是确保桩的混凝土强度，或增加桩头的钢筋网片，或改进桩帽的平整度、钢丝绳垫或垫片，或选择钻孔后植桩施打，调整桩锤的冲击能量（比如由 6.2t 改换成 8t 锤）。以上措施应根据施工现场地质条件和施工条件适当选择。

108. 预制混凝土桩施工质量验收有哪些规定？

预制混凝土桩施工质量验收应遵循以下规定：

（1）桩顶设计标高与场地标高一致时，桩基工程可待施工完毕后再进行验收。

（2）当桩顶设计标高低于场地标高时应进行中间验收，等全部桩打完且桩间土挖完以后进行检查验收。

（3）桩基验收时应提供的资料有：桩位测量放线图、工程地质勘察报告、材料试验检测报告、打桩记录和桩的制作过程记录、桩的竣工图（桩位设计及实际实施图）、桩的静载试验、动载试验报告和打桩贯入度记录。

109. 预制混凝土管桩的施工质量验收标准有哪些？

预制混凝土管桩的施工质量验收标准有：

（1）预制桩（钢桩）的桩位允许偏差如表 2-37 所示。

表 2-37 预制桩（钢桩）的桩位允许偏差

项目	允许偏差/mm
单排或双排桩条形桩基垂直于条形桩基纵轴方向	100
平行于条形桩基纵轴方向	150
桩数为 1~3 根桩基中的桩	100
桩数为 4~16 根桩基中的桩	1/3 桩径或 1/3 边长
桩数大于 16 根桩基中的桩 最外边的桩	1/3 桩径或 1/3 边长
中间桩	1/2 桩径或 1/2 边长

（2）预制桩制作前应对所使用的材料（砂子、水泥、石子、外加剂、掺合料、钢筋骨架、混凝土强度）进行检查。预制混凝土桩钢筋骨架质量检验标准如表 2-38 所示。

表 2-38 预制混凝土桩钢筋骨架质量检验标准

	检查项目	允许偏差/mm	检查方法
主控项目	主筋距桩顶距离	±5	用钢尺量
	多节桩锚固位置	5	
	多节桩预埋铁件	±3	
	主筋保护层厚度	±5	
一般项目	主筋间距	±5	用钢尺量
	桩尖中心线	±10	
	箍筋间距	±20	
	桩顶钢筋网片	±10	
	多节桩锚固钢筋长度	±10	

（3）钢筋混凝土预制桩的质量检验标准应符合表 2-39 的规定。

表 2-39 钢筋混凝土预制桩的质量检验标准

检查项目		允许偏差		检查方法
		单位	数值	
主控项目	桩体质量检验	按基桩检测技术规范		按基桩检测技术规范
	桩位偏差	按桩位允许偏差验收		用钢尺量
	承载力	按基桩检测技术规范		按基桩检测技术规范
一般项目	砂、石、水泥、钢材等原材料（现场预制时）	符合设计要求		检查出厂质保文件或抽样送检
	混凝土配合比及强度（现场预制时）	符合设计要求		检查称量及查试块记录
	成品桩外形	表面平整颜色均匀、掉角深度<10mm，蜂窝面积小于总面积的0.5%。		直观观察
	成品桩裂缝（收缩裂缝或起吊、装运、堆放引起的裂缝）	深度<20mm，宽度<0.25mm，横向裂缝不超过边长的一半		裂缝检测仪，不适用于在地下水有侵蚀地区及锤击数超过500击的长桩
	成品桩尺寸：横截面边长	mm	±5	用钢尺量
	桩顶对角线差	mm	<10	用钢尺量
	桩尖中心线	mm	<10	用钢尺量
	桩身弯曲矢高	mm	$L/1000$	用钢尺量（L 为桩长）
	桩顶平整度	mm	<2	用水平尺量
	电焊接桩：焊缝质量	见表2-24		见表2-24
	焊后停歇时间	min	>1	用秒表测定
	上下节平面偏差	mm	<10	用钢尺量
	节点弯曲矢高		$<L/1000$	用钢尺量，L 为两节桩长
	硫磺胶泥接桩停歇时间：浇筑时	min	<2	用秒表测定
	浇筑后	min	>7	用秒表测定
	桩顶标高	mm	±5	水准仪
	停锤标准	设计要求		现场测定或查沉桩记录

（4）钢筋混凝土预制桩施工质量检验标准如表2-40的规定。

表 2-40　钢桩施工质量检验标准

	检查项目	允许偏差		检查方法
		单位	数值	
主控项目	桩位偏差		见表 2-21	用钢尺量
	承载力		按基桩检测技术规范	按基桩检测技术规范
一般项目	电焊接桩焊缝： （1）上下节端部错口 　外径≥700mm 　外径<700mm （2）焊缝咬边深度 （3）焊缝加强层高度 （4）焊缝加强层宽度 （5）焊缝电焊质量外观 （6）焊缝探伤检验	mm mm mm mm mm	≤3 ≤2 ≤0.5 2 2 无气孔，焊瘤，裂缝 满足设计要求	用钢尺量 用钢尺量 焊缝检查仪 焊缝检查仪 焊缝检查仪 直观观察 按设计要求
	焊后停歇时间	min	>1.0	用秒表测定
	节点弯曲矢高		L/1000	用钢尺量（L 为两节桩长）
	桩顶标高	mm	±50	水准仪
	停锤标准		设计要求	用钢尺量或沉桩记录

（5）用小应变仪测定桩体的完整性，用静载试验检查桩的承载能力。

承载力检验数量为总桩数的 1%，且不应少于 3 根，当总桩数少于 50 根时，不应少于 6 根。

其他主控项目全部检查，对一般项目可按总桩数的 20% 抽查。

第三节　混凝土灌注桩

110. 混凝土和钢筋混凝土灌注桩有哪些成孔方法？

混凝土和钢筋混凝土灌注桩是按设计图样标明的桩位用机械设备成孔后浇筑混凝土而成的桩体，广泛用于软弱土层较厚的地基工程和采用浅埋基础不能满足设计要求的工业与民用建筑或其他建筑物的基础工程。

混凝土与钢筋混凝土灌注桩的成孔方法，可根据不同的现场土质条件和施工条件适当选用泥浆护壁冲（钻）孔、锤击（振动）、套管成孔、振动冲击沉管成孔、螺旋钻钻孔扩底、人工挖孔、爆破成孔等方法成孔。

随着我国高新技术的不断发展和机械化施工程度的不断提高，机械化逐步代替了繁重又具危险性的体力劳动，人工挖孔的施工作业逐步减少。

111. 混凝土和钢筋混凝土灌注桩施工前有哪些准备工作？

混凝土和钢筋混凝土灌注桩施工前应作如下准备工作：
（1）施工现场工程地质资料和必要的水文地质资料。
（2）桩基工程施工图及图样会审记录。
（3）施工现场及邻近区域内的地下管线、地下构筑物、危房、精密仪器车间等调查资料。
（4）主要施工机械及其配套设备的技术性能资料。
（5）桩基工程的施工组织设计及施工方案。
（6）进场原材料：水泥、砂、石、钢筋、外加剂等的合格证、检测报告和复试报告。
（7）有关施工工艺的试验参考资料。
（8）施工人员及质保体系、安全措施。

112. 桩基工程施工组织设计包括哪些内容？

桩基工程施工组织设计包括以下内容：
（1）施工平面图。标明桩位、编号、施工顺序、水电线路及临时设施的位置，泥浆制备设施及其循环系统位置；施工现场有硬土层的深度、范围及泥浆槽的位置安排。
（2）成孔机具及配套设备的相关资料。
（3）主要施工工艺。包括施工测量、定位放线、泥浆制备、成孔、钢筋笼制作及下沉、水下混凝土浇筑等。
（4）施工进度计划。
（5）机械设备和材料供应计划。
（6）有关质量保证的技术措施。
（7）安全技术措施、文明施工及季节性施工的技术措施。

113. 成孔工艺应如何选择？

根据成孔工艺的不同，混凝土灌注桩的成孔分为泥浆护壁钻（冲）孔灌注桩、套管灌注桩和干作业成孔（其中包括人工挖孔）灌注桩等几个类型，各有其适用条件。
（1）泥浆护壁钻孔灌注桩适用于地下水位以下的黏性土、粉土、砂土、填土、碎（砾）石土和风化岩以及地质情况复杂、夹层较多、风化岩分布不均、软硬差异较大的岩层。冲孔灌注桩除适应上述地质条件外，还能穿透旧的建筑物（构筑物）基础和孤石等障碍物，但在溶岩发育地域应慎重采用。
（2）套管灌注桩适用于黏性土、淤泥质土、回填土、砂土及粉土；在厚度较大的土层、灵敏度较高的淤泥和流塑状态的黏性土等软弱土层中采用时，应在施工前编制质量保证措施，并经试验证实可行后实施。
夯扩桩（指经夯压成形的灌注桩）适用于桩端持力层为中、低压缩性黏性土、粉土、砂土、碎石类土，并在埋深不超过20m的范围内采用。
（3）干作业成孔灌注桩适用于地下水位线以上的黏性土、回填土、粉土、中度密实以上的风化岩层、砂土层的成孔。

人工挖孔灌注桩在水位线比较高或有承压水的土层、滞水层、土层较厚的高压缩性淤泥层和流塑淤泥质土层中作业时，必须有可靠的技术措施和安全措施。

（4）爆扩成孔灌注桩适用于地下水位以上的黏性土、黄土、碎石土和风化岩，不适合在有危房及有精密仪器车间的地段施工。

（5）螺旋钻机钻孔扩底灌注桩适用于地下水位以上的一般黏性土、砂土及人工回填土的地基，而不适合在地下水位以下的上述土层及碎石土层施工。

（6）振动冲击沉管成孔适用于碎石土、砂土、黏性土、风化岩、软质岩等各种土层施工。

114. 混凝土和钢筋混凝土灌注桩成孔机具应如何选择？

混凝土和钢筋混凝土灌注桩成孔机具应遵循以下规律进行：

由于成孔工艺的不同，所以选用的机具有所不同，下面介绍潜水钻机、冲击成孔钻机及正反循环回转钻机、螺旋钻机几种钻机及其适用范围和功能：

（1）潜水钻机。潜水钻机成孔为泥浆护壁成孔的一种，主要成孔设备是潜水钻，其排渣方式与钻孔灌注桩基本相同，也分为正循环和反循环两种，一般除卵石层外，其他各类地层均可采用正循环法。

潜水钻体积小、噪声低、耗用动力小、钻孔效率高、钻杆不旋转，无钻杆折断事故的发生，适用于狭小场地的施工，适合于填土、淤泥土、黏土、砂土、粉砂土等土层的成孔。

潜水钻机由潜水动力头装置（主机）、钻杆钻头、卷扬机、配电箱、电缆卷筒（或人工倒电缆）和桩架组成。主机由潜水电动机、行星减速箱、封闭装置组成。潜水钻机如图2-5所示。

图2-5 潜水钻机

潜水电动机和行星减速箱均为一中空结构，其内设中心送水管，也有通过泥浆岩用另一根橡胶管单独附在钻杆上作为送水管的，方法是以人工倒管提钻。整个潜水钻主体在工作状态时完全潜于水下，钻机能否正常耐久地使用，主要取决于电机密封装置的可靠性。钻杆采用8号槽钢对焊而成，每节5m，适用于KQ-800型钻机，其他型号钻机应选用重型钻杆。不同类型的土层采用不同形式的钻头，一般黏性土、淤泥质土、砂土宜采用笼式钻头。在钻砂层加卵石层或在强风化岩层中钻进时，可在笼式钻头上镶硬质合金刀；在钻孤石或基础时可用镶硬质合金齿的筒式钻头。

（2）冲击成孔钻机。冲击成孔钻机在泥浆护壁作用下用冲击成孔方式进行钻进，部分沉渣挤入孔壁，而大部分成为沉渣，后用掏渣筒掏出。冲击成孔钻机适用于黏性土、砂砾石（有孤石夹杂在其中）漂石层、坚硬土层和岩层、一般性黄土、粉质黏土，但对淤泥质土和淤泥土要慎重选用。

冲击成孔钻机常用型号及功能如下：

（1）CZ-30型钻机。钻孔直径可达763mm，钻孔深度可达500m。
（2）CZ-22型钻机。钻孔直径可达559mm，钻孔深度可达300m。
（3）CZ-20型钻机。钻孔直径可达508mm，钻孔深度可达300m。
（4）YKC-31型钻机。钻孔直径可达400mm，钻孔深度可达500m。
（5）YKC-22型钻机。钻孔直径可达559mm，钻孔深度可达300m。
（6）YKC-30型钻机。钻孔直径可达400mm，钻孔深度可达500m。
（7）YKC-20型钻机。钻孔直径可达508mm，钻孔深度可达300m。

其护筒采用6~8mm厚钢板制作，内径比钻头大200mm，高1.2~1.5m。若地表杂填土松软宜穿过松软土层，护筒作用是保护孔口的土体不致坍塌，维护泥浆，减少泥浆流失，且可作为定位导向。

115. 冲击钻孔施工应注意哪些？

冲击钻钻头应对准护筒正中心，偏差不超过20mm。开孔时，应低锤密击。若表土为淤泥、细砂等松软土时，可用加黏土块夹小石块的方法反复冲击造壁，孔内泥浆面应保持稳定。在护筒刃脚以下2m以内，应以小冲程（控制在1m左右）钻进。泵入清水或泥浆时，清理钻头上的泥块，为了防止裹钻可投放碎砖石。在粉砂层或中砂层成孔时，应采用2~3m的中冲程，泥浆相对密度保持在1.2~1.5之间，宜投入黏土块，勤冲勤掏渣。在砂卵石层中钻进时，可用2~4m的高冲程钻进；相对泥浆密度保持在1.3左右。要勤掏渣。在软弱土层中成孔或回填后重新钻进，宜采用小冲程反复冲击，加黏土块夹小石片，泥浆相对密度保持在1.3~1.5之间。排渣可用泥浆循环或掏渣筒进行，若以抽渣筒排渣应及时补充泥浆。遇有大块孤石时，可采用爆破或用高低冲程交替冲击，将孤石击碎或挤入孔壁。

每钻4~5m验孔一次，若发现偏孔时应马上回填片石（规格为300~500mm），然后重新冲孔。每钻进100~500mm（非端承桩为300~500mm，端承桩为100~300mm），应清孔取样一次，以备终孔验收。对大口径孔可两次成孔，第一次成孔直径应为设计直径的60%~80%。

施工过程中，要采用有效措施防止扰动孔壁造成塌方、扩孔、卡钻或掉钻事故的发生。若遇到斜孔、弯孔、梅花孔、坍孔和护筒部位冒浆，应停机进行处理。对孔壁稳定的桩孔可采用真空吸泥法清孔。混凝土浇筑前，孔底500mm以内的泥浆相对密度应该<1.25，含砂

率≤8%，黏度≤28s，护筒内泥浆面应高出地下水位1m。

下钢筋笼前应进行隐蔽工程验收，钢筋笼应验收合格后入孔、清孔，浇筑混凝土，水下混凝土的砂率宜为40%~45%，以中粗砂为主，硬骨料最大粒径<40mm；最小水泥用量不少于360kg/m³；坍落度宜为180~220mm；配合比应通过试验确定。

混凝土导管直径一般为200~250mm，壁厚不小于3mm，分节长度视工艺要求而定。底节长应大于4m。导管提升时不要挂起钢筋笼，导管事先应试压。浇筑混凝土时，管口与孔底的距离不应小于500mm，连续浇筑时应使导管埋入混凝土中不少于0.80m以上，后期导管埋深宜为2~6m。

桩顶混凝土高度一般在500~600mm之间，以保证桩头凿除以后无浮浆并露出石子为准。桩混凝土强度应达到设计要求的强度设计值方可进行下道工序的施工。桩顶进入承台的深度一般为50~100mm，桩头在一定区段范围内应设加密筋，以增强桩的承载力。

116. 正反循环回转钻机成孔有哪些优缺点？

正反循环回转钻机成孔有以下优缺点：正反循环回转钻机是利用回转钻机在泥浆护壁条件下进行慢速钻进，通过泥浆排渣成孔，它是我国应用较广泛的成孔机具，其优点是成孔质量可靠、无噪声、无振动和无挤压，便于操作，可用于各种孔径和深度的成孔。缺点是成孔速度慢，泥浆排放量大，用水量较多。

主要机具是回转钻机（转盘式）。钻架多用龙门式；钻头多用三翼或四翼合金钻头、牙轮合金钢钻头或钢粒钻头，还要配备卷扬机、离心式水泵和泥浆泵等配合钻孔。使用这种钻机一般采用正循环钻孔，而深度超过30m的端承桩宜采用反循环钻机。

117. 正反循环回转钻机有哪些施工要点？

正反循环钻机施工工艺要点如下：

（1）开钻前，孔口宜使用护筒（护筒用6~8mm厚钢板做成，其内径应大于钻头直径100~200mm）。钻黏性土时，护筒高一般在1~1.5m左右；钻砂土时，护筒一般在1.5~2m，其高度还应满足孔内泥浆面高度的要求（在上口开1~2个溢浆孔）。护筒中心与桩位中心偏差不得大于50mm。

（2）在比较松软土层中钻进，应根据泥浆补给情况适当掌握钻进速度，而在硬土层或岩层中钻进时应使钻机不发生跳动。

（3）钻孔前应制备造浆用的高塑性黏土或膨润土（能自行造浆的土层除外）。其性能如表2-41所示。

表2-41 制备泥浆的性能指标

项次	项目	性能指标	检验方法
1	相对稠度	1.1~1.5	泥浆比重计
2	黏度	10~25s	50000/70000漏斗法
3	含砂率	<6%	试验
4	胶体率	>95%	量杯法

续表

项次	项目	性能指标	检验方法
5	失水率	<30mL/30min	失水量仪
6	泥皮厚度	1~3mm/30min	失水量仪
7	静切力	20~30mg/cm²	净切力计
8	稳定性	<0.03g/cm²	
9	pH值	7~9	pH试纸

（4）为了保证钻孔的垂直度，钻机设置的导向装置应符合以下规定：潜水钻的钻头应有不小于3倍直径长度的导向装置；利用钻杆加压的正循环回转钻机，在钻具中应加设扶正器。钻进过程中如发生斜孔、塌孔和护筒冒浆现象时，应停钻待采取措施后再行施工。

（5）钻孔达到设计深度以后，应立即进行清孔和放置钢筋笼。清孔可用循环换浆法，在浇筑混凝土前，要使孔底深500mm以内泥浆的相对密度（泥浆比重）小于1.25，含砂率≤8%，黏度≤28s，还要使孔底沉渣厚度符合以下规定：端承桩≤50mm，摩擦端承桩≤100mm，摩擦桩≤300mm。

118. 螺旋钻机有哪些成孔优势？

螺旋钻机有以下成孔优势：螺旋钻机适用于地下水位以上的干作业黏性土层、砂土及人工填土层的成孔施工。不适合地下水以下各类土层及碎石层、淤泥和淤泥质土地基成孔施工。其性能如表2-42所示。

表2-42 常用大直径螺旋钻机性能参考表（履带式）

机型	钻孔直径/mm	钻孔深度/m	转速/(r/min)	钻杆扭矩/(kN·m)	动力/kW
CM-35型液压短螺旋钻机	400~1200	28	钻孔36 卸载160	44.1	66（柴油发动机）
RTC-S型液压螺旋钻机	400~1500	最大78 标准型42	0-195	105	83（柴油发动机）
ZKL-1500型液压螺旋钻机	400~1500	最大70 标准型40	0-195	105	83（柴油发动机）
CKL-800型长螺旋钻机	800	最深27.5	22	48.4	55×2（电动机）
ZKL-800型长螺旋钻机	800	最深18	39	14.55	55
ZKL-1000型长螺旋钻机	1000	最深27	31	27.1	45×2（电动机）

注：以上各机型分别是意大利士力公司、北京城建机械厂、郑州勘察机械厂、北京桩工机械厂的部分产品，而国内外其他有关产品还很多，不便一一列出。钻机的最大深度与钻杆的平直度、电机的配用功率及钻进速度有关，应随时掌握土质软时快钻和土质硬时慢钻和遇孤石时不钻的原则，挪机时注意平稳过渡。

螺旋钻机分长螺旋（钻杆长10m以上）和短螺旋（钻杆长3~10m）。通过螺旋叶片将土输送到孔口，用运输工具运走，孔底标高经测量符合设计要求后下钢筋笼，浇筑混凝土。螺旋钻机分履带式、步履式、轨道式、汽车式，其主要部分由电动机、钻机、卷扬机、钻杆、双向钻架拉杆组成。钻机的就位及轻微调整主要靠履带或移动回转底盘来完成，底盘的自重对机架的防倾覆也起到至关重要的作用。钻杆也是用螺旋片焊在无缝钢管上做成的，螺旋叶片的外径也就是钻机能钻桩孔的直径。螺旋钻机随着社会的发展，应用越来越广泛，为满足工程的需要其品种越来越多。目前，根据需要又研发出$\phi 800mm$、$\phi 1000mm$、$\phi 1200mm$和$\phi 1500mm$直径的钻机，深度逐步由8m增加到10m、12m、14m、24m、和28m。根据钻机架高度和桩长的需要，钻机机手灵活掌握钻进速度可使钻孔更深。长螺旋钻机的钻头接在钻杆的下端，为使切削下来的土能及时送到叶片上，钻杆端部有一小段双头螺旋。钻头有多种形式，根据需要分为平底钻头、耙式钻头、筒式钻头和扩底钻头。长螺旋钻机如图2-6所示。

图2-6 长螺旋钻机

注：步履式SZKL600BB型长螺旋钻机允许拔钻力为300kN、自重32t、立柱倾斜范围±2°、步长1.1m，工作地面允许最大坡度2°、回转角度360°、回转速度0~0.59r/min、行走速度2.26m/min、接地比压0.03~0.25MPa，架高30m，钻孔最深28m，外形尺寸11m×4.8m×30m。

如果施工桩底需要扩底，则需要用双螺旋钻扩底机带动扩底钻头。其钻杆是由两根钢管、若干块隔板焊成，外设护罩。在两根钢管靠孔壁的一侧开有若干个出土窗口，钢管下端各铰接一直径相同的刀管。刀管可绕铰接点灵活张开或合拢（依靠油液压缸的推动杆作用来实现张开或合拢动作）。管内装有螺旋叶片轴，刀管下部是钻进刀头，管的侧面是扩孔刃刀。在正常钻孔时，两个刀管合拢，护管内两根螺杆高速旋转，刀管下的刀头削土，碎土沿叶片上升，从侧壁的窗口吐出。当钻深达设计标高后，扩底液压缸启动，通过连杆将两个刀管逐渐张开，扩孔刀刃开始工作。土从侧刀刃旁的缝中进入刀管，然后通过刀管将土送出地面。当扩底扩大到设计直径以后（即切出一个圆锥形的孔底），将刀管通过液压缸收回提出钻头，下钢筋笼、浇注混凝土，一个扩大桩头的混凝土桩便完成了。这种螺旋钻机既能钻孔又能扩大桩头，而且能连续施工作业，生产效率高，扩底桩的承载力明显提高，又能节约大量的混凝土，是一种有发展前景的成孔设备。

钻机的动力头是主要驱动机构，型号有单轴式、双轴式和多轴式，目前得到大家认可广泛应用的多为单动单轴式。

119. 长螺旋钻机施工混凝土灌筑桩应注意哪些事项？

长螺旋钻机施工混凝土灌筑桩应注意以下事项：

（1）钻机就位以后，应检查导杆，使钻尖对准桩位中心点，且钻杆的垂直度不超过1%；防止钻杆转动时晃动引起桩径扩大。

（2）钻孔开始应先缓慢启动后逐步加快，既减少了钻杆摇晃，又易于检查钻孔是否偏移，便于及时纠正。

（3）对于含水率大的软塑土质宜用疏纹叶片钻杆，缓慢匀速钻进。钻进速度应根据电机功率大小灵活掌握。

（4）钻进过程中，应及时清理积土。遇地下水、坍孔、缩孔等异常情况时，应将钻具提出，及时处理。

（5）钻扩底桩在扩底时，应根据电机功率大小或油压值，调节扩孔刀片的切削土量，避免超负荷工作。

（6）钻至设计深度后，应清底扫膛，使底部的虚土厚度符合要求，并按灌注桩成孔施工允许偏差表进行验收。

（7）浇注混凝土前应先设护孔漏斗，随后安装钢筋笼并再次测量孔内虚土厚度。扩底桩浇注混凝土时，第一次浇至扩底部位的顶面，振捣密实；浇注到桩顶以下5m范围内的混凝土时，应随浇随振捣，每次浇注的高度不大于1.5m。

120. 干成孔灌注桩施工常遇问题如何处理？

干成孔灌注桩施工常遇问题及处理如下：

（1）孔底虚土过多。

①原因。在松散填土或含有炉灰、砖头、垃圾等杂填土或有流塑淤泥松砂、砂卵石、卵石夹层中钻孔过程中或过程后土体坍塌；孔口土未及时清运堆集过多导致回落；钻杆不垂直，旋转过程中撞孔壁，形成扩颈，提钻时使土回落孔底；放置钢筋笼过程中，孔壁被撞导致土落孔底；成孔后未及时浇注混凝土，雨水冲刷使土落入孔底；钻杆倾斜度过大；施工工艺不当等。

②处理方法。探明地下土层情况，尽量避开杂填土地点；采取不同的施工工艺；及时清除积土；校直钻杆；竖直轻放钢筋笼入孔；成孔以后立即浇注混凝土；根据不同土质选用不同的倾角钻头；根据不同地质条件采取不同的钻孔、提钻方法，进行一定时间的空钻清底或

边旋转边提钻将土带出孔口。

(2) 桩孔倾斜。

①原因。遇地下障碍物、孤石等；地面不平或桩架导管不垂直或钻杆不垂直。

②处理方法。挪位另钻孔，如果障碍物较浅，可清除后填土再施钻；平整场地后调整钻杆垂直以后再施钻；调整钻杆在同一轴线上。

(3) 难以钻进。

①原因。遇坚硬土层；钻进速度快；钻杆倾斜度太大或遭遇地下障碍物。

②处理方法。换锋利钻头或适应坚硬土钻进的钻头；在饱和黏性土中钻进，采用慢速高扭矩方法钻进；在坚硬土层中钻孔时可适当在孔中加水；调整支架和钻杆的垂直度，清除障碍物以后重新钻孔。

(4) 塌孔。

①原因。在流塑淤泥质土中钻孔，孔壁不能直立造成坍塌；孔底部砂卵石、卵石等造成塌落。

②处理方法。先钻孔至塌孔以下1~2m，用灰土或水泥土、混凝土（C10~C15）填到塌孔以上1m，待混凝土初凝以后再施钻；采取深钻办法任其塌落，但应保证有效桩长。

(5) 桩体夹土。

①原因。钢筋笼安装不当，如果钢筋笼不全长设计时，可先浇注一段混凝土再下钢筋笼，由于钢筋笼撞孔壁使土坍落致先浇的混凝土中造成桩体夹土。

②处理方法。先下钢筋笼后浇混凝土。

(6) 桩体混凝土强度低。

①原因。水泥过期，硬骨料含泥量过大；混凝土配合比不当；混凝土振捣不密实；出现蜂窝、空洞，桩身分段不均匀，发生离析。

②处理方法。按规范要求选用合格的水泥、砂、石子，严格按试验室配合比通知单控制各种材料的投量；桩顶以下4~5m范围内用振捣棒振实；各盘的混凝土配合比、振捣时间、加水量、外加剂、砂石料含量力求一致。

121. 桩的施工近年来有哪些新技术？

桩的施工新技术得到广泛的应用：

(1) 钻孔压浆成桩。钻孔压浆成桩是我国工程技术人员在实践过程中开发研制出的一种新的施工方法，是我国的一项专利。该施工工艺具有一定程度的优越性。它的成桩过程是：先用长螺旋钻机或旋挖机成孔，通过设在钻杆纵向的一根管及注浆泵等组成的高压灌注水泥浆的系统进行送浆，使水泥浆从管头顶部的喷嘴向所处的砂卵石层喷注（压力值一般在 $0.4 \sim 0.8 kN/mm^2$）水泥浆，借助水泥浆的压力，将钻杆慢慢顶起，直至浆液能够使孔壁自身保持稳定的位置。提出钻杆后，放入钢筋笼和石子，为使水泥浆能全部包裹石子，通过绑在钢筋笼上的钢管或塑料管进行二次注浆。把带土的泥浆全部挤出，至纯水泥浆溢出为止。

根据工程土质，在成桩后为增强桩的承载力，在桩混凝土浇筑完成后通过预先绑扎在钢筋笼上的钢管将纯水泥浆用注浆泵压入河砂及河卵石的土层之中，使土层的凝结与灌注桩紧密相连,从而起到增大摩擦力的作用。钻孔压浆成桩与传统的灌注桩相比具有更大的优点:首先,它能在有地下水和有流砂的复杂地质条件下确保施工正常进行,不必使用泥浆护壁及护筒进行护壁,从而提高了施工进度,降低了成本,减少了污染。其次,由于使用了高压注浆技术使桩侧土体受到一定程度的挤压,使粗砂层并含有卵石的土层空隙充满水泥浆达2~3m远,与一般混凝土灌注桩相比,承载力增加一倍以上。

该工艺自1985年以来,已在国内几百个桩基工程中成功应用,成桩直径有300~1000mm,桩深达50m。

(2) 斗式钻头钻机成孔混凝土灌注桩。斗式钻头钻机为日本加藤(KATO)式钻机,有20HR50YH等机型,成孔直径为500~2000mm,钻孔深度可达60m,该钻机最适合在软黏土中成孔,具有无振动、无噪声,钻进速度快等优点,但在有高压水的承压水土层中钻进比较困难。

斗式钻机成孔机由钻机、钻杆、土斗、传动与变速器组成。钻机以履带移位、钻杆由可伸缩的方钢管与实心方钢芯杆组成。钻杆的下端以销轴与钻斗相接。提升钻杆时,内中钻杆均收回到外套杆内,钻孔时随着深度的增加,先伸出中套杆,再伸出内芯杆。电动机通过变速器将速度减慢后传送到方钢钻杆上,以控制转速在7r/min。斗式钻头在挖土满斗以后,需要卸土到地面后再下去挖土,这样一斗一斗挖到设计深度以后,再下钢筋笼,用导管浇注混凝土。斗式钻头有锅底式钻头(适用于黏性土)、冲击式钻头(适用于卵石或砂砾层)、锁定式钻头(适用于有大块孤石的挖掘),另外还有扩底钻斗。

(3) 全套管钻孔灌注桩。全套管钻孔机原是法国具诺特公司研制的,又称具诺特钻机。

施工工艺是先套管就位,开启摇动装置,边摇边用千斤顶将套管压入土中,当第一节套筒压入土后,用锤式抓斗将管内土搅碎取出。根据土质情况套管超前下沉0.3m,较软的土下沉的更多一些。对碎石层或坚土层,因土质坚硬,下沉套管有一定困难,在这种情况下就可采用超前凿、开挖的方法使套管下沉。将管沉下以后连接第二根管。这样一直到设计深度后吊装钢筋笼,转动套管,检查套管与钢筋笼之间的间隙,不要使钢筋笼与套管卡在一起。为防钢筋笼上浮,在钢筋笼底部焊$\phi 16@150$的钢筋网片,并在网片上固定混凝土块等。

采用导管浇注混凝土时,应边浇注边拆导管,但导管底口应埋入混凝土面不少于2m。因混凝土面上部有泥渣,所以混凝土桩面标高应高于设计桩头标高500~700mm,待开挖桩间土以后凿除。

由于全套管钻机及拔套管的反作用力都很大,所以在地面为软土时,要设置垫板,否则不便于施工。全套管钻孔施工的优点是减少了由于灌注桩挖土所引起的土体松动,并且可以在松软土地基中安全施工。由于护壁不必用泥浆,所以有效提高了桩体摩擦力,底部沉渣少,清孔比较容易,使端桩承载力也有所提高。成桩质量比其他的钻孔桩高,速度也比较快,但设备价格昂贵。

由于全套管钻孔灌注桩可施工桩径为800~2000mm的桩,且桩深可达30~60m,适用于除硬岩及含水率较高的厚细砂层以外的任何土质。由于减少了噪声、振动和泥浆污染,可以在原有建筑物附近进行施工,适合在城区及建筑物较密集的区域范围内施工。所以,在国外也得到了广泛应用。日本在引进法国具诺特钻机以后通过研发又设计了适合本国国情的多种全套管钻孔灌注桩施工的机型,我国有的施工单位也引进了该设备。

我国所采用的人工推绞盘挖井技术在20世纪70年代广为使用，此种技术工艺类似于斗式钻头钻机，其钻头直径550mm，以100mm左右的无缝钢管作钻杆，各钻杆之间以螺丝扣相接，地面最上端钻杆有一贯通的圆孔，约50mm，用铁管或铁棒插入圆孔，几个人推，通过钻杆带动挖斗挖土，满斗以后用人工推绞盘的方法将挖斗拉到地面，卸土后重新下斗挖土，这样反复进行，逐步掘深，最深可达20多米左右，此井蓄水量大。河北一带经常挖此井来灌溉农田，当地人称之为"锅钻井"。

人工推绞盘钻井技术的优点是：不需要太多太大的机械设备，能解决偏远地区不便筹备各种设施设备的钻井作业，可不用电力，无噪声、少污染，几个人便可钻井，投入总造价可达最低。

122. 成孔施工过程中出现问题如何处理？

成孔施工过程中出现问题应按以下方法进行处理：

（1）坍孔。原因是提升、下落冲锤、掏渣筒和下放钢筋笼时碰撞孔壁；护筒周围未封严而漏水，使泥浆液面下降；孔内泥浆液面低于孔外水位，或泥浆相对密度指标不符合要求；在淤泥质土、砂土、松散砂层中进钻太快，或钻头停在一定深度空转时间太长、转速太快等。

预防措施及处理方法是提升、下降冲锤，掏砂筒和下放钢筋笼时要保持垂直对正；护筒周围用黏土封填紧密，保持泥浆液面高于孔外水位；钻进时遇流砂、松散砂层时适当加大泥浆密度；不使钻进太快或空转时间太长。在发生轻度坍孔时，可加大泥浆密度，严重坍孔时用黏土回填，待稳定后再慢速钻进。

（2）钻孔偏移（成孔不直，出现较大的垂直度偏移）。原因是桩架与水平面不垂直、或钻杆导架不垂直，钻机磨损，部件松动或钻杆弯曲，接头不直；土层软硬不均；钻机钻孔时，遇较大孤石或探头石，基岩倾斜未进行处理，或在粒径相差悬殊的砂卵石层中钻进，使钻头所受阻力不均。

预防措施及处理方法；安装钻机时，要对导架进行水平度和垂直度的检查校正，检修钻孔设备，如钻杆弯曲应进行及时调直或更换。遇软硬土层应控制进尺，慢速钻进；若偏差过大，则应填入黏土重新钻进，控制转速，慢速上下提升，下降，进行往返扫孔纠偏；如有探头石，宜以钻头钻穿，用冲孔机时以低锤密击，将石块打碎，若基石倾斜，则应投入石块，使表面略平，用锤密击。

（3）梅花孔（孔断面形状不规则，呈梅花形。）原因是冲孔时转向环失灵，冲锤不能自由转动；泥浆太稠，阻力太大；提锤太低，冲锤得不到转动的机会，转不了方向。

预防措施及处理方法是经常检查转向吊环，在活动部位加油，使其保持灵活；勤掏渣，适当降低泥浆稠度；保持适当的提锤高度，必要时由人工辅助回转；用低冲程作业时，隔一段时间更换一次冲程，使冲锤有足够的转向机会。

（4）卡锤（用冲锤冲孔时，锤被卡在孔内，不能动弹）。原因是：在孔内遇到大的探头石（称上长）；冲锤磨损过甚，孔径成梅花形，提锤时，锤的大径被孔的小径卡住；石块落入孔内，夹在锤与孔壁之间。

预防措施及处理方法是：上卡时，用一个半截冲锤冲打几下，使锤从卡点落入孔底，然后吊出；当下卡时，可用小钢轨焊成T字形钩，将锤一侧拉紧后吊起，被石头卡住时，可用上述方法提出冲锤。

(5) 流砂（桩孔内大量冒砂将孔堵塞）。原因是：孔外水压大于孔内水压，孔壁松散，使大量流砂堵塞桩底；遇到粉砂层，泥浆密度不够，孔壁未形成泥皮。

预防措施及处理方法：使孔内水位高于孔外水位 0.5m 以上，适当加大泥浆密度；流砂严重时，可抛入碎石、碎砖、黏土，用锤冲入流砂层，做成泥浆结块，使其形成坚厚孔壁，阻止流砂涌入。

(6) 不进尺（在黏性土层钻进时，泥裹住钻头，难以钻进）。原因是钻头被黏泥裹住，排渣不畅，钻头周围堆积土块；钻头合金刀具安装角度或方向不正确，刀具切土过浅，泥浆密度过大，钻头配重太轻。

预防措施及处理办法是加强排渣，重新调整刀具角度、形状和排列方向；降低泥浆密度，加大配重；糊钻时提出钻头清除黏泥，再行施钻。

(7) 钻孔漏浆（在成孔过程中，或在成孔以后，泥浆向孔外漏失）。原因是遇到了透水性较强或有地下水流的土层，或埋设护筒深度不足，回填土压实不够或护筒接缝不严，在护筒刃角或接缝处漏浆；水头过高使孔壁渗透。

预防措施及处理方法是适当调解泥浆密度或加黏土，慢速运转，或在回填土内掺片石、卵石、反复冲击增强护壁强度；护壁周围及底部接缝处用土堵严；适当控制孔内水头高度，不要使水头压力过大。

(8) 钢筋笼偏位变形（钢筋笼变形，保护层不足，放置位置及深度不符合设计要求）。原因是钢筋笼过长，未设加强箍，钢筋笼强度不够造成变形；或因钢筋笼上未设垫块或耳环来控制保护层厚度；桩孔本身偏斜或错位；或因钢筋笼吊放未待垂直便迅速下放，导致斜插入孔中；或因孔底清渣不彻底，使钢筋笼达不到设计深度。

预防措施及处理方法：钢筋笼过长时，应分为 2~3 节制作，分段吊装，分段焊接或焊接加强筋对钢筋笼进行加强；在钢筋笼的四周环筋上沿纵向每隔一定距离设置塑料或混凝土垫块来控制保护层厚度；若是由于孔本身倾斜造成的，应在下钢筋笼之前重复扫孔纠偏；孔底沉渣应换清水或适当密度的泥浆来循环清除干净。

123. 混凝土灌注桩施工质量验收标准有哪些？

混凝土灌注桩施工质量验收标准如下：混凝土灌注桩施工前应对混凝土组成材料（包括水泥、砂、石子、外加剂、掺合料）进行检查。混凝土灌注桩钢筋笼的质量检验标准应符合表 2-43 的规定。

表 2-43 混凝土灌注桩钢筋笼质量检验标准

	检查项目	允许偏差或允许值/mm	检查方法
主控项目	主筋间距	±10	用钢尺量
	长度	±100	用钢尺量
一般项目	钢筋材质检验	设计要求	抽样送检
	箍筋间距	±20	用钢尺量
	直径	±10	用钢尺量

混凝土灌注桩的桩位允许偏差和垂直度允许偏差应符合表 2-44 的规定。

表 2-44　混凝土灌注桩的桩位允许偏差和垂直度的允许偏差

序号	成孔方法		桩径允许偏差/mm	垂直度允许偏差/（%）	桩位允许偏差/mm	
					1～3 根、单排桩基垂直于中心线方向和群桩基础的边桩	条形桩基沿中心线方向和群桩基础的中间桩
1	泥浆护壁钻孔桩	$D \leq 1000$mm	±50	<1	$D/6$，且不大于 100	$D/4$，且不大于 150
		$D > 1000$mm	±50		$100 + 0.01H$	$150 + 0.01H$
2	套管成孔灌注桩	$D \leq 500$mm	−20	<1	70	150
		$D > 500$mm			100	150
3	干成孔灌注桩		−20	<1	70	150
4	人工挖孔桩	混凝土护壁	+50	<0.5	50	150
		钢套管护壁	+50	<1	100	200

注：1. 桩径允许偏差的负值是指个别断面。
　　2. 采用复打、反插法施工的桩，其桩径允许偏差不受上表限制。
　　3. H 为施工现场地面标高与桩顶设计标高的距离，D 为设计桩径。

每浇注 50m³ 混凝土必须做 1 组试块，不足 50m³ 时，也应做 1 组试块。

施工过程中应对成孔、放置钢筋笼、清渣、浇注混凝土等工序进行全过程严格检查，对人工挖孔桩尚应复验持力层土（岩）性。

混凝土灌注桩质量检验标准应符合表 2-45 的规定。

表 2-45　混凝土灌注桩质量检验标准

	检查项目		允许偏差或允许值		检查方法
			单位	数值	
主控项目	桩位		见表 2-44		基坑开挖前量护筒、开挖后量桩中心
	孔深		mm	+300	只深不浅，用重锤测，或测钻杆、套管长度，嵌岩桩应确保进入设计要求的嵌岩深度
	桩体质量检验		根据基桩检测技术规范。如钻心取样，大直径嵌岩桩应钻至桩尖下 50cm		根据基桩检测技术规范
	混凝土强度		设计要求		试件报告或钻芯取样送检
	承载力		根据基桩检测技术规范		根据基桩检测技术规范
一般项目	垂直度		见表 2-44		测套管或钻杆，或用超声波探测，干施工时吊垂球
	桩径		见表 2-44		井径仪或超声波检测，干施工时用钢尺量，人工挖孔桩不包括内衬厚度
	泥浆比重	砂土或黏性土	1.15～1.2		用比重计测，清孔后在距孔底 50cm 处取样
	泥浆面标高高于地下水位		m	0.5～1.0	目测

续表

检查项目		允许偏差或允许值		检查方法
		单位	数值	
一般项目	沉渣厚度 端承桩	mm	≤50	用沉渣仪或重锤测量
	沉渣厚度 摩擦桩	mm	≤150	
	混凝土坍落度 水下灌注	mm	160~220	坍落度仪
	混凝土坍落度 干施工	mm	70~100	
	钢筋笼安装深度	mm	±100	用钢尺量
	混凝土充盈系数		>1	检查每根桩的实际灌注量
	桩顶标高	mm	−50~+30	水准仪测，需扣除桩顶浮浆层及劣质桩体

桩体质量检验数量不应少于总桩数的20%，且不应少于10根。对桩质量较差的混凝土灌注桩，检验数量不应少于总桩数的30%，且不应少于20根。每个承台下不应少于1根。

承载力检验数量不应少于总桩数的1%，且不应少于3根。当总桩数少于50根时，不应少于2根。成桩质量较低的混凝土灌注桩应采用静荷载试验的方法进行检验。其他主控项目及一般项目应全部检查。

第四节 挤扩支盘灌注桩

124. 挤扩支盘灌注桩基本原理是怎样的？

挤扩支盘灌注桩是一种新型结构形式的钢筋混凝土灌注桩，它属于钢筋混凝土灌注桩的范畴，其成孔方式与结构设计的机理与混凝土灌注桩基本相同；从承载力特性分析，挤扩支盘灌注桩属于摩擦端承桩，提高了桩的抗压、抗拔能力。挤扩支盘灌注桩的研发是对传统的混凝土桩基结构的改革和创新，使桩的受力机理发生了极大的变化。

挤扩支盘灌注桩的外形和结构形式如图2-7所示。从图2-7（b）中可见，挤扩支盘灌注桩由桩体、分支（简称支）和承力盘（简称盘）三部分组成，同普通灌注桩一样内部设有钢筋笼，且桩端1m范围根据受力程度设有钢筋加密区。其分支与承力盘内没有钢筋，挤扩支盘灌注桩的分支与承力盘的数量和所处的位置，是根据工程所在地的地质条件和上部的工程结构、荷载大小的具体情况来设计的。分支一般设在桩体的上部和中部；承力盘根据地质情况和上部荷载情况设计为一盘、两盘和多盘，各盘全部设计在地质勘察报告中标明的持力层中，并根据桩的抗压或抗拔功能需要分别设置在持力层的上半部和下半部，无论是哪种功能需要的设计方案，均在桩底以上0.5m处设一盘。

在图2-7（b）、（d）图中可以看到，挤扩支盘灌注桩只不过是在普通混凝土灌注桩上增加了分支和承力盘。普通混凝土灌注桩相当于树仅有主干，而挤扩支盘灌注桩则是带树根的主干；所以，挤扩支盘灌注桩比普通混凝土灌注桩的抗压或抗拔能力更强。

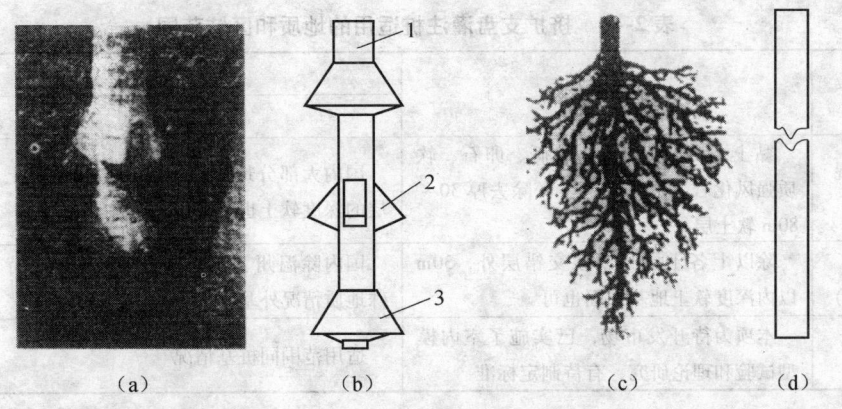

图 2-7 挤扩支盘桩结构及原理图解
(a) 支盘桩照片；(b) 支盘桩形体；(c) 树根构造示意图；(d) 普通直杆桩
1—桩身；2—分支；3—承力盘

125. 挤扩支盘灌注桩的适用范围是怎样的？

挤扩支盘灌注桩适用于内陆及沿海地区的工业与民用建筑物基础的设计和施工，公路与铁路桥涵桩基工程。其还适用于干法和湿法成桩工艺。设计单位可根据建筑结构、地质情况、施工条件及施工现场周边环境适当选择质量可靠、技术先进、经济合理及施工方便的方案进行设计。

挤扩支盘技术在北京、杭州、海南、天津等河床地带及河南、哈尔滨、安徽、山西等内陆地区进行了众多工程的施工。在施工过程中，施工现场所在地的设计研究院、工程监督机构及具有相当实力的高等院校等部门的专家和技术人员参与了挤扩支盘灌注桩的设计、施工组织及验收，并对一些特殊地质条件的施工技术进行了专项研究和分析。目前的技术研究结果表明，挤扩支盘灌注桩有较大的适用范围，概括总结如下：

（1）挤扩支盘灌注桩适用于不同深度，在特性和厚度方面均适合施工挤扩支盘的各土层。

（2）适合挤扩支盘的各土层是指以下土层：

①可塑、坚硬状态的黏性土，密实、中密的粉土和砂土、碎砾土，强风化软质岩及全风化岩。地下水位以上或以下均可采用。

②承力盘和分支不应设计在液化土层、流塑状黏性土及中等风化、微风化和未风化的岩石层。

③对塑性指数较高的黏土，应通过试验确定成盘的可靠性。

④分支和承力盘的挤扩应避开以下土层：

a. 流塑性黏性土和坚硬石；b. 液化土和淤泥质土；c. 受大气影响范围以内的膨胀土；d. 自重湿陷性黏土。

⑤目前，挤扩支盘灌注桩主要用于沿海、沿河及内陆地区的工业与民用建筑物和其他构筑物的桩基工程，如表 2-46 的规定。

表 2-46 挤扩支盘灌注桩适用的地质和区域范围

工程类别	地质条件	地区	
		国内	国际
基础（钢筋混凝土基础桩）	黏土、粉土、砂土、砂砾、卵石、软质强风化岩、全风化岩等（除去厚30~80m软土层外）	国内大部分地质均可采用，如较好土层的深度软土也可采用	同国内
地基加固（软地基加固）	除以上各土层与软硬交错层外，30m以内深度软土地基加固也可	国内除温州、连云港、西藏等地区特殊地质情况外基本都可采用	同国内
地下连续墙、地下支护桩	本项为待开发市场，已实施了室内模型试验和理论研究，有待制定标准	适用范围同桩基情况	

126. 挤扩支盘灌注桩的应用特点有哪些？

挤扩支盘灌注桩的应用特点如下：对挤扩支盘灌注桩结构、受力原理的分析研究和大量的工程实际应用证明，挤扩支盘灌注桩具有以下特点：

(1) 施工周期短，适应性广。挤扩支盘灌注桩可以在多种可挤扩土层中进行施工，不受地下水位高和低的影响，可充分利用硬土层作为持力层，可以灵活采用分支或承力盘来增强桩的承载能力、稳定性及抗振性能。

在内路、冲积平原、沿海软土地区、海陆交错沉积三角洲平原以下的硬塑黏性土层、细粉砂土层、密实土、碎砾土等均可作为挤扩支盘桩的持力层，所以，除少数山区有坚硬石和有流塑性土的地段外，其他地区都能采用。由于挤扩支盘灌注桩的推广和使用，相对节约了原材料，减少了工程量，降低了成本，加快了施工进度（比普通混凝土灌注桩施工节约时间30%~50%），提高了桩的承载能力（复合地基处理可使地基承载力提高到 $1000kN/m^2$ 左右，是普通混凝土灌注桩承载力的2~3倍）。

(2) 沉降量小。由于分支、承力盘承担了桩的竖向荷载，所以使桩的整体沉降量比普通混凝土灌注桩减少了50%~90%。

(3) 节约原材料。与普通混凝土灌注桩相比，挤扩支盘灌注桩可以采用桩径小而短的设计满足桩基础承载力的需求，从而使桩基工程的桩数量、长度、直径减少很多。在满足同等承载力要求的情况下，可节约原材料40%~70%，节约工程造价20%~30%，经济效益相当可观。

(4) 低公害。由于支盘成形采用了液压传动，施工中几乎无噪声；与混凝土灌注桩完成承载力等值的灌注桩的成孔泥浆排放量明显减少；虽为挤土桩，但挤土量很少，对周边建筑物、构筑物无特殊干扰，所以，挤扩支盘桩可实现无公害、无污染、文明施工的理想。

(5) 施工设备和施工工艺简单。挤扩支盘灌注桩施工过程中，只在常规钻孔桩的基础上增加了一道支盘或分支工序，就是完成了成孔或钻孔以后，用配套的支盘或分支成形设备（支盘仪）实施支盘与分支成形，然后下钢筋笼和清孔、浇注混凝土等工序。目前，施工现场使用的液压支盘成形机为2000年经过改进的设备，具有成形可靠、工艺简单、操作灵活、维修方便、工作安全、劳动强度低、挤扩力大等优点。

(6) 单桩承载力高。与普通混凝土灌注桩相比较，由于采用了分支及承力盘的结构，使桩的承载能力得到很大的提高，改变了桩的受力形式。使挤扩支盘灌注桩的单桩承载能力比普通混凝土灌注桩提高了2~3倍，比预制混凝土桩提高了1.5~2倍，所以，具有较强的抗压、抗拔性能和较强的抗水平荷载和抗冲击能力。

127. 挤扩支盘灌注桩的应用经过了怎样的过程？

挤扩支盘灌注桩投入工程施工十几年来，有数十家建筑设计与研究院以及建筑施工单位直接参与了施工实践，使挤扩支盘灌注桩在基础工程领域得到了广泛的应用。

（1）在不同行业及领域中的应用。在工业与民用建筑领域和城市基础设施建设领域进行过支盘灌注桩技术应用，如表2-46所示。

（2）在不同地区的应用。挤扩支盘灌注桩技术的应用源于北京，重点工程项目在天津，并在工程应用中总结了很多的施工经验和技术内容，制定和完善了相应的设计和施工技术规程、规范，并首先在原天津城乡建设委员会得到了认可并通过了《挤扩支盘灌注桩基础设计及施工规程》。从此，作为设计和施工的检测标准，该规程随后又得到原北京城乡建设委员会的批准使用。此后，挤扩支盘灌注桩技术逐步发展到山东、山西、河南、江苏、安徽、浙江、海南及黑龙江等省及其他地区，详见表2-47。

表2-47 挤扩支盘灌注桩工程应用实例一览表

应用领域		工程名称	节省造价	工期节约	工程结果与效果
民用建筑	多层	北京发展大厦二期	30%	70%	优良
		杭州高新软件园9号楼	25%	30%	
		北京回龙观居住区车库	15%	30%	减少了车库上浮量
	小高层	南京秦虹小区11~13层	20%	30%	减少了沉降
		哈尔滨商住楼14层	28%	20%	减少了沉降
	高层	天津嘉海花园1~7号楼（18层）	35%	30%	解决了200m长不均匀沉降问题
		北京和平里新天地商住楼（26层）	30%	20%	
		江苏大唐电信大厦（20层）	25%	20%	减少沉降
	超高层	海口欣安大厦（30层）	26%		减少沉降
		天津万顺花园（31层）	35%		减少沉降
工业建筑	铁路	北京铁路局塘沽机修厂房	25%	30%	减少沉降
	石化	宁波石化，上海石化等厂房	20%	—	减少沉降
	冶金	万方铝业1~3期建筑工程	30%~52%	30%	减少沉降
	汽车	中国二汽襄樊制造厂10万辆生产线车间	30%	50%	—
	化学医药	河北范洲化肥厂厂房	25%	20%	减少沉降
		北京四环制药厂厂房	50%	40%	—
	电力	禹州、洛阳、贵阳等8个电厂	25%	30%	
		天津滨海电厂	30%	25%	—
城市基础设施	桥基	天津外环高速路、金钟河立交桥、解放南路高架桥	30%	20%	减少沉降80%
	轻轨试桩	北京城市铁路轻轨高架03号标、04号标	预计20%	25%	减少沉降50%

（3）工程应用效应及技术发展状况。

①创造的经济效益。已通过验收的各项工程统计结果表明，使用支盘桩技术，使工程造价得到大幅度降低，节约了大量建设资金，缩短了施工工期，为经济建设做出了巨大贡献。

②取得的科研成果。使支盘桩技术更加完善。大量的工程应用为挤扩支盘灌注桩技术、支盘成形设备的研究和开发提供了宝贵的第一手资料。通过对这些工程施工技术资料的统计、分析和研究，促进了挤扩支盘灌注桩技术的不断完善，使挤扩支盘灌注桩的施工技术更加成熟，同时也促进了支盘成形设备的更新换代。

③挤扩支盘灌注桩的应用。挤扩支盘灌注桩技术已逐步趋于标准化管理，得到了进一步的推广和应用。作为一项新技术，各地施工单位在学习挤扩支盘灌注桩技术的过程中，总结了大量的实践经验，并根据施工现场的实际地质条件，制定了适用于本省或本地区的挤扩支盘灌注桩的设计和施工规范，以指导本省或本地区的挤扩支盘灌注桩技术的推广应用。除北京市和天津市共同审定通过了《挤扩多支盘灌注桩基础设计与施工规程》外，还共同制定了北京市和天津市地区的《挤扩多支盘灌注桩施工质量检验及验收评定规定》。

1997年4月，在《建筑施工手册》（第三版）第三卷12章——"地基与基础的泥浆护壁成孔灌注桩"（第508页）中编进了《多分支承力盘灌注桩》相关内容。

1997年7月，在江正荣编写的《地基与基础施工手册》第6.6节关于混凝土灌注桩的说明中，同样编入了《多分支承力盘灌注桩》的章节（第377页），其内容包括了挤扩支盘灌注桩的特点、工艺方法、质量要求、适用范围、承载力计算、工程实例、效果评价等。

2000年，国家电力公司电力规划设计总院批准颁布的《火力发电厂支盘灌注桩暂行技术规定》（DLGJ 153—2000），成为第一部支盘灌注桩技术规范用来指导全国行业性工程适用的标志性文件，该规范已指导完成了许多工程项目，应用效果良好。

2003年，浙江省《挤扩支盘混凝土灌注桩技术规程》正式颁布执行，成为挤扩支盘灌注桩技术在华东地区建筑工程应用的首例技术标准文件。

128. 挤扩支盘灌注桩的发展前景如何？

挤扩支盘灌注桩技术与国内其他桩基技术的比较，挤扩支盘灌注桩技术为桩基工程技术特别是钻孔灌注桩技术带来了改革性的实质变化，技术的科学性和先进性是十分显著的。就目前国内外同类技术的研究和应用来说，同国际、国内相关技术相比，挤扩支盘灌注桩技术在桩结构的原理、施工工艺、施工配套设备、质量检查和质量监督等方面都具有自身独有的特点。与日本设备相比，挤扩支盘灌注桩技术的挤密作用优于日本扩盘技术。因日本扩盘技术是靠切削成盘，对盘底孔壁无挤压，所以，成桩以后，静载试验结果与挤扩支盘灌注桩有一定的差距。

（1）理论比较。预制钢管桩、旋挖土法灌注桩、全套管工法灌注桩、沉管桩、CFG桩、螺旋钻孔桩、PVC混凝土桩等与挤扩多分支承力盘桩的比较如下：

①受力机理。直桩以摩擦力为主，桩端承载力有限，而摩擦力为不稳定承载方式；支盘灌注桩是以分支、支盘、端支承力为主，加上挤密土体，从而提高了承载力，端承力为稳定承载力方式。

②承载力。直桩土的摩擦力为20～200kN/m^2；支盘桩土体的摩擦力为300～4000 kN/m^2，单桩承载力是直桩的1.5～3倍。

③沉降。一般直桩群桩时沉降大，单桩极限状态下为陡降、急剧变形；支盘桩群桩时沉降比直桩减少50%~90%；单桩极限状态下为渐进、缓变形。

④沉降稳定周期。直桩周期较长；而挤扩支盘灌注桩周期短。

（2）工艺比较。预制混凝土桩、钢桩（直桩）综合比较：土层穿透性差，挤土影响周边建筑、地下管线，且造价高；支盘灌注桩无环境影响，土层的适用性强且造价较低，具体比较如下：

①施工难度。直桩桩身长、难度大、效率低；支盘灌注桩难度低、桩身短、效率高。

②承载力要求。直桩入岩、入卵石厚度深；支盘灌注桩仅少量入岩石、卵石层后扩盘；

③影响承载力。直桩孔底沉渣难处理；支盘灌注桩的支盘腔内无沉渣；

④环境影响。直桩工程量大，泥浆排放量多；支盘排放量与直桩排放量相同。

（3）设备。具体比较如下：

直桩需要通用或专用成孔设备；支盘灌注桩需要通用钻孔设备和支盘专用设备。

（4）质量检查和监督。具体比较如下：

①土层信息采集：直桩无信息采集；支盘灌注桩具有一定的土层信息采集。

②桩土参数分析：直桩无参数分析；支盘灌注桩可现场分析承载力，控制整体均匀度。

③信息传递。直桩信息传递有限；支盘灌注桩可实现动态设计调整。

④提供质检的参数。直桩提供参数有限；支盘灌注桩提供参数比较具体。

⑤科学性。直桩数据由人工采集，只能采集到地面信息数据；支盘灌注桩能采集到隐蔽信息数据，实现信息化管理。

129. 挤扩支盘灌注桩的基本结构是怎样的？

挤扩支盘灌注桩是依据仿生原理，由树根的形状构思而发明的。它是由普通混凝土灌注桩作主桩，在其桩体的中部、下部设分支或在其中部、下部设承力盘而成的一种新的桩型，如图2-8所示。

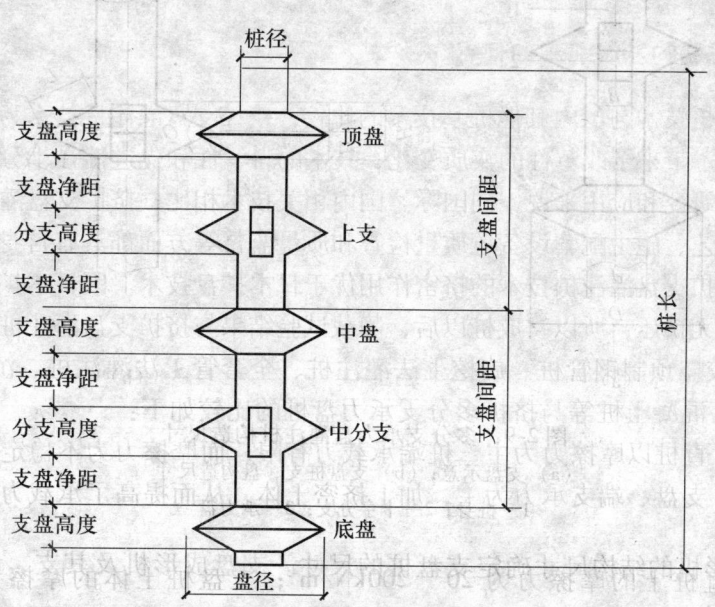

图2-8 挤扩支盘灌注桩桩身构造图

位于桩体最上部的承力盘为上支盘（顶盘），位于桩体底部的承力盘为下支盘（底盘），位于桩体中部的承力盘为中支盘（中盘）。位于桩体最上部的分支为上分支，位于桩体中部的分支称为中分支，桩体的底部一般不设分支。

桩体上的分支或承力盘是根据地质勘察报告的详细资料，选择合适的地质土层作为持力层而设计的。设计单位应按挤扩支盘灌注桩设计规范，合理布置分支或承力盘，并综合考虑承载力等因素。这些因素导致支盘灌注桩的结构成为不固定的造型，它随着地质勘察报告的实际地质条件即硬土层（持力层）的分布情况和承载力的要求不同而不同，即使在同一施工现场，各桩的分支或承力盘的设置也有所不同，但应遵循以下原则：

（1）一般情况下，每桩至少设置一个承力盘。

（2）一个承力盘一般设在桩底，可以考虑在底盘以上的硬土层内设置适当数量的分支以满足承载力的要求。

（3）如果地质条件允许，为了提高桩的承载力，桩体上承力盘的数量可设置 2~5 个，并可根据实际情况来决定是否设置分支；承力盘或分支的设置应根据桩的受力状态及特点来决定。

（4）分支的设置一般在桩的上部和中部同一高度范围内采取对称形式。分支有一字形设置，十字形设置的情况较多。

（5）工程桩的分支大多设置在中部和上部，一般情况下底部和下部不设（试桩除外）。

130. 挤扩支盘灌注桩的结构尺寸如何确定？

挤扩支盘灌注桩的结构尺寸取决于设计桩的承载力。

（1）支、盘形态及结构尺寸。明确了支盘灌注桩的结构形式和规格以后，自然会想到支盘灌注桩的结构尺寸。支盘灌注桩的支、盘形态和尺寸构造如图2-9所示。

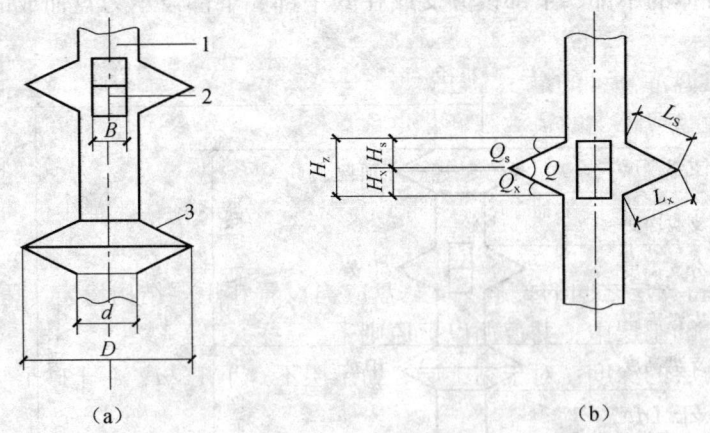

图2-9 多分支承力盘灌注桩构造尺寸
(a) 支盘示意；(b) 支盘桩支、盘构造尺寸
1—桩身；2—十字分支；3—承力盘

依据支盘成形机的结构尺寸确定支盘桩的尺寸。支盘成形机及其支、盘尺寸如表2-48所示。

表 2-48 支盘尺寸及支盘成形机规格

设备型号	ϕ285	YZJ377	YZJ400	YZJ600	YZJ800	YZJ600A1	YZJ800A1	YZJ400A0
设备外径/mm	285	377	400	580	740	580	740	380
主桩直径 d/mm	300~360	400~420	420~500	600~650	800~900	600~650	800~900	400~500
单支宽度 B/mm	180	200	200	280	350	280	380	200
支盘直径 D_z/mm	800	920	1063	1500	2000	1560	2000	1100
成盘直径 D_c/mm	700	900	900~1063	1300~1400	1700~1900	1400~1500	1700~1900	900~1000
支盘高度 H_z/mm	450	500	520	738	966	894	1117	650
上半盘高度 H_s/mm	—	—	260	403	483	447	559	—
下半盘高度 H_x/mm	—	—	260	335	483	447	559	—
上半盘斜长 l_s/mm	—	—	420	620	770	654	848	—
下半盘斜长 l_x/mm	—	—	420	578	770	654	848	—
上半盘斜角 α/°	—	—	34.7	36.0	35	39.4	35	—
下半盘斜角 β/°	—	—	32.4	29.4	35	39.4	35	—
备注			66.1	65.4	70	78.8	70	

注：1. 表中的支盘直径，是指弓压臂开启后可达到的最大直径；支盘高度是指公称成孔直径时的盘根高度。

2. 表中的成盘直径，是支盘可能达到的实际直径，也是支盘的设计直径。对于一般土，取偏大的值；对于 $h>0.4$ 的黏性土取偏小值。

3. 所谓"一般土"是指除了 $h>0.4$ 的黏性土以外的、符合支盘桩适用条件的土层。

（2）分支与承力盘的设计布置。挤扩支盘灌注桩的造型、尺寸、承力盘和分支的数量及其沿桩体的分布，是根据上部结构建筑物的荷载大小、结构形式、土层的地质情况和使用的支盘成形机的规格等相关因素来决定的。目前所使用的三个比较权威性的资料分别是《挤扩多支盘桩基础设计与施工规程》、《火力发电厂支盘桩暂行技术规定》和江正荣编写的《地基与基础施工手册》的有关规定、设计的有关规定如下：

1）桩间距。桩间距可以解释为桩顶标高的平面范围内各桩之间的中心距，用 S_a 来表示，如图 2-9 所示。

一般情况，支盘灌注桩的最小中心距取 $S_a=3d$ 和 $S_a=1.5D$ 中的最大值。其中，d 为桩的直径，D 为承力盘或分支的最大直径，也称盘径。

当土质较软且盘径 $D>2m$ 时，可取 $S_a=(D+1)m$。

江正荣编写的《地基与基础施工手册》中规定多分支承力盘灌注桩的最小中心距一般取 $(1.5~2.3)d$ 或 $(D+1)m$。

2）支、盘与持力层之间的关系。支、盘应当设置在土层结构稳定、压缩性小、承载力高、土层厚度较大的土层中，并遵循以下原则：

主桩进入持力层的深度：对于黏土层、粉土层不宜小于 $2d$；对于砂土层不宜小于 $1.5d$，对于碎石土不宜小于 $1d$。

桩基以下持力层的厚度不宜小于 $3d$；当存在软弱下卧土层时，距软弱下卧土层顶面的距离不宜小于 $4d$。

江正荣编写的《地基与基础施工手册》认为桩端持力层应选在较硬的土层中，土层的厚度应大于 $3m$。

如果支或盘的端面全部进入持力层，当有软弱下卧层时，距软弱下卧土层顶面的距离不宜小于 $1.5D$。

3）支、盘间距。支、盘竖向间距设置的合理与否直接对支盘灌注桩的承载力的发挥起着至关重要的作用，必须根据地质实际条件和相关规定合理设置。

①根据《火力发电厂支盘桩暂行技术规定》（DLGJ 153—2000）设计。分支与分支或盘与盘的竖向最小间距：黏性土、粉土取$3d$，砂土取$4d$。上、下分支宜相互错开$90°$，上、下十字形设置的分支宜相互错开$45°$。

②根据《挤扩多支盘桩基础设计与施工规程》设计。承力盘与承力盘或分支与分支的最小间距：对于黏性土、粉土为$\geq 1D$，对于砂土为$\geq 1.5D$；承力盘与承力盘之间可设分支，分支以十字形设置为主，若需要设置一字形分支，上、下层一字形分支应相互错开$90°$。

③根据江正荣编写的《地基与基础施工手册》设计。大部在桩体周围每隔1400mm左右，设置一组分支，按十字形分布，在其下部设置1~3个承力盘。

④另外，支、盘的设置还应考虑到施工现场地质条件的变化，并根据设计单位的要求做适当调整，允许相邻支盘桩的桩位高程错开。当工程地质条件较好时，间距可以考虑适当缩小。

⑤采用经验法。桩的分支与承力盘的间距也可根据表2-49提供的数据确定。

表2-49　分支与承力盘间距表

项次	桩直径 d/mm	分支与承力盘间距
1	400	$(3.0 \sim 6.0)d$
2	300	$(3.0 \sim 5.0)d$
3	800	$(3.0 \sim 4.0)d$

131. 挤扩支盘成形及其形状特征是怎样的？

通过对挤扩支盘桩的形状、结构参数以及分支和承力盘在桩体上的设置等内容的介绍，我们已经从理论上对挤扩支盘桩的桩体形状有了一个初步的认识，但实际施工以后挤扩支盘桩的形状又是什么样子，挤扩支盘桩又是怎样成形的，以下介绍这些内容：

（1）支、盘成形过程及其形状特征。支盘成形首先要先成孔，成孔以后才可进行挤扩成形。

①支盘成形设备。挤扩支盘成形设备是现在比较理想的设备，挤扩成形设备由五部分组成，如图2-10所示，该设备包括起重设备、液压站（包括液压管）、接长杆、支盘成形机主机和固定装置。各个部分所起的作用如下：

挤扩支盘成形机（简称主机，如图2-11所示）。主机是实现挤扩支盘成形的主要部件，其结构组成主要有机架、弓臂工作机构（四连杆机构）和液压驱动缸等，如图2-12（a）所示，工作原理图如图2-12（b）所示。当活塞杆推出时，位于主机机体内的弓臂向外支出，挤扩孔壁实现支盘成形。挤扩完成以后弓臂随活塞杆回缩恢复到机体内的原来位置。

图2-10　支盘成形设备图
1—起重设备；2—接长杆；3—支盘成形主机；
4—液压管；5—液压站；6—潜水钻机

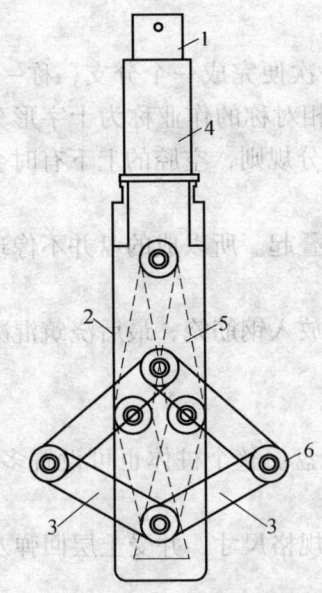 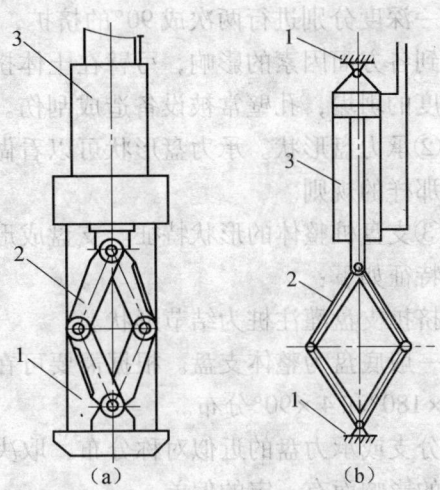

图 2-11 挤扩支盘机示意图
1—接长杆接头；2—防缩径套；3—单支；
4—油缸；5—回收状态；6—张开状态

图 2-12 支盘成形机结构原理
（a）结构组成示意图；（b）机构工作原理图
1—机架；2—弓臂工作机构；3—液压驱动缸

接长杆是一个连接部件，上部与起重机的吊钩连接，下部与主机连接，主机的出入孔、在孔内的上下移动、旋转及定位都通过接长杆来完成。

液压站是提供设备工作动力的部件和完成对设备工作状态实施控制的部件。其功能包括为主机液压缸提供液压动力，控制弓臂工作机构的伸出和收回，同时还可在挤扩过程中实施检测挤扩状况，为操作者提供挤扩状态信息等。

起重设备主要用于挤扩支盘成形设备主机的出入孔起吊，对主机在钻孔中的位置实施控制和调整，还兼用作施工现场设备组装拆卸及其设备迁移等工作。目前的施工作业中，起重设备多选用汽车式起重机，因为这种起重机活动灵便、快捷、工作效率高。

②孔口定位装置。在现场称为固定装置或转位装置，主要作用是通过接长杆使主机绕其中心线旋转并定位，从而确定主机的工作位置和挤扩方向，实现准确持力层的支盘施工，但目前在孔口定位的难度较大，其实际施工中还没有有效地利用其转动功能。

（2）挤扩成形过程。挤扩成形机施工过程如下：

钻孔结束以后，由起重机将支盘成形机通过接长杆吊入钻孔，接长杆一端接近孔口时固定装置将设备固定后拉出第二节长杆，边下放边将液压管固定在接长杆上。依次重复操作，直至主机移至设计的分支、承力盘位置。

主机到位以后，启动液压站，支盘挤扩孔的内壁呈三角形单支；将主机转动位置，使弓臂在钻孔中依次进行挤压，约 8~9 次便完成了一个呈锥体的盘形空间。

改变深度位置可在同一钻孔中挤扩出多个盘形空间或一字形、十字形空间。

挤扩可依次由上及下或由下及上进行，但为了保证挤扩出底盘，常选用由下往上的顺序进行。

(3) 支、盘形状特征。

①分支形状特征。挤扩后的分支在某一位置只挤扩一次便完成一个分支，称一字分支。在同一深度分别进行两次成90°的挤扩，且两次挤扩又互相对称的作业称为十字形分支。由于受到各方面因素的影响，弓臂在土体挤压的空间并不十分规则，空腔的上下有时会造成不同程度的坍塌，孔壁常被设备造成刮伤。

②承力盘形状。承力盘形状可以看做是一分支成形的叠起。所以成的盘并不像理论上所讲的那样的规则。

③支盘桩整体的形状特征。支盘成形以后经充分清孔放入钢筋笼，最后浇筑混凝土，其形状特征如下：

挤扩支盘灌注桩为结节形状。

一般底盘为整体支盘。根据需要可在桩体设置多个支盘。整个桩体也可设置多个分支，成 $2 \times 180°$ 和 $4 \times 90°$ 分布。

分支或承力盘的近似对称分布，取决于支盘成形机的规格尺寸，并受土层回弹及操作等因素的影响而有一定的偏差。

132. 影响支盘桩成形及尺寸的因素有哪些？

影响支盘桩成形及尺寸的因素如下：

(1) 与支盘机的弓臂结构、形状和尺寸有关。不同的成形机设备的结构和尺寸是不同的，但其成形的支和盘的截面必须满足设计要求。

(2) 与支、盘所处的持力层有关。持力层的土质软硬程度、压缩性、回弹性、成孔后是否坍塌、缩颈为主要因素。

(3) 应按要求制备护壁泥浆和控制泥浆比重。这样可减少坍塌，清孔时尽量避免乱撞破坏支盘腔。

(4) 严格检查混凝土原材料质量，控制配合比、坍落度、钢筋笼的原材料及焊接质量，加工和安装必须符合设计要求，混凝土用导管上下振动以使混凝土充分密实，满足承载力的设计要求。

(5) 成形尺寸与混凝土浇筑操作的熟练程度有关，与挤扩完成以后浇筑混凝土的时间有关，时间越长空腔越容易坍塌或者回弹，所以浇筑时间越短越好。

(6) 成形尺寸与挤扩时操作人员技术熟练程度有关，与设备上下位置的稳定与旋转的角度均匀程度有关。

133. 支盘灌注桩的构造与普通桩有哪些区别？

支盘灌注桩与普通混凝土灌注桩基本相同，支盘灌注桩大部分采用钢筋混凝土构造，加工、安装钢筋笼以后再浇筑混凝土，区别只是对材料的配制有一定的要求。

支盘灌注桩材料配置的一般原则：

(1) 混凝土材料。混凝土强度和保护层厚度应符合以下规定：一般情况下，混凝土强度等级不低于C20；其他混凝土灌注桩的混凝土强度等级不得低于C25；特殊地质条件时不得低于C30。

主筋保护层厚度一般不小于35mm；水下灌注桩混凝土钢筋保护厚度不得小于50mm。

（2）钢筋配置。钢筋配置可参照以下规定：

轴向受压桩的配筋率不应小于0.25%，当考虑受弯时不宜小于0.4%；纵向主筋直径不宜小于12mm；当桩直径为600~1200mm时，截面配筋率可取0.4%~0.65%；对水平荷载较大的支盘桩和抗拔支盘桩，应经过计算确定配筋率。

①主筋长度。对抗压桩宜沿桩体分段变截面配筋，钢筋变截面处宜设置在距盘底面500mm以下，且不宜小于桩长的2/3。沿桩长全长配筋时不宜少于全部纵向主筋的1/3。

承受水平荷载的桩，配筋长度不小于$4a$（a为桩的水平变形系数），按JGJ 94—2008中第5节桩基计算，且宜穿过淤泥、淤泥质土或液化土层。

承受负摩阻力和位于坡地江河岸边的支盘灌注桩应通长配筋。

抗拔桩应通长配筋。

②箍筋配置。箍筋采用$\phi 6.5 \sim \phi 8$，间距200~300mm，宜用螺旋箍筋；受水平荷载的支盘灌注桩，距桩顶$3 \sim 5d$（d为桩的直径）范围以内的箍筋应适当加密，当钢筋笼的长度超过4m时，应每隔2m左右设置一道$\Phi 12 \sim \Phi 18$的焊接加强筋。

134. 支盘灌注桩的构造还有哪些其他规定？

支盘灌注桩的构造还有以下其他规定：

（1）江正荣编写的《地基与基础施工手册》的有关规定。多分支承力盘桩采用C20或C25强度等级的混凝土；配筋主筋用$\Phi 12 \sim \Phi 16$钢筋，长度一般要求为最小不小于$l/2$（l为桩长度）；配筋率P为0.4%~0.6%；箍筋用$\phi 8 \sim \phi 10$的Ⅰ级钢筋，间距为100~200mm；另外，可以增设加强筋。

（2）《火力发电厂支盘灌注桩暂行技术规定》（DLGJ 153—2000）关于支盘灌注桩配筋的要求，一般支盘灌注桩，应设置桩与承台的连接钢筋，主筋为6~10根$\Phi 12 \sim \Phi 14$的钢筋，配筋率不应小于0.2%，锚入承台的深度不应小于$30d_g$（d_g为钢筋直径），伸入桩体的长度不应小于$10d$，且不应小于承台下软弱土层层底深度。

二级建筑物支盘应根据桩径大小配置4~8根$\Phi 10 \sim \Phi 12$的钢筋与桩顶、承台连接，锚入承台的深度不应小于$30d_g$，伸入桩体的深度不应小于$5d$。

三级建筑物支盘灌注桩可不配构造钢筋。

①配筋率。截面配筋率可取0.2%~0.65%（小桩径取大值，大桩径取小值）；对受水平荷载大的支盘灌注桩、抗拔支盘灌注桩及嵌岩端承桩应通过计算确定配筋率。

②配筋长度。对端承支盘灌注桩，宜沿桩体通长设置；受水平荷载的摩擦桩，包括受地震影响的基桩，配筋长度宜采用$4/a$；对于单桩竖向承载力较高的摩擦桩，宜沿深度分段截面通长配筋或局部通长配筋，且钢筋端部宜延伸到附近盘下；对于承受负摩阻力和位于坡地、江河坡边的支盘桩应通长配筋；抗拔桩应通长配筋，受地震影响、冻膨胀或膨胀力作用而受拔的支盘灌注桩应经计算配置通长或局部通长抗拉筋。

③主筋配置数量及要求。对于受水平荷载的支盘灌注桩，主筋不宜少于$8\phi 10$；抗压或抗拔支盘灌注桩，主筋不宜少于$6\phi 10$。纵向主筋应沿桩体周围均匀布设，净距不应小于

60mm，并应尽量减少钢筋接头数量。

135. 支盘桩施工组织设计编制的工程特点及依据是什么？

支盘灌注桩施工前应编制施工组织设计。施工组织设计应围绕实现预定施工目标的一系列全面系统的计划和规划。其编制的工程特点所含内容和编制的依据如下：

（1）工程特点。支盘灌注桩属于灌注桩范畴，所以，支盘灌注桩的施工应符合灌注桩施工组织设计的共同要求，但又有其自身特点。

①支盘灌注桩技术应突出其特殊的施工技术要求及各工序衔接的技术要求。

②支盘灌注桩可划分为总包工程，也可划分为分包工程，所以，它具有单位工程施工组织设计和分部分项工程施工组织设计的双重属性。

③若将桩基工程作为单位工程，支盘灌注桩施工组织设计必定影响到单位工程施工组织设计的编制，也就是说整个施工过程都要按照支盘灌注桩施工的要求进行。

（2）编制支盘灌注桩施工组织设计的依据。编制的依据类似于常规工程的依据，如建设主管部门的批文、建设单位及设计单位的要求、总施工组织设计、工程预算文件和国家标准规范等，除此以外还应有以下依据：

①有关支盘灌注桩技术的规程规范。主要包括《建筑地基基础设计规范》（GB 5000—2002）《火力发电厂支盘灌注桩暂行技术规定》（DLGJ 153—2000）北京市建设委员会鉴定通过的《挤扩多支盘灌注桩基础设计与施工规程》等。

②建设单位提供的详细勘察报告。

③附近类似工程的施工组织设计。

136. 支盘灌注桩施工组织设计的主要内容有哪些？

支盘灌注桩施工组织设计应针对工程项目的特点进行编写，要充分体现工程的性质及规模、技术复杂程度和施工条件、各项施工的技术要求、经济指标、施工安全及文明施工，一般应具备以下内容：

（1）工程概况。主要包括工程特点、地貌特征和施工条件等。具体内容如下：

拟建工程项目的建设单位、监理单位、设计单位、施工单位、工程名称与工程性质、组织施工的主导思想等；基础的类型、埋深、基础形式、桩的数量、直径和桩长；施工过程中的关键工序、关键问题及针对这些问题准备采取的技术措施和施工质量保证手段；拟施工工程的地理位置。周边地形地貌、水文地质条件、地震烈度和不同深度的土层状况、所在地的气候气温特征，如冻土厚度及冻结期等；施工现场三通一平情况、施工现场及周围环境情况、交通运输情况、供水供电及临时设施搭设情况等。

（2）施工方案。主要包括施工方案的确定、施工工艺的选择及施工技术组织措施的制定等。具体内容如下：

支盘灌注桩的施工程序、分段施工时各工序的衔接；布桩较密说明是否采用跳打、如何跳打；支盘机如何与钻机进行配合等；应绘制施工图，重点说明挤扩支盘施工的操作方法和技术要求，如必须满足的孔径、孔深、支盘位置的计量、泥浆稠度的控制、混凝土的浇筑方法和支盘机的操作要求等。

施工配套设备的规格、数量和功率；详细说明钢筋、水泥、砂、石子的规格及等级要求，进场材料的质量检查和验收标准。

支盘灌注桩的施工技术质量保证措施和安全保证措施，包括如何在施工进程中进行工序质量控制，预测将发生的安全问题及防范措施，降低施工成本及安全文明施工措施。

(3) 施工进度。施工方案确定以后应计算工期和各建筑施工材料的用量，确定支盘灌注桩施工顺序、持续时间及各工序如何相互衔接，为编制工程月进度计划、季进度计划提供依据，争取在规定的工期内保质保量地完成任务。主要包括以下几个方面的内容：

应充分考虑施工中可能遇到的困难并制定应对方案，将工程划分成段或分部，安排好每天甚至每桩的施工细节。

应对施工图样及相关技术资料、施工总组织计划中的施工进度进行分析，遵照施工合同的有关规定，综合本施工单位的施工能力制定符合实际的施工进度计划。

对支盘灌注桩的施工工序的操作熟练程度、工作时间和人员安排等做出正确的评价，并根据本施工单位的施工能力，合理安排施工进度。

初步设计以后，绘制施工进度图并再次进行分析和论证，检查施工顺序安排是否合理，工期是否能保证，人力物力配置是否均衡等。如果发现问题应及时调整，最大限度地满足施工各项要求后，编制正式施工进度计划。

施工中往往由于各部分因素的影响出现意外，所以编制施工进度计划还应考虑这些变化因素，预先留有充分的余地，以便适应施工变化的需要。

(4) 施工准备和计划编制。确立了施工进度计划后，施工单位便可进行施工前的准备，编制资源量计划，准备相关技术资料，建立档案，使各项工作能顺利进行，排除各种因素的干扰，圆满完成施工任务。

由项目部主管工程师负责与建设单位、监理单位、设计单位联系，准备施工图样、技术资料等，建立档案、绘制施工用图表。

由现场技术负责人对参加支盘灌注桩施工人员进行技术培训和交底，应强调施工技术关键、进度计划、施工安全和文明施工。

由项目经理负责组织施工有关人员，制定人员、机具、材料及备用品的计划。按施工进度计划确定施工物资进场时间和先后顺序。

由项目经理负责各施工段的管理人员、技术负责人员、安全负责人员的安排和确定资料员、施工员等，合理分配人员，提高工作效率。

计划应科学合理，便于施工。支盘灌注桩施工均以表格的形式表示计划的落实情况，施工单位应按自己的习惯做法选择适当的表格，如劳动力需求计划表、施工机具需求计划表等。

(5) 技术组织措施。技术组织措施是指技术组织方面对保证施工质量、施工安全及节约原材料和冬雨季施工采取的保障手段，包括技术措施、安全措施、质量措施、降低成本措施和现场施工措施等。支盘灌注桩工程应围绕支盘桩技术及关键问题进行制定。

(6) 经济技术指标。包括施工工期指标、质量、安全、节约成本指标，还包括耗能、耗水、机械维修费等。

施工组织设计的编制应遵循科学合理安排流水施工、优化施工过程、强化管理、保证工期和质量的原则，根据工程的实际情况确定。

137. 挤扩支盘灌注桩施工应注意哪些方面？

挤扩支盘灌注桩施工质量的优劣是能否最大限度地发挥支盘桩的特点，体现支盘桩的优良承载特性和显著的经济、社会效益的关键环节，故应注意以下几个方面：

（1）成孔工艺。目前，与支盘桩配套的成孔工艺大致有四种：泥浆护壁成孔、干作业成孔、水泥注浆护壁成孔和重锤捣扩成孔，其中以泥浆护壁和干作业法比较普遍。

①泥浆护壁成孔工艺。当地下水位较浅时，通常用钻孔钻出的原状土或从场外运进的土配制适当的泥浆，钻孔时注入孔内进行护壁和清渣。设计和施工时根据施工现场实际情况适当选择持力层，合理设置分支和承力盘，按设计位置自上而下或自下而上依次完成挤扩作业，最后浇筑混凝土成桩。该成孔工艺的特点是成形比较可靠，空腔由于有泥浆保护不易产生坍塌，沉渣容易排除。

②干作业成孔工艺。当地下水位较深时，水位以上可采用螺旋钻机进行干作业施工，然后通过支盘机成形支盘，再浇筑混凝土成桩。该成孔工艺的特点是施工速度快，节省时间和材料，对环境污染小。

③水泥注浆护壁成孔工艺。对一些较特殊的土层，如干砂土层，成孔时很容易坍塌，使承盘作业更为困难，这时多采用灌注水泥浆的方法，先将成孔的孔壁做稳定性加固和保护，然后进行支盘成形。

④重锤捣扩成孔工艺。适用于土层较浅及软土层的施工。当上部荷载不大时，利用浅部可塑黏土为依托，通过插入孔中的外套，加入一定数量的建筑废料，如碎砖瓦、混凝土块、碎石等，用重锤在孔内冲捣，使废料在扩大孔壁中完成成孔作业，然后用支盘成形机进行支盘并浇筑混凝土成桩。此法可节约大量原材料和成本。适用于有限制振动或噪声的施工现场。

以上几种成孔工艺最终目的都是保证支盘成形，应根据施工现场具体情况适当选择施工工艺并编制施工方案，确保工程质量。

（2）挤扩支盘。在成孔以后要进行彻底的清孔。当钻机钻到预定的设计深度以后将钻提离孔底 200～500mm；然后注入大量性能指标符合要求的泥浆，持续半小时左右以清除孔底的沉渣和冲磨孔壁的泥皮（磨孔），直到排出的泥浆含砂量小于4%，相对密度小于1.15 为合格。清孔完成以后孔底的沉渣厚度应小于30cm。移动钻机，再用起重机起吊支盘成形机入孔，按设计深度依次挤扩成形分支和承力盘。设备入孔前应详细检查主机、接长杆、液压胶管等部件，确保动能健全和连接良好。在挤扩支盘过程中应及时补充泥浆，并随时注意观察泥浆下降情况，计算泥浆下降的体积，以检验判断挤扩支盘的可靠性。吊起主机后检查孔底沉渣厚度，如发现沉渣厚度超限，应进行二次清孔，必要时使用盘径仪检测挤扩支、盘的直径，如图2-13所示。以便确认和判定挤扩支盘成形的实际情况。详见施工记录表2-50。

检测方法说明:
1.仪器入孔前主测绳与副测绳在同一水平位置处标出盘位深度;
2.将测盘仪下入桩孔盘所在位置后,放松副测绳,使之张开;
3.在孔口处测量主测绳与副测绳标记处落差值;
4.根据落差表查出该落差值对应盘径的尺寸。

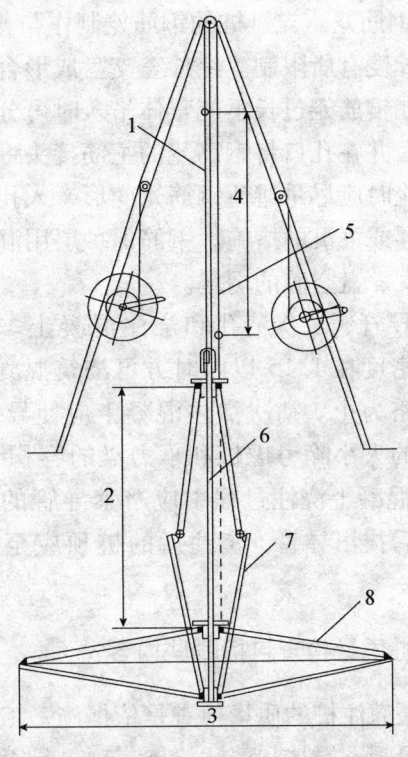

图 2-13 盘径测量仪示意图
1—主测绳;2—实际落差值;3—盘径;4—孔口实测落差值;
5—副测绳;6—滑动杆;7—回收状态;8—张开状态

表 2-50 挤扩支盘施工作业记录表

工程名称_____
施工单位:_____ 桩号:_____

设计桩长(m)		设计桩径/m		设计孔深/m		设计盘径/m	
支盘机型号		单支挤扩宽度/m（单支臂宽度）		弓压臂最大张开尺寸/m		设计支盘数量	
孔口标高		实钻孔深/m		挤扩后孔深/m		挤扩后沉渣厚度/m	

作业起止时间:　　　年　月　日:～　日:

盘支名称	盘支深度	盘支标高	压力值/MPa											机体上升情况（上升√,未上升×）	泥浆下降情况（下降√,未下降×）
			1	2	3	4	5	6	7	8	9	10		

备注	
记录员	工长　　　　　质检员　　　　　监理

(3) 安放钢筋笼。支盘桩的钢筋笼制作与普通混凝土灌注桩的钢筋笼的制作基本相同，只是钢筋笼的长度有所限制。经检查支盘成形合格以后才可安放钢筋笼，一般情况下钢筋笼可整体吊入。如钢筋笼过长不能整体吊入时可分段吊入，即先吊入一段，在孔口固定好以后再吊入另一段，并在孔口将钢筋笼的主筋接头一一对应焊好，然后沉放入孔。

安放钢筋笼时应尽量避免钢筋笼变形，入孔后要减少钢筋笼碰撞孔壁。若采用吊筋应有防止钢筋笼上浮或下沉的措施。钢筋保护层用混凝土块或塑料垫圈进行控制。减少钢筋笼安放时间以避免支、盘空腔的坍塌。

(4) 安装导管、二次清孔和浇注混凝土。钢筋笼安放完成以后应尽快浇注混凝土，检查泥浆相对密度在 1.15 以内时方可浇筑混凝土，若泥浆相对密度不符合要求则应二次清孔，直到合格为止。初次浇注混凝土应使导管离开孔底不得大于 0.5m，即 $h_1 \leqslant 0.5m$；混凝土初灌量的大小除考虑桩和承力盘的容积外，至少应将导管埋入混凝土内 1.6m，即 $h_2 = 1.6m$。在混凝土浇注过程中应严禁导管的底端拔出混凝土面，应边浇注边用导管振捣混凝土，最后拔出导管。浇注后的桩顶应至少高出设计桩顶标高 0.5m，$h_3 \geqslant 0.m$，最后拔出护筒。

138. 挤扩支盘桩质量检查包括哪些内容？

普通混凝土灌注桩的质量检查是依据施工工艺制定的，主要有成孔、清渣检查，钢筋笼制作与安装、混凝土搅拌和灌注检查三项，是否符合相关规范规定。挤扩支盘工艺、支盘成形过程的质量是区别支盘桩与普通混凝土桩的主要标志，所以对支盘灌注桩的质量检查除依据普通混凝土灌注桩的质量检查外，还应包括支盘盘径和盘位的检查项目。

(1) 挤扩支盘桩质量检查的内容和要求。支盘桩的质量检查内容包括成孔、支盘和清孔，钢筋笼的制作与安装、混凝土搅拌和浇注工序过程应重点检查，具体要求如下：

①成孔质量检查的内容和要求。在混凝土浇注前应检查孔的中心位置、孔的直径、孔深、成孔垂直度、支盘直径、盘位、盘数、钢筋笼安装的具体位置和保护层厚度及孔底的沉渣厚度，并填写质量检查记录。其主要检查项目的允许偏差，应符合表 2-51 的规定。

表 2-51 支盘桩主要检查项目的允许偏差

桩径允许偏差/mm	盘径允许偏差/mm	垂直度允许偏差（%）	桩位允许偏差/mm		孔底允许沉渣厚度/mm
			单桩、条形桩基沿垂直轴线方向和群桩基础中的边桩	条形桩基础轴线方向和群桩基础中间桩	
<0.1d 且 ≤50	<0.07D 且 ≤100	<1	<d/6 且 ≤100	<d/4 且 ≤150	≤100

注：d 为桩直径；D 为支盘直径。

②钢筋笼质量检查的内容及要求。钢筋笼制作完成后应对钢筋规格、主筋和箍筋的制作偏差等进行检查，钢筋笼制作允许偏差如表 2-52 所示。

表 2-52 钢筋笼制作允许偏差 （mm）

主筋间距	箍筋间距或螺旋筋间距	钢筋笼直径	钢筋笼长度
±10	±20	±10	±50

钢筋笼的制作和安装还应满足以下要求：

钢筋笼过长时可分段制作，但主筋不得设置弯钩以免浇注混凝土导管上升和下降时受阻；应采取焊接的方法进行连接，其焊口规格、焊缝长度、焊缝外观质量及焊条规格型号等要符合《混凝土结构工程施工及验收规范》（GB 50204—2002）的要求。

主筋净距必须大于混凝土粗骨料粒径的3倍以上。

钢筋笼的内径应比导管接头外径大100mm以上；加劲筋应设在主筋外侧，其弯钩不得向内伸露，因为内侧有输混凝土导管上下移动，以防受阻。以免妨碍混凝土导管上下运动；钢筋笼在运输和吊装过程中应防止变形，避免放笼碰撞孔壁，就位后应立即固定；安装标高偏差为±50mm，排水施工时为±100mm。

③混凝土的搅拌和浇注。混凝土搅拌前应对原材料的质量和计量器具、配合比、坍落度、强度等级进行检查；混凝土浇注时应检查混凝土的初始量、充盈系数。

④成桩质量检测。成桩质量检测的方法可采取低应变动测法、钻孔取芯法、预埋管超声波检测法或其他有可靠经验的动测法进行检测，检测的数量应根据现场实际情况由设计单位确定。

（2）支盘桩主要检查项目和检查方法

①孔深检查。孔深必须符合设计要求。检查方法是：检查钻孔施工记录，以钻杆和钻具总长减去钻机上部剩余部分长度来确定孔深，其中锥形钻头可以把锥体高度的1/2处作为孔深0点。用测绳复测孔深和用支盘成形机主机与接长杆连接后的总尺寸计算。

②孔径和盘径检查。由于钻孔时泥浆的浸泡和冲刷易造成孔壁坍塌，从而出现局部扩径现象，直接影响混凝土充盈系数；其缩径是由于塑性土的膨胀所致，能使桩的承载力降低，所以，必须进行孔径和盘径的检测，来确保孔径和盘径的大小符合设计要求。检验方法是：检查成孔钻头直径或用井径仪进行检查，滑线电阻式井径仪由测头、放大器和记录仪组成，测头为机械式。使用前四条测臂合拢并以弹簧锁定。浆测头放入孔底，通过设定的方式打开井臂，于是互成90°的四条井径臂便在弹簧力的作用下向外张开，其末段紧贴孔壁，随着井径仪往上提升，井径臂沿着孔壁的表面相应地张开和收拢，使滑动的电阻触点来回移动，不断地改变阻值的大小，并使测量的电压信号随之变化。经信号放大器输出，用自动记录仪自动记录，即可在荧光屏绘制出孔壁的大小和形状，同时将测得的电压信号转化成与孔径相对应的数值，便可计算出井径的实际尺寸。

③成孔垂直度检查。成孔的垂直度既影响桩的承载力，又影响支盘成形机的正常出入。对成孔垂直度的检查方法主要有声波孔壁检测仪检测法。

声波孔壁检测仪用于检测成孔垂直度的原理不变，只是利用超声波在泥浆中的传播时间和速度有所不同，在孔口某一直线上按一定的间距确定测点，测得孔口距孔底的数据，并根据超声波在泥浆中的传播速度即可得到孔壁的形状。

④盘数、盘位及盘距检测。挤扩支盘完成以后，应根据施工记录和现场测量的数据检查盘数、盘位及盘间距是否符合设计要求。检查的方法有：检查护筒标高及各盘位深度换算标高值，检查接长杆及机身各长度标记尺寸是否准确。

当硬持力层厚度发生变化时，检查盘位是否做了适当调整，还应检查原设计盘位挤扩压力值、调整盘位后的压力值、相关尺寸、施工记录、证明资料等情况。

检查盘顶有无塌陷，核对挤扩支盘前后孔深记录。当沉渣厚度超过 1m 时，除了加强清渣措施外还应查明原因，包括检查泥浆相对密度、胶体率、泥浆液面高度以及相关参数。

检查各盘位到下卧层的距离是否符合设计和规范要求。

通过井径仪检测盘数、盘位和盘间距是否符合设计要求。

⑤沉渣厚度的检查。混凝土灌注桩如果沉渣太厚会影响桩的承载力和桩侧阻力的正常发挥，从而降低桩的承载力。因此建筑桩基技术规范（JGJ 94—2008）规定：泥浆护壁灌注桩在浇注混凝土前孔底沉渣厚度应满足以下要求：

端承桩≤50mm；

摩擦端承桩或端承摩擦桩≤100mm；

摩擦桩≤300m。

由于挤扩支盘灌注桩是以端承为主，所以，可按端承桩的有关要求进行沉渣厚度的控制，即沉渣厚度应控制在 50mm 以内。目前，由于孔底沉渣厚度的检测方法还不够成熟，仅介绍以下几种检查手段。

a. 电阻率法。电阻率法是利用不同介质各有不同的导电性能这一原理检测的，如电流通过水、泥浆或沉淀颗粒时，电流随着电阻值的不同而变化，可以通过电阻值的变化来判断沉渣厚度。

b. 垂球法。垂球法是一种常用的简单测定孔底沉渣厚度的方法，测量用的垂球一般采用钢、铁或铜做成，形状有锥体形、台体形和桩体形。操作方法是在垂球的顶部系一测绳，将球沉入孔内泥浆中，慢慢下放，凭借操作人的手感判断沉渣厚度。

c. 声呐法。声呐法是利用超声波在传播过程中遇到不同的界面会产生反射的原理制成的。同一测头具有发射和接收声波的功能。声波在泥浆中传播，遇到沉渣表面时部分超声波反射回来，从发射到接收的时间差为 t_1，部分超声波穿过沉渣后达到底部又产生第二次反射，可得到第二次反射的时间差 t_2，则沉渣厚度便可由此计算出来了。

d. 电容法。电容法是通过金属两极极板间距尺寸是固定不变时，其电容量与两板间的介质的电解率成正比关系，水、泥浆及沉渣等介质的电解率有着明显的差别，从而由电解率的变化来测定沉渣厚度。

⑥单桩承载力检测。为确保单桩承载力特征值达到设计要求，应根据工程的重要性、地质条件、设计要求及工程施工情况进行单桩静荷载试验和可靠的动力试验，以检测单桩承载力特征值是否满足设计要求。根据设计要求及桩的作用，对单桩静荷载试验分为单桩竖向抗压静荷载试验、单桩抗拉竖向静荷载试验、水平静荷载试验。试验目的是检测桩的承载力是否满足设计要求和桩的极限承载力设计值的大小，为开展支盘桩工程设计提供可靠的数据和依据。

a. 基本要求。对工程桩未做单桩静荷载试验的地基基础，设计为甲级、乙级等级的支盘桩基础，应采用静荷载试验的方法对工程桩单桩竖向承载力进行检测，检测的桩数应为总桩数的 1%，且不少于 3 根，工程桩在 50 根以内时不少于 2 根。

对工程在施工前已做单桩静荷载试验的甲、乙级支盘桩基础和丙级支盘桩基础，可采用高应变动测法对工程单桩竖向承载力进行检测。

如果是本地区初次使用支盘桩技术基础，设计为甲、乙级桩基的工程应做单桩静载试验，以确保支盘桩工程的结构安全，并取得经验积累以便指导本地区其他工程的设计和施工。对于丙级桩基可采用可靠的高应变动力检测，试桩的数量由设计单位根据现场实际情况确定，一般取总桩数的1%，且不少于3根。

b. 单桩竖向抗压静荷载试验。试验前应在现场按规定选择试验桩，试验桩的数量应满足前述的基本要求，试验后按废桩处理。根据工程的规模、试验桩的尺寸、设计采用的单桩竖向承载力及工程地质情况来确定试验桩加载装置。

如果采用锚桩法加载，应根据实际情况确定代用工程桩和施工必要的试验桩。

准备测量荷载与沉降必用的测量仪表。

为安置沉降观测点和仪表，试桩顶部露出地面高度不宜小于600mm，地面应与设计的承台底标高一致。

试验桩应考虑从成桩到试验的间歇时间。一般情况，砂类土，不少于$10d$；黏性土和粉土，不少于$15d$；对于淤泥或淤泥质土不少于$25d$。如此考虑，除了使桩体强度达到设计要求以外，还为了消散因支盘桩施工时，产生的孔隙水压力和触变等影响，以求真实地反映桩的端阻力和侧摩阻力的数值。

加载试验方法：逐级加载，每级加荷载达到稳定后再加下一级荷载，直至试验桩破坏。加载试验应按以下要求执行：每级加载为预估极限荷载的1/10～1/15，分别为一级、二级；一级可按2倍的分级荷载加载。每级加载后，每5min分别测读一次桩沉降量，一小时后每半小时测读一次，并做好记录。

沉降相对稳定的标准：每级荷载每一小时的沉降量不超过0.1mm，并连续出现两次（按1.5h内连续三次观测值计算），便认为已经达到相对稳定，可进行下一级荷载加载。

终止加载。当试桩出现以下情况时，可终止加载：当荷载－沉降曲线（$Q-S$）上出现可判定承载的陡降段，且桩顶总沉降量$S>40$mm时；桩顶总沉降量$S=40$mm，继续增二级或二级以上荷载后仍无陡降段时；在某级荷载作用下，桩的沉降量大于前一级沉降量的两倍，且经24h尚未达到相对稳定；已经达到锚桩最大抗拔力或压重平台的最大限度时，说明桩承载力已达到极限。

第三章 地下水控制

139. 地下水控制的设计和施工依据有哪些?

地下水控制的设计和施工应最大限度地满足支护结构设计的要求,应根据场地及周围工程的地质条件、水文地质条件、环境条件、基坑支护、基础施工方案等施工经验综合考虑、分析后最后确定。

140. 地下水控制方法有几种?适用条件有哪些?

地下水控制方法分为降水、集水明排、回灌和截水等4种,其方法可单独使用或组合使用,适用条件如表3-1所示。

表3-1 地下水控制方法适用条件

方法名称		土类	渗透系数(m/d)	降水深度(m)	水文地质特征
集水明排			7~20.0	<5	
降水	真空井点	填土、粉土、黏性土、砂土	0.1~20.0	单级<6 多级<20	上层滞水或水量不大的潜水
	喷射井点		0.1~20.0	<20	
	管井	粉土、砂土、碎石土、可溶岩、破碎带	1.0~200.0	>5	含水丰富的潜水、承压水、裂隙水
截水		黏性土、粉土、砂土、碎石土、岩溶岩	不限	不限	
回灌		填土、粉土、砂土、碎石土	0.1~200	不限	

当因降水而危及基坑或周边环境安全时,可采用回灌或截水方法,如采用截水法使基坑中的水量或水压增大时,可采用基坑内降水。当基坑底为隔水层,并层底有承压水时,应进行坑底突涌验算,必要时可采取钻孔卸压或水平封底隔渗措施,以保证基坑土体稳定。

141. 基坑降水井的深度、数量、出水量、过滤器长度如何计算或确定?

降水井宜在基坑外缘进行封闭式设置,井间距应≥15倍降水井井管直径,在地下水补给的一方应适当加密；在基坑较深较大时，也可在基坑内设置降水井，其输水管可以单排放或多井汇总管后排放。

（1）降水井的深度应根据含水层的埋藏分布、降水井的出水能力及降水设计深度确定，其降水设计深度在基坑范围内不宜小于基坑底面以下 0.5m。

（2）降水井设置的数量可按下式进行计算：

$$n = 1.1 \frac{Q}{q}$$

式中　n——降水井设置的数量；
　　　Q——基坑总涌水量，详见总涌水量计算；
　　　q——设计单井出水量，可按表3-2计算。

表3-2　喷射井点设计出水量

型号	外管直径（mm）	喷射管		工作水压力（MPa）	工作水流量（m³/d）	设计单井出水流量（m³/d）	适用含水层渗透系数（m/d）
		喷嘴直径(mm)	混合室直径(mm)				
1.5型并列式	38	7	14	0.6~0.8	112.8~163.2	100.8~138.2	0.1~5.0
2.5型圆心式	68	7	14	0.6~0.8	110.4~148.8	103.2~138.2	0.1~5.0
4.0型圆心式	100	10	20	0.6~0.8	230.4	259.2~388.8	5.0~10.0
6.0型圆心式	162	19	40	0.6~0.8	720	600~720	10.0~20.0

（3）设计单井出水量应符合以下规定：
①井点出水能力可按 $36 \sim 60 \text{m}^3/\text{d}$ 确定；
②真空喷射井点出水量可按表3-2选用；
③管井出水量可按下式计算：

$$q(\text{m}^3/\text{d}) = 120\pi r_s L^3 \sqrt{k}$$

式中　q——管井每天的出水量（m³/d）；
　　　r_s——过滤器半径（m）；
　　　L——过滤器进水部分长度（m）；
　　　k——含水层渗透系数（m/d）。

（4）过滤器长度应符合以下规定：
①喷射井点和真空井点的过滤器长度不宜小于含水层厚度的1/3；
②管井过滤器的长度宜等于含水层厚度。

142. 基坑总涌水量如何计算？

（1）均质含水层潜水完整井基坑总涌水量可按以下规定计算（如图3-1所示）：

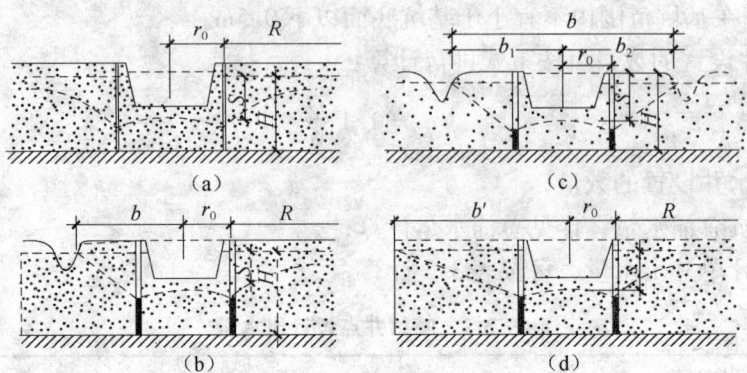

图 3-1 均质含水层潜水完整井基坑涌水量计算简图
(a) 基坑远离边界；(b) 岸边降水；
(c) 基坑位于两地表水体间；(d) 基坑靠近隔水边界

①当基坑离边界较远时，涌水量可按下式进行计算：

$$Q = 1.366k \frac{(2H-S)S}{\lg\left(1+\dfrac{R}{r_0}\right)}$$

式中 Q——基坑总涌水量；
k——渗透系数；
H——潜水含水层厚度；
S——基坑水位降深度；
R——降水影响半径，详见降水井影响半径；
r_0——基坑等效半径。

②岸边降水涌水量应按下式进行计算：

$$Q = 1.366k \frac{(2H-S)S}{\lg \dfrac{2b}{r_0}}$$

$$b < 0.5R$$

③当基坑位于两个地表水体之间或位于排泄区与补给区之间时，其总涌水量可按下式进行计算：

$$Q = 1.366k \frac{(2H-S)S}{\lg\left[\dfrac{2(b_1+b_2)}{\pi r_0}\cos\dfrac{\pi(b_1-b_2)}{2(b_1+b_2)}\right]}$$

④当基坑靠近隔水边界，涌水量可按下式进行计算：

$$Q = 1.366k \frac{(2H-S)S}{2\lg(R+r_0) - \lg r_0(2b'+r_0)}$$

$$b' < 0.5R$$

(2) 均质含水层潜水非完整井基坑涌水量可按下式进行计算（如图 3-2 所示）：

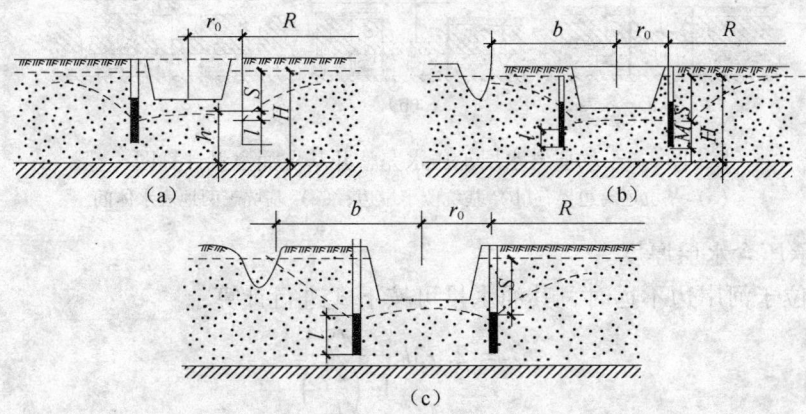

图 3-2 均质含水层潜水非完整井涌水量计算简图
(a) 基坑远离边界；(b) 近河基坑含水层厚度不大；(c) 近河基坑含水层厚度很大

①当基坑距边界较远时，涌水量可按下式进行计算：

$$Q = 1.366k \frac{H^2 - h_m^2}{\lg\left(1 + \frac{R}{r_0}\right) + \frac{h_m - l}{l}\lg\left(1 + 0.2\frac{h_m}{r_0}\right)}$$

$$h_m = \frac{H + h}{2}$$

②近河基坑降水，当含水层厚度不大时，涌水量可按下式进行计算：

$$Q = 1.366kS\left[\frac{l + S}{\lg\frac{2b}{r_0}} + \frac{l}{\lg\frac{0.66l}{r_0} + 0.25\frac{l}{M} \cdot \lg\frac{b^2}{M^2 - 0.14l^2}}\right]$$

$$b > \frac{M}{2}$$

式中 M——由含水层底板到过滤器之间有效工作部分中点的长度。

③近河基坑降水，当含水层厚度很大时，其涌水量可按下式进行计算：

$$Q = 1.366kS\left[\frac{l + S}{\lg\frac{2b}{r_0}} + \frac{l}{\lg\frac{0.66l}{r_0} - 0.22\arcsin\frac{0.44l}{b}}\right]$$

$$b > l$$

$$Q = 1.366kS\left[\frac{l + S}{\lg\frac{2b}{r_0}} + \frac{l}{\lg\frac{0.66l}{r_0} - 0.11\frac{l}{b}}\right]$$

$$b < l$$

(3) 均质含水层承压水完整井涌水量可按以下规定计算（如图 3-3 所示）：

①当基坑距边界较远时，其涌水量可按下式进行计算：

$$Q = 2.73k\frac{MS}{\lg\left(1 + \frac{R}{r_0}\right)}$$

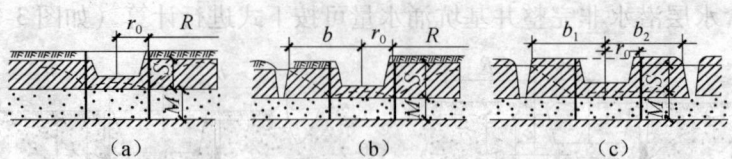

图 3-3 均质含水层承压水完整井基坑涌水量计算图
(a) 基坑远离边界；(b) 基坑位于岸边；(c) 基坑于两地表水体间

式中 M——承压含水层厚度。

②当基坑位于河岸边不远时，其涌水量可按下式进行计算：

$$Q = 2.73k \frac{MS}{\lg\left(\frac{2b}{r_0}\right)}$$

$$b < 0.5R$$

③当基坑位于两个地表水体之间或排泄区与补给区之间时，涌水量可按下式进行计算：

$$Q = 2.73k \frac{MS}{\lg\left[\frac{2(b_1+b_2)}{\pi r_0}\cos\frac{\pi(b_1-b_2)}{2(b_1+b_2)}\right]}$$

(4) 均质含水层承压水非完整井基坑涌水量可按下式进行计算（如图 3-4 所示）：

$$Q = 2.73k \frac{MS}{\lg\left(1+\frac{R}{r_0}\right) + \frac{M-l}{l}\lg\left(1+0.2\frac{M}{r_0}\right)}$$

(5) 均质含水层承压水~潜水非完整井基坑涌水量可按下式进行计算（如图 3-5 所示）：

$$Q = 1.366k \frac{(2H-M)M - h^2}{\lg\left(1+\frac{R}{r_0}\right)}$$

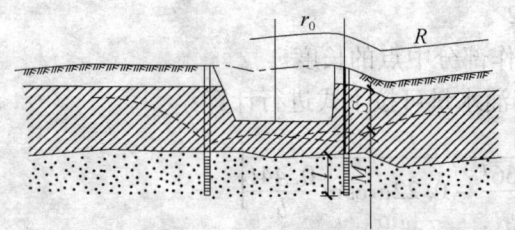

图 3-4 均质含水层承压水非完整井
基坑涌水量计算图

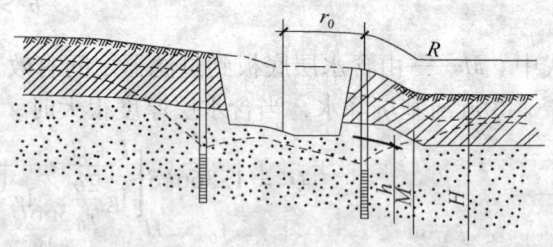

图 3-5 均质含水层承压水~潜水非完整井
基坑涌水量计算图

(6) 当基坑是圆形时，其基坑的等效半径应取圆的半径，如基坑是非圆形时，等效半径可按以下规定进行计算：

①呈矩形的基坑等效半径可按下式进行计算：

$$r_0 = 0.29(a+b)$$

式中 a——基坑的长边；
b——基坑的短边。

②呈不规则形基坑的等效半径可按下式进行计算：

$$r_0 = \sqrt{A/\pi}$$

式中 A——基坑面积。

(7) 降水井影响半径宜通过以往经验或通过试验确定，当基坑边坡安全等级为 2 级或 3 级时，可按以下经验公式进行计算：

①潜水含水层时：

$$R = 2S\sqrt{kH}$$

式中 R——降水影响半径（m）；
        S——基坑水位降深度（m）；
        k——渗透系数（m/d）；
        H——含水层的总厚度（m）。

②承压水含水层

$$R = 10S\sqrt{k}$$

143. 群井抽水时，单井过滤器进水部分长度如何计算？

群井抽水时，各井点单井过滤器进水部分的长度，可按以下规定进行计算：

$$y_0 > l$$

式中 y_0——单井井管进水长度；
        l——过滤器进水部分长度（m）。

(1) 潜水完整井进水长度计算可按下式进行计算：

$$y_0 = \sqrt{H^2 - \frac{0.732Q}{k}(\lg R_0 - \frac{1}{n}\lg n r_0^{n-1} r_w)}$$

$$R_0 = r_0 + R$$

式中 r_0——圆形基坑半径；
        r_w——管井半径；
        H——潜水含水层厚度；
        R_0——降水井影响半径与基坑等效半径之和；
        R——降水井影响半径。

(2) 承压完整井进水长度计算可按下式进行计算：

$$y_0 = H' - \frac{0.366Q}{kM}(\lg R_0 - \frac{1}{n}\lg n r_0^{n-1} r_w)$$

$$R_0 = r_0 + R$$

式中 H'——承压水位至该承压含水层底板的距离；
        M——承压水含水层的厚度。

当过滤器工作部分长度小于 2/3 含水层厚度时应以非完整井公式进行计算。如不能满足上式条件，应调整井点数量和井点分布的间距，再进行计算。当井点设置较密仍不能满足要求时则应考虑在基坑内设置井点。

144. 基坑中心点水位降深如何计算？

基坑中心点水位降深可按以下方法确定：

(1) 块状基坑降水深度可按下式计算：
①承压完整井稳定流：

$$S = \frac{0.366Q}{Mk}\left[\lg R_0 - \frac{1}{n}\lg(r_1, r_2, \cdots r_n)\right]$$

式中　　S——基坑中心或各井点中心地下水位降深；

$r_1, r_2, \cdots r_n$——各井距各井中心或各井距基坑中心的距离。

②潜水完整井稳定流：

$$S = H - \sqrt{H^2 - \frac{Q}{1.366k}\left[\lg R_0 - \frac{1}{n}\lg(r_1, r_2, \cdots r_n)\right]}$$

(2) 对非稳定流或非完整井应根据现场实际情况采取不同的计算方法。

(3) 当计算的降深不能满足降水设计要求时，应重新调整布井方式或调整布井的数量。在降水漏斗范围以内因降水而引起的沉降量可按分层总和法进行计算。

145. 管井结构应符合哪些要求？

管井结构应符合以下要求：

(1) 沉管长度不宜小于3m。

(2) 管井井管直径应根据含水层的富水性及水泵的性能进行选择，且井管的外径不宜小于200mm，井管的内径宜大于水泵外径50mm。

(3) 铸铁、钢制和钢筋骨架过滤器的孔隙率分别不宜小于23%、30%和50%。

(4) 井管外的滤料宜选用磨圆度较佳的硬质岩石，不宜采用棱角状的渣料、风化料及其他黏质岩石。其滤料的规格宜满足以下要求：

①对于$d_{20} \geq 2$mm的碎石类土含水层，可充填粒径为$10 \sim 20$mm的滤料。

②滤料的不均匀系数应小于2。

③对于砂土含水层

$$D_{50} = (6 \sim 8)d_{50}$$

式中　D_{50}、d_{50}——填料和含水层颗粒分布累计曲线上重量为50%所对应的颗粒粒径。

④对于$d_{20} < 2$mm的碎石类含水层：

$$D_{50} = (6 \sim 8)d_{20}$$

146. 喷射井点的结构及施工应符合哪些要求？

喷射井点的结构及施工应符合以下要求：

(1) 井管的外径宜为$73 \sim 108$mm，内径为$50 \sim 73$mm，过滤器直径为$89 \sim 127$mm，孔深应比滤管底部深1m以上，过滤器采用直径$38 \sim 110$mm的金属管钻孔制成，管壁上渗水孔直径在$12 \sim 18$mm之间，呈梅花状排列设置，孔隙率应大于15%；管壁外设两层滤网，内层滤网宜采用$30 \sim 80$目的尼龙网或金属网；外层滤网宜采用$3 \sim 10$目的尼龙网或金属网；滤网与管壁间用金属丝先绕成螺旋形隔开，包上滤网后再用粗金属丝绑紧；井孔直径不宜大于600mm，喷射器混合室直径可取14mm，工作水箱容量不应小于10m³，喷嘴直径可取6.5mm。

(2) 工作水泵可采用多级泵，水压宜大于0.75MPa。

(3) 井孔的施工可采用射水法、冲孔法和钻孔法，井孔的直径不宜大于 300mm，孔深宜比滤管底部深 0.5~1.0m，在井管与孔壁间及时用洁净的中粗砂填灌密实，投入滤料的数量应大于计算量的 85%，距地面 1m 范围内应用黏土封严。

(4) 井点使用时，水泵的正常工作水压力宜为 $0.25P_0$（扬水高度）；正常工作水流量宜取单井排水量；水泵的启动泵压不宜大于 0.3MPa。

147. 真空井点结构和施工应符合哪些技术要求？

真空井点结构和施工应符合以下技术要求：
(1) 真空井点过滤器的结构与喷射井点过滤器的结构相同；
(2) 井孔的施工与井管的设置方法与喷射井点相同；
(3) 井点使用前应进行试抽水，当确认无漏气、漏水等异常现象后再进行连续抽水；
(4) 抽水过程中应随时观察水位、真空度及抽水量的变化情况，并使真空度保持在 55kPa 以上；
(5) 当一级井点降水不能满足降水深度的要求时，也可采用二级或二级以上井点降水方法。

148. 抽水设备应如何选择和利用？

抽水设备主要有深井泵和深井潜水泵，水泵的出水量应根据排水量的大小和地下水位降深适当选用，并应比设计值大 20%~30% 为宜。管井的成孔宜用冲孔或钻孔，如采用泥浆护壁成孔，井管下沉后必须充分洗井，并保证滤网的畅通。水泵应安装在设计深度，水泵的吸水管下口应始终处在动水位的水面以下。成井后应进行单井试抽以检查实际降水效果，必要时应视情况调整降水方案。降水过程中，应随时观察抽水的清澈度，并定期取样测试含砂量，应保证含砂量不大于 0.5%。

149. 集水明排的排水沟和集水井如何设置？

集水明排的排水沟和集水井可按以下规定进行设置：
(1) 排水沟和集水井宜布置在拟建建筑物基础边缘净距离 0.4m 以外，排水沟的边缘距边坡坡脚不应小于 0.3m；沿基坑的边每隔 30~40m 设置一个集水井，基坑的四角部位各设一集水井。
(2) 排水沟的底面应比挖土面低 0.3~0.4m，集水井的底面应比沟底面低 0.5m 以上，并排水沟向集水井方向应有 1‰~2‰ 的流水坡度。

排水沟、集水井的截面应根据排水量确定，排水量均应满足以下要求：

$$V \geq 1.5Q$$

式中　V——排水量；
　　　Q——基坑总涌水量（基坑总涌水量计算已有介绍）。

抽水设备可视基坑深度和排水量的大小而适当选择。

当基坑侧壁出现分层渗水时，可在不同高程设置导水管、导水沟等构成明排系统；当基坑侧壁的渗水量较大时或不能进行分层明排时，宜采用导水降水方法。基坑明排尚应重视环境排水，当有地表水对基坑侧壁产生冲刷时，宜在基坑外侧采取封堵、导流或截水等技术措施进行处理。

150. 用回灌法控制地下水应注意哪些方面?

用回灌法控制地下水应注意以下几个方面:

(1) 采用砂井、砂沟或井点回灌时,回灌井与降水井的距离不宜小于6m;回灌井的间距应根据被保护物的平面位置和降水井的间距适当确定。

(2) 回灌井的深度应进入稳定水面以下1m,且处于渗透性较好的土层中,过滤器的长度应大于降水井过滤器的长度;回灌水量可通过水位观测孔中水位变化情况进行适当调整和控制,不宜高于原水位标高;回灌水箱高度可根据回灌水量进行配置。

(3) 回灌砂井的灌砂量应取井孔体积的95%,填料的含泥量不宜大于3%、纯净中粗砂的不均匀系数宜在3~5之间。

(4) 降水井与回灌井应协调控制;回灌水应采用不含杂质的清水。

151. 控制地下水使用的截水法应注意哪些方面?

控制地下水使用的截水法应注意以下方面:

(1) 当地下含水层渗透性较强,含水层的厚度又较大时,可适当采用悬挂式竖向截水与坑内设置井点降水相结合或采用水平封底与悬挂式竖向截水相结合的方案来控制地下水。

(2) 落底式竖向截水帷幕应伸入不透水层,其伸入不透水层的深度可按下式进行计算:

$$l = 0.2h_w - 0.5b$$

式中 l——帷幕伸入不透水层的深度;

h_w——作用水头;

b——帷幕的厚度。

(3) 截水帷幕的厚度应满足基坑防渗要求,截水帷幕的渗透系数宜小于1.0×10^{-6}cm/s。

(4) 截水帷幕的施工工艺、施工方法及施工机具应根据施工现场的施工条件、工程地质、水文地质、环境条件综合考虑确定。施工质量应满足《建筑地基处理技术规范》JGJ 79的相关规定。

152. 地下工程排水有哪些相关规定?

地下工程排水有以下相关规定:

(1) 隧道、坑道宜采用贴壁式衬砌,对防潮防水要求较高的工程应优先选择复合式衬砌、衬套或离壁式衬砌。

(2) 具备自流排水条件的地下工程,应采用自流排水法;不具备自流排水条件且工程防水等级要求较高的,可采用渗排水、机械排水或盲沟排水。但应严防由于排水危及地面建筑物或农田水利设施。

(3) 通向江、河、湖、海的排水口设计高程不得低于洪潮水位;否则应采取防止洪水倒灌的相应措施。

153. 渗排水与盲沟排水有哪些具体要求?

渗排水与盲沟排水适用于不具备自流排水条件,防水等级要求较高且有抗浮要求的地下工程。

（1）渗排水应符合以下要求：

①渗排水层设置在工程结构底板的下面，由集水管与粗砂过滤层组成，其集水管下设置枕座；如图3-6所示。

②粗砂过滤层总厚度宜为300mm，如较厚时应分层铺填。过滤层与基坑土层相接触处，应用粒径为5~10mm的石子进行铺设，厚度控制在100~150mm之间；在结构的底面与过滤层顶面之间应铺设30~50mm厚配合比为1:3水泥砂浆或空铺一层防水卷材作隔离层；

③集水管应设置在粗砂过滤层的底部，集水管的流水坡度不宜小于1%，集水管的间距控制在5~10m为宜，渗透到集水管的水流入集水井后用抽水泵排走。

（2）盲沟排水应符合以下要求：

①基坑开挖时的排水明沟与永久盲沟相结合；

②盲沟的构造、类型及与基础的最小距离应根据施工现场实际情况和工程地质条件由设计确定。盲沟排水构造如图3-7所示。

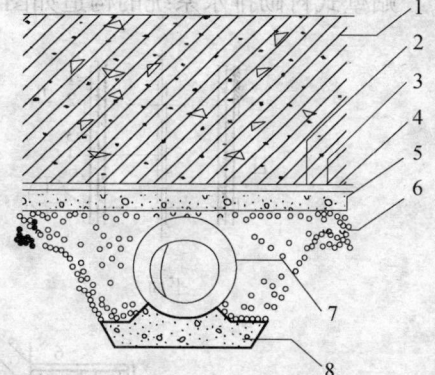

图3-6 渗排水层构造
1—结构底板；2—细石混凝土；
3—底板防水层；4—混凝土垫层；
5—隔浆层；6—粗砂过滤层；
7—集水管；8—集水管座

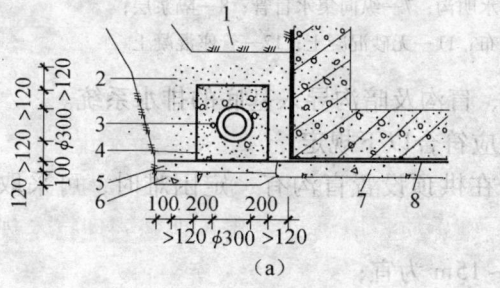

图3-7 盲沟排水构造

(a) 贴墙盲沟
1—素土夯实；2—中砂反滤层；3—集水管；
4—卵石反滤层；5—水泥/砂/碎砖层；
6—碎砖夯实层；7—混凝土垫层；8—主体结构

(b) 离墙盲沟
1—主体结构；2—中砂反滤层；3—卵石反滤层；
4—集水管；5—水泥/砂/碎砖层

③盲沟反滤层的粒径组成和层次应符合表3-3的规定。

表3-3 盲沟反滤层的层次和粒径组成

反滤层的层次	建筑物地区地层为砂性土时（塑性指数 $I_p < 3$）	建筑物地区地层为黏性土时（塑性指数 $I_p > 3$）
第一层（贴天然土）	用0.1~2mm粒径砂子组成	用2~5mm粒径砂子组成
第二层	用1~7mm粒径小卵石组成	用5~10mm粒径小卵石组成

④渗排水管应采用无砂混凝土管，外包过滤网；

⑤渗排水管的转角处和直线段一定距离按设计要求设置检查井，渗排水管的底与检查井

的底面应留 200~300mm 的沉淀空间，井盖应严密。

154. 贴壁式衬砌排水系统应符合哪些要求？

贴壁式衬砌排水系统的构造如图 3-8 所示。

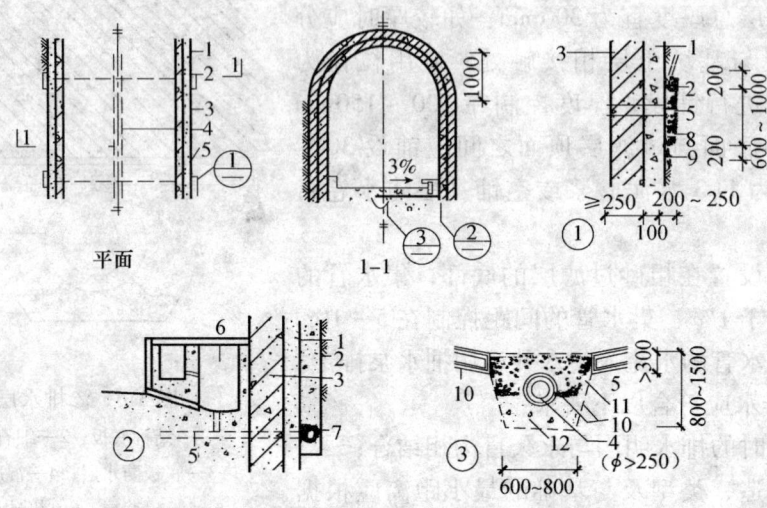

图 3-8 贴壁式衬砌排水构造
1—初期支护；2—盲沟；3—主体结构；4—中心排水盲管；
5—横向排水管；6—排水明沟；7—纵向集水盲管；8—隔浆层；
9—引流孔；10—无纺布；11—无砂混凝土；12—管座混凝土

贴壁式衬砌围岩渗漏水可通过盲管、盲沟及暗沟导入基底的排水系统。

（1）采用盲沟排水时，盲沟的设置应符合以下规定：

①盲沟宜设置在衬砌与围岩间，当在拱顶设置盲沟有一定困难时，可采取钻孔引流的措施；

②盲沟沿洞室纵向设置的距离以 5~15m 为宜；

③盲沟的断面尺寸应根据洞室超挖的实际情况及渗水量确定；

④盲沟宜先设反滤层后铺设石子料，石子料的粒径自围岩向衬砌方向逐步减小，石子料应洁净，无其他杂质，且含泥量不得大于 2%；

⑤盲沟的出水口应设反滤层或滤水篦子，寒冷及严寒地区应采取防冻措施。

（2）采用盲管（导水管）排水时，盲管的设置应符合以下要求：

①盲管（导水管）应沿隧道、坑道的周边牢固地固定在围岩的表面；

②盲管（导水管）的间距宜为 5~20m，当水量较多时，可在水量较多的部位增加 1~2 道盲管；

③盲管（导水管）与混凝土相接触的部位用无纺布作隔浆层。

（3）排水暗沟可设置在衬砌内，宜采用塑料排水带或塑料管等进行导水；基底排水系统由纵向集水盲管、排水明沟、横向排水管、中心排水盲管组成。

①纵向集水盲管的设置应符合以下要求：

a. 纵向集水盲管的设置应与盲管、盲沟相连畅通；

b. 纵向集水盲管的坡度应符合设计要求,当设计无具体要求时,其坡度不得小于 0.2%;

c. 纵向集水盲管宜采用外包无纺布加强的渗水盲管,其管径根据围岩渗漏水量的多少而定。

② 横向排水管的设置应符合以下要求:

a. 横向排水管宜采用混凝土暗槽或渗水盲管;

b. 间距宜控制在 5~15m 之间;

c. 流水坡度宜为 2%。

③ 排水明沟的设置应符合以下要求:

a. 排水明沟的纵向坡度不得小于 0.5%,公路、铁路隧道的长度大于 200m 时宜在两侧各设一条排水沟,纵向坡度不得小于 0.1%;

b. 排水明沟的断面尺寸根据排水量大小按表 3-4 选用。

表 3-4 排水明沟断面

通过排水明沟的排水量（m³/h）	排水明沟净断面（mm）	
	沟宽	沟深
50 以下	300	250
50~100	350	350
100~150	350	400
150~200	400	400
200~250	400	450
250~300	400	500

c. 排水明沟应有盖板,排污水的明沟应采取密封措施;

d. 在明沟直线段每 50~200m 及转弯、交叉或变坡部位应设检查井,井口须设活动盖板;

e. 在寒冷及严寒地区排水明沟应采取防冻措施;

④ 中心排水盲管的设置应符合以下要求:

a. 中心排水盲管的纵向坡度和埋设深度应符合设计要求;

b. 中心排水盲管的间距布置应满足排水量的需要。

⑤ 贴壁式衬砌应用防水混凝土浇筑而成,防水混凝土及细部构造的施工要求应符合《地下工程防水技术规范》(GB 50108)的相关规定。

155. 复合式衬砌应符合哪些要求?

初期支护与内衬结构之间设有塑料防水板的复合式衬砌排水系统设置要求,除纵向集水盲管应设置在防水板外侧并与缓冲排水层连接畅通外,其他均应符合《地下工程防水技术规范》(GB 50108)的相关规定。

初期支护基面清理完后,即可铺设缓冲排水层。缓冲排水层用暗钉圈固定在初期支护上。暗钉圈的设置应符合《地下工程防水技术规范》(GB 50108)的规定。

(1) 缓冲排水层选用的土工布应符合以下要求：

①土工布具有一定的厚度，其质量不宜小于280g/m²；

②土工布具有良好的导水性；

③具有良好的化学稳定性和耐久性，能抵抗混凝土、砂浆析出的水或地下水的侵蚀。

(2) 内衬混凝土应用防水混凝土进行浇筑。

防水混凝土及细部构造的施工要求应符合《地下工程防水技术规范》（GB 50108）的规定。

(3) 塑料防水板可由拱顶中心向两侧铺设，其铺设要求应符合《地下工程防水技术规范》（GB 50108）的相关规定。

浇筑防水混凝土过程中发现防水板被破坏应及时修复。

156. 离壁式衬砌应符合哪些要求？

(1) 围岩稳定和防潮要求高的工程可设置离壁式衬砌，衬砌与岩壁间的距离应符合以下规定：

①拱顶的上部宜为600~800mm；

②侧壁处不应小于500mm。

(2) 衬砌拱部宜做塑料防水板、防水水泥砂浆、卷材等防水层，在拱肩部位应设置排水沟，沟底设排水孔或预埋排水管，排水孔或排水管的直径宜为50~100mm，间距不宜大于6m，在拱肩和侧壁处应设检查孔，如图3-9所示。

(3) 侧壁外应做明沟排水沟，其纵向流水坡度不应小于0.5%。

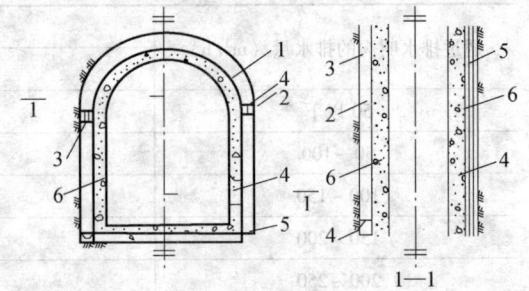

图3-9 离壁式衬砌排水示意图
1—防水层；2—拱肩排水沟；3—排水孔；
4—检查孔；5—外排水沟；6—内衬混凝土

157. 衬套排水应符合哪些规定？

衬套排水应符合以下规定：

(1) 衬套外形应有利于排水，底板宜架空设置；

(2) 衬套应采用隔热性能较好，且防水阻燃的材料，接缝处宜采用粘结、焊接或嵌填等方法封合严密；

(3) 离壁衬套与衬砌或与围岩的距离应不小于150mm，在衬套外侧应设置明沟；半离壁衬套应在拱肩部位设置排水沟。

158. 隧道、坑道排水应注意哪些方面？

隧道、坑道排水应注意以下方面：

(1) 隧道、坑道内的排水泵站的设置，主排水和辅助排水泵站、集水池的有效容积应符合设计要求。

(2) 主排水和辅助排水泵站及污水泵房的污水和废水，应分别排入城市污水和雨水管道系统，污水的排放应符合现行国家相关标准的规定。

（3）排水盲管应采用无砂混凝土集水管；导水盲管使用外包土工布与螺旋钢丝构成的软式透水管；盲沟应设反滤层，其所用材料应符合规范规定。

（4）复合式衬砌的缓冲排水层铺设应符合以下规定：

①初期支护基面清理后即用暗钉圈将土工布固定在初期支护上；

②土工布的搭接水平铺设时采用缝合或胶粘法，搭接宽度不应小于300mm；

③采用土工复合材料时，土工织布面应为迎水面，涂膜面应与后浇混凝土相接触；

（5）隧道、坑道排水的施工质量检查数量：抽查总数的10%，按两线间或10延长米为1处，且不少于3处。

（6）隧道、坑道排水检验。

①主控项目

a. 隧道、坑道排水系统必须畅通。

检验方法：观察。

b. 反滤层的砂、石粒径和含泥量必须符合设计要求。

检验方法：查阅砂、石试验报告。

c. 土工复合材料必须符合设计要求。

检验方法：检查产品合格证、检测报告。

②一般项目

a. 隧道排水明沟和纵向集水盲管的坡度应符合设计要求。

检验方法：尺量检查。

b. 横向排水管和导水盲管的设置应符合设计要求。

检验方法：尺量检查。

c. 中心排水盲沟的断面尺寸、检查井的设置和集水管的埋设应符合设计要求。

检验方法：观察和尺量检查。

d. 复合式衬砌的缓冲排水层应铺设均匀、平整、连续，不得有折皱、重叠、扭曲等现象。

检验方法：观察、检查隐检验收记录。

159. 预注浆、后注浆应符合哪些要求？

对工程土方开挖前预计有大量涌水出现的地段或地层进行预注浆和工程土方开挖后处理围岩渗漏，充填衬砌壁后的空隙所进行的后注浆。

（1）注浆材料应符合以下要求：

①应具有可注性；

②应具有固结收缩量小，良好的抗渗性、耐久性、粘结性和化学稳定性；

③无毒害和对环境污染小；

④工艺简单，施工方便，安全可靠。

（2）在黏土层宜采用劈裂或电动硅化注浆法；在砂土层宜采用劈裂注浆法；在淤泥质软土中宜采用高压喷射注浆法。

（3）注浆液应符合以下要求：

①壁后回填注浆宜采用水泥浆液、水泥砂浆或掺有石灰、粉煤灰、黏土等水泥浆液；

②注浆浆液应经现场试配、试验后确定；

③高压喷射注浆和预注浆宜采用黏土水泥浆液、化学浆液或水泥浆液。

（4）注浆过程控制应符合以下要求：

①根据工程目的、工程地质情况等控制注浆压力；

②回填注浆应在衬砌混凝土达到设计强度的70%以后方可进行，衬砌后围岩注浆应在充填固结体达到设计强度的70%以后方可进行。

③浆液不得溢出地面或超出有效注浆范围，地面注浆结束后注浆孔应填充密实；

④注浆范围距邻近建筑物较近时，应加强对邻近建筑物和地下埋设物的观测；

⑤注浆点距水源或公共水域较近时，应及时采取防污染措施。

（5）注浆施工质量检验数量，应按堵漏或注浆加固面积每 $100m^2$ 抽查 1 处，每处不少于 $10m^2$，且不得少于 3 处。

（6）配制注浆液的原材料和注浆效果必须符合设计要求。

（7）注浆孔的数量、布置间距、孔深及角度、注浆控制压力、进浆量应符合设计要求；注浆对地面产生的沉降不得超过 30mm，地面隆起不得超过 20mm。

160. 衬砌裂缝注浆有哪些要求？

衬砌裂缝注浆有以下要求：

（1）衬砌裂缝出现后应进行注浆处理，注浆处理应在结构基本稳定和混凝土达到设计强度70%以后进行。

（2）防水混凝土结构出现宽度小于 2mm 的裂缝时应采用环氧树脂、聚氨酯、甲基丙烯酸甲酯等化学浆液注浆处理；当裂缝宽度大于 2mm 时应考虑补强效果，宜采用超细水泥、改性水泥浆液或特殊化学浆液进行注浆处理。裂缝注浆水泥的细度应符合表3-5的规定：

表3-5 裂缝注浆水泥的细度

项目	普通硅酸盐水泥	磨细水泥	湿磨细水泥
平均粒径（D_{50}，μm）	20~25	8	6
比表面积（cm^2/g）	3250	6300	8200

（3）衬砌裂缝注浆应符合以下要求：

①浅裂缝应将裂缝凿成 30mm×20mm 的"V"形槽，用吹风机吹净，用水泥砂浆封缝，同时在沿裂缝每隔 600mm 安装一个注浆管；深裂缝骑缝或斜向钻孔至裂缝深处，在钻孔内安装注浆管并用堵漏灵将注浆管四周封严，注浆管的间距应视裂缝的宽度而定，但每条裂缝必须有一个注浆管和一个排气孔。

②注浆管应埋设在裂缝的交叉处、贯穿处、或较宽处，并对封缝的密封效果进行检查；应采用低压低速法注浆，化学注浆的压力应控制在 0.2~0.6MPa，水泥浆注浆的压力应控制在 0.4~0.8MPa。

③待缝内浆液初凝不外流时，方可拆下注浆管，并将管孔封严抹平。

（4）衬砌裂缝注浆的施工质量检验数量：应抽查总条数的10%，每缝1处，且不少于3处。

（5）注浆使用的材料、配合比及注浆效果必须符合设计要求。注浆管埋设的孔径、孔距、注浆控制压力和注浆量应符合设计要求。

161. 盾构隧道施工应符合哪些要求？

盾构隧道施工适于在软土或软岩中用盾构机掘进并拼装钢筋混凝土管片而修建的隧道结构。盾构隧道衬砌的防水措施应符合表3-6的规定。

表3-6 盾构隧道衬砌防水措施

防水措施		高精度管片	接缝防水				混凝土或其他内衬	外防水涂层
			弹性密封垫	嵌缝	注入密封剂	螺孔密封圈		
防水等级	1级	必选	必选	应选	宜选	必选	宜选	宜选
	2级	必选	必选	宜选	宜选	应选	局部宜选	部分区段宜选
	3级	应选	应选	宜选	—	宜选	—	部分区段宜选
	4级	宜选	宜选	宜选	—	—	—	—

（1）钢筋混凝土管片制作应符合以下要求：
①混凝土的抗压强度和抗渗压力应符合设计要求；
②管片表面应平整、无缺棱掉角、露筋和蜂窝麻面；
③单块网片制作尺寸允许偏差应符合表3-7的规定。

表3-7 单块网片制作尺寸允许偏差

项目	允许偏差（mm）
宽度	±1.0
弧长、弦长	±1.0
厚度	+3，-1

（2）钢筋混凝土管片同一配合比每生产5环应留置抗压强度试件一组，每10环应留置抗渗试件一组，每生产两环应抽其中一片做检漏测试。检验方法：按设计抗渗压力持续时间不小于2h，渗水深度不超过管片厚度的1/5为合格。如有25%不合格，则应对当日生产的管片逐块检漏。

（3）钢筋混凝土管片安装应符合下列要求：
①管片必须经过验收合格后方可运往现场使用，拼装前应对管片进行编号并做防水处理；
②管片安装应先就位底部管片，再自下而上左右交叉作业，每环相邻管片应均布摆匀并控制管片面平整度和封口尺寸，最后插入封顶管片成环；
③管片拼装后应拧紧螺栓，环与纵向所有螺栓应全部拧紧。

（4）钢筋混凝土管片接缝防水应符合以下要求：
①管片至少应设置一道密封垫沟槽，粘贴密封垫前应将槽内清理干净；

②密封垫应粘贴牢固，严密平整，位置正确，不得有超长、缺口、起鼓等现象；

③管片拼装前应对粘贴的密封垫逐块进行检查，拼装过程中不得使密封垫受损，当有嵌缝防水要求时，应待隧道基本稳定后进行；

④管片拼装接缝连接螺栓孔之间应加设密封圈。必要时，螺栓与螺栓孔间应采取封堵措施。

（5）盾构法隧道的施工质量检验数量，应按每20环抽查一处，每处为一环，且不得少于3处。

（6）盾构法隧道所使用的防水材料的规格、性能、品种和钢筋混凝土管片的抗压强度、抗渗压力必须符合设计要求。

（7）隧道的渗漏水量应在设计要求的范围以内，衬砌接缝不得有线流和漏泥砂现象。

（8）管片拼装接缝防水、环向及纵向螺栓的拧紧、外露铁件的防腐处理等应符合设计要求。

162. 锚喷支护施工应符合哪些要求？

锚喷支护施工应符合以下要求：

（1）喷射混凝土所用原材料应符合以下要求：

①使用的水泥应优先选用强度等级不低于32.5级的普通硅酸盐水泥；

②使用的砂应为细度模数不大于2.5，含水率为5%~7%的中砂或粗砂；

③使用的石子应为粒径不大于15mm的碎石或卵石，使用碱性速凝剂时，不得使用活性一氧化硅石料。

④使用的水，应为洁净水；

⑤速凝剂应为初凝时间不超过5min，终凝时间不超过10min。

（2）混合料的搅拌应符合以下规定：

①配合比。水泥与砂石质量比宜为1:4~4.5，砂率宜为45%~55%，水灰比不得大于0.45，速凝剂掺量应通过现场试验确定；

②原材料称量允许偏差。水泥和速凝剂±2%，砂石±3%；

③混合料的运输和储存严防受潮，并应随拌随用，拌合后的混合料不应超过20min。

（3）在有明水的岩面上喷射混凝土时应采取以下措施：

①在混凝土中增加速凝剂的掺量；

②表面出现的渗、滴水用导水盲管或盲沟予以排除；

③集中漏水采用注浆法堵水。

（4）喷射混凝土后2h应浇水或喷水进行养护，养护时间不得少于14d；当气温低于5℃时，不得用水养护。

（5）喷射混凝土试件制作的组数应符合以下规定：

①抗渗试件。区间结构每40延长米留置一组；车站每20延长米留置一组。

②抗压强度试件。区间或小于区间断面的结构每20延长米（拱或墙）各留置一组；车站留置两组。

（6）锚杆应进行拉拔试验。同一批锚杆每100根留置试件一组，每组3块，不足100根也按一批计算。

同一批试件抗拔力的平均值不得小于设计锚固力值，且同一批试件抗拔力的最低值不应小于设计锚固力值的90%。

（7）锚喷支护施工质量检验数量，应按区间或小于区间断面结构，每20延长米检查1处，车站每10延长米检查1处，每处10m²，且不得少于3处。

（8）喷射混凝土所用原材料及钢筋网、锚杆必须符合要求。

（9）喷射混凝土抗压强度、抗渗压力及锚杆抗拔力必须符合设计要求（此条为强制性条文）。

（10）喷层之间及喷层与围岩之间应粘结紧密，不得有空鼓、脱皮现象；喷层的厚度为总面积的60%不小于设计厚度，平均厚度不得小于设计厚度，最小厚度不得小于设计厚度的50%为合格。

（11）喷射混凝土应密实、平整、无裂缝、空鼓、漏喷、漏水和露筋，喷射混凝土的表面平整度允许偏差为30mm，且矢弦比不得大于$f/6$。

163. 地下连续墙防水控制应符合哪些要求？

地下连续墙防水控制适用于地下工程的主体结构、支护结构、隧道工程复合式衬砌的初期支护，应符合以下要求：

（1）地下连续墙施工时，混凝土中掺外加剂时，水泥用量：采用卵石配料不得少于370kg/m³；采用碎石不得少于400kg/m³，坍落度宜为180~220mm。

（2）地下连续墙所使用的混凝土按每五单元槽段取一组抗渗试件；每一单元槽段取一组抗压强度试件。

（3）地下连续墙墙体内侧采用塑料板防水层、涂料防水层、卷材防水层或水泥砂浆防水层时，应分别按《地下防水工程质量验收规范》第4.2~4.5节的有关规定执行。

（4）单元槽段的拐角处不宜设置接头；采用复合式衬砌时，内外墙接头宜相互错开设置；地下连续墙与内衬结构连接处，应凿毛清理干净，必要时应做特殊防水处理。

（5）地下连续墙施工质量的检验数量：抽查地下连续墙10个槽段中的1个槽段，且不得少于3个槽段。

（6）防水混凝土所使用的原材料、配合比、其他防水材料和地下连续墙混凝土的抗压强度和抗渗压力必须符合设计要求。

（7）地下连续墙的槽段接缝及墙体与内衬结构接缝应符合设计要求；地下连续墙墙面的露筋部分应小于1%的墙面面积，且不得有夹泥和露石现象；地下连续墙墙面平整度允许偏差：临时支护墙体为50mm，单一或复合墙体为30mm。

164. 地下建筑防水混凝土施工应符合哪些要求？

地下建筑防水混凝土施工指防水等级为1~4级的地下整体式混凝土结构，环境温度高于80℃或处于耐侵蚀系数小于0.8的侵蚀介质中使用的地下工程除外。耐侵蚀系数指在侵蚀性水中养护6个月的混凝土试块的抗折强度与在饮用水中养护6个月的混凝土的抗折强度之比。

地下建筑防水混凝土施工应符合以下要求：

（1）防水混凝土所使用的材料应符合以下要求：

①水泥品种应按设计要求选择使用，其强度等级不应低于32.5级，不得使用受潮结块或过期水泥；

②卵石或碎石的粒径宜为5~40mm，含泥块量不得大于0.5%，含泥量不得大于1%；

③砂宜为中砂，泥块含量不得大于1%，含泥量不得大于3%；

④水应采用不含有害物质的洁净水；

⑤外加剂的技术性能应符合国家或行业标准一等品及以上的质量要求；

⑥粉煤灰的级别不应低于二级，掺量不宜大于20%；硅粉掺量不应大于3%，其他掺合料的掺量应通过现场试验确定。

（2）防水混凝土的配合比应符合以下规定：

①试配要求的抗渗水压值应比设计值提高0.2MPa；

②最少水泥用量不得少于300kg/m^3；掺活性掺合料时，最小水泥用量不得少于280kg/m^3；

③砂率宜为35%~45%，灰砂比宜为1:2~1:2.5；

④水灰比不得大于0.55；

⑤普通防水混凝土坍落度不宜大于50mm，使用泵送的混凝土宜为100~140mm。

（3）混凝土搅拌和浇筑应符合以下规定：

①所用材料的品种、规格及投料量，每工作台班应至少检查两次。每盘混凝土各组成材料的计量结果的偏差应符合表3-8的规定。

表3-8 混凝土组成材料计量结果的允许偏差（%）

混凝土组成材料	每盘计量	累计计量
水泥、掺合料	±2	±1
粗、细骨料	±3	±2
水、外加剂	±2	±1

注：累计计量仅适用于微机控制计量的搅拌站。

②浇筑现场对混凝土的坍落度检查，每工作台班至少检查两次，混凝土坍落度试验应符合现行国家标准《普通混凝土拌合物性能试验方法标准》GB/T 50080的相关规定。

混凝土实测的坍落度与要求坍落度之间的偏差应符合表3-9的规定。

表3-9 混凝土坍落度允许偏差

要求坍落度（mm）	允许偏差（mm）
≤40	±10
50~90	±15
≥100	±20

（4）防水混凝土抗渗性能，应采用标准养护的混凝土抗渗试件的试验结果评定，试件

应在浇筑现场制作。连续浇筑时每 500m³ 留置一组抗渗试件（每组六块），且每工程不得少于两组。采用商品混凝土的抗渗试件，留置试件的数量应根据规模和要求适当确定。

抗渗性能试验应符合现行国家标准《普通混凝土长期性能和耐久性能试验方法标准》GB/T 50082 的有关规定。

（5）防水混凝土的施工质量检验数量：应按混凝土外露面积每 100m² 抽查一处，每处 10m²，且不少于 3 处；细部构造应全部检查。

（6）防水混凝土所使用的原材料、配合比、坍落度必须符合设计要求。

（7）防水混凝土的抗压强度和抗渗压力必须符合设计要求。

（8）防水混凝土的变形缝、施工缝、后浇带、穿墙管道、埋设件等的设置和构造，均须符合设计要求，严禁有渗漏。

（9）防水混凝土结构表面应坚实、平整，不得有蜂窝麻面、露筋等缺陷；埋设件的位置应正确。

（10）混凝土结构表面不得有贯穿裂缝，微观裂缝的宽度不应大于 0.2mm。

（11）防水混凝土的结构厚度不应小于 250mm，其允许偏差为 +15mm 和 -10mm；迎水面钢筋保护层厚度不应小于 50mm，其允许偏差为 ±10mm。

165. 水泥砂浆防水层应符合哪些规定？

水泥砂浆防水层适用于砌体或混凝土结构基层上采用多层抹面的水泥砂浆防水层；对环境有侵蚀性、温度高于 80℃ 或持续有振动的地下工程除外。对水泥砂浆防水层应符合以下要求：

（1）普通水泥砂浆防水层的配合比应符合表 3-10 的规定。

表 3-10　普通水泥砂浆防水层的配合比

名称	配合比（质量比）		水灰比	适用范围
	水泥	砂		
水泥浆	1	—	0.55~0.60	水泥砂浆防水层的第一层
水泥浆	1	—	0.37~0.40	水泥砂浆防水层的第三、五层
水泥砂浆	1	1.5~2.0	0.40~0.50	水泥砂浆防水层的第二、四层

掺外加剂、掺合料、聚合物水泥砂浆配合比应符合所掺材料的相关规定。

（2）水泥砂浆防水层所用的材料应符合以下规定：

①所使用的水泥设计有具体要求的应符合设计要求，当设计无具体要求时，其强度等级不应低于 32.5 级，且不得使用受潮结块或过期水泥；

②所使用的砂宜为粒径小于 3mm 的中砂，含泥量不得大于 1%，硫酸盐和硫化物含量不得大于 1%；

③所使用的水应为不含有害物质的洁净水；

④聚合物乳液的外观质量应无异物、凝固物和颗粒；

⑤外加剂的技术性能应符合现行国家或行业标准一等品及一等品以上的质量要求。

（3）水泥砂浆防水层的基层质量应符合以下要求：

①水泥砂浆防水层施工前，基层混凝土或砌体砂浆的强度应不低于设计强度的80%；

②基层的表面应平整、坚实、洁净、粗糙并应充分湿润，但应无明水；

（4）水泥砂浆防水层施工应符合以下要求：

①分层铺抹，应抹平、压实、表面应压光；

②防水砂浆各层应结合紧密，每层应连续施工，必须留施工缝时应采用坡形槎，但离开阴阳角处不得小于200mm；

③防水层的各阴阳角应做成圆弧形；

④防水水泥砂浆终凝后应及时进行养护，养护时间不得少于14d，养护温度不宜低于5℃，并应保持湿润。

（5）防水水泥砂浆所使用的材料、配合比必须符合设计要求。

（6）水泥砂浆防水层各层之间必须结合牢固，无空鼓现象。

（7）水泥砂浆防水层的施工质量检验数量，应按施工总面积每100m²抽查一处，每处10m²，且不得少于3处；水泥砂浆防水层的表面应平整、密实，不得有起砂、麻面、裂纹等缺陷。

（8）水泥砂浆防水层施工缝位置应正确，接槎应按层次施工，层层搭接严密；水泥砂浆防水层的平均厚度应符合设计要求，最小厚度不得小于设计值的85%。

166. 卷材防水层施工应符合哪些要求？

卷材防水层适用于受侵蚀介质或受振动作用的地下主体工程迎水面的卷材防水层。具体要求如下：

（1）卷材防水层应采用合成高分子防水卷材或高聚物改性沥青防水卷材，所使用的胶粘剂、密封材料、基层处理剂等配套材料，均应与铺贴的卷材性质相容合。

（2）铺贴防水卷材的找平层应清洁干净，在基面上涂刷基层处理剂；当基面比较潮湿时，应涂刷湿固化型胶粘剂或潮湿界面隔离剂。

（3）防水卷材的厚度应符合表3-11的规定。

表3-11 防水卷材厚度

防水等级	设防道数	合成高分子防水卷材	高聚物改性沥青防水卷材
1级	三道或三道以上设防	单层：不应小于1.5mm；双层：每层不应小于1.2mm	单层：不应小于4mm；双层：每层不应小于3mm
2级	二道设防		
3级	一道设防	不应小于1.5mm	不应小于4mm
	复合设防	不应小于1.2mm	不应小于3mm

（4）卷材短边和长边的搭接宽度均不应小于100mm。采用多层卷材时，上下层的接缝应错开1/3幅宽，且两层卷材不得相互垂直铺贴。

（5）冷粘防水卷材施工应符合以下规定：

①胶粘剂涂刷应均匀，无堆积、露底现象；

②铺贴卷材应控制胶粘剂涂刷间隔时间，排除空气，并辊压粘结牢固，不得有空鼓现象；

③粘贴卷材应平整、顺直，搭接宽度正确，不得有皱折、扭曲现象；

④接缝应严密，密封材料胶线应光滑，宽度应不小于10mm；

⑤搭接部分应粘贴严实，检查合格后方可封边处理。

（6）热熔法卷材施工应符合以下要求：

①火焰加热器烘烤卷材应均匀，不得有过分加热或烧穿现象；厚度小于3mm的高聚物改性沥青防水卷材，严禁使用热熔法施工；热熔后的卷材应立即滚铺、辊压，不得有皱折、空鼓；

②粘铺的卷材接缝处应溢出沥青油，并用腻刀将接缝腻严成一胶线；粘贴后的卷材应顺直平整，搭接尺寸准确。

（7）卷材防水层经验收合格后应及时做保护层，保护层应符合以下要求：

①顶板的细石混凝土保护层与卷材之间宜设隔离层；细石混凝土保护层厚度应大于50mm；

②侧壁的防水保护层宜采用聚苯乙烯泡沫塑料或砌砖保护、抹30mm厚水泥砂浆。

（8）卷材防水层所用材料必须符合设计要求；卷材防水层的转角部位、穿墙管道、变形缝处的细部做法均应符合设计要求。

（9）卷材防水层的基层应坚实、清洁、平整，不得有空鼓、松动、泛砂和脱皮等现象；搭接处的卷材应粘（焊）牢固、严密，不得有翘边、折皱、鼓泡等缺陷。

（10）侧壁卷材防水层的保护层与防水层的粘结应紧密，厚度一致；卷材搭接宽度的允许偏差为-10mm；卷材防水层的施工质量检验数量，应按铺贴面积每100m^{2}抽查1处，每处10m^2，且不得少于3处。

167. 涂料防水层施工应符合哪些规定？

涂料防水层适用于受侵蚀介质或受振动作用的地下工程背水或迎水面的涂料防水；涂料防水层应采用水泥基、水泥基渗透结晶型、水乳型、反应型、聚合物水泥防水涂料。防水涂料厚度选择应符合表3-12的规定。

表3-12　防水涂料厚度　　　　　　　　　　　　　　　　（mm）

防水等级	设防道数	有机涂料			无机涂料	
		反应型	水乳型	聚合物水泥	水泥基	水泥基渗透结晶型
1级	三道或三道以上设防	1.2~2.0	1.2~1.5	1.5~2.0	1.5~2.0	≥0.8
2级	二道设防	1.2~2.0	1.2~1.5	1.5~2.0	1.5~2.0	≥0.8
3级	一道设防	—	—	≥2.0	≥2.0	—
	复合设防	—	—	≥1.5	≥1.5	—

（1）涂料防水层施工应符合以下要求：

①涂料防水层施工前应在基层涂一层与涂料相容的处理剂；

②涂料应多层涂刷，并应在前层涂层干燥成膜后再进行后层施工；同层涂刷的先后搭接为30~50mm，每遍涂刷的方向应交替进行；

③涂料防水层的施工缝搭接宽度应大于100mm，接槎处应清理干净；涂料防水层中使

用的胎体增强材料搭接宽度应大于 100mm，上下层的搭接缝应错开 1/3 幅宽；

④施工应先转角、变形缝、穿墙管等部位涂刷加强层，后进行大面积涂刷。

(2) 防水涂料的保护层施工要求同卷材防水层。

(3) 涂料防水层的施工质量检验数量，应按施工面积每 100m² 抽查 1 处，每处 10m²，且不少于 3 处。

(4) 涂料防水层所用材料、配合比，涂料防水层的变形缝、穿墙管、转角处的细部做法应符合设计和规范要求。

(5) 涂料防水层的基层阴阳角处应做成圆弧形；涂料防水层的平均厚度应符合设计要求，其最小厚度不应小于设计厚度的 80%；侧壁涂料防水层的保护层与防水层应粘结牢固，厚度均匀一致。

168. 塑料板防水层施工应符合哪些要求？

塑料板防水层适用于铺设在初期支护与二次衬砌之间的塑料板防水。塑料板防水层的铺设应符合以下规定：

(1) 塑料板边铺边将其与暗钉圈焊接牢固，其缓冲衬垫应用暗钉圈固定在基层上；

(2) 两幅塑料防水板的搭接宽度为 100mm，下部塑料板应压住上部塑料板；

(3) 塑料板的搭接缝宜采用双焊缝焊接，单条焊缝的有效焊接宽度应不小于 10mm；

(4) 复合式衬砌的塑料板铺设与内衬混凝土的施工距离不应小于 5m。

(5) 塑料板及配套材料必须符合设计要求；

(6) 塑料板的接缝必须采用热风焊接，不得有渗漏。

(7) 塑料板防水层施工质量检验数量，应按施工面积每 100m² 抽查 1 处，每处 10m²，且不少于 3 处；焊缝的检验应抽查总焊缝的 5%，每条焊缝 1 处，且不少于 3 处。

(8) 塑料防水层的基层应坚实、平整、顺直，不得有渗漏水现象，且阴阳角处应成圆弧形。

(9) 塑料板的铺设应顺直并与基层的连接应牢固，不得有下垂、过分绷紧及破损等现象。如有破损应进行更换或修补。

(10) 塑料板的搭接宽度允许偏差为 -10mm。检验方法：观察、尺量。

169. 金属板防水层施工有哪些具体规定？

金属板防水层适用于抗渗性能要求较高的地下工程，主要是以金属板焊接而成的防水层。

金属板防水层有以下具体要求：

(1) 金属板防水层所用的金属板材、焊条及保护材料、外观质量、物理性能应符合设计与现行国家标准的规定。

(2) 金属板与板及与主体结构的锚固件应采用焊接，并应进行焊缝外观检查和无损检验。

焊工必须持证上岗，施焊时应有动火证、灭火器、灭火水并设看火人。

(3) 金属板面的锈蚀、麻点或划伤的深度不得大于板材厚度的负偏差值；金属板防水层的焊缝不得有裂纹、夹渣气孔、焊瘤、烧穿、咬边、未熔合等缺陷；焊波应均匀，飞溅物及焊渣应清理干净，保护层不得有返锈、脱皮和漏涂等缺陷。

（4）金属板防水层的施工质量检验数量：应按施工面积每100m²抽查1处，每处1m²，且不得少于3处；焊缝的检验按不同长度的焊缝各抽查总焊缝的5%，且不得少于1条；长度不足500mm的焊缝每条检查1处；长度为500~2000mm的焊缝每条检查2处；长度大于2000mm的焊缝每条检查3处。

170. 地下防水细部构造做法要求有哪些？

地下防水细部构造做法是指防水混凝土结构的变形缝、后浇带、穿墙管道、埋设件、施工缝、高低跨等部位的防水细部做法。主要使用止水带、遇水膨胀橡胶腻子止水条、接缝密封材料。

（1）变形缝的防水施工应符合以下要求：

①止水带的宽度和材料的物理性能应符合设计要求，且无气泡和裂缝；接缝应平整、牢固，接头应采用热接，不得叠接；接缝不得有脱胶和裂口现象；

②变形缝采用中埋式止水带时，混凝土浇筑前应检查止水带是否位置准确、连续，是否干净，止水带是否被破坏，底板止水带、顶板止水带、侧壁止水带处的混凝土应振捣密实，止水带应平直、无卷曲。

③止水带不得穿孔或用钢钉固定；中埋式止水带的中心线应与变形缝的中心线重合；变形缝处增设的涂料或卷材防水层应符合设计要求。

（2）施工缝的防水施工应符合以下要求：

①垂直施工缝和水平施工缝浇筑混凝土前应将表面清理干净，涂水泥浆或界面剂后及时浇筑混凝土；

②施工缝部位采用止水带时应确保止水带位置的准确性并固定牢固；采用止水条时应将遇水膨胀橡胶腻子止水条牢固固定在预留槽内，止水条的接头部位应挤紧，用钢钉钉牢。

（3）后浇带防水施工应符合以下要求：

①后浇带两侧混凝土的龄期达到42d以后方可浇筑后浇带补偿收缩混凝土，并在浇筑后12h开始浇水养护，持续时间不得少于28d。后浇带补偿混凝土的强度不得低于两侧混凝土的强度等级。

②后浇带的接缝处理应符合设计和规范要求（同施工缝防水施工）。

（4）穿墙管道的防水施工应符合以下规定：

①穿墙管处防水层施工前，应将套管外表面清理干净；穿墙管翼环与套管或止水环与主管应连续满焊，清除焊渣后做好防腐处理。

②管道安装完毕后，应在套管与管道间嵌入内衬填料，套管的端部应用密封材料填严；采用柔性穿墙时穿墙内侧应用法兰拧紧。

③穿墙管外侧防水层应设附加层，并应不留接搓、封闭严密。

（5）预埋件的防水施工应符合以下要求：

①预留孔（槽）的底部或预埋件的端部混凝土厚度不得小于250mm；当厚度小于250mm时，局部必须加厚或采取其他防水措施；预留地坑、沟槽、孔洞内的防水层应与坑、

槽、孔外的防水层保持连续。

②固定模板用的穿墙螺栓或套管应满焊止水环或翼环；与混凝土面低 5mm 割除后应涂防锈漆两遍后用相同等级的水泥砂浆抹平，工具式螺栓或螺栓加堵头做法拆除模板后，应采取防水措施将凹槽部位封堵严密。

（6）密封材料的防水施工应符合以下要求：

①热灌法施工应自下而上施工并尽量减少接头，接头应用斜槎；密封材料熬制和浇筑温度应符合材料说明书的要求。

②粘结基层的干燥程度及接缝的尺寸应符合规范要求，接缝内的灰尘杂物应清除干净。

③冷嵌法施工应分层填塞密实并与缝壁粘结牢固，接头采用斜槎并防止裹入空气；接缝处的密封材料底部应嵌填背衬材料，外露密封材料上应设置防止日晒雨淋和碰撞的保护层，其宽度不得小于 100mm。

（7）防水混凝土结构的细部构造的施工质量检验应全数检查。

（8）细部构造所用的止水带、遇水膨胀橡胶腻子止水条和接缝密封材料必须符合设计要求；施工缝、变形缝、穿墙管道、预埋件、后浇带细部构造做法必须符合设计要求，严禁有渗漏现象。

（9）中埋式止水带中心线应与变形缝中心线重合，止水带固定应牢靠、平直，不得有折皱扭曲；接缝处混凝土应密实、洁净、干燥；密封材料应嵌填密实严密，粘结应牢固，不得有鼓泡、下塌和开裂。

171. 子分部工程验收应符合哪些规定？

地下防水工程施工应按工序或分部进行验收，各分项工程的各检验批应符合《地下防水工程质量验收规范》（GB 50208）相关质量标准的规定。

（1）地下防水工程验收文件和记录应符合表 3-13 的要求。

表 3-13 地下防水工程验收文件和记录

序号	项目	文件和记录
1	防水设计	设计图及会审记录、设计变更通知单和材料代用核定单
2	施工方案	施工方法、技术措施、质量保证措施
3	技术交底	施工操作要求及注意事项
4	材料质量证明文件	出厂合格证、产品质量检验报告、试验报告
5	中间检查记录	分项工程质量验收记录、隐蔽工程检查验收记录、施工检验记录
6	施工日志	逐日施工情况
7	混凝土、砂浆	试配及施工配合比，混凝土抗压、抗渗试验报告
8	施工单位资质证明	资质复印证件
9	工程检验记录	抽样质量检验及观察检查
10	其他技术资料	事故处理报告、技术总结

（2）地下防水隐蔽工程验收记录包括以下内容：

①涂料及卷材防水层基层；

②防水混凝土结构和防水层被掩盖的部位；
③施工缝、变形缝等防水构造的做法；
④管道穿过防水层的封闭做法；
⑤盲沟、坑槽和渗排水层；
⑥衬砌施工前的围岩渗漏水处理；
⑦基坑超挖的处理及回填。

（3）地下建筑防水工程有以下质量要求：
①防水混凝土应振捣密实，表面应平整，不得有蜂窝麻面、露筋现象；混凝土裂缝宽度应在规范规定的0.2mm以内，其抗压强度和抗渗压力必须符合设计要求；
②水泥砂浆防水层应平整、密实、粘结牢固，无泛砂、裂纹、麻面等现象；防水层厚度应符合设计要求；
③防水卷材的接缝应粘结严密牢固，防水层不得有损伤、折皱、空鼓等现象；涂层应粘结牢固，不得有流淌、露胎、皱折、脱皮、气泡等现象；涂层厚度应符合设计要求；
④塑料板防水层应铺设牢固、平整，焊缝严密，不得有焊穿、下垂、过度绷紧等现象；金属板防水层焊缝不得有裂纹、未熔合、咬边、焊穿、弧坑、气孔夹渣、焊瘤等现象；其保护层应符合设计要求；
⑤施工缝、后浇带、穿墙管、变形缝等处的防水构造应符合设计要求。

（4）特殊施工法防水工程质量应符合以下要求：
①盾构法隧道衬砌外防水、衬砌内防水涂层、衬砌接缝防水和内衬结构防水应符合设计要求；
②地下连续墙、复合式衬砌、锚喷支护等防水构造应符合设计要求；
③内衬混凝土的表面应平整光滑，不得有孔洞、蜂窝麻面和露筋等现象。

（5）排水工程质量应符合以下规定：
①反滤砂层的砂、石粒径，层次排列及含泥量应符合设计要求；
②排水系统不淤积、不堵塞，永保畅通；排水沟的坡度和断面尺寸应符合设计要求。

（6）注浆工程应符合以下质量要求：
①注浆效果、地表沉降控制应符合设计要求；
②注浆孔的深度、间距、数量应符合设计要求。

（7）检查地下防水工程渗漏水量，应符合《地下防水工程质量验收规范》（GB 50208）中地下工程防水等级标准的规定。

（8）地下防水工程验收，应填写子分部工程质量验收记录，随同工程验收文件及记录由建设单位、施工单位存档保管。

172. 合成高分子防水卷材的种类有哪些？

合成高分子防水卷材有以下主要种类：

（1）再生橡胶防水卷材（再生胶油毡）：是用旧橡胶粉掺入适量的石油沥青和化学辅助剂，进行高压、高温、硫化处理再掺入一定适量的添加材料，通过炼胶机混炼均匀，通过三联压延机压延而成的质地柔软、均匀、具有弹塑性能的防水卷材。

（2）LYX-603氯化聚乙烯防水卷材。用氯化聚乙烯为基材，用玻璃网格布为胎基，通过压延和复合加工而制成的新型防水卷材。

（3）氯化聚乙烯防水卷材。用含氯量30%～40%的氯化聚乙烯树脂为主要原料掺入适量的化学辅助剂和大量的添加材料，采用塑性加工工艺经过糅合、塑炼、压延、卷曲、检验、分卷和包装等工序加工而成的弹塑性防水卷材。

（4）氯化聚乙烯—橡胶共混防水卷材。用氯化聚乙烯树脂与合成橡胶为主掺入适量的捉进剂、硫化剂、软化剂、稳定剂和添加剂等，通过素炼、混炼、过滤、压延、成型、硫化、检验、分卷、包装等工序加工而成的高弹性防水卷材。

（5）三元乙丙橡胶防水卷材。是用乙烯、丙烯和少许双环戊二烯三种单体共聚而成的三元乙丙橡胶为主，掺入适量的丁基橡胶、促进剂、补强剂、添加剂、软化剂、硫化剂等，通过配料、密炼、拉片、过滤、挤出、成型、硫化、检验、分卷、包装等工序加工而成的高弹性防水卷材。

173. 合成高分子防水卷材有哪些特点？适用范围是怎样的？

合成高分子防水卷材有以下特点和适用范围：

（1）再生橡胶防水卷材的特点和适用范围：

①特点。具有延伸率大、耐腐蚀性强、低温柔性好、耐热性及耐热稳定性能良好等特点；且价格低廉，可单层冷施工。

②适用范围。适用于地下及屋面接缝和满粘防水层，尤其适用于设保护层的基层沉降较大（包括不均匀沉降）的建筑物变形缝处或屋面的防水。

（2）LYX-603氯化聚乙烯防水卷材有以下特点和适用范围：

①特点。具有耐酸碱、耐臭氧、拉伸强度高、重量轻、操作工艺简单、对环境污染小、耐老化、使用寿命长、可改善施工条件、冷施工、防毒、耐水等特点；

②适用范围。适用于蓄水池和工业与民用建筑的屋面、地下室、厕浴间等工程的防水。

（3）氯化聚乙烯防水卷材有以下特点和适用范围：

①特点。具有合成树脂的热塑性能，还具有橡胶弹性；优良的耐候性、耐油性和耐臭氧性、耐化学药物及阻燃性能；原材料来源广、价格低廉、生产工艺简单、施工方便；是一种便于粘接成整体的新型可冷粘防水卷材。

②适用范围。适用于有保护层的地下室、水池、屋面和屋面单层无保护层的工程防水。

（4）氯化聚乙烯—橡胶共混防水卷材有以下特点和适用范围：

具有氯化聚乙烯的优异的耐老化和高强度性能，且有橡胶材料的高延伸性、高弹性、耐低温性能；由于氯离子的作用提高了共混材料的粘接性能和阻燃性能，稳定性强和使用寿命长、可冷粘作业使得工艺简单、操作方便、效率高，对安全、质量有保证。

（5）三元乙丙橡胶防水卷材有以下特点和适用范围：

具有耐老化、拉伸强度高（一般为7.36MPa）、使用寿命长等特点，伸长率为450%，对基层的开裂变形或伸缩的适应性较强；耐高低温，可在气温较低的天气作业，且能在酷热或严寒气候环境长期使用；质量轻，可用来做单层防水，由于可以冷粘，所以提高了工作效率，减少了环境污染，并不致引发火灾等特点。

174. 降水有哪些方法？应考虑哪些因素？明沟排水和暗沟排水有哪些区别？

（1）降低地下水的方法有：
①井点降水；
②表面排水，或称为"集水井降水法"。

（2）采用排水降水措施时，应考虑以下因素：
①土质类别及土质渗透系数；
②降低地下水位，一般应降到准备开挖基坑坑底以下 0.5~1.0m；
③基坑支护的方法，尤其是深基坑的支护；
④基坑面积。

（3）明沟排水和暗沟排水有以下区别：
①明沟排水。当开挖基坑土层为多种土质组成，中间且夹有透水性强的砂类土时，为避免上层地下水冲刷边坡造成塌方，可在基坑边坡设置2~3层明沟和集水井，分层阻截并排除土层中的地下水。其排水明沟及集水井的设置，应防止上层排水明沟的水流到下层排水明沟而冲毁下部基坑边坡造成塌方，此法可减少排水扬程和高度，适合于基坑较深、地下水位较高且上部有透水性强的土层的基坑排水。

②暗沟排水。在施工现场场地较狭窄，且地下水丰富，设置明沟排水有一定难度的情况下，可结合工程设计在基础底板的下部挖排水沟后用碎石或卵石填充，地下水通过碎石或卵石的缝隙顺排水沟的坡度流向基础底板外部的集水井，再用水泵将水排除。此法适用于基坑较深、场地狭窄、且地下水较旺的基坑排水。

175. 表面排水或明沟与集水井降水是怎样的？

在基坑开挖过程中，在挖基坑的一侧、两侧或周边前先在基坑的另一侧或中部挖排水明沟，在四角和沿基坑的周边，每20~30m设置一口集水井，使地下水沿排水沟的坡度流入集水井，再用水泵将地下水排走。

集水井的设置应比排水沟底低500~1000mm，排水沟比挖土面低500mm左右，排水沟和集水井随基坑挖土的深度而不断加深。

一侧排水沟应设在地下水的上游，一般小面积基坑排水沟深度为300~600mm，底宽不小于200~300mm，沟底向集水井方向的流水坡度为0.2%~0.5%，根据基坑规模，排水沟和集水井的截面应适当增大；一般集水井的截面为600mm×600mm~800mm×800mm，集水井井壁用木方、木板、竹笆支撑加固，井底铺填卵石或碎石，水泵抽水笼头应设滤网。此法适用于土质条件较好，地下水较弱的一般面积基础和中等面积基础群的基坑排水。

176. 深层明沟排水有哪些特征？

当建筑群的基坑相连，基坑渗水量和排水面积较大时，为减少排水沟的开挖工程，可在距基坑边缘外侧6~30m或基坑内最深部位开挖一条纵向排水沟作为主沟，使附近基坑地下水自行流入下水道，在建筑物四周或内部设支沟与主沟相连，将水流通过主沟排走，排水沟的沟底比基坑底深500~1000mm，主沟比支沟低500~700mm，通过基础部位下方的盲沟用碎石或卵石填充，建筑物回填土时用黏土回填夯实，以免地下水在沟内继续流动侵蚀地基土。深层排水明沟也可设在厂房内或四周永久排水沟位置，集水井设在深基坑最深部位。此方法适用于较深和面积较大的地下室、箱基、大型设备基础工程。

177. 什么是动水压力？流砂对地面建筑有哪些危害？

动水压力是流动地下水对土体中的土粒所产生的压力。动水压力的大小等于水力坡度与水重的乘积，水力坡度等于水的高低水位差与渗透路程之比，动水压力与水力坡度成正比，其水位差越大，动水压力就越大，而渗透路程越长，则动水压力就越小。

动水压力的作用方向与流水方向一致，当水流在水位差的作用下对土体中的土粒产生向上的压力时，动水压力对土粒产生浮力，使土粒向流水方向移动；如果动水压力大于或等于土粒重量时，使土粒失去自重处于悬浮状态，土的抗剪强度等于零，土粒随水流移动，使地下水与土粒混合流向低处的基坑而出现流砂现象。

特别是大型工程，由于降水时间过长，使地下砂粒大量流失，将地下掏空，致使地面产生沉降，地面建筑物、构筑物失去平衡而产生倾斜或主体产生开裂或倒塌，所以，现在国家提倡用截水代替单纯的降水的方法势在必行。其有利于保护地面建筑的使用寿命和合理保护地下水资源。

178. 井点降水的作用和类型有哪些？其适用范围是怎样的？

井点降水的作用是将地下水位降低到基坑底以下 500~1000mm 左右，以便在土方开挖和基础施工过程中使工人在无水干燥的工作环境进行作业。降水不但可以避免涌水、翻浆等现象，而且可以防止流砂的产生，由于井点降水，使动水压力减小或消除，确保了边坡土体的稳定性，改变了土的工程性质，减少了土方开挖量和改变了施工条件而提高了工作效率，加快了施工进度。

井点降水的种类主要有喷射井点、电渗井点、管井井点、深井井点、无砂混凝土管井井点、小沉井井点和单层或多层轻型井点等。

各井点降水的适用范围如下：

（1）单层轻型降水井点适用于土层渗透系数 0.5~50m/d，降低水位深度 3~6m 的基坑工程。

（2）多层轻型井点适用于土层渗透系数 0.5~50m/d，降低水位深度 6~12m 的基坑工程。

（3）喷射井点适用于土层渗透系数 0.1~2m/d，降低水位 8~12m 的基坑工程。

（4）电渗井点适用于土层渗透系数 <0.1m/d，降低水位深度根据选定的井点确定。

（5）管井井点适用于土层渗透系数 20~200m/d，降低水位深度 3~5m 的基坑工程。

（6）深井井点适用于土层渗透系数 10~250m/d，降低水位深度 >15m 的基坑工程。

179. 什么是轻型井点降水？其井点如何布置？

轻型井点是在基坑的周边埋设井点管伸入含水层，井点管的上端通过连接弯管与集水总管相连，集水总管再与真空泵和离心泵相连，启动抽水设备，地下水便在真空泵吸力作用下，经滤水管进入井点管和集水总管，排除空气后，由离心水泵的排水管排出，使地下水位降低到基坑底以下 500~1000mm 之间，此法具有机具简单、装卸方便、使用灵活、防止流砂现象发生、提高边坡稳定性、费用低、降水效果好等优点，但要配备一套井点设备。此法适用于渗透系数在 0.1~50m/d，以及土层中含有大量的细砂和粉砂或明沟排水易引起流砂、塌方等基坑中使用。

(1) 轻型井降水井点的平面布置。井点布置应根据基坑大小与形状、地质、水文情况、工程性质、降水深度而确定。当基坑（槽）的宽度小于 6m，并降低水位深度不超过 6m 时，可采用单排井点，当基坑（槽）宽度大于 6m 或土质条件较差、渗透系数较大时，宜采用双排井点，布置在基坑（槽）的两侧；当基坑规模较大时，宜采用环形井点；挖土运输车辆出入门处可不封闭，一般间距可达 4m，且设在地下水流下游方向。井点管与坑壁不应小于 1~1.5m，以免漏气，从而大大增加了井管数量。间距一般在 0.8~1.6m。集水总管标高宜尽量接近地下水位线，并沿抽水水流方向设 0.25%~0.5% 的流水坡度，水泵轴心与总管齐平。

(2) 轻型井降水井点高程布置。高程布置是指井点管的埋置深度，井点管的埋置深度应根据降水深度及储水层所处位置确定。其井点下部的滤水管必须埋设在含水层内，并且比基坑底低 0.9~1.2m，井点管埋设深度可按下式计算：

$$H \geq H_1 + h + iL + l$$

式中 H——井点管埋设深度；

H_1——井点管埋设面至基底面的距离；

h——基坑最低点至降水曲线最高点（顶面）的距离，一般取 0.5~1m，机械开挖取上限，人工开挖取下限；

L——井点管中心至基坑中心的短边距离；

i——降水曲线坡度，与土层渗透系数/地下水流量等因素有关，由扬水试验和工程实测确定。对双排井点或环状井点可取 1/10~1/15；对单排线状井点可取 1/4~1/5；

l——滤水管长度。

一般井点管不宜埋入渗透系数较小的土层，当基坑底面处于渗透系数很小的土层时，水位可降到紧靠其上面，渗透系数较大的一层底面。

180. 完整井和非完整井有哪些区别？无压完整井的涌水量如何计算？

水井根据其井底是否达到不透水层分为完整井和非完整井，就是达到不透水层的为完整井，未达到不透水层的为非完整井。根据地下水有压力和无压力分为承压井和无压井；井底处在两层不透水层之间充满地下水的土层中时，地下水有一定的压力，称为承压井；而处在无压力含水层中的井为无压井。

承压井的涌水量根据压力大小其涌水量有所不同；无压完整井群井涌水量计算公式为：

$$Q = 1.366k \cdot (2H - S)S/(\lg R - \lg x_0)$$

式中 Q——井点系统总涌水量（m^3/d）；

k——渗透系数（m/d）；

式中 H——含水层厚度（m）；
　　 R——抽水影响半径（m），常用下式计算：

$$R = 1.95S\sqrt{Hk}$$

式中 S——水位降低值（m）；
　　 x_0——基坑假想半径（m），对于矩形基坑，其长度比不大于5时，可按下式计算：

$$x_0 = \sqrt{\frac{F}{\pi}}$$

式中 F——环形井点所包括的面积（m²）；
　　 π——圆周率。

无压非完整井涌水量计算可按以上方法计算，但应将式中的 H 换为有效深度经验系数 H_0，H_0 值可查表3-14。如算得的 H_0 大于实际含水层厚度 H 时，则仍按 H 值计算。

表3-14　有效深度 H_0 值

$S''/(S'+l)$	0.2	0.3	0.5	0.8
H_0	$1.3(S'+l)$	$1.5(S'+l)$	$1.7(S'+l)$	$1.85(S'+l)$

注：S'——井点管中水位降低值。

渗透系数 k 值的确定。渗透系数 k 值的正确确定对计算结果影响很大，一般可参考有关计算公式或依据地质报告提供的数据。对重要工程应做现场抽水试验，方法是在施工现场设试验井，在试验井附近设两个观察孔，试验水位升降次数为3次，最少不得少于2次，每次抽水形成稳定的降落曲线后再连续抽水 6~8h，然后根据记录的数据绘制稳定的 Q-S 曲线图，再根据抽水量和相关公式计算 k 值。

$$k = 0.73Q\frac{\lg x_2 - \lg x_1}{y_2^2 - y_1^2}$$

式中 x_1、x_2——观测孔；
　　 y_1、y_2——观测孔的水位（m）。

181. 喷射井点与电渗井点有哪些区别？

喷射井点与电渗井点有以下区别：

喷射井点是在井管内部安装喷射器，用高压水泵或空气压缩机通过井管的内管向喷射器输送高压水（喷水井点）或压缩空气（喷气井点），用水气射流将地下水经过井点内管与外管之间的空隙通过水泵或压缩机抽出排放。此方法简单，排水深度可达 8~20m，比多层轻型井点降水使用设备少，基坑土方开挖量少，费用低，工期短。适用于基坑开挖深度较深、降水深度大于 6m，渗透系数为 3~50m/d 的砂土或渗透系数为 0.1~3m/d 的粉砂、粉质黏土、淤泥质土中使用。

而电渗井点是在饱和黏性土中，特别是在淤泥质土和淤泥中，由于土的渗透系数很小，使用真空或重力作用的轻型井点降水效果很差时，可采用电渗井点降水。它是利用电泳特征和电渗现象，使黏土空隙中的水流动加快，起到一定的疏导作用，从而提高了软土地基排水效率，此法一般与喷射井点或轻型井点结合使用，还可使用在渗透系数很小（0.1~

0.002m/d）的淤泥和黏土中，效果都很好。并可通过电渗产生的电泳作用使阳极周围的土体密实和防止黏性土颗粒淤塞井管的过滤网，以保证井点抽水正常。

182. 管井井点和深井井点有哪些区别？

管井井点和深井井点有以下区别：

管井井点由吸水管、滤水井管和抽水机械组成。其设备简单、排水量大、降水较深，较轻型井的降水效果更好，可替代多组轻型井点所起的作用，水泵设在地面，便于维修。适于渗透系数较大，地下水丰富的土层、砂层或使用明沟排水法易使土粒造成大量流失，引起边坡坍塌及使用轻型井点降水不能满足施工要求的情况下使用。但管井属重力排水范畴，使吸程高度受到一定限制，要求的渗透系数较大，一般在 20~200m/d，降水深度仅有 3~5m。

而深井井点是在深基坑的周围设置比基坑坑底深 500~1000mm 的井管。此法具有排水量大，降水深（15m 以上），不受吸程限制，排水效果好；井距可适当加大，对平面布置的干扰小；不受土层限制，并可用于各种情况下的施工现场；成孔用机械和人工均可，便于施工；降水设备及井管制作简单、维修方便、施工速度快；如果采用钢管或塑料管作井点管，不可用完后拔出重复使用；降水费用低（80~120 元/m^2）。适用于渗透系数较大（10~250m/d）的砂类土、地下水丰富、降水较深、时间长、面积大的工程，对于有流砂的土层和重复挖填土方的地域使用效果尤为明显。

第四章 土方工程

183. 基坑土方开挖应做好哪些准备工作？

基坑土方开挖应做好以下准备工作：

（1）基坑开挖前应对边坡稳定性（无支护基坑）、支护形式（有支护基坑）、降水措施、挖土方案、运土路线、堆土场地等编制挖土施工方案，经监理审查批准后才能施工。

（2）地下水位较浅需要降水时，可视现场情况采用外降水或内降水措施。

（3）支护基坑的支护方式可采用地下连续墙、钢板桩、水泥土搅拌桩、喷锚、H形钢桩（加插板）、排桩（灌注桩）、锚杆或内撑组合的支护结构。

（4）检查定位放线与图样相对照，满足建筑物、构筑物基础外边线施工要求。

（5）场地平整。将天然地面改造成所要求的设计平面进行的土方施工，往往具有工程量大、施工条件复杂、劳动繁重等特点。

（6）基坑（槽）及管沟开挖。应自上而下分层分段依次进行，一般为浅基础工程、桩承台及管沟等，应随时做成一定的坡度以利排水。沟边1m以内不得堆土，1m以外堆土的高度不得超过1.5m，人工挖土纵向距离不得少于3m，横向距离不得小于2m，机械挖土时与边坡应保持一定的安全距离，应根据挖土深度、设备重量、边坡坡度和土的性质确定。

184. 无支护基坑土方开挖应注意哪些方面？

无支护基坑一般为浅基坑，且现场场地较宽广；为保证边坡稳定性，应根据土的性质对基坑（槽）的边坡进行放坡，放坡是防止塌方，保护人身安全和附近建筑物安全的主要技术措施，坡度系数参考表4-1和表4-2。

表4-1 深度在5m以内的坡度系数

土的种类	人工挖土		机械挖土	
	土堆在坑（槽）边	土随时挖出运走	机械在坑（槽）底	机械在坑（槽）上边
砂土	1:1	1:0.75	1:0.75	1:1
亚砂土	1:0.67	1:0.50	1:0.50	1:0.75
亚黏土	1:0.50	1:0.33	1:0.33	1:0.75
黏土	1:0.33	1:0.25	1:0.25	1:0.67
含砾石、卵石土	1:0.67	1:0.50	1:0.50	1:0.75
泥灰岩、白垩土	1:0.33	1:0.25	1:0.25	1:0.67
干黄土	1:0.25	1:0.10	1:0.10	1:0.33

表4-2 深度在5m以内的简化坡度系数

土的种类	人工挖土		机械挖土	
	土堆在坑槽边	土随时挖出运走	机械在坑、槽底	机械在坑、槽上边
普通土	1:0.67	1:0.50	1:0.50	1:0.75
坚土	1:0.33	1:0.25	1:0.25	1:0.67
砂砾坚土	1:0.25	1:0.10	1:0.10	1:0.33

注：1. 坡度系数通常用 $i=1:0.67$ 形式来表示，意思是挖1m深时单面放坡为0.67m。
2. 简化的坡度系数是表4-1的综合简化，便于记忆和使用。
3. 指无地下水的情况。

为了防止不同土质的物理性能、开挖深度、土的含水率对边坡土体的稳定性产生影响而塌方，在土方开挖时将坑、槽挖成上口大、下口小的漏斗形状，依靠土的自稳性能保持土体的相对稳定。

基坑的边坡度用 H（指基坑基槽的开挖深度）与坡宽之比表示如图4-1所示。

基坑边坡坡度 $=H/B=1:m$；为方便起见将坡度系数简写为：$m=B/H$。

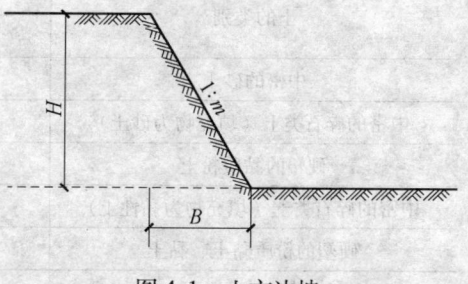

图4-1 土方边坡

基坑边坡坡度的大小与现场土质、开挖深度、施工方法和开挖以后放置的时间长短、含水率的大小、堆积土的自重有关。

边坡的形式有直坡、斜坡和踏步坡三种，如图4-2所示。

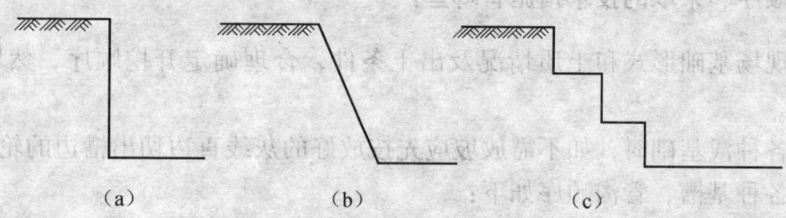

图4-2 土方边坡的三种形式
(a) 直坡；(b) 斜坡；(c) 踏步坡

土质情况较好且无地下水的基坑或基槽挖土时可做成直坡式，不必放坡也不必设支撑，但挖土的深度应有以下限度要求，如表4-3所示。

表4-3 不设坡度的限度要求

土质情况	深度限值/m
密实、中密的砂土和碎石土类	1.00
硬塑、可塑的粉土，粉质黏土	1.25
硬塑、可塑的黏土，碎石土类	1.50
坚硬的黏土	2.00

在天然湿度的土中，开挖基坑（槽）和管沟时，当挖土深度不超过下列数值规定的情

况时，可不放坡和不加支撑：

（1）土层密实、中密的碎石类土（填充物为砂土）和砂土时不超过 1.0m；

（2）硬塑、可塑的黏质粉土及粉质黏土不超过 1.25m；

（3）可塑、硬塑的碎石类土（填充物为黏性土）时不超过 1.5m；

（4）坚硬黏土不超过 2.0m。

超过上述规定深度，应采取相应的边坡支护措施，否则必须放坡，边坡最陡坡度应符合表 4-4 的规定。

表 4-4 深度在 5m 内的基槽管沟边坡的最陡坡度

土的类别	边坡坡度容许值（高：宽）		
	坡顶无荷载	坡顶有静载	坡顶有动载
中密的砂土	1：1.00	1：1.25	1：1.50
中密的碎石类土（填充物为砂土）	1：0.75	1：1.00	1：1.25
硬塑的黏质粉土	1：0.67	1：0.75	1：1.00
中密的碎石类土（填充物为黏性土）	1：0.50	1：0.67	1：0.75
硬塑的粉质黏土、黏土	1：0.33	1：0.50	1：0.50
老黄土	1：0.10	1：0.25	1：0.33
软土（经井点降水后）	1：1.00	—	—

注：在软土沟槽坡顶不宜设置静载或动载；需要设置时，应对土的承载力和边坡的稳定性进行验算。

185. 土方开挖顺序和采取的技术措施有哪些？

（1）根据现场基础形式和土质情况及出土条件，合理确定开挖顺序，然后再分层分段均匀开挖。

（2）开挖各种浅基础时，如不需放坡应先按放好的灰线直边切出槽边的轮廓线。

（3）开挖各种基槽、管沟顺序如下：

①浅条形基础。如是一般黏性土可自上而下开挖，每层深度以 600mm 为宜（指人工挖土），从开挖端部逆向倒退按踏步型挖掘；如是碎石类土可用镐先刨松，正向挖掘出土，每层深度视翻土厚度而定。

②浅管沟。与浅的条形基础开挖顺序基本相同。仅沟帮不需切直修平。标高按龙门板上檐往下返出沟底标高尺寸，接近设计标高后，再从两端龙门板下面的沟底标高上返 500mm 为基准点，拉线用尺检查沟底标高，最后修平沟底。

③开挖放坡的基槽或管沟时，应先按施工方案规定的坡度粗略开挖，再分层挖，放坡度要求做出坡度线，每隔 3m 左右做一条，以此为准进行修坡。深管沟挖土时应在沟帮中间留出宽 800mm 左右的倒土台。

④开挖大面积浅基坑时，可将沿坑三面开挖挖出的土装入小推车或翻斗车运往弃土场地。

⑤土方开挖挖到距槽底 500mm 以内时，测量员应及时抄出距槽底 500mm 水平标高点，从每条槽端部 200mm 处每隔 2~3m 在槽帮上钉好水平标高小木橛。在挖至接近槽底标高时，

用尺或事先量好的500mm标准尺杆，随时以小木橛上平校核槽底标高。最后由两端轴线（中心线）引桩拉通线，检查沟槽底部尺寸，确定槽底标高，据此修平槽帮，最后清除槽底土方，修整铲平。

⑥基槽、管沟的坡度或直立帮，在开挖和敞露期间应采取防塌方措施，必要时应加以保护。在开挖槽的边坡上弃土时，应保证直立帮和边坡的稳定性。在土质较好的情况下，抛至槽边的土应距沟（槽）边缘1m以外，堆土高度不宜超过1.5m。在柱基周围，墙基或围墙一侧不得堆土过高。特别是沟槽距墙体较近时更不可将土跨墙抛掷、堆积，以免堆土将墙挤向沟槽方向坍塌伤人。

⑦开挖基槽、管沟的土方，在场地有条件堆放时，可通过计算留足回填用土，余土全部外运，避免二次倒运，浪费人力物力。

⑧雨季一般情况下不宜挖土，或挖土工作面不宜过大，应分段、分片、分期完成。雨季土方开挖管沟或基槽更应注意边坡土体的稳定性，必要时可适当放缓边坡坡度或设置支撑，并对边坡面进行保护（用塑料布对边坡面进行覆盖），并在基槽或管沟的上口围堰筑堤，防止地面雨水流入。施工过程中应对支撑、土堤和边坡进行监视检查，发现问题及时处理。

⑨冬期不宜进行土方开挖，如必须在冬期施工，应提前编制冬期施工方案，经监理审批后实施，冬期土方开挖施工方案必须包括安全技术措施。

冬期挖土应采取防冻措施，挖土应连续快速挖掘清理。每次下班前应对土层进行覆盖，特别是挖到距底标高较近时，更应注意留250~300mm的土不挖并进行覆盖保温，严防基土受冻；如果由于土方开挖使临近的建筑物（构筑物）的基础或地基暴露时应采取相应的防冻措施，以防对建筑物（构筑物）造成破坏。

186. 土方开挖的成品保护和注意事项有哪些？

（1）土方开挖的成品保护。

①土方开挖过程中应防止临近原有建筑物、构筑物、道路及管线等发生沉降和变形，必要时与建设单位、监理单位、设计单位协商采取相应的防护措施，并在土方开挖时随时进行沉降和位移观测。

②对定位轴线、引桩、标准水准点、龙门板等，挖运土时不得碰撞，也不得坐在龙门板上休息。并应经常校核和测量龙门板的水平标高、位置和边坡坡度是否符合设计要求。

③发现古墓、文物等应予以保护，停止施工并向工程所在地有关部门报告，请求处理后方可继续施工，如遇测量用的永久性标准或地质、地震部门设置的长期观测点等应加以保护。在敷设地上地下管道、电缆的地段进行土方开挖前，应事先与有关管理部门联系，取得书面同意后方可施工，施工过程中应采取措施加以保护。

（2）土方开挖注意事项。

①开挖标高、长度、宽度、边坡坡度，柱基、基槽、管沟基底的土质必须符合设计要求，并严防扰动，如有扰动或超挖时，应争求设计单位意见后进行处理。

②在软土地区桩基挖土，应在打桩完成后间隔一段时间，再对称挖土。在密集群桩挖槽时，应采取措施防止桩体位移及桩体受损。

③基底保护。管沟或基槽开挖后，应尽量减少对地基土的扰动，如不能及时施工，可将

基底标高以上300mm厚的土层保留暂时不挖，待做基础时消除。

④合理安排施工工序。土方开挖宜先从低处开始，分层分段进行，并形成一定坡度，以利排水；基槽、管沟的边坡、基底应平直，随时检查，最终验收。

187. 有支护土方开挖涉及哪些问题？

有支护土方开挖一般为大面积、深基坑且施工现场用地狭窄的工程。主要涉及降水、排水、支护（包括喷锚护壁、锚杆、土钉墙、水泥土桩、沉井与沉箱、钢及混凝土支撑和地下连续墙、护坡桩及围图等），以上项目在书中已作介绍。现介绍现场常用的基坑支护结构。

（1）护坡桩及围图结构。护坡桩及围图结构一般适用于基坑较深，面积较大且施工现场场地较狭窄，用地较紧张的工程项目。其工艺顺序为：

①沿建筑物、构筑物的基础（包括施工工作面）边线放线、根据设计的距离、间距沿基坑四周钻孔，一般情况下的距离在2m左右，桩径在500~800mm不等。桩的埋深（指深于基坑底面的桩长）一般为整个桩长的1/3。

护坡桩的钢筋笼与其他桩的钢筋笼不同，其他桩的钢筋笼主筋均在桩周的一周均匀分布，而护坡桩的作用是支承护坡桩外侧土体向基坑方向的推力，故桩的受力机理也就使各方向的主筋受力程度明显不同，向基坑一面的受力很小，基坑外侧的一面钢筋受力很大，所以设计单位经过详细计算，布置在桩内背基坑一面的钢筋主筋较少，而面向基坑一面的主筋明显较多。施工单位在成孔完毕下钢筋笼时应特别注意，其钻孔的成孔质量要求与其他桩的成孔原理基本相同。

②混凝土的强度等级必须符合设计要求，浇注过程中应注意孔壁的稳定性，防止孔壁坍塌造成断桩或不完整桩，减少桩的抗剪能力。

混凝土的配合比、坍落度均应符合设计要求，浇注过程中根据规定留置混凝土试块作为判定桩混凝土实际强度的依据。

③钻孔机具的选择可根据孔深、现场土质地下水位、现场条件等适当选用，一般有潜水钻机、旋转钻机、冲击成孔钻机、斗式钻头钻机、全套管钻孔钻机、螺旋钻机等，其中螺旋钻机目前应用较为普遍。

④桩顶围图。护坡桩完成后根据设计要求在桩顶设置连梁，连梁体在一定距离设置拉锚孔。

⑤根据设计要求设置锚杆，锚杆所使用的钢筋束和输浆管通过支架一同伸入预掏或钻成的孔中，其孔深、水泥浆配合比及钢筋束均应符合设计要求。

⑥将钢筋束通过连梁预先留置的孔，连梁孔的表面安装钢质锥形锚具（螺丝锚具、帮条锚具、JM型锚具等）用YC-20穿心式千斤顶或油压千斤顶及电动螺杆张拉机、YCW型千斤顶等进行张拉。

YC-20穿心式千斤顶是由偏心式夹具、弹性顶压头和油缸三部分组成，最大拉力为200kN，行程200mm，适用于张拉12~20mm直径的预应力钢筋。YC-20穿心式千斤顶的张拉过程是：先放入预应力筋，然后通过前油嘴压入液压油来推动活塞使油缸收缩，后油嘴放油，夹紧预应力筋的偏心块夹具，在尾部将预应力筋夹紧，开动机械使前油嘴进油推动紧固的偏心块夹具，使夹头向后拉，同时锁死固定在连梁上的夹具上。

张拉机上的张拉机表记录了钢筋束的拉力（kN）数值必须符合设计要求，连梁混凝土的强度必须达到设计要求强度值的75%以后方可张拉。

⑦张拉力的控制应力。张拉力按 0→105% 控制应力持荷 2min 达到 100% 控制应力，或 0→103% 控制应力。张拉控制应力的取值应根据设计规定，或根据《混凝土结构设计规范》的相关规定取值。

⑧基坑内的土方开挖应分层进行，随着挖土施工在两护坡桩间设置钢筋网，随后喷射细石混凝土，细石混凝土的厚度一般在 80~100mm。

（2）钢管护坡桩围图结构。钢管护坡桩与混凝土护坡桩的适用范围基本相同。其工艺为：用钻孔法在布桩点钻孔后打入钢管，约桩距 600~700mm，钢管直径 150mm，挖土时分层布钢筋网，喷射混凝土，桩的顶端用钢管连接，照样设拉锚杆。

188. 基坑支护工程中的锚杆设计有哪些规定？

基坑支护工程中的锚杆设计有以下规定：

（1）锚杆设计应根据施工现场隧洞围岩地质的具体条件、工程断面尺寸及使用条件分别选择以下类型的锚杆：

①全长粘结型锚杆包括早强水泥砂浆锚杆、水泥卷锚杆、树脂卷锚杆和普通水泥砂浆锚杆；

②端头锚固型锚杆包括树脂锚固锚杆、快硬水泥锚固型锚杆、机械锚固型锚杆；

③摩擦型锚杆包括水胀锚杆、楔管锚杆、缝管锚杆；

④预应力锚杆；

⑤自钻式锚杆。

（2）全长粘结型锚杆应符合以下规定：

①锚杆所使用的钢筋宜采用Ⅱ、Ⅲ级钢筋，钻孔直径为 28~32mm 的锚杆所使用的钢筋宜为 Q235 级；

②锚杆所使用的钢筋直径应为 28~32mm；

③锚杆的钢筋保护层采用树脂的不小于 4mm，采用水泥砂浆的不小于 8mm；

④锚杆直径大于 32mm 时，应采取杆体居中的构造结构；

⑤自稳时间较短的围岩，宜使用早强水泥砂浆锚杆或树脂锚杆；

⑥水泥砂浆的强度等级应不低于 M20。

（3）端头锚固型锚杆的设计应符合以下规定：

①锚杆所使用的钢筋宜为Ⅱ级钢筋，其直径宜为 16~32mm；

②快硬水泥的终凝时间不应大于 12min，树脂锚固剂的固化时间不应大于 10min；

③树脂锚杆锚头的锚固长度宜为 200~250mm，快硬水泥锚杆锚头的锚固长度宜为 300~400mm；

④托板可采用 Q235 级钢，其尺寸不宜小于 150mm×150mm，厚度不宜小于 6mm；

⑤使用年限大于 5 年的工程，应在孔壁与杆体之间注满水泥砂浆；

⑥锚头的设计锚固力不应低于 50kN。

（4）摩擦型锚杆的设计应符合以下规定：

①缝管锚杆的缝宽为13~18mm，外径为30~45mm；楔管锚杆缝管段的外径为40~45mm，缝宽宜为10~18mm，圆管段内径不宜小于27mm；

②缝管锚杆的管材宜为16锰或20锰硅钢，其壁厚为2~2.5mm；楔管锚杆的管体宜为Q235级钢，其壁厚为2.75~3.25mm；

③宜使用碟形托板，托板厚度不应小于4mm，尺寸不应小于120mm×120mm，其钢材等级为Q235钢；

④锚杆极限抗拉力不宜小于120kN，管壁与挡环焊接处的抗脱力不应小于80kN；

⑤缝管锚杆的初期锚固力不应小于25kN/m，根据工程的需要，必须有较高的初期锚固力时，可使用端头有锚塞的楔管锚杆或缝管锚杆；

⑥水胀式锚杆所使用的无缝钢管，其直径宜为48mm，壁厚22mm，并加工成外径为29mm，套管的前后端直径为35mm的锚杆；

⑦水胀式锚杆的托板材质及规格尺寸与摩擦型锚杆相同；

⑧钻孔直径应小于摩擦型锚杆的外径，其值应符合表4-3的规定。

表4-5 缝管锚杆、楔管锚杆与钻孔的径差

岩石单轴饱和抗压强度（MPa）	径差（mm）
>60	1.5~2.0
30~60	2.0~2.5
<30	2.5~3.5

（5）预应力锚杆的设计应符合以下规定：

①软岩锚固宜采用拉力分散型或压力分散型锚杆；硬岩锚固宜采用拉力型锚杆。

②设计锚杆的间距应考虑锚杆相互之间作用的不利影响。

③确定锚杆倾角应避开水平面与锚杆夹角为±10°的范围。

④预应力筋应采用高强钢丝、高强精轧螺纹钢筋或钢绞线。对压力分散型锚杆和穿透型锚杆的预应力筋应采用无粘结钢绞线。当锚杆长度小于20m或预应力值较小时，预应力筋也可使用Ⅱ、Ⅲ级钢筋。

⑤预应力筋的截面尺寸应按照下式计算：

$$A = \frac{kN_t}{f_{ptk}}$$

式中 A——预应力筋的横截面积（mm²）；

N_t——锚杆轴向拉力设计值（kN）；

f_{ptk}——预应力筋抗拉强度标准值（N/mm²）；

k——预应力筋截面设计安全系数，永久锚杆取1.8，临时锚杆取1.6。

⑥预应力锚杆的锚固段灌浆体宜选用水泥砂浆或水泥浆等材料，其抗压强度不宜低于30MPa；压力分散型锚杆的锚固段灌浆，其固体抗压强度不宜低于40MPa。

⑦预应力锚杆的自由段（指锚杆锚固段至锚具端板之间无水泥浆或水泥砂浆段）长度不宜小于5m。

⑧预应力锚杆采用粘结型锚固体时，其锚固段设置的长度可按下式计算并取其中最

大值：

$$L_a = \frac{kN_t}{\pi D q_t}$$

$$L_a = \frac{kN_t}{n\pi d \varepsilon q_a}$$

式中 L_a——锚固段长度（mm）；
N_t——锚杆轴向拉力设计值（kN）；
k——安全系数，应按表4-6选取；
D——锚固体直径（mm）；
d——单根钢绞线或钢筋直径（mm）；
n——钢筋或钢绞线根数；
q_t——水泥结石体与岩石孔壁间的粘结强度设计值，取0.8倍标准值，应符合表4-7的规定；
q_a——钢绞线或钢筋与水泥结石体之间的粘结强度设计值，取0.8倍设计值，如表4-8所示；
ε——采用2根或2根以上钢筋或钢绞线时，界面粘结强度降低系数，取0.60~0.85。

表4-6 岩石预应力锚杆锚固体设计的安全系数

锚杆破坏后危害程度	最小安全系数	
	锚杆服务年限≤2年	锚杆服务年限>2年
危害轻微，不会构成公共安全问题	1.4	1.8
危害较大，但公共安全无问题	1.6	2.0
危害大，会出现公共安全问题	1.8	2.2

表4-7 岩石与水泥结石体之间的粘结强度标准值（推荐）

岩石种类	岩石单轴饱和抗压强度（MPa）	岩石与水泥浆之间粘结强度标准值（MPa）
硬岩	>60	1.5~3.0
中硬岩	30~60	1.0~1.5
软岩	5~30	0.3~1.0

注：粘结长度小于6.0m。

表4-8 钢筋、钢绞线与水泥结石体之间的粘结强度标准值（推荐）

类型	粘结强度标准值（MPa）
水泥结石体与螺纹钢筋之间	2.0~3.0
水泥结石体与钢绞线之间	3.0~4.0

注：1. 粘结长度小于6.0m。
    2. 水泥结石体抗压强度标准值不小于M30。

⑨拉力分散型或压力分散型锚杆的单元锚杆锚固长度不宜小于15倍锚杆的钻孔直径。
⑩设计压力强度应考虑局部受压与注浆体侧向约束的有利影响，一般情况下由试验

确定。

⑪联接锚杆杆体及预应力锚具的受力部件，均应能承受95%的杆体极限抗拉力。

⑫临时性预应力锚杆的拉力锁定值可等于或小于设计拉力值；永久性预应力锚杆的拉力锁定值应大于设计拉力值。

⑬锚固段的预应力筋每隔1.5~2.0m应设置一隔离架。临时性锚杆预应力筋的保护层厚度不应小于10mm；永久性的拉力分散型或拉力型锚杆锚固段内的预应力筋宜外套波形管，预应力筋的保护层厚度不应小于20mm。

⑭自由段的预应力筋宜采用带塑料套管的双重防腐，孔壁与套管间应灌满水泥浆或水泥砂浆。

（6）自钻式锚杆的设计应符合以下规定：

①用于锚杆加长的联接套筒应与锚杆的强度相等或大于其强度；

②自钻式锚杆应采用厚壁无缝钢管制作，表面全长应有标准的连接螺纹并能任意切断或用套管加长；

③自钻式锚杆结构应包括钻头、联接套筒、螺母、垫板和中空杆体。

（7）系统锚杆布置应符合以下规定：

①在岩面的锚杆宜呈菱形排列。

②锚杆间距不宜大于锚杆长度的1/2；Ⅴ级围岩中的锚杆间距不得大于1.25m，一般为0.5~1m。

③在隧道横断面的锚杆应沿岩土主体结构面成较大角度分布；当主体结构面不明显时，可与隧道周边轮廓垂直分布。

（8）拱腰以上局部锚杆的分布方向应有利于锚杆的受拉，拱腰以下的边墙的局部锚杆分布方向应有利于提高抗滑力。

（9）局部锚杆的锚固体应设置在坚实稳定的岩体内。粘结型锚杆锚固体长度内的胶结材料与杆体间粘结摩阻力设计值，胶结材料与孔壁岩石间粘结摩阻力设计值均应大于锚杆受拉承载力设计值。

189. 基坑支护中的锚杆施工有哪些规定？

基坑支护中的锚杆施工有以下规定：

（1）锚杆孔的施工应符合以下规定：

①锚杆孔间距的允许偏差为150mm，预应力锚杆孔间距的允许偏差为200mm。

②锚杆孔施工前，应根据围岩情况和设计要求，定出孔位，做出标记。

③预应力锚杆的施工轴线与设计轴线的允许偏差不应大于3%，其他锚杆的施工轴线应符合设计要求。

④锚杆孔深应符合以下要求：

a. 快硬水泥卷锚杆和树脂锚杆的孔深不应小于锚杆的有效长度，且不应大于锚杆长度30mm；

b. 摩擦型锚杆孔的孔深应比锚杆设计长度长10~50mm；

c. 水泥砂浆锚杆的孔深允许偏差为50mm。

⑤锚杆孔径应符合以下要求：
a. 快硬水泥卷锚杆和树脂锚杆孔径宜为 42~50mm，小直径锚杆孔直径宜为 28~32mm；
b. 水泥砂浆锚杆孔径应大于锚杆直径 15mm；
c. 水胀式锚杆孔直径宜为 42~45mm；其他锚杆的孔径应符合相应设计要求。
（2）锚杆安装钢筋（钢绞线）前应做好以下检查工作：
①锚杆所使用的材料及锚杆各部件的质量、技术性能应符合设计要求；
②锚杆的孔径、孔深、孔位及布置应符合设计要求；
③孔内钻孔形成的岩粉应吹净，积水应清除。
（3）在Ⅳ、Ⅴ级围岩及特殊地质围岩中开挖隧洞，应先喷射混凝土再设置锚杆，并在钻孔以后及时安装锚杆。
（4）锚杆尾部的拖板应紧贴壁面，未接触部位必须用楔挤紧，锚杆体露出岩面的长度不应大于喷射混凝土的基面，对于不稳定的围岩边坡，应自上而下分阶段边成孔边安装锚杆。

190. 基坑支护用全长粘结型锚杆施工应注意哪些？

基坑支护用全长粘结型锚杆施工应注意以下方面：
（1）水泥砂浆锚杆所使用的原材料及砂浆配合比应符合设计要求。
①宜使用中细砂，粒径不应大于 2.5mm，并应过筛；
②锚杆安装前应除油、除锈和调直；
③砂浆配合比。水灰比宜为 0.38~0.45；水泥与砂宜为 1:1~1:2（重量比）。
（2）注浆应符合以下规定：
①注浆用注浆管端头插入孔的深度应距孔底 50~100mm，随注浆的进度匀速抽出，锚杆插入后若无浆液外溢应及时补注。
②注浆开始或中途停歇时间超过 30min 时应对注浆管及其他使用器具用水或水泥浆进行充分润滑。
（3）锚杆插入孔内的长度不应小于设计长度的 95%。锚杆安装后不得随意受振。
（4）砂浆拌合后应无杂质混入，并应边拌合边使用。一次拌合的砂浆应在初凝前用完。

191. 端头锚固型锚杆施工应注意哪些？

端头锚固型锚杆施工应注意以下方面：
（1）树脂锚杆所使用的树脂卷贮存和使用应符合以下规定：
①树脂卷应在规定的有效期内使用，使用前，应认真检查树脂卷的质量，发现有变质的不可使用，超过有效期的，应重新试验合格后方可用在工程上。
②树脂卷宜在阴凉、干燥和 5℃~25℃ 的环境中贮存，并应严格注意防火。
（2）树脂锚杆的安装应符合以下规定：
①搅拌树脂时，应将锚杆体缓缓推入；
②锚杆安装前，应先用锚杆体测量成孔的深度，并在锚杆体上做出标记后用锚杆体将树脂送至孔底；

③树脂搅拌均匀后，应迅速将锚杆体固定在孔口处；

④托板的安装应在树脂搅拌均匀 15min 后进行，若施工现场的气温低于 5℃时，安装拖板的时间可适当延长。

（3）快硬水泥卷在有效期内使用，出厂日期超过一个月的，应重新试验合格后使用，不得使用受潮结块的水泥卷。

（4）快硬水泥卷锚杆的安装应符合以下规定：

①水泥卷浸水后，应立即用锚杆体送至孔底，并在水泥初凝前将锚杆体插入，且搅拌均匀；

②搅拌水泥卷的时间宜持续 30~60s；

③安装托板和拧紧螺帽必须在水泥强度达到 10MPa 以后进行。

（5）端头锚固型锚杆的托板安装时，螺帽的拧紧扭矩不应小于 100N·m；托板安装后应定期检查其紧固状况，发现异常及时处理。

192. 摩擦型锚杆施工应注意哪些方面？

摩擦型锚杆施工应注意以下方面：

（1）楔管锚杆、缝管锚杆和水胀锚杆钻孔前，应严格检查钻头的规格尺寸，以确保成孔直径符合设计要求。

（2）缝管的安装应符合以下规定：

①凿岩机的工作风压不应小于 0.4MPa；

②将锚杆杆体推入钻孔内，可使用专用连接器和风动凿岩机；

③锚杆杆体向孔内推进时，应使锚杆杆体、凿岩机处在孔中心线的同一轴线上；

④锚杆杆体应全部推进孔内，且应在托板抵紧孔底时立即停止推进。

（3）安装楔管锚杆除应遵守规范有关规定以外，还应符合以下规定：

①完成顶锚下楔块时，伸入圆管段的钢钎直径不应大于 26mm；

②楔块推入位置应符合设计要求，并应与先下楔块揳紧。

（4）安装水胀锚杆应符合以下规定：

①锚杆安装过程中应严防损伤注液嘴；

②锚杆安装前，应对安装系统进行全面检查，确保锚杆完整无损；

③锚杆安放后，应使托板紧贴岩面；

④高压泵注液压力宜为 15~30MPa。

193. 预应力锚杆施工应注意哪些方面？

预应力锚杆施工应注意以下方面：

（1）锚杆钢筋骨架的制作应符合以下规定。

①预应力钢筋表面不得有铁锈、污物及其他有损握裹力的物质，且应按设计要求的尺寸准确下料；

②安装前应对锚杆进行保护，避免机械损伤和污染；

③锚杆钢筋骨架应按设计要求设置与围岩的隔离架、承载体、波形管、排气管和注液

管。其骨架的绑扎不宜使用镀锌铁丝。

（2）钻孔应符合以下规定：

①钻孔的直径、深度应符合设计要求，钻孔的深度不宜超过设计深度200mm，钻孔的直径不宜小于设计直径3mm以上。

②钻孔与锚杆预定位的允许偏差角为1°~3°。

（3）孔口承压垫座应符合以下要求：

①钻孔孔口承压垫座必须平整、牢靠；

②承压垫座的结构强度、几何尺寸必须满足设计要求；承压面应垂直于锚杆轴线。

（4）锚杆预应力筋架体安装和注浆应符合以下要求：

①锚杆预应力筋架体安装及运输过程中应防止扭转、变形，并不得破坏防腐套管、隔离架、排气管、注浆管和其他部件。

②锚杆预应力筋架体置入钻孔前应对孔内岩粉、石屑进行清理，并检查止浆器、注浆管、排气管是否完好有效。

③注浆用的纯水泥浆水灰比宜为0.45~0.50；水泥砂浆的灰砂比宜为1:1，水灰比宜为0.45~0.50。

④当采用自由段无套管的预应力筋时，应分两次注浆，第一次注浆必须保证锚固段注浆饱满，但浆液不得流入自由段，预应力筋张拉锚固后再对自由段进行注浆。

⑤当采用自由段有套管的预应力筋时，可对自由段和锚固段同时注浆。

⑥永久性预应力锚杆应封孔注浆，并应将自由段长度顶部的孔隙用浆灌满。

⑦浆液强度未达到设计要求前，预应力筋不得受拉。

（5）锚杆张拉与锁定应符合以下规定：

①预应力筋张拉前，应对张拉设备进行检查和评定。

②应按规定程序对预应力筋进行张拉，张拉过程中应考虑对相邻预应力筋的影响。

③预应力筋张拉前应取设计张拉力的20%进行试张拉1~2次，使预应力筋、钢丝或钢绞线绷紧且平直。

④拉力分散型或压力分散型锚杆应按设计要求分别对单位锚杆进行张拉，当各单元锚杆在受拉力相等的条件下使自由段伸长得到补偿后，再同时对各单元锚杆进行张拉。

⑤预应力筋张拉时应拉至设计拉力的105%~110%后再按设计规定值锁定。

⑥预应力筋锁定后48h内，如果预应力损失大于锚杆拉力设计值的10%，则应对预应力筋进行补偿张拉。

（6）注浆料达到设计强度后方可对多余部分的预应力筋进行切除，锚具外预应力筋所留长度应不小于100mm。

（7）在软弱松散或渗水量大的围岩中做永久性预应力锚杆前，应根据实际情况对围岩进行固结注浆处理。

194. 自钻式锚杆施工应注意哪些方面？

自钻式锚杆施工应注意以下方面：

（1）自钻式锚杆安装前，应对锚杆钻头的水孔和锚杆体的中孔进行检查，如有堵塞应进行处理，使其保持畅通。

（2）锚杆体钻至设计深度后，应采用空气和水进行冲洗，等孔口有空气和水溢出方可将钻机与锚杆的连接套拆下，并及时安装垫板和螺母，临时固定杆体。

（3）锚杆注浆宜采用纯水泥浆液或 1:1 水泥砂浆，水灰比宜为 0.4~0.5，所使用的砂子粒径不应大于 10mm。

（4）注浆料应通过锚杆体的中孔注入，水泥浆体的强度达到 5.0MPa 以后方可紧固螺母。

195. 预应力锚杆的试验与监测有哪些规定？

预应力锚杆的试验与监测有以下规定：

（1）预应力锚杆的基本试验应符合以下规定：

①基本试验的锚杆数量不得少于 3 根；所用锚杆结构、施工现场地质条件及施工工艺应与实际工程所采用的相同。

②基本试验所采用的荷载不宜超过锚杆承载力标准值的 0.9 倍。

③基本试验的加载和卸载应分级循环进行，拉力型锚杆的起始荷载可取设计最大荷载的 10%，拉力分散型或压力分散型锚杆的起始荷载可取设计最大荷载的 20%。预应力锚杆基本试验循环加卸荷等级与位移观测间隔时间应符合表 4-9 的规定。

表 4-9　锚杆基本试验循环加卸荷等级与位移观测间隔时间表

循环数＼加荷标准	$\dfrac{\text{加荷量}}{\text{计划最大试验荷载}}$ (%)								
第一循环	10	—	—	30	—	—	—	—	10
第二循环	10	30	—	50	—	—	—	30	10
第三循环	10	30	30	50	70	—	50	30	10
第四循环	10	30	30	50	80	70	50	30	10
第五循环	10	30	30	50	90	80	50	30	10
第六循环	10	30	30	50	100	90	50	30	10
观测时间（min）	5	5	5	5	10	5	5	5	5

注：1. 在每级加荷等级观测时间内，测读锚头位移不应少于 3 次。

2. 在每级加荷等级观测时间内，锚头位移小于 0.1mm 时，可施加下一级荷载，否则应延长观测时间，直至锚头位移增量在 2h 内小于 2.0mm 时，方可施加下一级荷载。

④锚杆破坏标准：

a. 后一级荷载产生的锚头位移增量等于或大于前一级荷载产生位移增量的 2 倍时；

b. 锚头位移不稳定；

c. 锚杆体被拉断。

⑤试验结果宜按循环荷载与对应的锚头位移读数列表并绘制锚杆荷载-位移（Q-S）曲线、锚杆荷载-塑性位移（Q-S_p）曲线和锚杆荷载-弹性位移（Q-S_e）曲线图。

⑥锚杆弹性变形不应小于自由段变形计算值的 80%，且不应大于自由段长度与 1/2 锚固段长度之和的弹性变形计算值。

⑦锚杆极限承载力取破坏荷载的前一级荷载，当最大试验荷载未达到规定破坏标准时，

锚杆极限承载力可取最大试验荷载值。

(2) 预应力锚杆的验收试验应符合以下规定：

①锚杆验收试验的数量不应少于锚杆总数量的5%，且不少于3根。

②验收试验加荷应分级进行，起始荷载宜为锚杆设计拉力值的30%，分级加荷值分别为设计拉力值的0.5、0.75、1.0、1.2、1.33和1.5倍，但最大试验荷载不得大于锚杆承载力标准值的0.8倍。

③验收试验时，当荷载每增加一级，均应持续5~10min后记录其位移读数，最后一级试验荷载应持续10min，如在10min内位移超过1mm，则该级荷载应再持续60min，并在15、20、25、30、45、60min时分别记录其位移量。

④验收试验从50%拉力设计值至最大试验荷载之间所测得的总位移量，应当超过该荷载范围自由段长度预应力筋理论弹性伸长值的80%，且小于锚固段长度1/2与自由段长度之和的预应力筋理论弹性伸长值。

⑤最后一级荷载作用下的位移观测期内，2h蠕变量或锚头位移稳定不大于2mm。

(3) 长期监测应符合以下规定：

①用于重要工程的临时性预应力锚杆及永久性预应力锚杆，应进行预应力变化长期监测。

②临时性预应力锚杆监测数量不应少于锚杆总数的5%；永久性预应力锚杆的监测数量不应少于锚杆总数的10%。

③预应力变化值不宜大于锚杆设计拉力值的10%，必要时可采取重复张拉或适当放松的方法以控制预应力值的变化。

196. 喷射混凝土支护设计有哪些规定？

喷射混凝土支护设计有以下规定：

(1) 喷射混凝土的设计强度等级不应低于C15；对于竖井和重要隧洞及斜井工程，喷射混凝土的设计强度等级不应低于C20；喷射混凝土1d龄期的抗压强度不应低于5MPa。钢纤维喷射混凝土的设计强度等级不应低于C20，其抗拉强度不应低于2MPa，抗弯强度不应低于6MPa。

不同强度等级喷射混凝土的设计强度应符合表4-10的规定。

表4-10 喷射混凝土的强度设计值　　　　　　　　（MPa）

强度种类 \ 喷射混凝土强度等级	C15	C20	C25	C30
轴心抗压	7.5	10.0	12.5	15.0
弯曲抗压	8.5	11.0	13.5	16.5
抗拉	0.9	1.1	1.3	1.5

(2) 喷射混凝土的体积密度可取2200kg/m³，弹性模量应按表4-11的规定选用，喷射混凝土与围岩的粘结强度：Ⅰ、Ⅱ级围岩不应低于0.8MPa，Ⅲ级围岩不应低于0.5MPa。喷射混凝土与围岩粘结强度的试验方法应符合规范的相关规定。

表4-11 喷射混凝土的弹性模量　　　　　　　　　　　（MPa）

喷射混凝土强度等级	弹性模量
C15	1.8×10^4
C20	2.1×10^4
C25	2.3×10^4
C30	2.5×10^4

（3）喷射混凝土支护的厚度，最小不应低于50mm，最大不宜超过200mm。

（4）含水岩层中的喷射混凝土厚度，最小不应低于80mm。喷射混凝土的抗渗强度不应低于0.8MPa。

（5）Ⅰ、Ⅱ级围岩中的隧道工程，喷射混凝土对局部不稳定块体的抗冲切承载力可按下式计算：

$$KG \leqslant 0.6 f_t u_m h$$

当喷层配置钢筋网时，则其抗冲切承载力按以下公式计算：

$$KG \leqslant 0.3 f_t u_m h + 0.8 f_{yv} A_{svu}$$

式中　G——不稳定岩面块体重量（N）；
　　　f_t——喷射混凝土抗拉强度设计值（MPa）；
　　　f_{yv}——钢筋抗剪强度设计值（MPa）；
　　　h——喷射混凝土厚度（mm）；当$h>100$mm时，仍以100mm计算；
　　　u_m——不稳定块体出露面的周边长度（mm）；
　　　A_{svu}——与冲切破坏锥体斜截面相交的全部钢筋截面面积（mm²）；
　　　K——安全系数，取2.0。

（6）通过塑性流变岩体的隧洞或受高速水流冲刷及受动力影响的隧洞，宜采用钢纤维喷射混凝土支护。

（7）钢纤维喷射混凝土所使用的钢纤维应符合以下规定：
①钢纤维的直径宜为0.3～0.5mm；
②普通碳素钢纤维的抗拉强度不得低于380MPa；
③钢纤维掺量宜为混凝土重量的3%～6%；
④钢纤维的长度宜为20～25mm，且不得大于25mm。

（8）钢筋网的设计应符合以下规定：
①钢筋间距宜为150～300mm；
②钢筋保护层厚度不应小于20mm；水工隧洞的钢筋保护层厚度不应小于50mm；
③所使用的钢筋宜采用Ⅰ级钢筋，钢筋直径宜为4～12mm。

（9）在以下情况时，宜采用钢架喷射混凝土支护：
①为了抑制围岩大的变形，需要增强支护抗力时；
②围岩自稳时间较短，在喷射混凝土和锚杆的支护作用发挥以前就要求工作面稳定时。

（10）钢架喷射混凝土支护设计应符合以下规定：
①采用可缩性钢架时，喷射混凝土层应在可缩性节点处设置伸缩缝；

②可缩性钢架宜选用 U 形钢钢架，刚性钢架宜用钢筋焊接成的格栅钢架；

③覆盖钢架的喷射混凝土保护层厚度不应小于 40mm；

④钢架的间距一般不大于 1.2m，钢架的立柱埋入地坪下的深度不应小于 250mm，且钢架之间应设钢拉杆。

（11）钢筋网喷射混凝土支护的厚度不应小于 100mm，且不宜大于 25mm。

197. 喷射混凝土与围岩粘结强度试验有哪些规定？

喷射混凝土与围岩粘结强度试验有以下规定：

（1）喷射混凝土与围岩的粘结强度试验应在施工现场进行，当条件不具备时，可在试验室用岩块近似测定其粘结强度。

（2）喷射混凝土与围岩的粘结强度试验可预留试件或取芯做拉拔试验取得。

（3）当采用预留试件拉拔试验时，应在隧洞的边墙或拱部进行，试件可为 200~250mm 直径的圆柱体，试验应符合以下步骤：

①在预定试验部位，喷层的厚度应在 100mm 以上；且应表面平整；

②试件部位的混凝土喷射后，应立即用铲刀沿试件轮廓挖出宽 50mm 的槽，试件与周边的喷射混凝土应完全分离，仅有底面与围岩粘结。

③试验前应将钢拉杆埋入试件中心并用环氧树脂砂胶粘结，设计的钢拉杆应使其抗拉拔力大于喷射混凝土与围岩的粘结力。

④用适当的拉拔设备将试件拉拔到破坏为止，并根据粘结面积和拉拔力计算粘结强度。

（4）当采用取芯做拉拔试验时，应符合以下要求：

①设备应采用钻孔取芯机取样，试验时使用拉拔器和测力仪。

②试验应按以下步骤进行：

a. 用金刚石钻机在实体垂直钻进喷层并深入围岩数厘米形成芯样；

b. 将卡套插入芯样与围岩的缝隙中，推压弹簧内套，使卡套卡紧芯样；

c. 安装拉拔设备；

d. 以 20~40N/s 的速度缓缓加力，直至芯样破碎；

e. 用下式计算喷射混凝土与围岩的粘结强度：

$$f_{ct} = \frac{P_c}{A_c}\cos\alpha$$

式中 f_{ct}——喷射混凝土与围岩的粘结强度（MPa）；

P_c——芯样拉断时的荷载（N）；

A_c——芯样断裂面积（mm²）；

α——芯样与断裂面横截面的夹角（°）。

（5）喷射混凝土与岩石块的粘结强度试验应符合以下要求：

①模板的形式和规格：其模板尺寸较小的一边为敞开状，模板尺寸为 450mm×350mm×120mm（长×宽×高）。

②试件制作应符合以下规定：

a. 在准备进行粘结强度试验的隧洞区段，选择长宽尺寸略小于模板尺寸、厚约 50mm

的岩块;

b. 将选择好的岩块置于横板内,在与实体结构相同的条件下喷射混凝土,喷射前应用清水冲洗岩面;

c. 喷射混凝土后,在与实体结构相同的条件下养护不少于7d,用切割机切除周边,加工成边长为100mm的立方体试块(其混凝土和岩石的厚度均为50mm左右),养护到28d龄期,在混凝土与岩块结合面处,用劈裂法求得岩块与混凝土的粘结强度值。

198. 喷射混凝土施工的原材料如何控制?

喷射混凝土施工的原材料控制如下:

(1) 喷射混凝土所使用的水泥应优先选用硅酸盐水泥、普通硅酸盐水泥、火山灰质硅酸盐水泥或矿渣硅酸盐水泥,必要时也可以使用特种水泥。水泥强度等级不应低于32.5MPa。

(2) 喷射混凝土使用的砂应为坚硬耐久的中砂或粗砂,其细度模数宜大于2.5。当采用干法喷射混凝土时,可将砂的含水率控制在5%~7%;当采用防粘料喷射机时,可将砂的含水率控制在7%~10%。

(3) 喷射混凝土所使用的卵石或碎石,其粒径不宜大于15mm,当使用碱性速凝剂时,不得采用含活性二氧化硅的石料。

(4) 喷射混凝土用的硬骨料级配宜控制在表4-12的范围以内。

表4-12 喷射混凝土骨料通过各筛径的累计重量百分数 (%)

项目 \ 骨料粒径(mm)	0.15	0.30	0.60	1.20	2.50	5.00	10.00	15.00
优	5~7	10~15	17~22	23~31	34~43	50~60	78~82	100
良	4~8	5~22	13~31	18~41	26~54	40~70	62~90	100

(5) 喷射混凝土所使用的外加剂,掺外加剂的喷射混凝土的性能指标必须满足设计要求。在使用速凝剂时,应做与水泥相容性及水泥净浆凝结效果的试验,其初凝不应小于5min,终凝不应大于10min;当采用其他类型的外加剂或几种外加剂复合使用时,也应做相应的性能试验和效果试验。

(6) 喷射混凝土所使用的水,当采用混合水时,其不应含有影响水泥凝结和硬化的有害物质,不得使用污水和含有硫酸盐量按SO_4^{2-}计算超过混合用水重量1%或pH值小于4的酸性水。

199. 喷射混凝土所使用的机具及施工工艺有哪些?

喷射混凝土所使用的机具及施工工艺如下:

(1) 干法喷射混凝土机的性能应符合以下要求:

①密封性能良好,并能连续均匀输料施工;

②混合料的生产能力在3~5m³/h;最大硬骨料的粒径不得大于25mm;

③混合料的水平输送距离不小于30m,垂直距离不小于20m;

(2) 湿法作业喷射混凝土机的性能应符合以下要求:

①密封性能良好，并能连续均匀输料施工；
②混合料的生产能力应大于 $5m^3/h$；最大硬骨料粒径不得大于 15mm；
③混凝土的水平输料距离不小于 30mm，垂直距离不小于 20m；
④湿法喷射混凝土机旁的粉尘小于 $10mg/m^3$。

（3）选用的空压机应能满足喷射机工作风压及耗风量的要求；根据工作需要使用单台空压机作业时，其排风量不应小于 $9m^3/min$；压风进入喷射机必须进行水分离。

（4）宜用强制式搅拌机对混合料进行拌搅；混合料的输送管应能承受 0.8MPa 的压力，并应有良好的耐磨性能。

（5）干法喷射混凝土的施工供水设施应能保证喷头处的水压在 0.15~0.2MPa 之间。

200. 混合料的拌制与配合比有哪些规定？

（1）混合料的拌制与配合比有以下规定：
①湿法喷射水泥与砂、石的重量比宜为 1.0:3.5~1.0:4.0；水灰比宜为 0.42~0.50，砂率宜为 50%~60%；干法喷射水泥与砂、石的重量比宜为 1.0:4.0~1.0:4.5；水灰比宜为 0.4~0.45。
②速凝剂或其他外加剂的掺量应通过试验确定。
③外掺料的添加量应符合相关技术标准的要求，并通过试验确定。

（2）原材料按重量计算，其称重的允许偏差应符合以下规定：
①速凝剂和水泥均为 ±2%；
②砂、石均为 ±3%。

（3）混合料的搅拌时间应符合以下规定：
①采用滚筒式或自落式搅拌机时，搅拌的时间不得少于 120s；
②采用容量小于 400L 的强制式搅拌机时，其搅拌时间不得少于 60s；
③混合料掺外加剂或掺合料时，搅拌时间应适当延长；
④采用人工搅拌时，搅拌次数不得少于 3 次。

（4）混合料的储存和运输过程应严防受潮和雨淋，并防止杂物混入，向喷射机内投入时应有钢丝网过滤。

（5）用于湿法喷射的混合料拌合后，应做坍落度试验，其坍落度宜为 8~12mm。

（6）用于干法喷射的混合料宜随拌随用。无速凝剂掺入的混合料，存放时间不应超过 2h；干法喷射的混合料掺速凝剂的，拌合后的存放时间不应超过 20min。

201. 喷射混凝土前应做好哪些准备工作？

（1）喷射混凝土前应做好以下准备工作：
①排除施工现场的所有障碍物，清理开挖面的浮土、浮石、杂草及坡脚的岩渣等杂物；
②用高压风水冲洗岩面，对遇水易潮解、泥化的岩面，则应用压风机进行清理；
③设置控制喷射混凝土厚度的标志；
④由于现场条件限制，使喷射机司机与喷射机枪手不能直接联系时，应配备联络装置；
⑤施工现场应有良好的照明和通风装置。

(2) 喷射作业前应对机械设备、水、风管路、输送管及电器线路等进行检查、维修及试喷。

(3) 当受喷岩面有淋水、滴水时,喷射混凝土前应做好以下工作:

①当有明显出水点时,可在岩体埋设导管进行排水;

②遇导水效果差的含水岩面,可设置盲沟排水;

③竖井内有淋帮水时,可设置截水圈排水。

(4) 当采用湿法喷射混凝土时,宜准备液状速凝剂,并应检查速凝剂的计量和泵送性能。

202. 喷射混凝土作业有哪些规定?

喷射混凝土作业有以下规定:

(1) 喷射混凝土作业应符合以下规定:

①喷射混凝土作业应分段分片、自上而下进行;

②素喷混凝土一次喷射的厚度应符合表4-13 的规定;

表4-13　素喷混凝土一次喷射厚度　　　　　　　　　　　　　　(mm)

喷射方法	部位	掺速凝剂	不掺速凝剂
干法	边墙	70~100	50~70
	拱部	50~60	30~40
湿法	边墙	80~150	—
	拱部	60~100	—

③分层喷射混凝土时,后一层混凝土的喷射应在前一层喷射混凝土终凝以后进行,若终凝后停歇时间超过1h,再喷射混凝土前应对基面进行处理;

④当喷射作业紧跟开挖工作面进行时,混凝土终凝的时间到下一循环放炮的时间不应小于3h。

(2) 喷射机司机的操作应符合以下规定:

①喷射混凝土开始,应先送风,后开机,再给料;结束作业应待机内料喷射完后再关机和关风;

②向喷射机内送料应均匀连续,正常施工时,喷射机的料斗内应有足够的存料;

③喷射机的工作风压,应能满足喷头处压力在0.1MPa 左右的要求;

④喷射混凝土作业因故停止和完毕后,必须将输料管和喷射机内的混凝土清理干净。

(3) 喷射机枪手的操作应符合以下规定:

①喷射机枪手应保持喷头具有良好的工作性能;

②喷射机枪头应与喷射基面保持垂直,宜保持0.6~1.0m 的距离;

③干法喷射作业时,喷射机枪手应控制好水灰比,保持喷射混凝土面的平整、湿润光泽,且无流淌滑移现象。

(4) 边墙喷射混凝土的回弹率不应大于15%,拱部喷射混凝土的回弹率不应大于25%。

(5) 竖井喷射混凝土应符合以下规定:

①使用管道下料时，混合料应随用随下。

②宜将喷射机设置在地面，必须设置在竖井内时应配备双层吊盘。

③当喷射与开挖分别作业时，喷射区段的段高宜与掘进区段相平，在每一段高内可分成1.5~2m的小施工段，喷射混凝土作业宜自上而下进行。

（6）喷射混凝土的养护应符合以下规定：

①喷射混凝土的现场气温低于5℃时，不得浇水养护；

②正常温度时，喷射混凝土终凝2h后，应喷水养护；养护时间：重要工程不得少于14d，一般工程不得少于7d。

（7）喷射混凝土的冬季施工应符合以下规定：

①喷射混凝土的现场气温不应低于5℃；混合料进入喷射机的温度不应低于5℃。

②在下列数值时，喷射混凝土不得受冻：

a. 矿渣水泥配制的喷射混凝土低于设计强度的40%时；

b. 普通硅酸盐水泥配置的喷射混凝土低于设计强度的30%时。

203. 喷射钢纤维混凝土有哪些规定？

喷射钢纤维混凝土有以下规定：

（1）喷射钢纤维混凝土施工在遵守有关规范规定的同时，还应符合以下规定：

①钢纤维在混合料中不得成团，应分布均匀；

②钢纤维混凝土喷射后的表面宜再喷射一层100mm厚的水泥砂浆，其强度等级不应低于钢纤维喷射混凝土的强度等级；

③搅拌混合料时，其搅拌时间不宜低于180s，宜使用钢纤维播料机将钢纤维添加在混合料中。

（2）钢纤维喷射混凝土的原材料在遵守规范有关规定的同时，还应符合以下规定：

①钢纤维不得有明显的油渍、锈蚀及其他妨碍钢纤维与水泥握裹力的杂质，钢纤维内含有的粘连片、铁屑及杂质的总重量不得超过钢纤维总重量的1%；

②钢纤维的长度偏差不应大于长度公称值的+5%；

③硬骨料的粒径不宜大于10mm；水泥强度等级不得低于42.5MPa。

204. 钢筋网喷射混凝土施工应符合哪些规定？

钢筋网喷射混凝土施工在遵守有关规范要求的同时，还应符合以下规定：

（1）开始喷射混凝土时应缩短喷头与基面的距离，并不断调整喷射的角度，以保证基面与钢筋网之间混凝土的密实性；喷射过程中如有混凝土脱落后被钢筋网架住，应及时清除后再喷。

（2）钢筋网片使用前应清除污垢、锈斑；钢筋网片宜在喷射一层混凝土后设置，钢筋网片与基面之间宜留30mm的间隙；采用双层钢筋网时，第二层钢筋网应在第一层钢筋网用混凝土喷射覆盖后设置；钢筋网应与锚杆或其他锚固装置联结牢固。

205. 钢架喷射混凝土施工应符合哪些规定？

钢架喷射混凝土施工应符合以下规定：

(1) 钢架架设应符合以下规定：

①钢架制作质量应符合设计要求；

②钢架安装允许偏差，垂直度为±2mm，高程和横向水平度均为±5mm；

③钢架与基面之间必须用楔子挤紧，钢架与钢架之间必须连接牢靠；

④钢架立柱埋入混凝土底板的深度应符合设计要求，并不得置于浮渣层。

(2) 钢架喷射混凝土作业应符合以下规定：

①基面与钢架之间的空隙必须用喷射混凝土填充密实；

②应先喷基面与钢架之间的混凝土，后喷钢架与钢架之间的混凝土；

③除可缩性钢架的可缩节点部位以外，整个钢架都应被喷射混凝土覆盖严密。

206. 水泥裹砂喷射混凝土施工应符合哪些要求？

水泥裹砂喷射混凝土施工应符合以下要求：

(1) 水泥裹砂喷射混凝土施工设备在符合规范规定的同时，还应符合以下要求：

①砂浆泵宜选用螺旋式、挤压式或双缸式，也可以采用单缸式，砂浆泵的性能应符合以下要求：

a. 砂浆泵的输送能力不应小于$4m^3/h$；

b. 砂浆输送泵能在$0 \sim 4m^3/h$之间时宜为无级可调；

c. 当选用单缸式砂浆输送泵时，应保证喷射砂浆的输送脉冲间隔时间不超过0.4s。

d. 砂浆输送压力应能保证施工过程中输送管叉管处砂浆的压力不小于0.3MPa。

②砂浆拌制设备宜采用反向双转式、强制式混凝土搅拌机或行星式水泥裹砂机。

(2) 水泥裹砂喷射混凝土的配合比除应符合相关规范的规定外还应符合以下要求：

①水泥用量宜控制在$350 \sim 400kg/m^3$；水灰比宜控制在0.4~0.52之间。

②砂率宜控制在55%~70%之间；裹砂砂浆内的含砂量宜为总量的50%~75%。

③裹砂砂浆内的水泥用量宜为总水泥用量的90%；且掺高效减水剂。

(3) 水泥裹砂砂浆的拌制应符合以下规定：

①使用掺合料时，则掺合料应和水泥同时投入搅拌机。

②使用水泥裹砂造壳时，其水灰比宜控制在0.2~0.3之间，造壳搅拌时间为60~150s；二次加水（同时加入减水剂）后的搅拌时间宜为30~90s。

(4) 混合料的拌制应符合《锚杆喷射混凝土支护技术规范》（GB 50086）的相关规定。

(5) 水泥裹砂喷射混凝土施工除应符合《锚杆喷射混凝土支护技术规范》（GB 50086）的有关要求外，还应符合以下规定：

①调整砂浆泵的压力，使喷出的混凝土稠度适宜。

②喷射混凝土前应先送风，砂浆泵按预定输送量送裹砂砂浆，待砂浆从喷头喷出后再输送混合料。

③一次喷射的厚度应按表4-13的规定再增加20%。

④喷射作业结束，应先停送料，待停止喷浆时再停止送风。

207. 喷射混凝土的质量应如何控制？

喷射混凝土的质量应从以下几方面进行控制：

(1) 重要工程的混凝土喷射，应根据施工现场留置的标准养护的试块抗压强度试验报告结果控制喷射混凝土的抗压强度。

(2) 喷射混凝土的匀质性，应根据施工现场标准养护 28d 龄期喷射混凝土试件的抗压强度标准差和变异系数进行控制，其喷射混凝土的匀质性指标应符合表 4-14 的规定。

表 4-14 喷射混凝土的匀质性指标

施工控制水平		优	良	及格	差
标准差（MPa）	母体的离散	<4.5	4.5~5.5	>5.5~6.5	>6.5
	一次试验的离散	<2.2	2.2~2.7	>2.7~3.2	>3.2
变异系数（%）	母体的离散	<15	15~20	>20~25	>25
	一次试验的离散	<7	7~9	>9~11	>11

(3) 喷射混凝土的平均抗压强度可按下式计算：

$$f_{ck} = f_c + S$$

式中　f_{ck}——施工阶段喷射混凝土应达到的平均抗压强度（MPa）；
　　　f_c——喷射混凝土抗压强度设计值（MPa）；
　　　S——标准差（MPa）。

208. 喷射混凝土强度质量控制图如何绘制？

喷射混凝土强度质量控制图的绘制方法如下：

(1) 喷射混凝土施工的强度质量控制图应包括单次试验强度图，平均强度动态图和平均极差动态图。如图 4-3 所示。

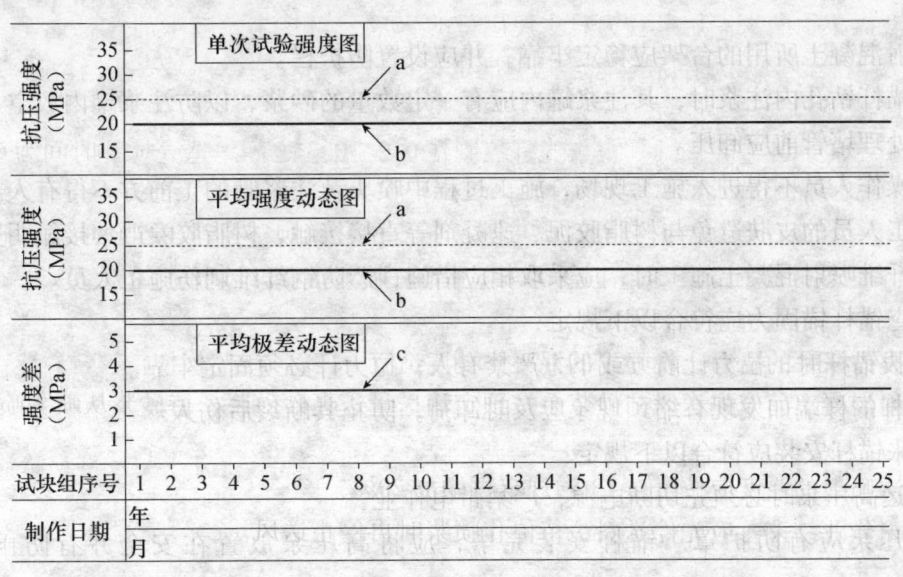

图 4-3　喷射混凝土强度质量控制图
a—施工应达到的平均强度；b—设计强度等级；c—最大的平均差

（2）单次试验强度图的绘制，应将全部强度试验结果按制取的先后顺序、标点绘制，应绘有设计强度等级线和实际施工达到的平均强度线进行控制。

（3）平均强度动态图绘制时，每个点所标绘的应是以前 5 组试块的平均强度，并应以设计混凝土的强度等级作下限。

（4）平均极差动态图在绘制时，每个点所标绘的数据应为前 10 组的平均值，并应以最大平均极差作为上限。

209. 喷射混凝土安全技术及防止粉尘措施有哪些？

（1）喷射混凝土的安全技术如下：

①施工前应认真检查及处理喷锚支护作业区的危石，施工机具应停放在安全部位。

②在 Ⅳ、Ⅴ级围岩中进行喷锚施工时，应遵守以下规定：

a. 喷锚支护必须紧跟开挖工作面。

b. 应先喷后锚，喷射混凝土的厚度不应小于 50mm；喷射过程中，应派专人观察围岩的变化情况，发现问题及时处理。

c. 锚杆施工应在喷射混凝土终凝 3h 后开始进行。

③施工过程中，应随时检查用电线路及电器设备的良好状态，以保证临时用电安全。

④喷射机、水箱、注浆罐、风室等应进行耐压和密封性能试验，合格以后方可使用；喷射混凝土过程中应随时对出料弯头、管路弯头、输料管进行检查，发现严重磨损、击穿或松脱现象应及时进行维修处理。

⑤机械设备发生故障时必须断电处理，启动前应先通知有关人员。

⑥喷射过程中发生堵管，应将管顺直，并紧按喷头，疏通管的工作压力不得大于 0.4MPa。

⑦喷射混凝土所用的台架应稳定牢靠，并应设置防护栏。

⑧向锚杆钻孔内注浆时，其注浆罐内应有一定数量的砂浆，以防注浆罐内放空，砂浆喷出伤人，处理堵管前应卸压。

⑨非操作人员不得进入施工现场，施工过程中喷头及注浆管的正前方不得有人。

⑩施工人员的皮肤避免与树脂胶泥、速凝剂等直接接触，树脂胶卷严禁接触明火。

⑪钢纤维喷射混凝土施工时，应采取相应措施，严防钢纤维刺伤施工人员。

⑫检查锚杆锚固力应符合以下规定：

a. 拉拔锚杆时，拉力计前方或下方严禁有人；拉力计必须固定牢靠。

b. 锚杆的杆端如发现有缩颈现象应及时卸荷，防止其断裂后伤人。

⑬水胀锚杆安装应符合以下规定：

a. 搬运高压泵时必须先切断电源，严禁带电作业。

b. 高压泵应有防护罩。锚杆安装完毕，应将高压泵放置在安全并有防雨措施的部位。

c. 安装的锚杆应与锚杆孔轴线偏差一定角度；高压进水阀未关，回水阀未开启前，不得撤走安全棒。

⑭预应力锚杆施工安全应符合以下规定：

a. 在边墙或拱部进行预应力锚杆作业时，其下方严禁有人施工；

b. 张拉预应力锚杆前，设备应完好无损，并应固定牢靠，张拉时，作用力前方禁止有人；

c. 封口水泥砂浆未达到设计强度的70%前，其锚杆不得受力；穿型预应力锚杆施工应设置联络装置以便作业时联系。

（2）防止粉尘措施如下：

①喷射混凝土作业应优先选用湿喷或水泥裹砂的施工工艺；喷射施工人员应佩戴个人防护用具。

②选用干法喷射混凝土施工的，应采取以下防粉尘措施：

a. 在保证顺利施工的前提下，增加硬骨料的含水率；

b. 在距喷头3～4m处增加一个水环，用两个水环进行加水；在混合料搅拌处或喷射机旁安装除尘器或集尘器；

c. 在粉尘浓度过高的部位安装除尘水帘；加强作业区的通风；

d. 掺入一定数量的增黏剂。

（3）喷射作业区的粉尘浓度不应大于$10mg/m^3$。施工过程中应对现场粉尘浓度每半个月测定一次。

210. 测定喷射混凝土粉尘有哪些技术要求？

测定喷射混凝土粉尘有以下技术要求：

（1）用滤膜称量法测定现场粉尘的密度。

（2）测定粉尘的测点位置和取样数量应符合表4-15的规定。

表4-15 喷射混凝土粉尘测点位置和取样数量

测尘地点	测点位置	取样数（个）
喷头附近	距喷头5.0m，离底板1.5m，下风向设点	3
喷射机附近	距喷射机1.0m，离底板1.5m，下风向设点	3
洞内拌料处	距拌料处2.0m，离底板1.5m，下风向设点	3
喷射作业区	隧洞跨中，离底板1.5m，作业区下风向设点	3

（3）粉尘取样应在喷射混凝土的正常施工现场粉尘稳定的情况下进行，每一试样的取样时间不得少于3min。

（4）测点试样的粉尘浓度点总数80%及以上应达到《锚杆喷射混凝土支护技术规范》规定的标准，其余试样的浓度不得超过$20mg/m^3$。

211. 喷射混凝土抗压强度标准试块制作有哪些规定？

喷射混凝土抗压强度标准试块制作有以下规定：

（1）标准试块的制作应在施工现场正常喷射混凝土的实体用切割法提取。其模具尺寸为450mm×350mm×120mm（长×宽×高），尺寸较小的一面为敞开状。

（2）标准试块的制作应符合以下要求：

①在喷射混凝土的施工现场，将模具敞开的一面朝下，以80°（与水平面形成的夹角）左右放置在墙角。

②喷射混凝土应先在模具的周围进行，待喷射施工正常后再将喷头移至模具内喷射，自下而上将模具内的混凝土喷满。

③将喷满混凝土的模具取下存放在不受人扰动的地方，并用三角抹刀将混凝土面沿模具边缘修平整。

④在隧洞潮湿环境养护1d后脱模移至标养室养护7d，用切割机将除底以外的面修平整，加工成100mm的立方体块，试块体各角的直角度允许偏差为≤2°；边长的允许偏差为±1mm。

（3）加工后的边长为100mm的立方体试块继续在标养室养护28d，送有资质的检测单位进行抗压强度试验。

（4）锚杆及土钉墙支护工程质量检验标准应符合表4-16的规定。

表4-16 锚杆及土钉墙支护工程质量检验标准

项	序	检查项目	允许偏差或允许值		检查方法
			单位	数值	
主控项目	1	锚杆土钉长度	mm	±30	用钢尺量
	2	锚杆锁定力	设计要求		现场实测
一般项目	1	锚杆或土钉位置	mm	±100	用钢尺量
	2	钻孔倾斜度	°	±1	测钻机倾角
	3	浆体强度	设计要求		试样送检
	4	注浆量	大于理论计算浆量		检查计量数据
	5	土钉墙面厚度	mm	±10	用钢尺量
	6	墙体强度	设计要求		试样送检

第五章　混凝土基础

第一节　模板分项工程

212. 对模板及其支架有哪些规定？

对模板及其支架有以下规定：
（1）模板及其支架应根据工程结构形式、荷载大小、地基土类别、施工设备和材料供应等条件进行设计。模板及其支架应具有足够的承载能力、刚度和稳定性，能可靠地承受浇筑混凝土的重量、侧压力以及施工荷载。
（2）在混凝土浇筑之前，应对模板工程进行验收。模板安装和浇筑混凝土的过程中，应对模板及其支架进行观察和维护。发现异常情况应按施工技术方案及时进行处理。
（3）模板及其支架拆除的顺序及安全措施应按施工技术方案执行。

213. 模板安装工程应注意哪些方面？

模板安装工程应注意以下方面：
（1）安装现浇结构的上层模板及其支架时，下层楼板应具有承受上层荷载的承受能力，必要时应加设支架；上、下层支架的立柱应对准，并铺设垫板。
（2）在涂刷模板隔离剂时，不得沾污混凝土接槎处和钢筋。
（3）模板安装应满足以下要求：
①模板与混凝土的接触面应清理干净，并涂刷隔离剂，但不得使用影响结构性能或妨碍装饰工程施工的隔离剂；
②模板的接缝应严密，不漏浆；在浇筑混凝土前，木模板应浇水湿润，但模板内不应有明水；
③对装饰混凝土及清水混凝土工程，应选用能达到设计效果的完好模板；
④浇筑混凝土前，应清除模板内的杂物及灰尘。
（4）作模板用的地坪、胎模应平整光滑，不得有产生影响构件质量的裂缝、下沉、起鼓或起砂现象。
（5）跨度不小于4m的现浇钢筋混凝土板、梁的模板应按设计要求起拱；当设计无具体要求时，起拱高度宜为跨度的1/1000～3/1000。
（6）固定在模板上的预留洞、预留孔和预埋件均不得遗漏，且应固定牢靠，其设置位置的允许偏差应符合表5-1的规定。

表 5-1 预埋件和预留孔洞的允许偏差

项目		允许偏差/mm
预埋钢板中心线位置		3
预埋管、预留孔中心线位置		3
插筋	中心线位置	5
	外露长度	+10，0
预埋螺栓	中心线位置	2
	外露长度	+10，0
预留洞	中心线位置	10
	尺寸	+10，0

注：检查中心线位置时，应沿纵、横两个方向量测，并取其中的较大值。

（7）现浇混凝土结构模板的允许偏差应符合表 5-2 的规定。

表 5-2 现浇结构模板安装的允许偏差及检验方法

项目		允许偏差/mm	检验方法
轴线位置		5	钢尺检查
底模上表面标高		±5	水准仪或拉线、钢尺检查
截面内部尺寸	基础	±10	钢尺检查
	柱、墙、梁	+4，-5	钢尺检查
层高垂直度	不大于5m	6	经纬仪或吊线、钢尺检查
	大于5m	8	经纬仪或吊线、钢尺检查
相邻两板表面高低差		2	钢尺检查
表面平整度		5	2m靠尺和塞尺检查

注：检查轴线位置时，应沿纵、横两个方向量测，并取其中的较大值。

（8）预制构件模板安装的允许偏差应符合表 5-3 的规定。

表 5-3 预制构件模板安装的允许偏差及检验方法

项目		允许偏差/mm	检验方法
长度	板、梁	±5	钢尺量两角边，取其中较大值
	薄腹梁、桁架	±10	
	柱	0，-10	
	墙板	0，-5	
宽度	板、墙板	0，-5	钢尺量一端及中部，取其中较大值
	梁、薄腹梁、桁架、柱	+2，-5	
高（厚）度	板	+2，-3	钢尺量一端及中部，取其中较大值
	墙板	0，-5	
	梁、薄腹梁、桁架、柱	+2，-5	

第五章 混凝土基础

续表

项目		允许偏差/mm	检验方法
侧向弯曲	梁、板、柱	$l/1000$ 且 $\leqslant 15$	拉线、钢尺量最大弯曲处
	墙板、薄腹梁、桁架	$l/1500$ 且 $\leqslant 15$	
板的表面平整度		3	2m靠尺和塞尺检查
相邻两板表面高低差		1	钢尺检查
对角线差	板	7	钢尺量两个对角线
	墙板	5	
翘曲	板、墙板	$l/1500$	调平尺在两端量测
设计起拱	薄腹梁、桁架、梁	±3	拉线、钢尺量跨中

注：l 为构件长度（mm）。

214. 模板拆除应注意哪些方面？

模板拆除应注意以下方面：

（1）底模及支架拆除时的混凝土强度应符合设计要求，当设计无具体要求时，其混凝土的强度应符合表5-4的规定：

表5-4 底模及支架拆除时的混凝土强度要求

构件类型	构件跨度/m	达到设计的混凝土立方强度标准值的百分率
板	≤2	≥50
	>2，≤8	≥75
	>8	≥100
梁、拱、壳	≤8	≥75
	>8	≥100
悬臂构件	—	≥100

（2）后张法预应力混凝土结构构件的侧模宜在预应力张拉前拆除；底模和支架的拆除应按施工技术规范执行，当无具体要求时，掌握不应在结构构件建立预应力以前拆除。

（3）后浇带模板支设和拆除应按施工技术方案执行。

（4）侧模拆除的时间，应在混凝土强度能保证其表面和棱角在拆除过程中不受破坏为准。

（5）模板拆除过程中，不应对楼层形成一定的冲击荷载，并应将拆除的模板和支架材料分散堆放、及时清运。

第二节 钢筋分项工程

215. 钢筋分项工程有哪些规定？

钢筋分项工程有以下规定：

（1）当钢筋的级别、规格或品种需作变更时，应办理设计变更文件。

（2）浇筑混凝土前，应进行钢筋隐蔽工程验收，验收内容如下：
1）纵向受力钢筋的规格、数量、位置、品种等；
2）钢筋的接头位置、接头的数量、连接方式、接头在这段范围以内所占面积的百分率等；
3）横向钢筋、箍筋的规格、数量、位置、品种、间距等；
4）预埋件的数量、位置、规格、尺寸等。

216. 对钢筋原材料有哪些要求？

对钢筋原材料有以下要求：

（1）钢筋进场时，应按现行国家标准《钢筋混凝土用钢 第二部分：热轧带肋钢筋》GB 1499.2—2007 和《钢筋混凝土用钢 第一部分：热轧光圆钢筋》GB 1499.1—2008 等的规定现场取试件做力学性能试验，其质量必须符合有关规范的规定。

（2）对有抗震设防要求的框架结构，其纵向受力钢筋的强度应满足设计要求；当设计无具体要求时，对一、二级抗震等级，检验所得强度实测值应符合以下规定：

①钢筋的抗拉强度实测值与屈服强度实测值的比值不应小于 1.25；
②钢筋的屈服强度实测值与强度标准值的比值不应大于 1.3。

（3）当发现钢筋焊接不良、力学性能显著不正常或发生脆断等现象时，应对这批钢筋进行化学成分或其他专项检验。

（4）钢筋应无损伤、平直，表面不得有裂纹、油污、片状或颗粒状锈斑。

217. 钢筋加工应注意哪些方面？

钢筋加工应注意以下方面：

（1）除钢筋焊接封闭式箍筋外，开口箍筋的开口处应做弯钩，弯钩的角度应符合设计要求；当设计无具体要求时，应符合以下规定：

①箍筋弯钩的弯弧内直径除应满足规范受力钢筋的弯折和弯钩的规定外，尚应不小于受力钢筋的直径；
②箍筋弯钩的弯折角度：对有抗震等要求的结构，应为 135°；对一般结构，不应小于 90°；
③箍筋弯钩后的平直部分长度：对有抗震等要求的结构，不应小于箍筋直径的 10 倍；对一般结构，不应小于 5 倍。

（2）受力钢筋的弯折和弯钩应符合以下规定：

①当设计要求钢筋的末端需做 135°弯钩时，HRB335 级、HRB400 级钢筋的弯钩内直径不应小于钢筋直径的 4 倍，弯钩的弯后平直部分长度应符合设计要求；
②钢筋做不大于 90°弯折时，弯折处的弯弧内直径不应小于钢筋直径的 5 倍；
③HPB235 级钢筋末端应做 180°弯钩，其弯钩内直径不应小于钢筋直径的 2.5 倍，弯钩的弯后平直部分长度不应小于钢筋直径的 3 倍。

（3）钢筋应使用调直机进行调直，也可以使用冷拉法进行调直，当使用冷拉法调直钢筋时，HPB235 级钢筋的冷拉率不宜大于 4%，HRB400、HRB335 级和 RRB400 级钢筋的冷拉率不宜大于1%。

(4) 钢筋加工的形状、尺寸应符合设计要求，钢筋加工的允许偏差应符合表5-5的规定。

表5-5 钢筋加工允许偏差

项目	允许偏差/mm
受力钢筋顺长度方向全长的净尺寸	±10
弯起钢筋的弯折位置	±20
箍筋内净尺寸	±5

218. 钢筋连接应符合哪些要求？

钢筋连接应符合以下要求：

(1) 纵向受力钢筋的连接方式应符合设计要求。

(2) 在施工现场，应按国家现行标准《钢筋机械连接通用技术规程》JGJ 107—2010、《钢筋焊接及验收规程》JGJ 18—2003 的规定抽取钢筋机械连接接头、焊接接头试件做力学性能检验，其质量应符合有关规程的规定。

(3) 钢筋的接头宜设置在受力较小的部位。同一纵向受力钢筋不宜设置两个或两个以上接头。接头末端至钢筋弯起点的距离不应小于钢筋直径的10倍。

(4) 在施工现场应按国家现行标准《钢筋焊接及验收规程》JGJ 18—2003、《钢筋机械连接通用技术规程》JGJ 107 的规定对钢筋焊接接头、机械连接接头的外观质量进行检查，其质量应符合有关规程的规定。

(5) 当受力钢筋采用焊接接头或机械连接接头时，设置在同一构件内的接头宜相互错开。

纵向受力钢筋焊接接头及机械连接接头连接区段的长度为35d（d为纵向受力钢筋较大直径）且不小于500mm，凡接头中点位于该连接区段长度内的接头均属于同一连接区段。同一连接区段内，纵向受力钢筋焊接接头及机械连接接头面积的百分率为该区段内有接头的纵向受力钢筋截面面积与全部纵向受力钢筋截面面积的比值。

同一连接区段内，纵向受力钢筋的接头面积百分率应符合设计要求；当设计无具体要求时，应符合以下规定：

(1) 在受拉区不宜大于50%；

(2) 接头不宜设置在有抗震设防要求的框架梁端、柱端的箍筋加密区；当无法避开时，对等强度高质量机械连接接头，不应大于50%；

(3) 直接承受动力荷载的结构构件中，不宜采用焊接接头；当采用机械连接接头时，不应大于50%。

(4) 同一构件中相邻纵向受力钢筋的绑扎搭接接头宜相互错开。绑扎搭接接头中钢筋的横向净距不应小于钢筋直径，且不应小于25mm。

钢筋绑扎搭接接头连接区段的长度为$1.3l_L$（l_L为搭接长度），凡搭接接头中点位于该连接区段长度内的搭接接头均属于同一连接区段。同一连接区段内，纵向受力钢筋搭接接头面积百分率为该区段内有搭接接头的纵向受力钢筋截面面积与全部纵向受力钢筋截面面积的比值。如图5-1所示。

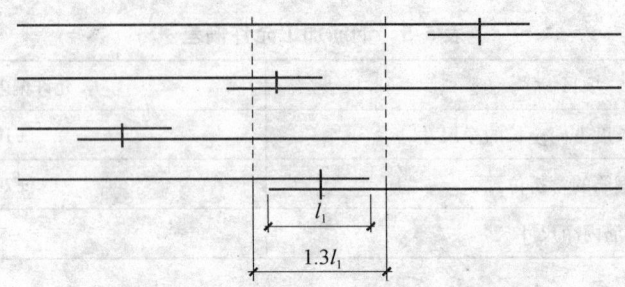

图5-1 钢筋绑扎搭接接头连接区段及接头百分率

注：图中所示搭接接头同一连接区段内的搭接钢筋为两根，当各钢筋直径相同时，接头面积百分率为50%。

同一连接区段内，纵向受拉钢筋搭接接头面积百分率应符合设计要求；当设计无具体要求时，应符合以下规定：

①对板类、墙类及梁类构件，不宜大于25%；
②对柱类构件，不宜大于50%；
③当工程中确有必要增大接头面积百分率时，对梁类构件，不应大于50%；对其他构件，可根据实际情况放宽。

（5）对梁、柱类构件的纵向受力钢筋，在其搭接长度范围内，应按设计要求配置箍筋。当设计无具体要求时，应符合以下规定：

①箍筋直径不应小于0.25倍较大直径的搭接钢筋；
②受拉区段内搭接段的箍筋间距不应大于搭接钢筋较小直径的5倍，且不应大于100mm；
③受压搭接区段的箍筋间距不应大于搭接钢筋较小直径的10倍，且不应大于200mm；
④当柱中纵向受力钢筋直径大于25mm时，应在搭接接头两个端面外100mm范围内设置两个箍筋，其间距宜为50mm。

219. 钢筋安装应注意哪些方面？

钢筋安装应注意以下方面：

（1）钢筋安装时，受力钢筋的级别、品种、数量和规格必须符合设计要求。
（2）钢筋安装位置的允许偏差应符合表5-6的规定。

表5-6 钢筋安装位置的允许偏差和检验方法

项目		允许偏差/mm	检验方法
绑扎钢筋网	长、宽	±10	钢尺检查
	网眼尺寸	±20	钢尺量连续三档，取最大值
绑扎钢筋骨架	长	±10	钢尺检查
	宽、高	±5	钢尺检查

续表

项目			允许偏差/mm	检验方法
受力钢筋	间距		±10	钢尺量两端、中间各一点,取最大值
	排距		±5	
	保护层厚度	基础	±10	钢尺检查
		柱、梁	±5	钢尺检查
		板、墙、壳	±3	钢尺检查
绑扎箍筋、横向钢筋间距			±20	钢尺量连续三档,取最大值
钢筋弯起点位置			20	钢尺检查
预埋件	中心线位置		5	钢尺检查
	水平高差		+3, 0	钢尺和塞尺检查

注:1. 检查预埋件中心线位置时,应沿纵、横两个方向量测,并取其中的较大值;
2. 表中梁类、板类构件上部纵向受力钢筋保护层厚度的合格点率应达到90%及以上,且不得有超过表中数值1.5倍的尺寸偏差。

220. 钢筋工程所用钢筋的品种有哪些?力学性能及工艺性能是怎样的?

钢筋工程所用钢筋的品种有热轧带肋钢筋、冷轧带肋钢筋、余热处理钢筋、冷轧扭钢筋、冷轧光面钢筋、热轧光圆钢筋等。

其力学性能及工艺性能如下:

(1) 热轧带肋钢筋的力学性能及工艺性能见表5-7。

表5-7 热轧带肋钢筋力学性能

牌号	R_{eL} MPa	R_m MPa	A%	A_{gt}%
	不小于			
HRB335 HRBF335	335	455	17	7.5
HRB400 HRBF400	400	450	16	7.5
HRB500 HRBF500	500	630	15	7.5

GB 1499.2—2007 标准　　　　　　　　　　　　　　　　　　2008年1月8日(北京)

(2) 冷轧带肋钢筋的力学性能及工艺性能见表5-8。

表5-8 冷轧带肋钢筋力学性能及工艺性能

级别代号	屈服点 σ_l(MPa) 不小于	抗拉强度 σ_b(MPa) 不小于	伸长率(%) 不小于		冷弯 (180°)	应力松弛 $c_{eqn}=0.7c_b$	
			δ_{10}	δ_{100}		1000h(%) 不大于	10h(%) 不大于
LL550	500	550	8	—	$d=3a$	—	—
LL650	520	650	—	4	$d=4a$	8	5
LL800	640	800	—	4	$d=5a$	8	5

注:d 为弯心直径;a 为钢筋公称直径。

(3) 余热处理钢筋力学性能及工艺性能见表 5-9。

表 5-9 余热处理钢筋力学性能及工艺性能

表面形状	钢筋级别	强度代号	公称直径 /mm	屈服点 δ_s/MPa	抗拉强度 δ_b/MPa	伸长率 δ_5(%)	冷弯 (90°)
				不小于			
月牙形	Ⅲ	KL400	8~25 28~40	440	600	14	90°d=3a 90°d=4a

注：d 为弯心直径；a 为钢筋公称直径。

(4) 冷轧扭钢筋的力学性能及工艺性能见表 5-10。

表 5-10 冷轧扭钢筋的力学性能

代号	符号	类型	标志直径 d (mm)	抗拉强度 (MPa)	伸长率 δ_{10} (%)	冷弯 180° (弯心直径 d=3a)
LIN	φ	Ⅰ型 Ⅱ型	6.5~14 1.2	≥580	≥4.5	受弯曲部位表面不得产生裂纹

(5) 冷轧光面钢筋力学性能及工艺性能见表 5-11。

表 5-11 冷轧光面钢筋力学性能

钢筋公称直径 (mm)	屈服强度 $\delta_{0.2}$ (MPa)	抗拉强度 δ_b (MPa)	伸长率 δ_{10} (%)	冷弯 180°
≤5	≥500	≥550	≥8	

(6) 热轧光圆钢筋的力学性能及工艺性能见表 5-12。

表 5-12 热轧光圆钢筋力学性能及工艺性能

表面形状	钢筋级别	强度代号	公称直径 /mm	屈服点/MPa	抗拉强度/MPa	伸长率 (%)	冷弯 (180°)
				不小于			
光面	Ⅰ	R235	8~20	235	370	25	D=d

注：D 为弯心直径；d 为钢筋直径。

221. 如何测定冷拉钢筋的应力？冷拉控制应力和最大冷拉率应如何控制？

(1) 测定冷拉率时钢筋的冷拉应力见表 5-13。

表 5-13 测定冷拉率时钢筋的冷拉应力

钢筋级别	钢筋直径/mm	冷拉应力/MPa
235HPB	≤12	310
335HRB	≤25 28~40	480 460
400HRB	8~40	530

注：当钢筋平均冷拉率低于 1% 时，仍应按 1% 进行冷拉。

(2) 钢筋冷拉控制应力及最大冷拉率见表 5-14。

表 5-14 冷拉控制应力及最大冷拉率

钢筋级别	钢筋直径/mm	冷拉控制应力/MPa	最大冷拉率（%）
235HPB	≤12	280	10.0
335HRB	≤25	450	5.5
	28~40	430	5.5
400HRB	8~40	500	5.0

钢筋的冷拉速度不宜过快，待拉到规定的控制应力或冷拉率后，需稍停，然后再放松。

222. 钢筋的冷拔和调直如何控制？

（1）钢筋的冷拔是利用钢筋冷拔机将光圆钢筋（或钢丝）以强力拉拔的方式，通过钨合金钢拔丝模（模孔比钢筋直径小0.5~1mm），而把钢筋拔成比原直径小的冷拔钢丝。

钢筋冷拔需使用钢筋冷拔机。钢筋冷拔机分为立式拔丝机、卧式拔丝机和双模拔丝机。

钢筋冷拔的主要工序有轧头、剥壳、拔丝。轧头是将钢筋起头送入钢筋轧头机中，将其轧小，其直径能顺利通过拔丝模孔。剥壳是除去钢筋表面的氧化铁锈，可将钢筋送入拔丝模之前通过剥壳装置。剥壳与拔丝同时进行。

拔丝时，后道钢筋直径宜为前道钢筋直径的0.85~0.9倍，达不到这一要求时应多次拉拔。例如：用直径8mm钢筋拔到直径5mm钢丝，分4次拔制，第一次拔到7mm；第二次拔到6mm；第三次拔到5.7mm；第四次拔到5.0mm。

（2）钢筋的调直是将不直的钢筋调成具有一定直线度的钢筋；粗钢筋调直一般采用冷拔方法，以控制冷拔率为主。细钢筋调直一般采用钢筋调直切断机进行，在调直的同时又将钢筋定尺切断。

用钢筋调直切断机调直钢筋，应按所需调直钢筋的直径选择适当的调直模；控制送料、牵引轮槽的速度。调直模的孔径应比钢筋直径大2~5mm。牵引轮槽宽度应和所需调直钢筋的直径相符。必须注意调整调直模及定尺切断限位开关。

223. 钢筋切断和弯曲应注意哪些？

（1）钢筋切断。钢筋切断是将已调直的钢筋剪切成所需的长度。钢筋切断可采用钢筋切断机；钢筋需要调直又切断时则采用钢筋调直切断机。

钢筋切断机分为立式切断机、卧式切断机、手持式切断机和颚剪式切断机等。

按传动方式分为机械传动钢筋切断机和液压传动钢筋切断机。

钢筋切断时，应将钢筋先调直，禁止切断钢筋切断机功能指标规定范围以外的钢筋；切断投料应在冲切刀片退离固定刀片时迅速进行，并尽量将钢筋放在刀刃的中部并垂直于切断刀。

钢筋下料长度 = 钢筋设计长度 + 弯钩长度 − 弯曲调整长度。

（2）钢筋弯曲。钢筋弯曲是将已调直、切断的钢筋弯曲成设计要求的形状。钢筋弯曲使用钢筋弯曲机，箍筋弯曲使用钢筋弯箍机。只有在钢筋直径较细，且量少的情况下，方可使用手工钢筋扳加工。

弯曲机分为手持式弯曲机和台式弯曲机；按传动方式分为液压传动弯曲机和机械传动弯曲机。

钢筋弯曲机使用时，应根据被弯曲钢筋的弯心直径和直径，选用相应规格的心轴；为了适应钢筋弯心直径或钢筋直径的变化，应在成形轴上加一个偏心套，以调整心轴、钢筋与成形轴三者之间的间隙。

弯曲直径 10mm 以下的钢筋，可使用人工手摇扳手。当人工弯曲直径 12mm 以上的钢筋时，应使用底卡盘和横口扳手。

224. 钢筋焊接有哪些方法？

钢筋焊接有钢筋电阻点焊、钢筋闪光对焊、钢筋电弧焊、钢筋电渣压力焊、钢筋气压焊、预埋件钢筋埋弧压力焊等。

（1）钢筋电阻点焊。钢筋电阻点焊是将两根钢筋安放成交叉叠接形式，压紧于两电极之间，利用电阻热熔化母材金属，加压形成焊点的一种压焊方法。适用于焊接直径 6～4mm 的 HPB235 级、HRB335 级、直径 3～5mm 的冷拔低碳钢丝及直径 4～12mm 的冷轧带肋钢筋。

在焊接骨架时，较小钢筋直径小于或等于 10mm 时，大小钢筋直径之比不宜大于 3；较小钢筋直径为 12mm 或 14mm 时，大小钢筋直径之比不宜大于 2。

在焊接钢筋网时，纵向钢筋可采用单根钢筋或双根钢筋；横向钢筋应采用单根钢筋。

钢筋网的纵向、横向钢筋均为单根钢筋时，钢筋直径应符合下式要求：

$$d_{min} \geq 0.6 d_{max}$$

式中　d_{min}——较小钢筋的公称直径；
　　　d_{max}——较大钢筋的公称直径。

当纵向钢筋采用双根钢筋时，钢筋直径应符合下式要求：

$$0.7 d_t \leq d_i \leq 1.25 d_t$$

式中　d_t——双根钢筋之一的公称直径；
　　　d_i——横向钢筋的公称直径。

钢筋电阻点焊的工艺过程应包括预压、通电、锻压三个阶段均采用钢筋点焊机进行。

钢筋电阻点焊应根据钢筋级别、直径及点焊机性能等具体情况，选择变压器级数、焊接通电时间和电极压力。

电极的直径应根据较小钢筋直径选用。较小钢筋直径为 3～10mm 时，电极直径宜用 30mm，较小钢筋直径为 12～14mm 时，电极直径宜用 40mm。

焊点的压入深度应符合以下要求：

①热轧钢筋点焊时，压入深度应为较小钢筋直径的 25%～45%；

②冷拔低碳钢丝、冷轧带肋钢筋点焊时，压入深度应为较小钢筋（丝）直径的25%～40%。

(2) 钢筋闪光对焊。钢筋闪光对焊是将两根钢筋安放成对接形式，利用电阻热使接触点金属熔化、产生强烈飞溅，形成闪光，迅速施加预锻力完成的一种压焊方法，适用于焊接直径10～40mm的热轧光圆及带肋钢筋、直径10～25mm的余热处理钢筋。

钢筋闪光对焊的焊接工艺方法，应根据钢筋直径、钢筋端面平整程度、钢筋级别而适当选用。当钢筋级别较低、直径较小，在规定的上限直径范围内，可采用"连续闪光焊"；当超过规定的上限直径，且钢筋端面较平整时，宜采用"预热闪光焊"；当钢筋端面不平整时应采用"闪光－预热闪光焊"。

连续闪光焊所能焊接的钢筋上限直径，应根据焊机容量、钢筋级别等实际情况而定。

钢筋闪光对焊时，应选择调伸长度、烧化留量、顶锻留量以及变压器级数等焊接参数。连续闪光焊时的留量应包括烧化留量、无电顶锻留量和有电顶锻留量；闪光－预热闪光对焊时的留量应包括：一次烧化留量、预热留量、二次烧化留量、无电顶锻留量和有电顶锻留量。

调伸长度应根据钢筋级别和钢筋直径适当选择。

烧化留量应根据焊接工艺方法适当选择。

变压器级数应根据钢筋直径和钢筋级别、焊接工艺及焊机容量适当选择。

(3) 钢筋电渣压力焊。钢筋电渣压力焊是将两根钢筋安放在竖向对接形式，利用焊接电流通过两根钢筋端面的间隙在焊剂埋没中形成电弧和电渣过程，产生电弧热和电阻热来熔化钢的端部金属后加压完成的一种压焊方法，本法适用于焊接直径14～40mm的HPB235级、HRB335级钢筋。钢筋电渣压力焊接头如图5-2所示。

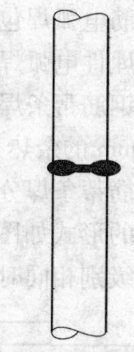

图5-2 钢筋电渣压力焊接头

钢筋电渣压力焊可采用直流或交流电源，焊机的容量应根据所焊钢筋的直径适当选择。

引弧可采用直接法。引燃电弧后应先进行电弧过程，然后加快上根钢筋下送速度，使钢筋的端面与液态渣池相接触，转变为电渣过程，最后在断电时迅速下压上根钢筋，挤出熔化金属和熔渣。

(4) 钢筋气压焊。钢筋气压焊是采用氧气、乙炔火焰或其他火焰对两钢筋对接部位加热，使其变为塑性、熔化状态以后加压完成的一种压焊方法。本法适用于焊接14～40mm直径的带肋钢筋和热轧光圆钢筋。钢筋气压焊接头见图5-3。

当两根钢筋直径不同时，其两钢筋直径之差不得大于7mm；气压焊时应根据现场焊接设备和钢筋直径等具体条件选用等压法、二次加压法或三次加压法焊接工艺。在两根钢筋端部结合和镦粗过程中，对钢筋施加轴向压力，按钢筋横截面面积计算，应为30～40MPa。

(5) 预埋件钢筋埋弧压力焊。是将钢筋与钢板安放成T字形接头形式，通过电流在焊剂中产生电弧，形成熔池，加压完成焊接的一种压焊方法。本法适用于焊接直径6～25mm

的HPB235级、HRB335级钢筋。预埋件钢筋埋弧压力焊T形接头的形式如图5-4所示。

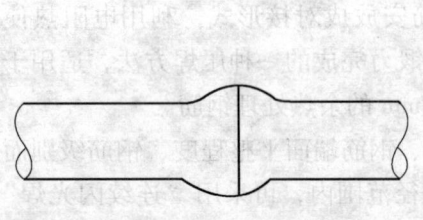

图5-3 钢筋气压焊接头　　　　图5-4 预埋件钢筋埋弧压力焊T形接头

埋弧压力焊接参数应包括引弧提升高度、焊接电流、焊接通电持续时间、电弧电压，其参数选择均应根据钢筋直径、钢筋级别进行选定。

在埋弧压力焊过程中，燃弧、引弧（钢筋维持原位或缓慢下送）和顶压等环节应密切配合。

(6) 钢筋电弧焊。钢筋电弧焊是以焊条为一级，利用焊接电流，通过将两金属件的端部金属熔化后对接冷却后形成一体的焊接方法。

钢筋电弧焊包括帮条焊、搭接焊、熔槽帮条焊、坡口焊、窄间缝焊、钢筋与钢板搭接焊、预埋件电弧焊等。

①钢筋帮条焊。钢筋帮条焊适用于焊接直径10~40mm的热轧光圆及带肋钢筋，直径10~25mm的余热处理钢筋。

钢筋帮条焊分为双面焊和单面焊、当采用双面焊比较困难时，可采用单面焊，双面焊和单面焊的形式如图5-5所示；帮条的长度应符合表5-15的规定。当帮条钢筋的级别与主筋的钢筋级别相同时，帮条钢筋的直径与主筋的直径相同或小一个规格。

图5-5 帮条焊

表5-15 钢筋帮条长度

钢筋级别	焊缝形式	帮条长度
热轧光圆钢筋	单面焊	≥8d
	双面焊	≥4d
热轧带肋钢筋及余热处理钢筋	单面焊	≥10d
	双面焊	≥5d

注：d为主筋直径（mm）。

帮条焊时，两主筋端面的间隙应为2~5mm；帮条与主筋之间应用四点定位焊固定，定位焊缝与帮条端部的距离应大于或等于20mm。

②搭接焊。搭接焊适用于焊接直径10~40mm的热轧带肋钢筋及热轧光圆钢筋、直径

10～25mm余热处理钢筋。

搭接焊宜采用双面焊,当不能进行双面焊(如图5-6所示)时可采用单面焊。

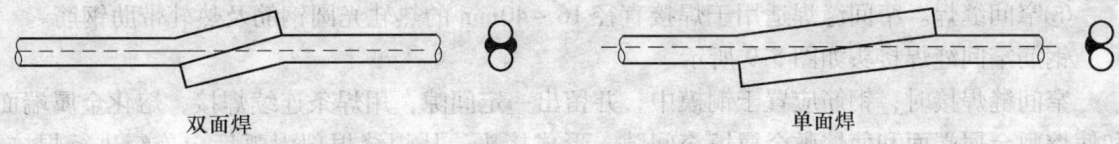

图5-6 搭接焊

搭接长度与帮条长度相同。

搭接焊时,焊接端钢筋应煨弯,并应使两钢筋的轴线在一条直线上;应用两点定位焊固定,定位焊缝与搭接端部的距离应大于20mm。

③熔槽帮条焊。熔槽帮条焊适用于焊接直径20～40mm的热轧光圆钢筋及带肋钢筋、直径25mm的余热处理钢筋。

钢筋熔槽帮条焊接头形式如图5-7所示。

角钢边长宜为40～60mm,长度宜为80～100mm;钢筋端头应加工平整,两钢筋端面的间隙应为10～16mm。

从接缝处垫板引弧后应连续施焊,并应使钢筋端部熔合。在焊接过程中应停焊清渣一次。焊平后再进行焊缝余高焊接,其高度不得大于3mm。钢筋与角钢垫板之间,应加焊侧面焊缝1～3层,焊缝应饱满,表面应平整。

④坡口焊。坡口焊适用于焊接直径18～40mm的热轧光圆钢筋及带肋钢筋、直径18～25mm的余热处理钢筋。

钢筋坡口焊接头有平焊和立焊。坡口平焊时,V形坡口角度宜为55°～65°。坡口立焊时,坡口角度宜为40°～55°,其中下钢筋宜为0°～10°,上钢筋宜为35°～45°如图5-8所示。

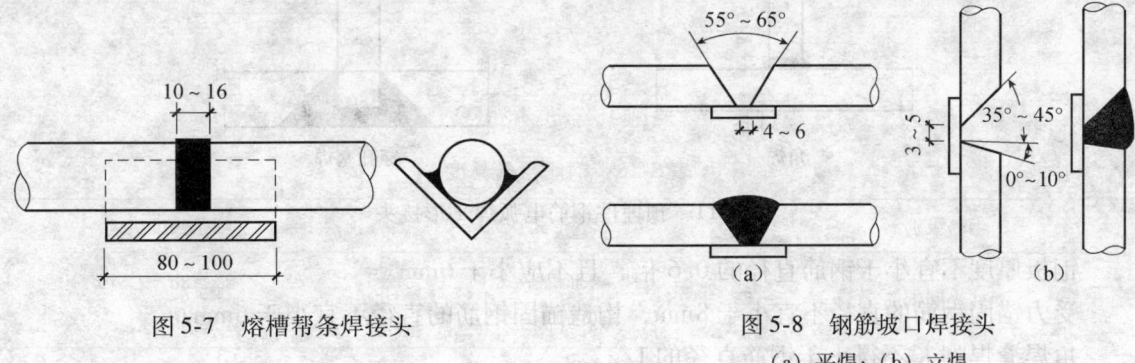

图5-7 熔槽帮条焊接头

图5-8 钢筋坡口焊接头
(a)平焊;(b)立焊

钢垫板厚度宜为4～6mm,长度宜为40～60mm。坡口平焊时,垫板宽度应为钢筋直径加10mm;立焊时,垫板宽度宜等于钢筋直径。

钢筋根部间隙,坡口平焊时宜为4～6mm;立焊时宜为3～5mm。其最大间隙均不宜超过10mm。

坡口焊时,焊缝根部、坡口端面以及钢筋与钢板之间均应熔合;焊接过程中应经常清渣；钢筋与钢垫板之间应加焊 2~3 层侧面焊缝；焊缝的宽度应大于 V 形坡口边缘 2~3mm，焊缝余高不得大于 3mm，并宜平缓过渡至钢筋表面。

⑤窄间缝焊。窄间缝焊适用于焊接直径 16~40mm 的热轧光圆钢筋及热轧带肋钢筋。

钢筋窄间缝焊接头如图 5-9 所示。

窄间缝焊接时，钢筋应置于铜模中，并留出一定间隙，用焊条连续焊接，熔化金属端面和使熔敷金属端面和使熔敷金属填充间隙，形成接头。从焊缝根部引弧后应连续进行焊接，左、右来回运弧，在钢筋端面处电弧应少许停留，并使其熔合；当焊至端面间隙的 4/5 高度后，焊缝应逐渐加宽；焊缝余高不得大于 3mm，且应平缓过渡到钢筋表面。

⑥钢筋与钢板搭接焊。钢筋与钢板搭接焊适用于焊接直径 8~40mm 的 HPB235 级、HRB335 级钢筋。钢筋与钢板搭接焊接头如图 5-10 所示。

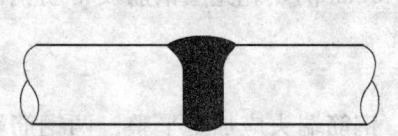

图 5-9　钢筋窄间缝焊接头

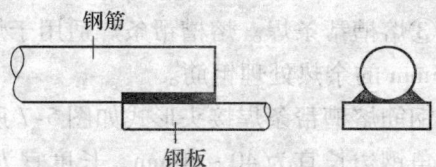

图 5-10　钢筋与钢板搭接焊接头

钢筋的搭接长度不得小于钢筋直径的 4 倍。

焊缝宽度不得小于钢筋直径的 0.5 倍，焊缝厚度不得小于钢筋直径的 0.35 倍。

⑦预埋件钢筋电弧焊。预埋件钢筋电弧焊 T 形接头分为角焊和穿孔塞焊。角焊适用于焊接直径 6~25mm 的 HPB235、HRB335 级钢筋；穿孔塞焊适用于焊接直径 20~25mm 的 HPB235、HRB335 级钢筋。

预埋件钢筋电弧焊 T 形接头如图 5-11 所示。

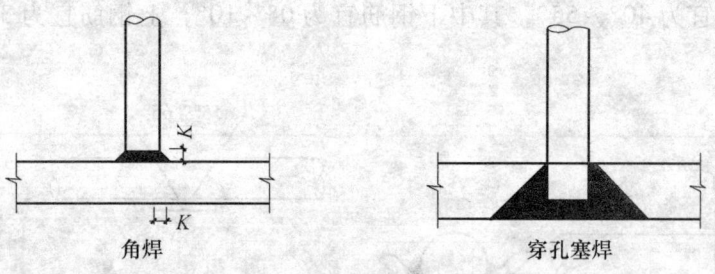

图 5-11　预埋件钢筋电弧焊 T 形接头

钢板厚度不宜小于钢筋直径的 0.6 倍，且不应小于 6mm。

受力锚固钢筋的直径不宜小于 8mm，构造锚固钢筋的直径不宜小于 6mm。

角焊缝焊脚 K 不得小于钢筋直径的 1/2。

施焊中不得使钢筋咬边和烧伤。

225. 钢筋机械连接有哪些形式？应掌握哪些关键？

钢筋机械连接是通过连接件的机械咬合作用或钢筋端面的承压作用，将一根钢筋的力传递至另一根钢筋的连接方法。

施工现场常用的机械连接接头的类型有挤压套筒接头、锥螺纹套筒接头、直螺纹套筒接头、熔触金属充填套筒接头、水泥灌浆充填套筒接头，受压钢筋端面平接头等形式。如图5-12和图5-13所示。

钢筋机械连接接头根据静力单向拉伸性能以及高应力和大变形条件下反复拉、压性能的差异，分为A级、B级、C级三个性能等级。

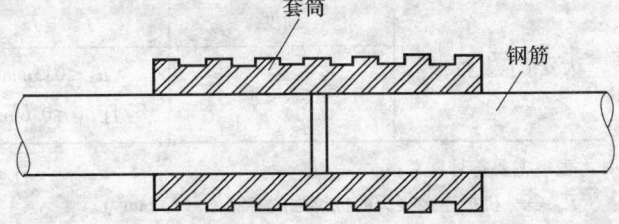

图5-12 带肋钢筋套筒挤压连接接头

A级：接头抗拉强度达到或超过母材抗拉强度标准值，并具有高延性以及反复拉压性能。A级接头因为具有与母材基本一致的力学性能，所以适用范围不受限制，尤其适用于承受动荷载作用及有抗震等级要求的混凝土结构中的各个部位。例如高层建筑框架底层柱、剪力墙的加强部位、大跨梁的跨中及端部，屋架下弦及塑性铰区段的受力主筋。

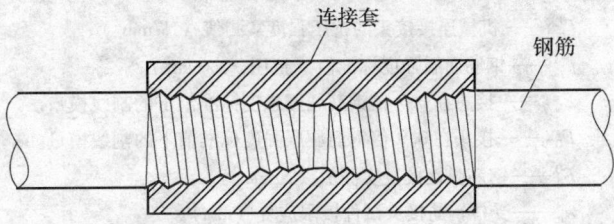

图5-13 钢筋锥螺纹连接接头

B级：接头抗拉强度达到或超过母材屈服强度标准值的1.35倍，具有一定的延性以及反复拉压性能。B级接头性能比母材的力学性能稍差，应使用在结构中钢筋受力较小或对延性要求不高的部位，而不得使用在高应力区和要求高延性的部位。

C级：钢筋接头仅能承受压力。C级钢筋接头只能用于轴心受压或小偏心压柱中不产生拉应力区段中的钢筋连接。

A级、B级、C级的钢筋接头应符合表5-16的规定。

表5-16 接头性能检验指标

等级		A级	B级	C级
单向拉伸	强度	$f_{mst}^0 \geq f_{tk}$	$f_{mst}^0 \geq 1.35 f_{yk}$	单向受压 $f_{mst}^{0'} \geq f_{yk}'$
	割线模量	$E_{0.7} \geq E_s^0$ 且 $E_{0.9} \geq 0.9 E_s^0$	$E_{0.7} \geq 0.9 E_s^0$ 且 $E_{0.9} \geq 0.7 E_s^0$	—
	极限应变	$\varepsilon_u \geq 0.04$	$\varepsilon_u \geq 0.02$	—
	残余应变	$u \leq 0.3$ mm	$u \leq 0.3$ mm	—
高应力及复拉压	强度	$f_{mst}^0 \geq f_{tk}$	$f_{mst}^0 \geq 1.35 f_{yk}$	—
	割线模量	$E_{20} \geq 0.85 E_1$	$E_{20} \geq 0.5 E_1$	—
	残余变形	$\mu_{20} \leq 0.3$ mm	$\mu_{20} \leq 0.3$ mm	—

续表

等级		A级	B级	C级
大变形反复拉压	强度	$f_{mst}^0 \geq f_{tk}$	$f_{mst}^0 \geq 1.35 f_{yk}$	—
	残余变形	$\mu_4 \leq 0.3$mm 且 $\mu_8 \leq 0.6$mm	$\mu_4 \leq 0.6$mm	—

表中主要符号意义：

f_{mst}^0——机械连接接头的抗拉强度实测值（N/mm²）。

f_{tk}——钢筋抗拉强度标准值（N/mm²）。

f_{yk}——钢筋屈服强度标准值（N/mm²）。

$f_{mst}^{0'}$——机械连接接头的抗压强度实测值（N/mm²）。

f'_{yk}——钢筋屈服强度标准值（抗压，N/mm²）。

$E_{0.7}$——接头在0.7倍钢筋屈服强度标准值下的割线模量。

$E_{0.9}$——接头在0.9倍钢筋屈服强度标准值下的割线模量。

E_s^0——钢筋弹性模量实测值（N/mm²）。

ε_u——受拉钢筋接头试件极限应变（mm）。

μ——接头单向拉伸的残余变形（mm）。

E_{20}——接头在第20次加载至0.9倍钢筋屈服强度标准值的割线模量（N/mm²）。

E_1——接头在第1次加载至0.9倍钢筋屈服强度标准值的割线模量（N/mm²）。

μ_4——接头反复拉压4次以后的残余变形（mm）。

μ_8——接头反复拉压8次以后的残余变形（mm）。

μ_{20}——接头反复拉压20次以后的残余变形（mm）。

对直接承受动力荷载的结构，其接头应满足设计要求的抗疲劳性能。

当无具体要求时，对连接HRB335级钢筋接头，其疲劳性能应能承受应力幅为100N/mm²、上限应力为180N/mm²的200万次循环加载。对连接HRB400级钢筋接头，其疲劳性能应能承受的应力幅为100N/mm²、上限应力为190N/mm²的200万次循环加载。

钢筋机械连接件的屈服承载力和抗拉强度标准值不应小于被连接钢筋的屈服承载力和抗拉承载力标准值的1.1倍。

（1）挤压套筒接头。挤压套筒接头是将两根钢筋的端头插入在工厂加工成的连接套中，用挤压器对连接套进行挤压，使连接套与两带肋钢筋的端头严密结合，产生一定的摩阻力和抗拉强度，经试验其抗拉强度超过母材的抗拉强度，其缺点是连接套为增大接触面要做的较长且厚，工人连接过程中需要根据接头的位置拿着笨重挤压器吃力地操作，劳动效率较低。根据不断的进步，这种施工的工艺逐步以锥螺纹和直螺纹套筒所代替。

（2）锥螺纹接头。钢筋锥螺纹接头是指通过钢筋端头特别专制的锥形螺纹与锥螺纹连接套咬合而成的接头。

锥螺纹接头是根据静力单向拉伸性能及高应力和大变形条件下反复拉、压性能的差异分为A级和B级两个性能等级。A级、B级接头的性能应符合接头性能检验指标表5-16的规定。

设置在同一构件内同一截面受力钢筋的接头位置应相互错开。在任意接头中心长度为钢筋直径约35倍的区段范围内，有接头的受力钢筋截面面积占受力钢筋总截面面积的百分率

应符合以下规定:

①受拉区的受力钢筋接头百分率不宜超过50%。

②在受拉区段的钢筋受力小的部位,A级接头百分率不受限制。

③接头应避开有抗震设防要求的框架梁端和柱端的箍筋加密区;当无法避开时,接头应采用A级接头,且接头百分率不应超过50%。

④受压区段和装配式构件中钢筋受力较小部位,A级和B级钢筋接头百分率可不受限制。

接头端部距钢筋弯曲点不得小于钢筋直径的10倍。

不同直径钢筋连接时,一次连接钢筋直径规格不宜超过两级。

钢筋连接件在混凝土保护层中厚度宜满足现行国家标准《混凝土结构设计规范》中受力钢筋保护层最小厚度的要求,且不得小于15mm。连接件之间的横向净距不宜小于25mm。

(3)连接件的材料要求。锥螺纹连接件的材料宜采用45号优质碳素结构钢或其他经试验确认符合要求的钢材。

锥螺纹连接件的受拉承载力不应小于被连接钢筋的受拉承载力标准值的1.1倍。

(4)钢筋锥螺纹加工。钢筋锥螺纹可采用钢筋套丝机进行加工,可加工的直径范围为$\phi16\sim\phi50$mm,锥形螺丝套筒一般在工厂成批生产。

加工的钢筋锥螺纹丝头与连接件的锥度、牙形、螺距应一致,且应由配套的量规检测合格。

操作人员应按以下要求逐个检查钢筋丝头的外观质量:

①锥螺纹丝头牙形检验。牙形饱满,无断牙、秃牙等缺陷,且与牙形规的牙形相吻合,牙齿表面光洁的为合格品,如图5-14所示。

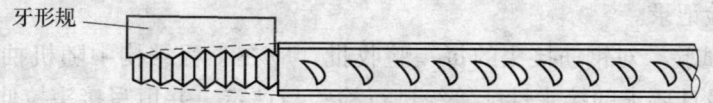

图5-14 锥螺纹丝头牙形检验

②锥螺纹丝头锥度与小端直径检验。丝头的锥度与卡规或环规相吻合,小端直径在卡规和环规的允许偏差之内为合格。

③连接件质量检验。锥螺纹塞规拧入连接件内,连接件的大端边缘在锥螺纹塞规大端的缺口范围内为合格。

经自检合格的钢筋丝头,应按要求对每种规格加工批量随机抽检10%,且不少于10个,并填写钢筋锥螺纹加工记录。如有一个丝头不合格,则应对该批丝头全数检查,不合格丝头应重新加工,经再次检验合格后方可使用。

经过检验合格的丝头应加以保护。钢筋一端丝头应加保护帽,另一端可按表5-17的规定用力矩扳手将连接套拧紧,并按规格型号分类堆放整齐备用。

表5-17 接头拧紧力矩值

钢筋直径 d/mm	16	18	20	22	25~28	32	36~40
拧紧力矩 S/(N·m)	118	145	177	216	275	314	343

④钢筋锥螺纹连接。钢筋连接时，钢筋丝头的规格和连接套的规格应一致，并应保证钢筋丝头和连接套的丝扣干净无铁屑、丝扣完好无损。

拧紧接头必须使用力矩扳手。力矩扳手的精度应为±5%，要求每年对扭力检验一次。

钢筋连接时，应对正轴线将钢筋拧入连接套，然后用力矩扳手拧紧。接头拧紧值应满足表5-17的要求力矩值，不得超拧，拧紧以后的接头应做标记。

⑤锥螺纹接头施工现场检验。锥螺纹接头施工现场检验包括工艺检验，现场检验。其工艺检验应符合以下要求：

a. 各种规格钢筋母材均应进行抗拉强度试验。

b. 各种规格的钢筋接头的试件数量不应少于3根。

c. 接头试件应达到接头性能检验指标中相应等级的强度要求。在进行计算钢筋实际抗拉强度时，应采用钢筋的实际横截面积计算。

现场检验包括外观检查、接头连接质量和单向拉伸试验。

a. 外观检验。应随机抽取同规格接头总数的10%进行外观检验，并应确保钢筋丝头的规格与连接套的规格一致，接头丝扣应无完整丝扣外露。

b. 接头连接质量。使用经国家认定资质检测单位检测合格的力矩扳手，按规定接头力矩值检查接头的连接质量。

抽检数量：梁、柱构件应取接头总数量的15%，且每个构件的接头抽检数量不得少于一个；

基础、墙、板构件按各件总数接头，每100个接头作为一个检验批，不足100个时也作为一个检验批，每批检查3个接头，所抽检的接头应全部合格，若有一个接头不合格，则该检验批接头应全数逐个检查，对检查不合格的钢筋接头应查明原因进行加固补强，并应做好钢筋接头质量检验记录。

c. 单向拉伸试验。对钢筋接头的每一验收批，应在工程结构中随机抽取3个试件做单向拉伸试验，按设计要求的接头性能等级进行检验与评定，并填写接头拉伸试验报告。

钢筋锥螺纹接头的现场检验按验收批进行。选择同一施工条件、同批材料、同等级、同规格的钢筋接头，以500个为一个验收批进行检验，不足500个时也按一个验收批进行验收。

在现场连续检验10个检验批，全部单向拉伸试验一次抽样合格的，以后验收批接头的数量可扩大一倍。

（5）钢筋直螺纹（剥肋）滚轧直螺纹接头。

钢筋直螺纹（剥肋）滚轧直螺纹接头是当今比较先进的连接技术，在施工现场可以充分利用网络计划的机动时间，对文明施工，促进施工进度，保证施工质量等方面都起到了积极作用。

钢筋直螺纹接头的特点。

a. 钢筋接头的抗拉强度高、延性好，能充分发挥母材的抗拉强度和延性性能。其接头性能达到 JGJ 107—2003 Ⅰ级接头标准。

b. 连接快捷方便、简单操作。

c. 检测方便、直观。

d. 钢筋加工直螺纹可提前施工，直螺纹套筒可以在工厂生产，其质量好，不占用场地和施工工期，加工效率高。

e. 钢筋连接时不用气、不用电，无明火作业，无火灾隐患和任何污染，并可连续施工而不受任何环境条件的干扰。

f. 适应性强、在狭窄的施工现场也能照样施工。

g. 可连接横、竖、斜形式的 HRB335 级、HRB400 级同直径或不同直径的钢筋。

使用工器具：

HGS-40B 型钢筋直螺纹（剥肋）滚丝机，是钢筋剥肋滚轧直螺纹接头的主要机具；用来加工建筑工程带肋钢筋的直螺纹丝头，是实现钢筋直螺纹连接工艺的关键设备，具有体积小、重量轻、挪动方便等优点。直螺纹滚丝机的附件有：滚丝轮量具、刀具、扳手、辅件等工具，如图 5-15 所示。

图 5-15 HGS 型钢筋直螺纹剥肋滚丝机及附件

HGS-40B 型钢筋直螺纹（剥肋）滚丝机的特点是设计合理，使用维修方便（更换刀具仅需 5 分钟）。刀具采用开合结构，钢筋可以一次装夹（30 秒完成丝头加工），工作效率高。采用滚丝轮冷轧工艺，使钢筋丝头加工模具化，精度高，工作效率高，产品的合格率达到 100%。由于不切削母材，使丝头的强度达到了母材的强度，所以适用范围广，可以加工 $\phi 16 \sim \phi 40 \mathrm{mm}$ 的 HRB335 级和 HRB400 级带肋钢筋。

直螺纹钢筋连接套采用 45 号优质钢材，加工工艺精度高，质量可靠。经过国家建筑工程质量检测中心检测，达到 JGJ 107—2003 中的 I 级钢筋接头标准。

HGS 型钢筋直螺纹剥肋滚丝机及附件如图 5-16 所示。

名称	规格	主要功能简介
滚丝轮	1#	轧制$\phi 16-\phi 22$直螺纹钢筋丝头
	2#	轧制$\phi 25-\phi 32$直螺纹钢筋丝头
	3#	轧制$\phi 36-\phi 40$直螺纹钢筋丝头
剥肋刀	$3 \times 24 \times 25$	去除钢筋纵肋、横肋
量具	$\phi 16-\phi 40$	检测钢筋丝头加工质量
工作扳手	$32/40 \times 750$	拧紧钢筋接头
力矩扳手	$32/40 \times 750$	检测钢筋接头拧紧力矩值

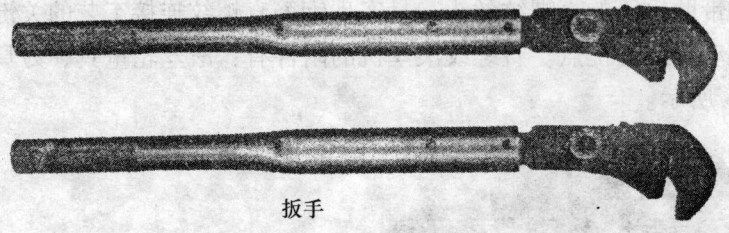

扳手

图5-16 HGS型钢筋直螺纹剥肋滚丝机及附件

接头套筒品种有：标准型、反正丝扣型和异径型三大系列，50多种，满足了建筑结构中横向、纵向、斜向等任何部位的同径、异径及可调长度和方向的钢筋连接的需求，如图5-17所示。

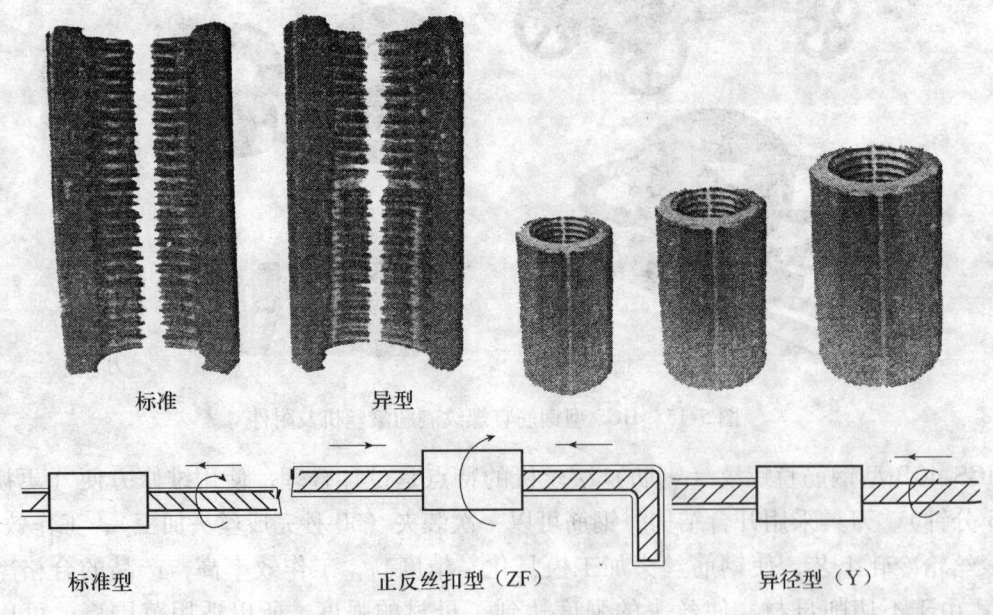

标准　　　　　　异型

标准型　　　　正反丝扣型（ZF）　　　　异径型（Y）

图5-17 各种类型的直螺纹钢筋接头套筒

（6）钢筋直螺纹接头套筒的材料要求。钢筋直螺纹接头套筒的材料宜用45号优质碳素结构钢或其他经试验确定符合要求的钢材。

钢筋直螺纹接头加工钢筋的范围为$\phi 16 \sim \phi 40$mm。

钢筋直螺纹接头丝头的牙形、螺距相吻合,且经配套的量规检测合格。

(7) 质检人员应按以下的要求检查钢筋丝头的外观质量:

①钢筋直螺纹丝头的牙形检验。牙形饱满、无断牙、秃牙等缺陷,且与套筒的牙形相一致,牙齿表面光洁的为合格。

②钢筋直螺纹接头套筒的质量检验。将钢筋直螺纹接头套筒拧在钢筋丝头上,不超过一整丝扣外露为合格。

经自检合格的丝头应按上述要求对各种规格加工批量随机抽检10%,且不少于10个,填写钢筋直螺纹丝头加工记录。如有一个不合格,即应对该加工批全数检查,不合格丝头应切除重新加工,经检验合格才可使用。

已检验合格的钢筋丝头应加以保护,钢筋一端接头丝扣应戴保护帽,另一端可按表5-17的规定拧紧直螺纹接头套筒,并按规格分批堆放备用。

(8) 钢筋直螺纹接头连接。钢筋直螺纹连接时,钢筋规格和套筒规格应一致,且确保钢筋和连接套筒的丝扣干净、完好无损。

拧紧接头必须使用力矩扳手。力矩扳手的精度为±5%,要求每半年检验一次(对扭力)。

钢筋直螺纹连接时,应对直轴线将钢筋拧入套筒,然后用力矩扳手将套筒拧紧,接头拧紧值应满足表5-17的规定力矩值,不得欠拧或超拧,拧紧的接头应做好标记。

(9) 钢筋直螺纹接头施工现场检验。钢筋直螺纹施工现场检验包括工艺检验、现场检验。工艺检验应符合以下要求:

①各种规格钢筋接头的试件数量不应少于3根。

②各种型号钢筋母材应有抗拉强度复试报告,并应试验合格。

③接头试件应达到接头性能检验指标中相应等级的强度要求。应以钢筋实际横截面积来计算钢筋实际抗拉强度。

施工现场检验包括外观检验、钢筋直螺纹接头连接质量和单向拉伸试验。

a. 外观检验。随机抽取同规格接头总数的10%进行外观质量检验,应满足钢筋丝头与连接筒的规格一致。

b. 钢筋直螺纹接头连接质量。用专用质检力矩扳手,按规定的力矩值抽检钢筋直螺纹接头的连接质量。

抽检数量:梁、柱构件按接头数量的15%,且每个构件的接头数量不得少于一个接头;基础、墙、板构件应按各自的接头数,每100个接头作为一个检验批,不足100个时也按一个检验批计算,每批抽检3个接头。所抽检的接头应全部合格,如有一个不合格,则对接头检验批全数检查,对查出的钢筋接头切除后重新加工,并填写钢筋接头丝头检查记录。

c. 单向拉伸试验。对接头的每一验收批,应在工程实体结构中随机截取3个试件做单向拉伸试验,按设计要求的接头性能等级进行检验与评定,并填写接头拉伸试验报告。

接头的施工现场检验按验收批进行。同一批材料的同等级、同规格钢筋接头,每500个划为一个检验批。在施工现场连续检验10个检验批,全部单向拉伸试验一次抽样均合格时,以后的检验批接头的数量可扩大一倍。

226. 钢筋绑扎应注意哪些方面？

钢筋绑扎应注意以下方面：

钢筋绑扎宜使 20～22 号铁丝，其中 22 号铁丝仅用于绑扎直径 12mm 以下的钢筋，铁丝截取的长度根据所绑扎的钢筋直径而定，并参照表 5-18 的规定适当选用。

表 5-18 钢筋绑扎铁丝长度参考表 （mm）

钢筋直径 d	3～5	6～8	10～12	14～16	18～20	22	25	28	32
3～5	120	130	150	170	190	—	—	—	—
6～8	—	150	170	190	220	250	270	290	320
10～12	—	—	190	220	250	270	290	310	340
14～16	—	—	250	270	290	310	330	360	—
18～20	—	—	—	—	290	310	330	350	380
22	—	—	—	—	—	330	350	370	400

钢筋绑扎工具包括钢筋钩、带扳口的小撬棍、绑扎架等。

钢筋保护层的控制可采用水泥砂浆垫块或塑料卡环。水泥砂浆垫块的厚度以设计图样要求的混凝土保护层厚度为准；水泥砂浆垫块的平面尺寸：当混凝土保护层厚度 ≤20mm 时为 30mm×30mm，当混凝土保护层厚度 >20mm 时为 50mm×50mm。当在垂直方向使用垫块时，可在垫块中埋入 20 号铁丝。塑料卡环用于垂直构件，塑料垫块用于水平构件，其塑料垫块与塑料卡环的形式如图 5-18 所示。

图 5-18 塑料垫块与塑料卡环
(a) 塑料垫块；(b) 塑料卡环

（1）钢筋接头的绑扎。钢筋绑扎接头处应搭接绑扎三点。

纵向受力钢筋的绑扎接头的最小搭接长度应符合表 5-19 的规定。

表 5-19 纵向受拉钢筋的最小搭接长度

钢筋类型		混凝土强度等级			
		C15	C20、C25	C30、C35	≥C40
光圆	HPB235	45d	35d	30d	25d
带肋	HRB335	55d	45d	35d	30d
	HRB400、RRB400	—	55d	40d	35d

注：1. d 为钢筋直径。
2. 两根钢筋直径不同时的搭接长度，以较细钢筋的直径进行计算。

当纵向受拉钢筋搭接接头面积百分率大于 25% 而小于 50% 时，其最小搭接长度应按表 5-19 中的数值乘以 1.2 取用；当搭接接头面积百分率大于 50% 时，应按表 5-19 中的数值乘以 1.35 取用。

当符合以下条件时,纵向受拉钢筋的最小搭接长度应按表5-19中的数值乘以相应系数确定以后,按照以下规定进行修正:

①当带肋钢筋的直径大于25mm时,其最小搭接长度应按相应数值乘以系数1.1取用。

②对环氧树脂涂层的带肋钢筋,其最小搭接长度应按相应数值乘以系数1.25取用。

③混凝土凝固过程中受力钢筋易受扰动时(如滑模施工),其最小搭接长度应按相应数值乘以1.1取用。

④当带肋钢筋的混凝土保护层厚度大于搭接钢筋直径的3倍,且配有箍筋时,其最小搭接长度应按相应数值乘以系数0.8取用。

⑤对有抗震设防要求的结构构件,其受力钢筋的最小搭接长度对一、二级抗震等级应按相应数值乘以系数1.15取用;对三级抗震等级应按相应数值乘以系数1.05取用。

⑥对末端采用机械锚固措施的带肋钢筋,其最小搭接长度可按相应数值乘以系数0.7取用。

在任何情况下,受拉钢筋的搭接长度都不应小于300mm。

纵向受压钢筋搭接时,其最小搭接长度应根据表5-19的规定确定相应数值后乘系数0.7取用。在任何情况下,受压区钢筋的搭接长度都不应小于200mm。

(2)钢筋网绑扎。基础钢筋网绑扎应在垫层划出短向钢筋位置线,依线摆放好短向钢筋,再按长向钢筋间距,在短向钢筋上面摆放好长向钢筋。长向钢筋与短向钢筋的交叉点必须全部扎牢,相邻绑扎点的绑扎方向应呈八字形交错进行。

绑扎单向板钢筋网,应先在垫层上划出受力钢筋的位置线,按线摆放好受力钢筋,再按图样分布筋的距离,在受力钢筋上划出分布筋的位置点,再按分布筋的位置点放置分布筋,受力钢筋与分布筋的交叉点,除靠近外围两行钢筋的交叉点全部绑扎牢固外,在中间部位的交叉点可间隔绑扎,相邻绑扎点的绑扎方向应呈八字形,如图5-19所示。

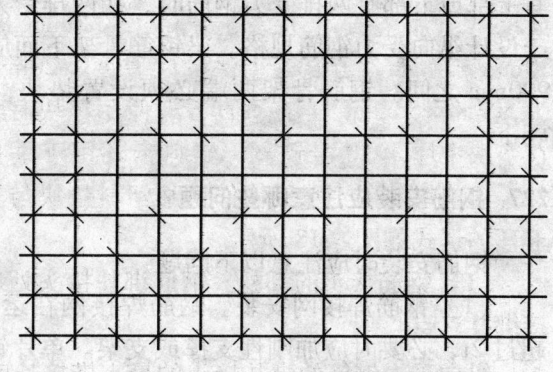

图5-19 单向板钢筋网绑扎点

绑扎双向板钢筋网,应先在垫层上划出短向钢筋的位置线,依线摆放好短向钢筋,再按长向钢筋的间距划好长向钢筋的位置线,依位置线摆放长向钢筋。长向钢筋与短向钢筋的交叉点必须全部绑扎牢,相邻绑扎点的绑扎方向应呈八字形交错进行。

绑扎墙钢筋网时,宜先在模板上划出短向钢筋位置线,依线的位置立起竖向钢筋,再按图样横向钢筋间距绑扎在竖向钢筋上。可先从两端开始绑扎,靠外围周边的两行钢筋交叉点应全部绑扎牢固,中间部位的交叉点可间隔绑扎牢固,相邻绑扎点的绑扎方向应呈八字形进行。

钢筋网对弯钩朝向的规定:

①基础钢筋的弯钩应朝上。

②楼板钢筋为双层筋时,钢筋的端部弯钩为上层筋朝下,下层筋朝上;单层筋一般设置在下层,钢筋弯钩应朝上。

③墙钢筋的弯钩应向墙中心。混凝土保护层的水泥砂浆垫块或塑料卡环每隔600~900mm设置一个，钢筋网的四个角部必须设置垫块。

④绑扎钢筋骨架。绑扎柱钢筋骨架，应先立起竖向柱子主筋并与基础插筋绑扎牢固。沿竖向钢筋按箍筋间距画线，将需用箍筋套在主筋外，自上而下按预先划好的箍筋位置线与主筋绑扎牢固。箍筋应与主筋垂直设置。箍筋弯钩叠合处，应沿竖向主筋方向错开设置。竖向钢筋搭接时，角部钢筋的弯钩平面应与模板呈内夹角，对矩形柱应为45°角，对多边形柱应为模板内角的平分角，对圆形柱应与模板的均平面垂直；中间钢筋的弯钩平面应与模板面垂直。当采用插入或振捣器浇筑小截面柱时，弯钩平面与模板的夹角最小不得小于15°。外围的竖向主筋应按规定的钢筋间距挂上水泥砂浆垫块或塑料卡环，以保证设计混凝土钢筋保护层的厚度准确性。

绑扎梁钢筋骨架，应将架立钢筋搁放在绑扎架上，沿架立钢筋按箍筋设计间距画线，将所需用的箍筋套在梁主筋的外围，从中间向两边依次将箍筋绑扎在主筋上，再穿入主筋（如弯起筋）。箍筋与受力主筋绑扎牢固以后，抽去绑扎架，将梁钢筋骨架落入模板内。当受力主筋与架立筋相比，架立钢筋较浅时，应将两根主筋先放置在绑扎架上，套上箍筋与其绑扎牢固，再插入主筋和弯起筋、架立钢筋，与箍筋绑扎牢固，最后抽去绑扎架，梁钢筋放入模板中。当主梁钢筋骨架与次梁钢筋骨架相交时，次梁钢筋应在上，主梁钢筋应在下；当次梁钢筋骨架与板钢筋网相交时，板钢筋应在上，次梁钢筋应在下。在梁钢筋骨架中，如果其上部或下部有两排受力钢筋时，在两排受力钢筋间应用短钢筋隔开，短钢筋直径规格应等于设计纵向受力钢筋规格。梁钢筋骨架下面应加设水泥垫块或塑料垫块，间距一般在600~900mm之间。钢筋骨架两端必须设置垫块，梁下部的弯钩应朝上，梁上部的钢筋弯钩应朝下。

227. 钢筋安装应注意哪些问题？

钢筋安装时应注意以下问题：

（1）钢筋焊接网安装。钢筋焊接网在运输过程中应捆绑顺直、牢靠，每捆的重量不应超过2t，必要时应加刚性支撑或支架。单片钢筋焊接网垂直起重时应设4个吊点，并在焊接网上加绑斜向拉结筋，以防歪扭变形。

焊接钢筋网应按设计位置平放妥当，而附加钢筋宜在现场绑扎。

对设计两端插入梁内的锚固焊接网，当网片纵向钢筋较细时，可利用网片的弯曲变形性能，先将网片的中间部位弯曲，使两端能先后插入梁内，然后铺平网片；当钢筋较粗、弯曲困难时，可先把网片的一端少焊两根横向钢筋，先插一端，然后退插另一端，必要时可采用绑扎法补齐少焊的两根横向钢筋。

钢筋焊接网的搭接接头应设置在受力较小的部位。

冷轧带肋钢筋焊接网在受拉方向的搭接接头可采取叠接法或扣接法，并应符合以下规定：

①两片钢筋焊接网末端之间钢筋搭接接头的最小搭接长度不应小于表5-20的规定，且不应小于200mm；在搭接区段范围内每张焊接钢筋网的横向钢筋均不得少于1根，两片网最外一根横向钢筋之间的搭接长度应不小于50mm，如图5-20所示。

表 5-20　冷轧带肋钢筋焊接网在受拉方向最小搭接长度

焊接网类型	混凝土强度等级		
	C20	C25	≥C30
冷拔光面钢筋焊接网	36d	30d	29d

注：d 为纵向钢筋直径（mm）。

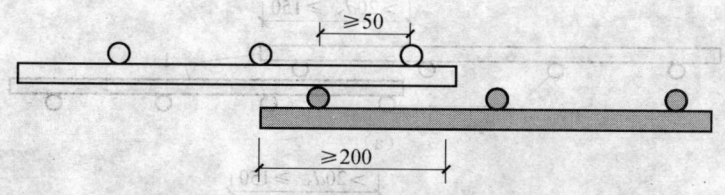

图 5-20　冷轧带肋钢筋焊接网搭接接头

②当搭接区段内两片钢筋网片中有一片没有横向钢筋时，其最小搭接长度不应小于表 5-21 的规定。

表 5-21　焊接网的最小搭接长度　　　　　　　　　　　（mm）

焊接网类型	混凝土强度等级		
	C20	C25	≥C30
冷轧带肋钢筋焊接网	45d	40d	35d

注：1. d 为纵向受拉钢筋直径（mm）。
　　2. 在任何情况下，纵向受拉钢筋的搭接长度都不应小于 250mm。

③冷拔光面钢筋焊接网在受拉方向的搭接接头可采用叠接法或加接法，并应符合以下规定：

a. 在搭接长度范围内，每张钢筋网片的横向钢筋不应少于两根；两片焊接网最外边钢筋间的搭接长度不应少于一个网格，如图 5-21 所示，也不应小于表 5-22 的规定，且不应小于 250mm。

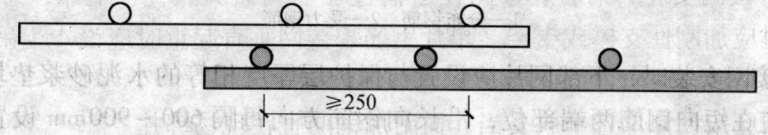

图 5-21　冷拔光面钢筋焊接网搭接接头

表 5-22　冷拔光面钢筋焊接网在受拉方向最小搭接长度

焊接网类型	混凝土强度等级		
	C20	C25	≥C30
冷拔光面钢筋焊接网	42d	36d	30d

注：d 为纵向受拉钢筋直径（mm）。

b. 冷拔光面钢筋焊接网的受拉钢筋，当搭接区内一张钢筋网片无横向钢筋且无附加钢筋、网片或附加锚固构造措施时，不得采用搭接。

c. 钢筋焊接网在受压方向的搭接长度，应取受拉钢筋搭接长度的 0.7 倍。

d. 钢筋焊接网在非受力方向的分布筋,当采用叠接法或扣接法时,每个网片在搭接区段范围内至少保证有一根受力钢筋,其搭接长度不应小于20d(d为分布钢筋直径)且不应小于150mm;当采用平接法且一张钢筋网片在搭接区段范围内无受力钢筋时,其搭接长度:对冷轧带肋钢筋焊接网不应小于20d,且不应小于200mm;对冷拔光面钢筋焊接网不应小于25d,且不应小于250mm;如图5-22所示。

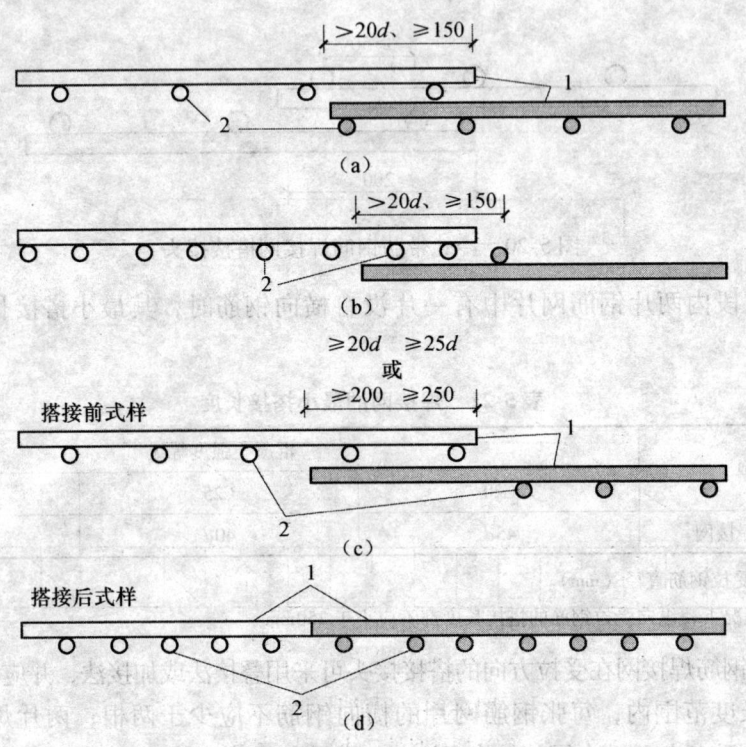

图5-22 钢筋焊接网在非受力方向的搭接
(a)叠加法;(b)扣接法;(c)、(d)平接法
1—分布钢筋 2—受力钢筋

e. 钢筋焊接网安装时,下部网片应设置与保护层厚度相等的水泥砂浆垫块或塑料垫块;板的上部网片应在短向钢筋两端部位,沿长向钢筋方向每隔600~900mm设置一钢筋支架,如图5-23所示。

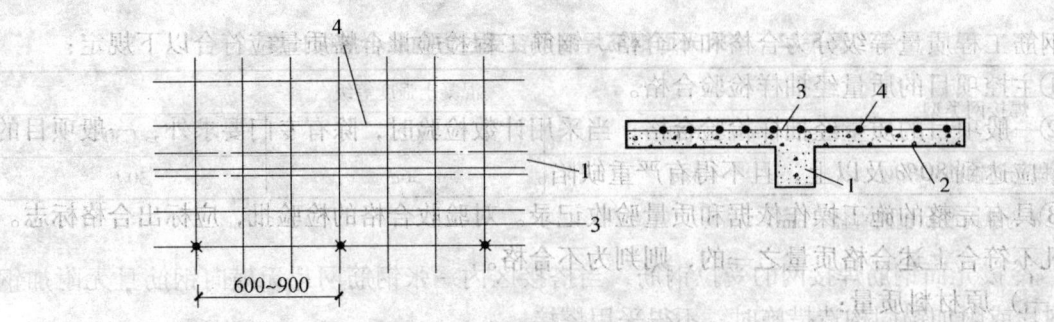

图5-23 上部钢筋焊接网的支架
1—梁;2—支架;3—短向钢筋;4—长向钢筋

（2）钢筋骨架安装。绑扎或焊接钢筋骨架安装前，应仔细检查钢筋骨架的各绑扎点或焊接点是否牢固，有无变形现象，若有则应纠正。

钢筋骨架的起吊点，应根据钢筋骨架的长短、重量及刚度而确定。当跨度小于6m时，钢筋骨架宜采用两点起吊。吊点距骨架端头为钢筋骨架跨度的1/5；跨度较大且刚度较差时，钢筋骨架宜采用4点起吊，并采用横吊梁，使吊索与水平的夹角大于45°，如图5-24所示。

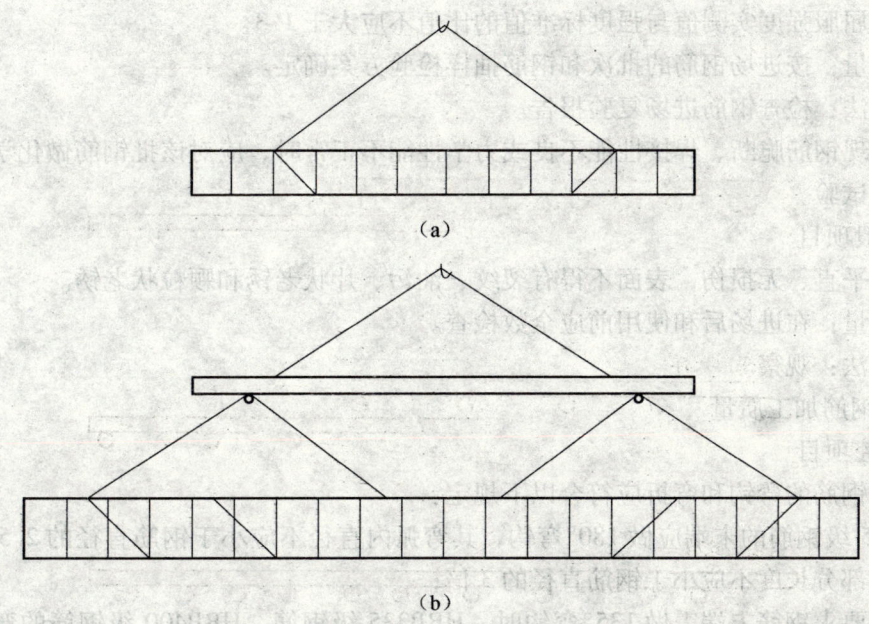

图 5-24 钢筋骨架起吊
(a) 两点起吊；(b) 四点起吊

为了防止钢筋骨架在起吊和安装过程中钢筋骨架变形，应在适当的位置加设兜底索或短钢筋等进行加固。

钢筋骨架的安装：使钢筋骨架对准安装位置，在不冲撞模板的情况下缓慢放入模板中。放入前应预先按要求放置钢筋保护层垫块，调整后再垫两侧的钢筋保护层垫块或塑料垫块。

228. 钢筋工程质量等级如何划分？

钢筋工程质量等级分为合格和不合格，钢筋工程检验批合格质量应符合以下规定：

①主控项目的质量经抽样检验合格。

②一般项目的质量经抽样检验合格；当采用计数检验时，除有专门要求外，一般项目的合格率应达到80%及以上，且不得有严重缺陷。

③具有完整的施工操作依据和质量验收记录。对验收合格的检验批，应标出合格标志。

凡不符合上述合格质量之一的，则判为不合格。

（一）原材料质量：

1) 主控项目

①钢筋进场时，应按现行国家标准《钢筋混凝土用热轧带肋钢筋》（GB 1499）等的规

定抽取试件做力学性能试验，其质量必须符合现行国家有关标准的规定。

检查数量：按进场钢筋的批次和产品的抽样检验方案确定。

检验方法：检查钢筋产品的出厂合格证、检测报告和进场后的复验报告。

②对有抗震设防要求的框架结构，其纵向受力钢筋的强度应满足设计要求；当设计无具体要求时，对一、二级抗震等级，检验所得的强度实测值应符合以下要求：

钢筋的抗拉强度实测值与屈服强度实测值的比值不应小于1.25。

钢筋的屈服强度实测值与强度标准值的比值不应大于1.3。

检查数量：按进场钢筋的批次和钢筋抽样检验方案确定。

检验方法：检查钢筋进场复验报告。

③当发现钢筋脆断、焊接性能不良或力学性能不正常时，应对该批钢筋做化学成分检验或其他专项试验。

2）一般项目

钢筋应平直、无损伤，表面不得有裂纹、油污、片状老锈和颗粒状老锈。

检查数量：在进场后和使用前应全数检查。

检验方法：观察。

（二）钢筋加工质量

1）主控项目

①受力钢筋的弯钩和弯折应符合以下规定：

HPB235级钢筋的末端应做180°弯钩，其弯弧内直径不应小于钢筋直径的2.5倍，弯钩的弯后平直部分长度不应小于钢筋直径的3倍；

当设计要求钢筋末端需做135°弯钩时，HRB335级钢筋、HRB400级钢筋的弯弧内直径不应小于钢筋直径的4倍，钢筋弯钩弯后的平直部分长度应符合设计或规范要求。

钢筋做不大于90°的弯钩时，弯折处的弯弧内直径不应小于钢筋直径的5倍。

检查数量：按每工作台班同一类型、同一加工条件抽查不应少于3件。

检验方法：尺量检查。

②除焊接封闭环式箍筋外，箍筋的末端应做弯钩，弯钩形式应符合设计要求；当设计无具体要求时，应符合以下规定：

箍筋弯钩的弯弧内直径应满足受力钢筋的弯钩和弯折规定，并应不小于受力钢筋直径。

箍筋弯钩的弯折角度：对一般结构，不应小于90°；对有抗震等具体要求的结构应为135°。

箍筋弯钩弯折后的平直部分长度：对一般结构，不宜小于箍筋直径的5倍；对有抗震等要求的结构，则不应小于箍筋直径的10倍。

检查数量：每工作台班同一类型、同一加工条件的钢筋抽查不应少于3件。

检验方法：尺量检查。

2）一般项目

①钢筋调直宜采用调直机，也可以采用冷拉法进行。当采用冷拉法调直钢筋时，HPB235级钢筋的冷拉延伸率不宜大于4%，HRB335级和HRB400级、RRB400级钢筋的冷拉延伸率不宜大于1%。

检查数量：每工作台班同一类型，同一加工条件的钢筋抽查不应少于3件。

检验方法：观察；尺量检查。

②钢筋加工的形状、各部尺寸应符合设计要求，其允许偏差应符合表5-23的规定。

表5-23 钢筋加工允许偏差

项次	项目	允许偏差/mm
1	受力钢筋顺长度方向全长的净尺寸	±10
2	弯起钢筋的弯折位置	±20
3	箍筋内围净尺寸	±5

检查数量：每工作台班同类型、同一加工条件的钢筋抽查不应少于3件。

检验方法：尺量检查。

（三）钢筋连接质量

1) 主控项目

①纵向受力钢筋的连接方式应符合设计要求。

检查数量：全数检查。

检验方法：观察。

②在施工现场，应按现行国家标准《钢筋机械连接技术规程（附条文说明)》（JGJ 107）、《钢筋焊接及验收规程》（JGJ 18）的规定抽取钢筋机械连接接头、焊接接头试件做力学性能检验，其质量应符合相关规定。

检查数量：按相关规程确定。

检验方法：检查产品合格证、接头力学性能试验报告。

2) 一般项目

①钢筋接头宜设置在受力较小的部位。同一纵向受力钢筋不宜设置两个或两个以上接头。接头末端至钢筋弯起点的距离不应小于钢筋直径的10倍。

检查数量：全数检查。

检验方法：观察；尺量检查。

②在施工现场，按国家现行标准《钢筋机械连接技术规程（附条文说明)》（JGJ 107）、《钢筋焊接及验收规程》（JGJ 18）的规定，对钢筋机械连接接头、焊接接头的外观进行检查，其质量应符合有关规定。

检查数量：全数检查。

检验方法：观察。

③当受力钢筋采用机械连接接头或焊接接头时，设置在同一构件内的接头宜相互错开。

纵向受力钢筋机械连接接头及焊接接头区段范围内长度为$35d$（d为纵向受力主筋的较大直径），且不应小于500mm，凡接头中点位于该连接区段长度内的接头均属于同一连接区段。同一连接区段内，纵向受力钢筋机械连接及焊接接头面积百分率为该区段内有接头的纵向受力钢筋截面面积与全部纵向受力钢筋截面面积的比值。

同一连接区段内，纵向受力钢筋的接头面积百分率应符合设计要求；当设计无具体要求时，应符合以下规定：

a. 在受拉区不宜大于50%。

b. 接头不宜设置在有抗震设防要求的框架梁端、柱端的箍筋加密区；当无法避开时，对等强度、高质量的机械连接接头，不应大于50%。

c. 直接承受动力荷载的结构构件中，不宜采用焊接接头；当采用机械连接接头时，不应大于50%。

检查数量：在同一检验批内，对梁柱和独立基础，应抽查构件总数的10%，且不少于3件；对墙和板，应按有代表性的自然间抽查10%，且不少于3间；对大空间结构，墙可按相邻轴线间高度5m左右划分检查面，板可按纵横轴线划分检查面，抽查10%，且均不少于3个面。

检验方法：观察；尺量检查。

④同一构件中相邻纵向受力钢筋的绑扎搭接接头宜相互错开。绑扎搭接接头中钢筋的横向净距不应小于钢筋直径，且不应小于25mm。

钢筋绑扎搭接接头在连接区段的长度为$1.3l_l$（l_l为搭接长度），凡搭接接头中点位于该连接区段长度内的搭接接头均属于同一连接区段。同一连接区段内，纵向钢筋搭接接头面积百分率为该区段内有搭接接头的纵向受力钢筋截面面积与全部纵向受力钢筋截面面积的比值；如图5-1所示。

同一连接区段内，纵向受拉钢筋搭接接头面积百分率应符合设计要求；当设计无具体要求时，应符合以下规定：

a. 对梁类、板类、墙类结构件，不宜大于25%；

b. 对柱类结构件不宜大于50%；

c. 当工程中确有必要增大接头面积百分率时，对梁类结构件不应大于50%；对其他构件，可根据实际情况进行调整。

纵向受力钢筋绑扎搭接接头的最小搭接长度应符合绑扎搭接接头的有关规定。

检查数量：在同一检验批内，对梁、柱和独立基础，应抽查构件数量的10%，且不少于3件；对墙、板应按有代表性自然间抽查10%，且不少于3间；对大体积结构、墙可按相邻轴线间高5m左右划分检查面，故可按纵、横轴线划分检查面抽查10%，且不少于3间。

检验方法：观察和尺量检查。

⑤在梁、柱类构件的纵向受力钢筋搭接长度范围内，应按设计要求配置箍筋，当设计无具体要求时，应符合以下规定：

箍筋直径不应小于搭接钢筋较大直径的0.25倍；受拉搭接区段的箍筋间距不应大于搭接钢筋较大直径的5倍，且不应大于100mm；受压搭接区段的箍筋间距不应大于搭接钢筋较小直径的10倍，且不应大于200mm。

当柱中纵向受力钢筋直径大于25mm时，应在搭接接头两个端面外加100mm范围内设置两个箍筋，其间距宜为50mm。

检查数量：在同一检验批内，对梁、柱和独立基础，应检查构件数量的10%，且不少于3件；对墙和板应按有代表性的自然间抽查总数的10%，且不少于3间；对大空间结构、墙可按相邻轴线间高度5m左右划分检查面，故可按纵、横轴线划分检查面，抽查10%，且均不少于3面。

检验方法：尺量检查。

（四）钢筋安装质量

1）主控项目

钢筋安装时，受力钢筋的品种、规格、数量和级别必须符合设计要求。

检查数量：全数检查。

检验方法：观察；尺量检查。

2）一般项目

钢筋安装位置的允许偏差和检验方法应符合表5-24的规定。

表5-24 钢筋安装位置的允许偏差和检验方法

项目			允许偏差/mm	检验方法
钢筋绑扎网	长、宽		±10	钢尺检查
	网眼尺寸		±20	钢尺量连续三档，取最大值
绑扎钢筋骨架	长		±10	钢尺检查
	宽、高		±5	钢尺检查
受力钢筋	间距		±10	钢尺量两端、中间各一点，取最大值
	排距		±5	
	保护层厚度	基础	±10	钢尺检查
		柱、梁	±5	钢尺检查
		板、墙、壳	±3	钢尺检查
绑扎箍筋、横向钢筋间距			±20	钢尺量连续三档，取最大值
钢筋弯起点位置			20	钢尺检查
预埋件	中心线位置		5	钢尺检查
	水平高差		+3、-0	钢尺和塞尺检查

注：1. 检查预埋件中心线位置时，应沿纵、横两个方向量测，并取其中的较大值。
2. 表中梁类、板类构件上部纵向受力钢筋保护层厚度的合格点率应达到90%及其以上，且不得有超过表中数值1.5倍的尺寸偏差。

检查数量：在同一检验批内，对梁、柱和独立基础，应抽查构件总数的10%，且不少于3件；对墙和板，应按有代表性的自然间抽查10%，且不少于3间；对大空间结构，墙可按相邻轴线间高度5m左右划分检查面，板可按纵横轴线划分检查面，抽查总数的10%，且不少于3个面。

229. 钢筋代换有哪些规定？

钢筋代换规定如下：

（1）钢筋的级别、直径和种类应符合设计要求，当现场实际条件所限必须代换时，应征得设计单位的同意，并应符合以下规定：

① 不同种类钢筋的代换，应按钢筋受拉承载力设计值相等的原则进行。

② 当构件受抗裂、裂缝宽度或挠度限制时，钢筋代替后应进行抗裂、裂缝宽度或挠度

验算。

③钢筋代换后，应满足《混凝土结构设计规范》中规定的钢筋间距、锚固长度、最小钢筋直径、根数的要求。

④对重要受力构件，不宜用 HPB235 级光圆钢筋代替 HRB335 带肋钢筋。

⑤梁的纵向受力钢筋与弯起钢筋应分别进行代换。

⑥对有抗震要求的框架，不宜以强度等级较高的钢筋代换原设计中的钢筋；当条件所限必须代换时，其代换的钢筋检验的实际强度尚应符合以下要求：

a. 钢筋的抗拉强度实测值与屈服强度实测值的比值不应小于 1.25。

b. 钢筋的屈服强度实测值与钢筋的强度标准值的比值，当按一级抗震设计时，不应大于 1.25；当按二级抗震设计时，不应大于 1.4。

⑦预制构件的吊环，必须采用未经冷拉的 HPB235 级钢筋制作，严禁以其他钢筋代换。

(2) 钢筋强度标准值。热轧钢筋的强度标准值是根据屈服强度确定的，用 f_{yk} 表示。预应力钢绞线、钢丝加热处理钢筋的强度标准值是根据极限抗拉强度确定的，用 f_{ptk} 表示。

普通钢筋的强度标准值应按表 5-25 采用；预应力钢筋的强度标准应按表 5-26 采用

表 5-25 普通钢筋抗拉强度标准值　　　　　　　　　　　　　　　　（MPa）

钢筋种类		符号	f_{sk}
H235 (Q235)	$d = 8 \sim 20$	Φ	235
HRB335	$d = 6 \sim 50$	Φ	335
HRB400	$d = 6 \sim 50$	Φ	400
KL400	$d = 8 \sim 50$	Φ	400

注：表中 d 系指国家标准中的钢筋公称直径。

表 5-26 预应力钢筋强度标准值　　　　　　　　　　　　　　　　（MPa）

钢筋种类		符号	d (mm)	f_{ptk}
热轧钢筋	1×3	ϕ^S	8.6、10.8	1860、1720、1570
			12.9	1720、1570
	1×7		9.5、11.1、12.7	1860
			15.2	1860、1720
消除应力钢丝	光面	ϕ^P	4.5	1770、1670、1570
	螺旋肋	ϕ^H	6	1670、1570
			7、8、9	1570
	刻痕	ϕ^I	5、7	1570
热处理钢筋	40Si2Mn	ϕ^{HT}	6	1470
	48Si2Mn		8.2	
	45Si2Cr		10	

注：1. 钢绞线直径系指钢绞线外接圆直径，即现行国家标准《预应力混凝土用钢绞线》GB/T 5224 中的公称直径 D_g，钢丝和热处理钢筋的直径 d 均指公称直径；

2. 消除应力光面钢丝直径 d 为 4～9mm，消除应力螺旋肋钢丝直径 d 为 4～8mm。

（3）钢筋强度设计值。普通钢筋强度设计值f_y及抗压强度设计值f'_y应按表5-27采用。

表5-27　普通钢筋强度设计值　　　　　　　　　　　　　　（N/mm²）

种类		符号	f_y	f'_y
热轧钢筋	HPB235（Q235）	Φ	210	210
	HRB335（20MnSi）	Φ	300	300
	HRB400（20MnSiV、20MnSiNb、20MnTi）	Φ	360	360
	RRB400（K20MnSi）	Φ^R	360	360

注：在钢筋混凝土结构中，轴心受拉和小偏心受拉构件的钢筋抗拉强度设计值大于300N/mm²时，仍应按300N/mm²取用。

预应力钢筋的抗拉强度设计值f_{py}及抗拉强度设计值f'_{py}应按表5-28采用。

表5-28　预应力钢筋强度设计值　　　　　　　　　　　　　（N/mm²）

种类		符号	f_{ptk}	f_{py}	f'_{py}
钢绞线	1×3	Φ^S	1860	1320	
			1720	1220	390
			1570	1110	
	1×7		1860	1320	
			1720	1220	390
消除应力钢丝	光面螺旋肋	Φ^P Φ^H	1770	1250	
			1760	1180	410
			1570	1110	
	刻痕	Φ^I	1570	1110	410
热处理钢筋	40Si2Mn	Φ^{HT}	1470	1040	400
	48Si2Mn				
	45Si2Cr				

注：当预应力钢绞线、钢丝的强度标准值不符合表5-28的规定时，其强度设计值应进行换算。

（4）钢筋强度代换。当施工现场遇到规格、品种与设计要求不符或构件受强度限制时，钢筋可按强度相等的原则代换。

$$n_2 \geqslant \frac{n_1 d_1^2 f_{y1}}{d_2^2 f_{y2}} \text{ 或 } n_2 \geqslant \frac{n_1 d_1^2 f'_{y1}}{d_2^2 f'_{y2}}$$

式中　n_2——代换钢筋的根数；

　　　n_1——原设计钢筋的根数；

　　　d_2——代换钢筋的直径（mm）；

　　　d_1——原设计钢筋的直径（mm）

　　　f_{y2}——代换钢筋抗拉强度设计值（N/mm²）；

　　　f_{y1}——原设计钢筋抗拉强度设计值（N/mm²）；

　　　f'_{y2}——代换钢筋抗拉强度设计值（N/mm²）；

f'_{y1}——原设计钢筋抗拉强度设计值（N/mm²）。

预应力钢筋等强度代换计算公式：

$$n_2 \geq \frac{n_1 d_1^2 f_{py1}}{d_2^2 f_{py2}} \text{ 或 } n_2 \geq \frac{n_1 d_1^2 f'_{py1}}{d_2^2 f'_{py2}}$$

式中 f_{py2}——代换预应力钢筋抗拉强度设计值（N/mm²）；

f_{py1}——原设计预应力钢筋抗拉强度设计值（N/mm²）；

f'_{py2}——代换预应力钢筋抗拉强度设计值（N/mm²）；

f'_{py1}——原设计预应力钢筋抗拉强度设计值（N/mm²）。

其他符号意义同普通钢筋等强度代换。

①当代换钢筋强度值与原钢筋强度设计值相同时，钢筋代换计算公式为：

$$n_2 \geq n_1 \frac{d_1^2}{d_2^2}$$

②当代换钢筋直径与原设计钢筋直径相同时，钢筋代换计算公式为：

普通钢筋 $n_2 \geq n_1 \frac{f_{y1}}{f_{y2}}$ 或 $n_2 \geq n_1 \frac{f'_{y1}}{f'_{y2}}$

预应力钢筋 $n_2 \geq n_1 \frac{f_{py1}}{f_{py2}}$ 或 $n_2 \geq \frac{f'_{py1}}{f'_{py2}}$

受弯构件钢筋代换后，有时由于受力钢筋直径加大或钢筋根数增多而需要增加排数，则构件的有效高度 h_0 减小，截面强度降低，通常对这种影响可凭经验适当增加钢筋截面面积，然后做截面强度复核。

对矩形截面的受弯构件，可按弯矩相等原则，复核截面强度以下式计算：

$$N_2 \left(h_{02} - \frac{N_2}{2f_c b} \right) \geq N_1 \left(h_{01} - \frac{N_1}{2f_c b} \right)$$

式中 N_2——代换钢筋拉力，即代换钢筋抗拉强度设计值乘以代换钢筋截面面积（mm²）；

N_1——原设计钢筋拉力，即原设计钢筋抗拉强度设计值乘以原设计钢筋截面面积（mm²）；

h_{02}——代换钢筋的合力点到构件截面受力边缘的距离（mm）；

h_{01}——原设计钢筋的合力点到构件截面受力边缘的距离（mm）；

f_c——混凝土轴心抗压强度，对 C20 混凝土为 9.6N/mm²，对 C25 混凝土为 11.9N/mm²，对 C30 混凝土为 14.3N/mm²；

b——构件截面宽度（mm）。

230. 钢筋代换应注意哪些事项？

钢筋代换应注意以下事项：

必须充分了解设计意图和代换钢筋的力学性能，严格遵守现行国家标准《混凝土结构设计规范》的有关规定。凡重要结构中的钢筋代换，应征得设计单位同意。

对吊车梁、薄腹梁、桁架等，不得用光圆钢筋代替带肋钢筋。

在同一截面内，可同时配置不同品种和直径的代换钢筋，但各根钢筋的拉力差不应过大，同品种钢筋的直径差不得大于5mm，以免构件受力不均。

梁的纵向受力钢筋与弯起钢筋应分别代换，以保证正截面与斜面强度。

偏心受压构件或偏心受拉构件作钢筋代换时，应按受力面（受压或受拉）分别代换，不能取整个截面配筋量计算。

231. 冷轧扭钢筋与HPB235级钢筋代换如何计算？

冷轧扭钢筋与HPB235级钢筋代换，当结构构件的承载能力采用冷轧扭钢筋Ⅰ型代换HPB235级钢筋时，其截面面积应按下式计算：

$$A_s = 0.583 A_1$$

式中　A_s——冷轧扭钢筋截面面积（mm^2）；

A_1——HPB235级钢筋截面面积（mm^2）。

冷轧扭钢筋与HPB235级钢筋单根抗拉强度设计值可按表5-29采用。

表5-29　冷轧扭钢筋与HPB235级钢筋单根抗拉强度设计值

HPB235级钢筋			冷轧扭钢筋（Ⅰ型）		
直径 d/mm	截面面积 A_s/mm^2	一根钢筋抗拉强度设计值/kN	标志直径 d/mm	截面面积 A_s/mm^2	一根钢筋抗拉强度设计值/kN
8	50.3	10.56	6.5	29.5	10.62
10	78.5	16.49	8	45.3	16.31
12	113.1	23.75	10	68.3	24.59
14	153.9	32.32	12	93.3	33.59
16	201.0	42.22	14	132.7	47.77

每米板宽HPB235级钢筋改用冷轧扭钢筋（Ⅰ型）代换，可按表5-30采用。

表5-30　每米板宽HPB235级钢筋改用冷轧扭钢筋代换

HPB235级钢筋			冷轧扭钢筋		
直径/mm	间距/mm	面积/mm^2	标志直径/mm	间距/mm	面积/mm^2
6.5	100	332	6.5	150	197
	150	221		200	148
	200	166		300	98
	250	132			
	300	110			

续表

HPB235 级钢筋			冷轧扭钢筋		
直径/mm	间距/mm	面积/mm²	标志直径/mm	间距/mm	面积/mm²
8	100	503	6.5	100	295
	150	335		150	197
	200	252		200	148
	250	201		250	118
	300	166		300	98
10	100	785	8	100	453
	150	524		150	302
	200	393		200	227
	250	314		250	181
	300	262		300	151
12	100	1131	10	100	683
	150	754		150	455
	200	565		200	342
	250	452		250	273
	300	373		300	228
14	106	1539	12	100	933
	150	1026		150	622
	200	770		200	467
	250	616		250	373
	300	513		300	311
16	100	2010	14	100	1327
	150	1340		150	885
	200	1005		200	664
	250	804		250	531
	300	670		300	442

例如：原设计 HPB235 级钢筋直径为 8mm，间距 150mm，现可代换为冷轧扭钢筋（Ⅰ型）直径 6.5mm，间距 150mm。

232. 钢筋工程冬期施工应注意哪些方面？

钢筋工程冬期施工应注意以下方面：

1) 钢筋负温冷拉。钢筋冷拉温度不宜低于 -20℃。钢筋负温冷拉方法可采用控制应力的方法和控制冷拉率的方法。用于预应力混凝土结构的预应力钢筋，宜采用控制应力的方法；不能分炉批热轧钢筋冷拉，不宜采用控制冷拉率的方法。

在负温下采用控制应力的方法冷拉钢筋时，其控制应力及最大冷拉率应符合表 5-31

的规定。

表 5-31 冷拉控制应力及最大冷拉率

钢筋品种		冷拉控制应力/（N/mm²）		最大冷拉率（%）
		常温	-20℃	
HPB235 级	$d \leqslant 12mm$	280	310	10.0
HRB335 级		450	480	5.5
		430	460	
HRB400、RRB400 级钢筋		500	530	5.0
热处理钢筋		700	730	4.0

在负温下采用控制冷拉率方法冷拉钢筋时，其冷拉率的确定与常温相同。

钢筋冷拉率在常温下由试验确定。测定同炉批钢筋冷拉率的冷拉应力应符合表 5-32 的规定。

表 5-32 测定冷拉率时钢筋的冷拉应力表

项次	钢筋品种		冷拉应力/（N/mm²）
1	HPB235 钢筋	$d \leqslant 12mm$	310
2	HRB335 钢筋	$d \leqslant 25mm$	480
		$d = 28 \sim 40mm$	460
3	HRB400、RRB400 钢筋		530
4	热处理钢筋		730

在负温下冷拉后的钢筋，应逐根进行外观检查，其表面不得有裂纹和局部缩颈。在常温下其力学性能试验结果应符合表 5-33 的规定。

表 5-33 冷拉钢筋的力学性能

项次	冷拉钢筋级别	钢筋直径/mm	屈服点/(N/mm²)	抗拉强度/(N/mm²)	伸长率（%）	冷弯	
						弯曲角度	弯曲直径
			不小于				
1	冷拉Ⅰ级	6~12	280	370	11	180°	3d
2	冷拉Ⅱ级	8~25	450	510	10	90°	4d
		28~40	430	490			5d
3	冷拉Ⅲ级	8~40	500	570	8	90°	5d
4	冷拉Ⅳ级	10~28	700	835	6	90°	5d

钢筋冷拉设备、仪表和液压工作系统的油液应根据环境温度条件适当选用，并应在使用温度条件下进行配套校验。

2）钢筋负温焊接。钢筋负温焊接可采用闪光对焊、电弧焊及气压焊等焊接方法。当现场温度低于-20℃时，不宜进行施焊。

热轧钢筋负温闪光对焊,宜采用预热闪光对焊→预热→闪光焊工艺。钢筋端面比较平整时宜采用预热闪光焊；端面不平整时,宜采用闪光→预热→闪光焊。

钢筋负温闪光焊工艺应控制热影响区长度。热影响区长度随钢筋级别、直径的增加而增长。焊接参数应根据当地气温按常温参数调整。采用较低变压器级数时,宜增加调伸长度、预热量、预热次数、预热间歇时间和预热接触压力,并宜减慢烧化过程的中期速度。

当钢筋在负温下电弧焊时,可根据钢筋品种、直径和接头形式及焊接位置,选择焊条和焊接电流。焊接时应采取防止产生过热、烧伤、咬肉和裂纹等有效措施；在构造上应防止在接头处产生偏心受力状态。

钢筋负温条件下帮条焊或搭接焊的焊接工艺应符合以下要求：

①帮条焊的帮条与主筋之间用四点定位焊固定,搭接焊时应用两点固定。定位焊缝与帮条或搭接端部的距离应等于或大于20mm。

②帮条焊的引弧应在帮条钢筋的一端开始,收弧应在帮条的钢筋端头,其弧坑应填满。

③焊接过程中,第一层焊缝应具有足够的熔深,主焊缝或定位焊缝应熔合良好。平焊时,第一层焊缝应先从焊缝中间引弧,再焊两端运弧；立焊时,应先从中间向上方运弧,再从下端向中间运弧。在以后各层焊缝焊接时,应采用分层控温施焊。

④帮条接头或搭接接头的焊缝厚度不应小于钢筋直径的0.3倍,焊缝宽度应不小于钢筋直径的0.7倍。

3) 钢筋负温坡口焊的工艺应符合以下要求：

①焊缝根部,坡口端面以及钢筋与钢垫板之间均应熔合,焊接过程中应经常清除焊渣。

②焊接时,宜采用几个接头轮流施焊。

③增加焊缝的宽度应超过V形口边缘2~3mm,高度应超过坡口上下边缘2~3mm,并应平缓过渡到钢筋表面。

4) 加强焊缝的焊接,应分两层控温施焊。

为了消除和减少前层焊道及邻近区域的淬硬组织,改善接头性能,热轧带肋钢筋多层施焊时,焊后可采用回火焊道施焊,其回火焊道的长度应比前一层焊道的两端各缩短4~6mm,如图5-25所示。

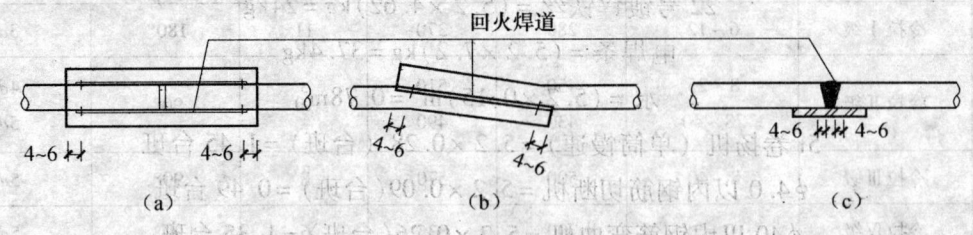

图5-25 钢筋负温电弧焊回火焊道
(a) 帮条焊；(b) 搭接焊；(c) 坡口焊

233. 钢筋工程工料计算包括哪些内容？

钢筋工程工料计算包括以下内容：

(1) 钢筋工程工料计算的步骤及计算式。要计算出钢筋工程所需的人工综合日数、材料用量、机械台班数,一般应经过以下步骤:

①熟悉钢筋混凝土结构图。先熟悉钢筋工程的图例符号,在此基础上仔细阅读钢筋混凝土结构图,分辨出该结构中所布置的各种钢筋的编号、钢种、根数、直径、形状。如钢筋混凝土结构图中附有钢筋表,则应将钢筋表中所列的钢筋,逐项与钢筋混凝土结构图中的钢筋相对照,检查其是否与表中相符。

钢筋表中如列有钢筋重量,应抽项进行复核。不同钢筋品种、不同直径的钢筋重量应分别汇总。另外,应审核砌体工程图,检查砌体工程中的配筋情况,如果砌体中有配筋则应予以汇总。

②计算钢筋用量。按钢筋不同品种、不同直径,计算出各种钢筋的重量。同品种、同直径的钢筋重量也应分别汇总。

③查阅定额。根据钢筋的品种,从《全国统一建筑工程基础定额》土建·上册中查出相应的钢筋工程定额表。定额表中可查知该钢筋工程的综合工日定额、材料定额和机械台班定额。

④计算工料。根据钢筋工程量及相应定额,计算出所需要的人工工日数、各种材料用量和各种机械台班数。

钢筋工程所需人工工日数按下式计算:

$$人工工日 = 工程量 \times 人工综合工日定额$$

钢筋工程所需材料用量按下式计算:

$$材料用量 = 工程量 \times 相应材料定额$$

钢筋工程所需机械台班数按下式计算:

$$机械台班 = 工程量 \times 相应机械定额$$

例如:完成现浇结构$\phi 12$圆钢筋5.2t的制作、绑扎、安装任务,需要多少工料?

$$人工工日 = 5.2(t) \times 9.54 工日/t = 49.6 工日$$

$$\phi 12 钢筋 = 5.2t \times 1.045 = 5.434t$$

$$22 号镀锌铁丝 = (5.2 \times 4.62)kg = 24kg$$

$$电焊条 = (5.2 \times 7.2)kg = 37.4kg$$

$$水 = (5.2 \times 0.15)m^3 = 0.78m^3$$

$$5t 卷扬机(单筒慢速) = 5.2 \times 0.28(台班) = 1.45 台班$$

$$\phi 4.0 以内钢筋切断机 = 5.2 \times 0.09(台班) = 0.49 台班$$

$$\phi 40 以内钢筋弯曲机 = 5.2 \times 0.26(台班) = 1.35 台班$$

$$30kW 以内直流电焊机 = 5.2 \times 0.45(台班) = 2.34 台班$$

$$75kVA 以内对焊机 = 5.2 \times 0.09(台班) = 0.49 台班$$

(2) 钢筋工程图。

①钢筋符号。各种钢筋符号如表5-34所示。

②钢筋图例。钢筋的一般表示方法应符合表5-35至5-38的规定。

表 5-34　钢筋符号

钢筋种类		符号
热轧钢筋	HPB235（Q235）	ϕ
	HRB335（20MnSi）	Φ
	HRB400（20MnSiV、20MnSiMo、20MnTi）	Φ
	RRB400（K20MnSi）	Φ^R
预应力钢筋	钢绞线	1×3	Φ^S
		1×7	
	消除应力钢丝	光面螺旋肋 刻痕	Φ^P、Φ^H、Φ^I
	热处理钢筋	40Si2Mn 48Si2Mn 45Si2Cr	Φ^H

表 5-35　普通钢筋图例

序号	名称	图例	说明
1	钢筋横断面		
2	无弯钩的钢筋端部		下图表示长、短钢筋投影重叠时，短筋端部用45°斜线表示
3	带半圆形弯钩的钢筋端部		
4	带直弯钩的钢筋端部		
5	带丝扣的钢筋端部		
6	无弯钩的钢筋搭接		
7	带半圆弯钩的钢筋搭接		
8	带直钩的钢筋搭接		
9	花篮螺丝钢筋接头		
10	机械连接的钢筋接头		用文字说明机械连接的方式

第五章 混凝土基础

表 5-36 预应力钢筋图例

序号	名 称	图 例
1	后张法预应力钢筋断面无粘结预应力钢筋断面	⊕
2	预应力钢筋或钢绞线	—·—·—
3	单根预应力钢筋断面	+
4	张拉端锚具	▷
5	固定端锚具	▷
6	锚具的端视图	⊕
7	可动连接件	⊣⊢
8	固定连接件	—|—

表 5-37 钢筋网片图例

序号	名 称	图 例
1	一片钢筋网平面图	W-1
2	一行相同的钢筋网平面图	3W-1

注：用文字说明焊接网或绑扎网。

表 5-38 钢筋的焊接接头

序号	名 称	接头形式	标注方法
1	单面焊接的钢筋接头		
2	双面焊接的钢筋接头		
3	帮条单面焊接的钢筋接头		
4	帮条双面焊接的钢筋接头		

续表

序号	名称	接头形式	标注方法
5	接触对焊的钢筋接头（闪光焊、压力气焊）		
6	坡口平焊的钢筋接头		
7	坡口立焊的钢筋接头		
8	用角钢或角钢作连接板焊接的钢筋接头		
9	钢筋或螺（锚）栓与钢板穿孔塞焊的接头		

③钢筋画法。钢筋的画法应符合表5-39的规定。

表5-39 钢筋的画法

序号	说明	表示形式
1	在结构平面图中配置双层钢筋时，底层钢筋的弯钩应向上或向左，顶层钢筋的弯钩则应向下或向右	底层　　顶层

第五章 混凝土基础

续表

序号	说明	表示形式
2	钢筋混凝土墙体配双层钢筋时,在配筋立面图中,远面钢筋的弯钩应向上或向左,近面钢筋的弯钩向下或向右(JM 近面、YM 远面)	
3	若在断面中不能表现清楚钢筋的布置,应在断面图外增加钢筋大样图	
4	图中所表示的箍筋、环筋等若布置复杂时,可加画钢筋大样图及说明	
5	每组相同的钢筋、箍筋或环筋,可用一粗实线表示,同时用一两端带斜短画线的横穿细线,表示其余钢筋及起止范围	

④钢筋标注。钢筋、钢丝束的说明应给出钢筋的编号、钢筋的根数、钢筋符号、钢筋直径及钢筋间距。如:5ϕ12@200,5 表示 5 根 HPB235 级钢筋,12 表示直径为 12mm,@200 表示间距为 200mm。其说明应沿钢筋的长度进行标注或者标注在相关钢筋的引出线上。钢筋在平面图中的配置应符合图 5-26 的表示方法。

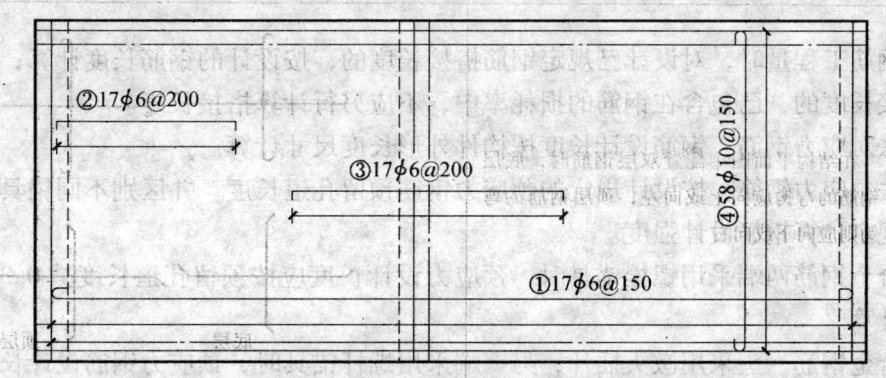

图 5-26 钢筋在平面图中的表示方法

钢筋在立面、断面图中的配置应按图5-27的形式表示。

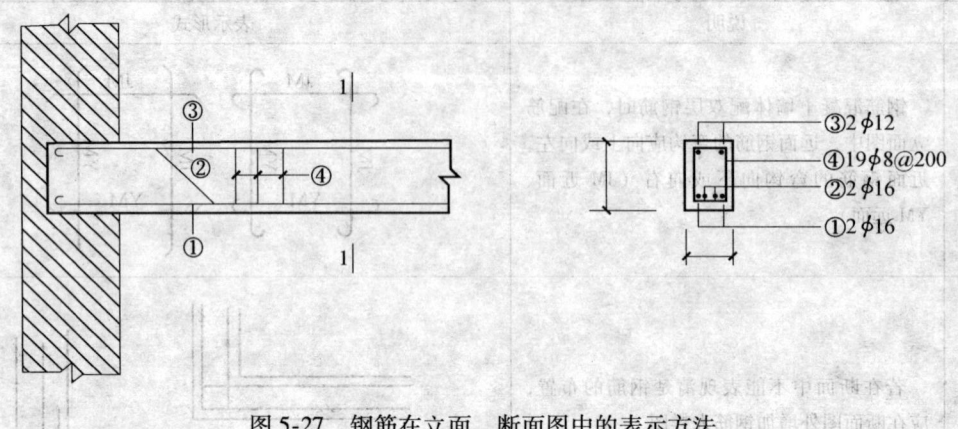

图5-27 钢筋在立面、断面图中的表示方法

当立面、断面图同在一图面上时，立面图中只标注钢筋编号，断面图上则表示钢筋编号、根数、钢筋级别符号、直径及间距。

钢筋网片的说明应给出网片的编号及数量。标注在网片图例的对角线上，如表5-37中序号2图，图中表示3片1号钢筋网片。网片数写在网片符号的前面，网片编号写在符号的后面。

(3) 钢筋的简化表示方法。

①当构件对称时，钢筋网片可用1/2或1/4表示。

②钢筋混凝土构件配筋较简单时，独立基础在平面模板图中左下角绘出波浪线，绘出钢筋并注明钢筋间距、直径等，其他结构构件可在某一部位绘出波浪线，绘出钢筋并标注出钢筋的间距、直径等。

③对称的钢筋混凝土构件，可在同一图样中一半表示模板，另一半表示配筋。

④钢筋工程量计算。钢筋工程量应区别现浇和预制构件，不同钢种和规格应分别计算其重量。

$$钢筋重量 = 钢筋计算长度 \times 每延长米重量$$

钢筋计算长度是指钢筋弯折之后各段长度之和以及弯钩长度之和。

钢筋弯钩长度：180°弯钩加6.25d；135°弯钩加4.9d；90°弯钩加3.5d（d为钢筋直径）。

计算钢筋工程量时，对设计已规定钢筋搭接长度的，按设计的钢筋长度计算；设计未规定钢筋搭接长度的，已包含在钢筋的损耗率中，不应另行计算搭接长度。

先张法对应力钢筋，钢筋设计长度按构件外形长度尺寸计算。

后张法预应力钢筋，按设计规定的预应力钢筋预留孔道长度，并区别不同锚具类型，分别按以下规定计算钢筋设计强度。

①低合金钢筋两端采用螺栓锚具时，预应力设计长度应按预留孔道长度减0.35m计算。螺杆另行计算。

②低合金钢筋一头采用镦头插片，另一端采用螺杆锚具时，预应力钢筋设计长度按预留孔道长度计算，其螺杆另行计算。

③低合金钢筋一端采用镦头插片、另一端采用帮条锚具时，预应力钢筋设计长度按预留孔道长度加 0.15m 计取；两端均采用帮条锚具时，预应力钢筋设计长度按预留孔道长度加 0.3m 计取。

④低合金钢筋采用后张法混凝土自锚时，预应力钢筋设计长度按预留孔道长度加 0.35m 计取。

⑤低合金钢筋或钢绞线采用 JM、XM、QM 型锚具，预留孔道长度在 20m 以内时，预应力钢筋设计长度按预留孔道长度加 1m 计算；预留孔道长度在 20m 以上时，预应力钢筋设计长度按预留孔道长度加 1.8m 计取。

⑥碳素钢丝采用锥形锚具，预留孔道长度在 20m 以内时，预应力钢筋设计长度按预留孔道加 1m 计取；预留孔道长度在 20m 以上时，预应力钢筋设计长度按预留孔道长度加 1.8m 计取。

⑦碳素钢丝两端采用镦头时，预应力钢筋设计长度按预留孔道长度加 0.35m 计取。

钢筋重量的计算单位为吨（t），有效数字为小数点后保留三位。

钢筋设计长度的计量单位为米（m），有效数字为小数点后保留两位。

钢筋工程中铁件工程量按铁件的重量计算，计量单位为吨（t）。钢件体积密度为 $7.85t/m^3$。

电渣压力焊焊接工程量，按焊接接头个数计算，计量单位为 10 个接头。

（4）钢筋工程定额表。以下是从《全国统一建筑工程基础定额》土建·上册（GJD—101—1995）中摘录的钢筋工程定额表。

每张钢筋工程定额表中有钢筋名称、工作内容、计量单位、定额编号、人工综合工日定额、机械定额、材料定额等。

根据钢筋直径、名称，就可以从定额表中查出完成计量单位的工作内容所需要的人工综合工日数、各种材料的消耗量、各种机械的台班数。

例如：现浇构件的光圆钢筋，每完成 1t ϕ10 钢筋的加工、安装，所需要的人工为 10.90 工日；钢筋为 1.02t，镀锌铁丝 22 号 5.64kg；卷扬机单筒慢速 5t 以内 0.3 台班，钢筋切断机 ϕ40 以内 0.10 台班，钢筋弯曲机 ϕ40 以内 0.31 台班。

①现浇结构光圆钢筋。工作内容包括钢筋制作、绑扎、安装，其定额如表 5-40（a）、(b)、(c) 所示。

表 5-40（a） 现浇构件光圆钢筋定额表 （t）

	定额编号		5—294	5—295	5—296	5—297
	项目	单位	Φ6.5	Φ8	Φ10	Φ12
人工	综合工日	工日	22.63	14.75	10.90	9.54
材料	钢筋 ϕ10 以内	t	1.02	1.02	1.02	
	钢筋 ϕ10 以上	t				1.045
	镀锌铁丝 22 号	kg	15.67	8.80	5.64	4.62
	电焊条	kg				7.20
	水	m³				0.150

续表

	定额编号		5—294	5—295	5—296	5—297
	项目	单位	Φ6.5	Φ8	Φ10	Φ12
机械	卷扬机单筒慢速5t以内	台班	0.37	0.32	0.30	0.28
	钢筋切断机φ40以内	台班	0.12	0.12	0.10	0.09
	钢筋弯曲机φ40以内	台班	—	0.36	0.31	0.26
	直流电焊机30kW以内	台班	—	—	—	0.45
	对焊机75kVA以内	台班	—	—	—	0.09

表 5-40（b） (t)

	定额编号		5—298	5—299	5—300	5—301
	项目	单位	Φ14	Φ16	Φ18	Φ20
人工	综合工日	工日	8.25	7.32	6.45	5.79
材料	钢筋Φ10以上	t	1.045	1.045	1.045	1.045
	镀锌铁丝22号	kg	3.39	2.60	2.05	1.67
	电焊条	kg	7.20	7.20	9.60	9.60
	水	m³	0.150	0.150	0.120	0.120
机械	卷扬机单筒慢速5t以内	台班	0.20	0.17	0.16	0.15
	钢筋切断机φ40以内	台班	0.09	0.10	0.09	0.08
	钢筋弯曲机φ40以内	台班	0.21	0.23	0.20	0.17
	直流电焊机30kW以内	台班	0.45	0.45	0.42	0.42
	对焊机75kVA以内	台班	0.09	0.09	0.07	0.07

表 5-40（c） (t)

	定额编号		5—302	5—303	5—304	5—305	5—306
	项目	单位	Φ22	Φ25	Φ28	Φ30	Φ32
人工	综合工日	工日	5.32	4.69	4.50	4.30	4.18
材料	钢筋Φ10以上	t	1.045	1.045	1.045	1.045	1.045
	镀锌铁丝22号	kg	1.37	1.07	0.87	0.87	0.87
	电焊条	kg	9.60	12.00	12.00	12.00	12.00
	水	m³	0.080	0.080	0.120	0.120	0.120
机械	卷扬机单筒慢速5t以内	台班	0.13	—	—	—	—
	钢筋切断机φ40以内	台班	0.18	0.13	0.13	0.13	0.13
	钢筋弯曲机φ40以内	台班	0.20	0.18	0.18	0.18	0.18
	直流电焊机30kW以内	台班	0.39	0.39	0.39	0.39	0.39
	对焊机75kVA以内	台班	0.05	0.05	0.07	0.07	0.07

②现浇构件带肋钢筋。工作内容：制作、绑扎、安装，定额如表 5-41 中（a）、（b）、（c）所示。

表 5-41（a）　现浇构件带肋钢筋定额表　（t）

	定额编号		5—307	5—308	5—309	5—310
	项目	单位	Φ10	Φ12	Φ14	Φ16
人工	综合工日	工日	11.86	10.77	9.03	8.16
材料	带肋钢筋	t	1.045	1.045	1.045	1.045
	镀锌铁丝 22 号	kg	5.64	4.62	3.39	2.60
	电焊条	kg	—	7.20	7.20	7.20
	水	m³	—	0.150	0.150	0.150
机械	卷扬机单筒慢速 5t 以内	台班	0.33	0.31	0.22	0.19
	钢筋切断机φ40 以内	台班	0.11	0.10	0.10	0.11
	钢筋弯曲机φ40 以内	台班	0.31	0.26	0.21	0.23
	直流电焊机 30kW 以内	台班	—	0.53	0.53	0.53
	对焊机 75kVA 以内	台班	—	0.11	0.11	0.711

表 5-41（b）　（t）

	定额编号		5—311	5—312	5—313	5—314
	项目	单位	Φ18	Φ20	Φ22	Φ25
人工	综合工日	工日	7.06	7.49	5.80	5.19
材料	带肋钢筋	t	1.045	1.045	1.045	1.045
	镀锌铁丝 22 号	kg	3.02	2.05	1.67	1.07
	电焊条	kg	9.60	9.60	9.60	12.00
	水	m³	0.120	0.120	0.080	0.080
机械	卷扬机单筒慢速 5t 以内	台班	0.17	0.16	0.14	—
	钢筋切断机φ40 以内	台班	0.10	0.09	0.09	0.09
	钢筋弯曲机φ40 以内	台班	0.20	0.17	0.20	0.18
	直流电焊机 30kW 以内	台班	0.50	0.50	0.46	0.46
	对焊机 75kVA 以内	台班	0.09	0.10	0.06	0.06

表 5-41（c）　（t）

	定额编号		5—315	5—316	5—317	5—318	5—319
	项目	单位	Φ28	Φ30	Φ32	Φ38	φ40
人工	综合工日	工日	4.94	4.64	4.60	4.58	4.46
材料	带肋钢筋	t	1.045	1.045	1.045	1.045	1.045
	镀锌铁丝 22 号	kg	0.87	0.87	0.87	0.87	0.87
	电焊条	kg	12.00	12.00	12.00	12.00	12.00
	水	m³	0.120	0.120	0.120	0.120	0.120

续表

定额编号		5—315	5—316	5—317	5—318	5—319
项目	单位	Φ28	Φ30	Φ32	Φ38	φ40
机械	钢筋切断机φ40以内 台班	0.09	0.09	0.09	0.09	0.09
	钢筋弯曲机φ40以内 台班	0.13	0.13	0.13	0.13	0.13
	直流电焊机30kW以内 台班	0.51	0.46	0.46	0.46	0.46
	对焊机75kVA以内 台班	0.09	0.09	0.09	0.09	0.09

③预制构件圆钢筋。工作内容包括：制作绑扎、安装、点焊、拼装，定额表如表5-42（a）、(b)、(c)、(d)、(e)所示。

表 5-42（a） 预制构件圆钢筋定额表 （t）

定额编号		5—320	5—321	5—322	5—323	5—324
项目	单位	冷拔低碳钢丝Φ5以下		Φ6		Φ8
		绑扎	点焊	绑扎	点焊	绑扎
人工	综合工日 工日	40.87	32.14	21.43	17.17	13.99
材料	冷拔低碳钢丝Φ5以下 t	1.090	1.090	—	—	—
	钢筋Φ10以内 t	—	—	1.015	1.015	1.015
	镀锌铁丝22号 kg	15.67	2.14	15.67	1.10	8.80
	水 m³	—	5.270	—	4.540	—
机械	钢筋调直机Φ14以内 台班	0.73	0.73	—	—	—
	钢筋切断机φ40以内 台班	0.44	0.44	0.11	0.11	0.11
	点焊机长臂75kVA以内 台班	—	2.18	—	1.88	—
	卷扬机单筒慢速5t以内 台班	—	—	0.33	0.33	0.29
	钢筋弯曲机φ40以内 台班	—	—	—	—	0.32

表 5-42（b） （t）

定额编号		5—325	5—326	5—327	5—328	5—329
项目	单位	Φ8	Φ10		Φ12	
		点焊	绑扎	点焊	绑扎	点焊
人工	综合工日 工日	11.94	10.33	9.59	9.04	8.46
材料	钢筋Φ10以内 t	1.015	1.015	1.015	—	—
	钢筋Φ10以上 t	—	—	—	1.035	1.035
	镀锌铁丝22号 kg	0.82	5.64	0.54	4.62	0.39
	电焊条 kg	—	—	—	7.20	7.20
	水 m³	3.070	—	2.700	0.150	2.060

第五章 混凝土基础

续表

定额编号			5—325	5—326	5—327	5—328	5—329
项目		单位	Φ8	Φ10		Φ12	
			点焊	绑扎	点焊	绑扎	点焊
机械	卷物机单筒慢速5t以内	台班	0.29	0.27	0.27	0.25	0.25
	钢筋切断机φ40以内	台班	0.10	0.09	0.09	0.08	0.08
	钢筋弯曲机φ40以内	台班	0.12	0.27	0.12	0.23	0.10
	点焊机长臂75kVA以内	台班	1.27	—	1.12	—	0.79
	直流电焊机30kW以内	台班	—	—	—	0.44	0.44
	对焊机75kVA以内	台班				0.09	0.09

表 5-42（c） (t)

定额编号			5—330	5—331	5—332	5—333	5—334
项目		单位	Φ14		Φ16		Φ18
			绑扎	点焊	绑扎	点焊	
人工	综合工日	工日	7.82	8.21	6.91	7.13	6.09
材料	钢筋φ10以上	t	1.035	1.035	1.035	1.035	1.035
	镀锌铁丝22号	kg	3.39	0.29	2.60	0.20	2.05
	电焊条	kg	7.20	7.20	7.20	7.20	9.60
	水	m³	0.150	2.420	0.150	1.840	0.120
机械	卷扬机单筒慢速5t以内	台班	0.17	0.17	0.15	0.15	0.14
	钢筋切断机φ40以内	台班	0.08	0.08	0.09	0.09	0.08
	钢筋弯曲机φ40以内	台班	0.18	0.08	0.20	0.08	0.18
	点焊机长臂75kVA以内	台班	—	0.94	—	0.70	—
	直流电焊机30kW以内	台班	0.44	0.44	0.44	0.44	0.42
	对焊机75kVA以内	台班	0.09	0.09	0.09	0.09	0.07

表 5-42（d） (t)

定额编号			5—335	5—336	5—337
项目		单位	Φ20	Φ22	Φ25
人工	综合工日	工日	5.49	4.99	4.46
材料	钢筋φ10以上	t	1.035	1.035	1.035
	镀锌铁丝22号	kg	1.67	1.37	1.07
	电焊条	kg	9.60	9.60	12.00
	水	m³	0.120	0.080	0.080

续表

定额编号		5—335	5—336	5—337
项目	单位	Φ20	Φ22	Φ25
机械	卷扬机单筒慢速5t以内 台班	0.13	0.12	—
	钢筋切断机φ40以内 台班	0.07	0.07	0.07
	钢筋弯曲机φ40以内 台班	0.15	0.18	0.16
	直流电焊机30kW以内 台班	0.42	0.39	0.39
	对焊机75kVA以内 台班	0.07	0.05	0.05

表 5-42（e） (t)

定额编号		5—338	5—339	5—340
项目	单位	Φ28	Φ30	Φ32
人工	综合工日 工日	4.27	4.08	3.97
材料	钢筋φ10以上 t	1.035	1.035	1.035
	镀锌铁丝22号 kg	0.87	0.87	0.87
	电焊条 kg	12.00	12.00	12.00
	水 m³	0.120	0.120	0.120
机械	钢筋切断机φ40以内 台班	0.07	0.07	0.07
	钢筋弯曲机φ40以内 台班	0.12	0.12	0.12
	直流电焊机30kW以内 台班	0.43	0.39	0.39
	对焊机75kVA以内 台班	0.07	0.07	0.07

④预制构件带肋钢筋。工作内容包括：制作、绑扎、安装，定额如表5-43中（a）、（b）、（c）所示。

表 5-43（a） 预制构件带肋钢筋定额表 (t)

定额编号		5—341	5—342	5—343	5—344
项目	单位	Φ10	Φ12	Φ14	Φ16
人工	综合工日 工日	11.08	10.22	8.57	7.74
材料	带肋钢筋 t	1.035	1.035	1.035	1.035
	镀锌铁丝22号 kg	5.64	4.62	4.22	2.60
	电焊条 kg	—	7.20	7.20	7.20
	水 m³	—	0.150	0.150	0.150
机械	卷扬机单筒慢速5t以内 台班	0.29	0.27	0.20	0.16
	钢筋切断机φ40以内 台班	0.09	0.09	0.09	0.09
	钢筋弯曲机φ40以内 台班	0.27	0.23	0.20	0.20
	直流电焊机30kW以内 台班	—	0.53	0.53	0.53
	对焊机75kVA以内 台班	—	0.11	0.11	0.11

表 5-43（b） (t)

定额编号		5—345	5—346	5—347	5—348
项目	单位	Φ18	Φ20	Φ22	Φ25
人工 综合工日	工日	6.72	6.16	5.51	4.99
材料 带肋钢筋	t	1.035	1.035	1.035	1.035
镀锌铁丝22号	kg	2.05	1.67	1.37	2.39
电焊条	kg	9.60	9.60	9.60	12.00
水	m³	0.120	0.120	0.080	0.080
机械 卷扬机单筒慢速5t以内	台班	0.15	0.14	0.13	—
钢筋切断机φ40以内	台班	0.09	0.08	0.08	0.08
钢筋弯曲机φ40以内	台班	0.18	0.16	0.16	0.16
直流电焊机30kW以内	台班	0.50	0.50	0.46	0.46
对焊机75kVA以内	台班	0.09	0.10	0.06	0.06

表 5-43（c） (t)

定额编号		5—349	5—350	5—351	5—352	5—353
项目	单位	Φ28	Φ30	Φ32	Φ38	Φ40
人工 综合工日	工日	4.72	4.42	4.39	4.36	4.27
材料 带肋钢筋	t	1.035	1.035	1.035	1.035	1.035
镀锌铁丝22号	kg	0.87	0.87	0.87	1.73	1.60
电焊条	kg	12.00	12.00	12.00	12.00	12.00
水	m³	0.120	0.120	0.120	0.120	0.120
机械 钢筋切断机φ40以内	台班	0.08	0.08	0.08	0.08	0.08
钢筋弯曲机φ40以内	台班	0.12	0.12	0.12	0.12	0.12
直流电焊机30kW以内	台班	0.50	0.46	0.46	0.46	0.46
对焊机75kVA以内	台班	0.09	0.09	0.09	0.09	0.09

⑤箍筋。工作内容包括：制作、绑扎、安装，如表5-44所示。

表 5-44 箍筋定额表 (t)

定额编号		5—354	5—355	5—356	5—357	5—358
项目	单位	Φ5以内	Φ6	Φ8	Φ10	Φ12
人工 综合工日	工日	40.87	28.88	18.67	13.27	10.26
材料 钢筋Φ10以内	t	1.02	1.02	1.02	1.02	—
钢筋Φ10以内	t	—	—	—	—	1.02
镀锌铁丝22号	kg	15.67	15.67	8.80	5.64	4.62

续表

	定额编号		5—354	5—355	5—356	5—357	5—358
	项目	单位	Φ5 以内	Φ6	Φ8	Φ10	Φ12
机械	卷扬机单筒慢速5t以内	台班	—	0.37	0.32	0.30	0.28
	钢筋切断机Φ40以内	台班	0.44	0.19	0.18	0.12	0.09
	钢筋弯曲机Φ40以内	台班	—	—	1.23	0.85	0.65
	钢筋调直机Φ14以内	台班	0.73				

⑥先张法预应力钢筋。工作内容包括：制作、张拉、放张、切断，定额如表 5-45 中 (a)、(b) 所示。

表 5-45 (a)　　先张法预应力钢筋定额表　　(t)

	定额编号		5—359	5—360	5—361
	项目	单位	Φ5 以内	Φ12	Φ14
人工	综合工日	工日	18.62	9.44	8.62
材料	冷拔低碳钢丝Φ5以下	t	1.090	—	—
	带肋钢筋	t	—	1.060	1.060
	水	m³	—	0.900	0.770
	张拉机具	kg	39.61	46.60	34.27
	冷拉机具及其他材料	kg	—	45.00	33.10
机械	对焊机75kVA以内	台班	—	0.56	0.48
	钢筋切断机Φ40以内	台班	0.08	0.08	0.08
	卷扬机单筒慢速5t以内	台班	—	0.75	0.67
	预应力钢筋拉伸机65t以内	台班	1.58	0.72	0.69
	钢筋调直机Φ14以内	台班	0.75	—	—

表 5-45 (b)　　　　　　　　　　　　(t)

	定额编号		5—362	5—363	5—364	5—365
	项目	单位	Φ16	Φ18	Φ20	Φ22
人工	综合工日	工日	7.84	7.35	6.83	5.07
材料	带肋钢筋	t	1.060	1.060	1.060	1.060
	水	m³	0.660	0.600	0.550	0.520
	张拉机具	kg	26.36	20.75	16.86	13.93
	冷拉机具及其他材料	kg	25.46	20.04	16.29	13.46
机械	对焊机75kVA以内	台班	0.41	0.37	0.34	0.32
	钢筋切断机Φ40以内	台班	0.08	0.08	0.08	0.07
	卷扬机单筒慢速5t以内	台班	0.60	0.58	0.56	0.53
	预应力钢筋拉伸机65t以内	台班	0.66	0.57	0.55	0.50

第五章 混凝土基础

⑦后张法预应力钢筋。工作内容包括：制作、穿筋、张拉、孔道灌浆、锚固、放张、切断等，定额如表5-46中（a）、（b）所示。

表5-46（a） 后张法预应力钢筋定额表 （t）

	定额编号		5—366	5—367	5—368
	项目	单位	Φ16	Φ20	Φ25
人工	综合工日	工日	21.70	15.41	11.62
材料	带肋钢筋	t	1.130	1.130	1.130
	水	m³	0.630	0.520	0.430
	孔道成型钢管	kg	80.17	51.35	33.01
	冷拉设备摊销	kg	137.70	88.20	37.80
	张拉锚具及其他材料	kg	91.80	58.80	56.70
	素水泥浆	m³	1.620	1.053	0.680
	其他费用占材料费	%	5	5	5
机械	对焊机75kVA以内	台班	0.39	0.32	0.27
	钢筋切断机φ40以内	台班	0.08	0.08	0.08
	卷扬机单筒慢速5t以内	台班	0.64	0.60	0.54
	预应力钢筋拉伸机65t以内	台班	1.73	1.01	0.71
	灰浆搅拌机200L	台班	1.78	1.14	0.73
	灰浆运送泵3m³以内	台班	1.78	1.14	0.73
	砂轮机手提式	台班	0.98	0.04	0.41

表5-46（b） （t）

	定额编号		5—369	5—370	5—371	5—372
	项目	单位	Φ28	Φ32	Φ38	φ40
人工	综合工日	工日	10.31	9.31	8.31	7.70
材料	带肋钢筋	t	1.130	1.130	1.130	1.130
	水	m³	0.550	0.630	0.630	0.560
	孔道成型钢管	kg	26.20	19.91	14.15	12.84
	冷拉设备摊销	kg	45.00	34.20	16.20	22.05
	张拉锚具及其他材料	kg	30.00	22.80	24.30	14.70
	素水泥浆	m³	0.540	0.410	0.290	0.260
	其他费用占材料费	%	5	5	5	5
机械	对焊机75kVA以内	台班	0.34	0.39	0.39	0.35
	钢筋切断机φ40以内	台班	0.08	0.08	0.09	0.08
	卷扬机单筒慢速5t以内	台班	0.49	0.49	0.45	0.40
	预压力钢筋拉伸机65t以内	台班	0.57	0.42	0.28	0.26
	灰浆搅拌机200L	台班	0.58	0.44	0.31	0.29
	灰浆运送泵3m³以内	台班	0.58	0.44	0.31	0.29
	砂轮机手提式	台班	0.32	0.25	0.18	0.16

⑧后张法预应力钢筋束（钢绞线）。工作内容包括：制作、编束、穿筋、张拉、孔道灌浆等，定额如表5-47中（a）、（b）、（c）所示。

表5-47（a） 后张法预应力钢丝束 （t）

	定额编号		5—373	5—374	5—375	5—376
	项目	单位	12 Φ^s_5	14 Φ^s_5	16 Φ^s_5	18 Φ^s_5
人工	综合工日	工日	64.70	54.53	50.60	46.13
材料	碳素钢丝	t	1.10	1.10	1.10	1.10
	波纹管	m	600	514.29	450	400
	锚具	套	25.33	21.71	19	16.89
	铁件	kg	669.45	573.81	502.09	446.3
	网片	kg	307.50	263.57	230.63	205
	支架	kg	131.10	112.37	98.33	87.40
	电焊条	kg	93	79.71	69.75	62
	胶带	卷	10	8.57	7.50	6.67
	弧形管	套	73.80	63.26	55.35	49.20
	灌浆管	kg	2.95	2.53	2.21	1.97
	22号铁丝	kg	1.87	1.60	1.40	1.24
	水泥42.5级	kg	1948	1758	1503	1333
	水	m³	2.20	2.00	1.80	1.60
	砂轮片	片	2	2	2	2
机械	直流电焊机30kW以内	台班	3.2	3.2	3.2	3.2
	预应力钢筋拉伸机65t以内	台班	2.48	2.14	1.85	1.63
	钢筋调直机	台班	0.62	0.62	0.62	0.62
	镦头机	台班	0.62	0.62	0.62	0.62
	高压油泵	台班	0.31	0.31	0.31	0.31
	灰浆搅拌机200L	台班	1.53	1.31	1.14	1.02
	电动灌浆机	台班	1.78	1.78	1.78	1.78
	砂轮机手提式	台班	2.10	2.10	2.10	2.10

表5-47（b） （t）

	定额编号		5—377	5—378	5—379
	项目	单位	20 Φ^s_5	22 Φ^s_5	24 Φ^s_5
人工	综合工日	工日	43.85	41.57	38.89
材料	碳素钢丝	t	1.10	1.10	1.10
	波纹管	m	360	327.27	300
	锚具	套	15.20	13.82	12.67
	铁件	kg	401.67	365.15	334.73
	网片	kg	184.50	167.73	153.75
	支架	kg	78.66	71.51	65.55
	电焊条	kg	55.80	50.73	46.50
	胶带	卷	6.00	5.45	5.00

第五章 混凝土基础

续表

	定额编号		5—377	5—378	5—379
	项目	单位	20 Φ§	22 Φ§	24 Φ§
材料	弧形管	套	44.28	40.25	36.90
	灌浆管	kg	1.77	1.61	1.475
	22号铁丝	kg	1.12	1.02	0.93
	水泥42.5级	kg	1205	1092	992
	水	m³	1.50	1.30	1.20
	砂轮片	片	2	2	2
机械	直流电焊机30kW以内	台班	3.20	3.20	3.20
	预应力钢筋拉伸机65t以内	台班	1.47	1.36	1.25
	钢筋调直机	台班	0.62	0.62	0.62
	镦头机	台班	0.62	0.62	0.62
	高压油泵	台班	0.31	0.31	0.31
	灰浆搅拌机200L	台班	0.92	0.83	0.76
	电动灌浆机	台班	1.78	1.78	1.78
	砂轮机手提式	台班	2.10	2.10	2.10

表 5-47（c） (t)

	定额编号		5—380	5—381
	项目	单位	无粘结预应力钢丝束	有粘结预应力钢绞线
人工	综合工日	工日	36.54	172.53
材料	无粘结钢丝束	t	1.06	—
	锚具	个	52.56	—
	承压板	kg	49.20	—
	七孔板	kg	45.15	—
	塑料管Φ20	kg	3.38	15.47
	穴模	套	37.44	—
	钢筋	kg	11.19	48.79
	铁线16号	kg	4.50	3.54
	砂轮片	个	9.00	—
	钢绞线	t	—	1.06
	波纹管	m	—	249.26
	垫板（20mm）	kg	—	112.85
	盖板	个	—	41.11
	电焊条	kg	22	22
	水泥42.5级	kg	—	647.12
	JM15-4锚具	个	—	11.81
	黑胶布	盘	—	8.54

续表

定额编号			5—380	5—381
项目		单位	无粘结预应力钢丝束	有粘结预应力钢绞线
机械	直流电焊机 30kW 以内	台班	—	1.01
	钢筋切断机 ϕ40 以内	台班	—	0.50
	钢筋调直机 Φ14 以内	台班	—	0.50
	液压千斤顶 YC-60 型	台班	1.80	5.03
	高压油泵 50MPa 以内	台班	1.80	5.03
	灰浆运送泵 $3m^3$ 以内	台班	—	1.68
	塔式起重机 6t 以内	台班	0.05	—
	角向磨光机	台班	0.54	—
	载重汽车 6t 以内	台班	0.36	—

⑨铁件及电渣压力焊接。工作内容包括：安装、埋设、焊接固定，定额如表5-48所示。

表5-48 铁件及电渣压力焊接定额 （t）

定额编号			5—382	5—383
项目		单位	铁件	电渣压力焊接 每10个接头
人工	综合工日	工日	24.50	1.20
材料	铁件	t	1.010	—
	预埋铁件	t	(1.010)	—
	电焊条	kg	36.00	0.11
	焊剂	kg	—	4.35
	钢筋	kg	—	1.24
	石棉垫	kg	—	0.36
	其他材料费占材料费	%	—	6.01
机械	直流电焊机 30kW 以内	台班	4.39	0.01
	电渣焊机	台班	—	0.22

第六章 混凝土工程

工业与民用建筑特别是高层建筑的基础都为钢筋混凝土结构,混凝土由水泥、硬骨料、砂、掺合料、外加剂和水组成,其密度一般为 $1950\sim2500kg/m^3$。拌制混凝土的原材料,应在进场时严格检查验收,并应符合现行国家相关规范标准的规定。

第一节 混凝土原材料

234. 拌制混凝土所使用的水泥应符合哪些要求?

拌制混凝土所使用的水泥一般为硅酸盐水泥、普通硅酸盐水泥、火山灰质硅酸盐水泥、粉煤灰硅酸盐水泥和矿渣硅酸盐水泥,只有混凝土要求快硬时才使用快硬早强硅酸盐水泥。对大体积混凝土工程宜采用水化热低的矿渣硅酸盐水泥,现场条件限制无矿渣硅酸盐水泥时,宜采用水化热一般的硅酸盐水泥。

(1) 硅酸盐水泥、普通硅酸盐水泥。硅酸盐水泥是由硅酸盐水泥熟料,加适量石膏和 0%~5% 的石灰石或粒化高炉矿渣磨细而制成的;普通硅酸盐水泥是由硅酸盐水泥熟料、掺 6%~15% 的混合材料和适量的石膏磨细而制成的。

掺合料包括粉煤灰、火山灰和粒化高炉矿渣。

硅酸盐水泥有 42.5、42.5R、52.5、52.5R、62.5、62.5R 六个强度等级。

普通硅酸盐水泥有 42.5、42.5R、52.5、52.5R 四个强度等级。

所有水泥的龄期强度均不得低于表 6-1 的规定数值。

表 6-1 硅酸盐水泥、普通硅酸盐水泥的各龄期强度

品种	强度等级	抗压强度/MPa		抗折强度/MPa	
		3d	28d	3d	28d
硅酸盐水泥	42.5	≥17.0	≥42.5	≥3.5	≥6.5
	42.5R	≥22.0		≥4.0	
	52.5	≥23.0	≥52.5	≥4.0	≥7.0
	52.5R	≥27.0		≥5.0	
	62.5	≥28.0	≥62.5	≥5.0	≥8.0
	62.5R	≥32.0		≥5.5	
普通硅酸盐水泥	42.5	≥17.0	≥42.5	≥3.5	≥6.5
	42.5R	≥22.0		≥4.0	
	52.5	≥23.0	≥52.5	≥4.0	≥7.0
	52.5R	≥27.0		≥5.0	

(2) 矿渣硅酸盐水泥、火山灰质硅酸盐水泥和粉煤灰硅酸盐水泥。矿渣硅酸盐水泥（矿渣水泥）是由硅酸盐水泥熟料和粒化矿渣加适量石膏磨细而成的；火山灰质硅酸盐水泥（火山灰水泥）是由硅酸盐水泥熟料和火山灰质混合料加入适量石膏磨制而成的；粉煤灰硅酸盐水泥（粉煤灰水泥）是由硅酸盐水泥熟料和粉煤灰加入适量的石膏磨制而成的。

矿渣硅酸盐水泥、火山灰质硅酸盐水泥及粉煤灰硅酸盐水泥均有 32.5、32.5R、42.5、42.5R、52.5、52.5R 六个强度等级。

各强度等级的水泥龄期强度均不得低于表 6-2 规定的数值。

表 6-2 矿渣水泥、火山灰水泥、粉煤灰水泥的龄期强度

品种	强度等级	抗压强度/MPa		抗折强度/MPa	
		3d	28d	3d	28d
粉煤灰硅酸盐水泥 火山灰质硅酸盐水泥 矿渣硅酸盐水泥	32.5	≥10.0	≥32.5	≥2.5	≥5.5
	32.5R	≥15.0		≥3.5	
	42.5	≥15.0	≥42.5	≥3.5	≥6.5
	42.5R	≥19.0		≥4.0	
	52.5	≥21.0	≥52.5	≥4.0	≥7.0
	52.5R	≥23.0		≥4.5	

(3) 快硬硅酸盐水泥。快硬硅酸盐水泥（快硬水泥）是由硅酸盐水泥熟料和适量石膏磨细而成的。快硬水泥的强度以 1d、3d、28d 抗压强度来表示，分为 32.5、37.5、42.5 三个强度等级。三个强度等级的水泥龄期强度均不得低于表 6-3 的规定。

表 6-3 快硬硅酸盐水泥各龄期强度

强度等级	抗压强度/MPa			抗折强度/MPa		
	1d	3d	28d	1d	3d	28d
32.5	15.0	32.5	52.5	3.5	5.0	7.2
37.5	17.0	37.5	57.5	4.0	6.0	7.6
42.5	19.0	42.5	62.5	4.5	6.4	8.0

(4) 中热硅酸盐水泥、低热硅酸盐水泥、低热矿渣硅酸盐水泥。中热硅酸盐水泥（中热水泥）是在硅酸盐熟料中加适量石膏磨细而成的，具有中度水化热。

低热矿渣硅酸盐水泥（低热矿渣水泥）是在适当的硅酸盐熟料中加矿渣和适量的石膏磨细而成的，具有低度水化热。

中热硅酸盐水泥 42.5、低热硅酸盐水泥 42.5、低热矿渣硅酸盐水泥 32.5 共三个强度等级。

以上三种水泥各龄期强度均不得低于表 6-4 的规定数值，各龄期水化热均不得高于表 6-5 的规定数值。

表 6-4 中热水泥、低热水泥、低热矿渣水泥各龄期强度

品种	强度等级	抗压强度/MPa			抗折强度/MPa		
		3d	7d	28d	3d	7d	28d
中热水泥	42.5	12.0	22.0	42.5	3.0	4.5	6.5
低热水泥	42.5	—	13.0	42.5	—	3.5	6.5
低热矿渣水泥	32.5	—	12.0	32.5	—	3.0	5.5

表 6-5　中热水泥、低热水泥、低热矿渣水泥各龄期水化热　（kJ/kg）

品种	强度等级	3d	7d
中热水泥	42.5	251	293
低热水泥	42.5	230	260
低热矿渣水泥	32.5	197	230

（5）水泥的验收和储存。水泥的进场应有合格证和检测报告，并对其品种、强度等级、散装水泥的仓号及出厂日期进行检查并做好记录。

存放水泥的仓库应干燥，不漏雨水。

临时存放水泥的场地，地势应高，下垫水泥墩或石墩，铺木板并采取有效的防雨措施。

袋装水泥堆垛一般为10袋，短期存放不超过15袋；散装水泥应存放在接收库或钢板罐内，并离地留有300mm以上的空间，有可靠的防雨措施。库内留有通道以便先进先用。

对水泥质量有怀疑或出厂日期超过三个月（早强水泥超过一个月）时，应对水泥做强度试验，并按实际试验结果将水泥使用在相对不重要的部位。

235. 拌制混凝土所使用的砂应符合哪些要求？

拌制混凝土所使用的砂应符合以下要求：

应为自然条件下形成的其粒径在5mm以下的岩石颗粒，这种天然砂来源于河砂、海砂和山砂；按其细度模数或粒径分为粗砂、中砂、细砂和特细砂。

粗砂：细度模数 μ_f 为 3.1~3.7，平均粒径在 0.5mm 以上；

中砂：细度模数 μ_f 为 2.3~3.0，平均粒径在 0.35~0.5mm 之间；

细砂：细度模数 μ_f 为 1.6~2.2，平均粒径在 0.25~0.35mm 之间。

特细砂：细度模数 μ_f 为 0.7~1.5。

天然砂的技术要求是：

（1）颗粒级配。混凝土用砂以0.63mm筛孔累计筛余量划分为三个级配区，如表6-6所示。

表 6-6　砂颗粒级配区

筛孔尺寸/mm	级配区		
	1区	2区	3区
	累计筛余量（%）		
5.00	0~10	0~10	0~10
2.50	5~35	0~25	0~15
1.25	35~65	10~50	0~25
0.63	71~85	41~70	16~40
0.315	80~95	70~92	55~85
0.16	90~100	90~100	90~100

砂的颗粒级配应处在这三个级配区范围内，但配制混凝土时宜选用 2 区段砂为最佳。在只能选用 1 区段砂时则应为保持足够的水泥用量而提高砂率来满足混凝土对和易性的要求；当采用 3 区段的砂时则应降低砂率来保证混凝土的强度。

（2）含泥量。含泥量是指单位重量的砂中所含粒径小于 0.08mm 的黏土、淤泥及尘屑的比率。

砂的含泥量应符合以下要求：

当混凝土的强度等级≥C30 时，砂的含泥量应≤3%；当混凝土的强度等级＜C30 时砂的含泥量应≤5%。对有抗渗、抗冻或其他特殊要求的混凝土用砂，砂的含泥量不超过 3%，对 C10 及以下强度等级的混凝土用砂，根据水泥强度等级可适当放宽。

（3）泥块含量。泥块含量是粒径超过 1.25mm 经浸水手搓之后变成 0.63mm 的颗粒在单位重量中所占的比率。

砂中所含泥块量应符合以下规定：

当混凝土强度等级≥C30 时应≤1%；当混凝土强度等级＜C30 时应≤2%。

对有抗渗、抗冻或其他特殊要求的混凝土用砂，其泥块含量不超过 1%。对 C10 及以下强度等级的混凝土用砂，其泥块含量可适当放宽。

（4）坚固性。是指用砂在气候、环境及其他因素的作用下抵抗破损的能力。

用硫酸钠溶液取砂试样经 5 次循环后其重量损失的比率应符合以下要求：

在严寒及寒冷地区的室外并常处在潮湿或干湿交替环境下的混凝土，循环 5 次后其重量损失应≤8%；其他环境条件下的混凝土其重量损失应≤10%。对有抗疲劳、抗耐磨及抗冲击混凝土用砂或有腐蚀或经常处在水位变化的地下混凝土用砂，其重量损失应不超过 8%。

（5）有害物质含量。指有机物、轻物质、硫化物、硫酸盐及云母在砂中所占的比率，其含量应符合以下有关规定：

云母含量≤2%；轻物质含量≤1%；硫化物及硫酸盐含量≤1%。有机物含量用比色法试验颜色不应深于标准色，如果试验深于标准色，则应以水泥胶砂强度试验的方法进行强度检验，其抗压强度比不低于 95%。

对有抗渗、抗冻要求的混凝土，砂中的云母含量不应超过 1%。

砂中如含有颗粒状的硫化物或硫酸盐杂质时，则应进行专项检验，当确认能满足混凝土耐久性要求时才能投入使用。

236. 对卵石或碎石有哪些要求？

由天然卵石或碎石经过破碎加工以后筛选的粒径在 5mm 以上的岩石颗粒称为卵石或碎石。

对卵石或碎石的技术要求如下：

（1）颗粒级配。卵石或碎石的颗粒级配应符合表 6-7 的要求。

单粒径适用于组成具有要求级配的连续粒级，也可与连续级配混合使用，以改善级配或配成较大粒度的连续粒级，不宜采用单独的单粒级配配制混凝土。

第六章 混凝土工程

表6-7 卵石或碎石的颗粒级配范围

级配情况	公称粒径/mm	累计筛余,按质量计(%) 筛孔尺寸,方孔筛/mm											
		2.36	4.75	9.5	16.0	19.0	26.5	31.5	37.5	53.0	63.0	75.0	90
连续粒级	5~10	95~100	80~100	0~15	0	—	—	—	—	—	—	—	—
	5~16	95~100	85~100	30~60	0~10	0	—	—	—	—	—	—	—
	5~20	95~100	90~100	40~80	—	0~10	0	—	—	—	—	—	—
	5~25	95~100	90~100	—	30~70	—	0~5	0	—	—	—	—	—
	5~31.5	95~100	90~100	70~90	—	15~45	—	0~5	0	—	—	—	—
	5~40	—	95~100	70~90	—	30~65	—	—	0~5	0	—	—	—
单粒粒级	10~20	—	95~100	85~100	—	0~15	0	—	—	—	—	—	—
	16~31.5	—	95~100	—	85~100	—	—	0~10	0	—	—	—	—
	20~40	—	—	95~100	—	80~100	—	—	0~10	0	—	—	—
	31.5~63	—	—	—	95~100	—	—	75~100	45~75	—	0~10	0	—
	40~80	—	—	—	—	95~100	—	—	70~100	—	30~60	0~10	0

(2) 片、针状颗粒。凡岩石颗粒的长度大于该颗粒所属粒级平均粒径2.4倍的颗粒为针状颗粒;其厚度小于该颗粒所属粒级的平均粒径0.4倍的颗粒为片状颗粒。平均粒径是指该粒级颗粒的上限和下限粒径的平均值。

卵石或碎石中片状、针状颗粒的含量应符合以下规定:

当混凝土的强度等级≥C30时,片状、针状颗粒的含量应占其总重量的百分比≤15%;当混凝土的强度等级<C30时,其含量则应≤25%。对C10及其以下强度等级的混凝土,其片状、针状颗粒含量可适当放宽到40%。

(3) 含泥量。含泥量是指卵石或碎石中含粒径小于0.08mm的尘屑、黏土和淤泥等的总含量。

卵石或碎石中的含泥量应符合以下规定:

当混凝土的强度等级≥C30时,其含泥量应≤1%;当混凝土的强度等级<C30时,则含泥量应≤2%。对有抗渗、抗冻或其他特殊要求的混凝土,其所用卵石或碎石的含泥量应大于1%。若卵石或碎石中含泥大部分为非黏土类石粉时,其含量可按以上所规定的1%、2%分别放宽到1.5%、3%。混凝土的强度等级在C10及其以下时,其含泥量可适当放宽到2.5%。

(4) 泥块含量。卵石或碎石中粒径大于5mm、经水洗并用手捏之后变为<2.5mm的颗粒含量称为泥块含量。卵石或碎石中泥块的含量应符合以下规定:

当混凝土强度等级≥C30时,其泥块含量应≤0.5%;当混凝土强度等级<C30时,其泥块含量应≤0.7%。对有抗渗、抗冻及有特殊要求的混凝土,其所使用的卵石或碎石中泥块的含量应不超过0.5%。强度等级为C10及其以下的混凝土,所使用的卵石或碎石中的泥块含量可放宽到1%。

(5) 强度。岩石的抗压强度及压碎指标表示碎石的强度。压碎指标值表示卵石或碎石抵抗压碎的实际能力。碎石的压碎指标值应符合表6-8的规定。当混凝土的抗压强度等级为C60及其以上时应进行岩石抗压强度试验,在其他情况时,必要或有怀疑时也可以进行抗压强度试验。岩石的抗压强度与混凝土的强度等级之比不应小于1.5,且火成岩的抗压强度不宜低于80MPa,变质岩的抗压强度不宜低于60MPa,水成岩的抗压强度不宜低于30MPa。

表6-8 碎石压碎指标值

岩石品种	混凝土强度等级	碎石压碎指标值（%）
水成岩	C40～C50	≤10
	≤C35	≤16
变质岩或深成的火成岩	C40～C50	≤12
	≤C35	≤20
火成岩	C40～C50	≤13
	≤C35	≤30

卵石的强度用压碎指标值表示应符合以下规定：

当混凝土强度等级在C40～C50之间时，其压碎指标值应≤12%；当混凝土强度等级≤C35时，其压碎指标值应≤16%。

水成岩包括石灰岩、砂岩等；变质岩包括片麻岩、石英岩等；深层的火成岩包括花岗岩、正长岩、闪长岩和橄榄岩等。喷出的火成岩包括玄武岩和辉绿岩等。

（6）坚固性。卵石或碎石在气候、环境改变或其他因素作用下抵抗破裂的能力称为坚固性。

卵石和碎石的坚固性用硫酸钠溶液试验经5次循环后取得结果来判断，其重量损失应符合以下规定：

当混凝土处在严寒或寒冷地区的室外环境条件下使用，且经常处在潮湿或干湿交替状态时，其循环后的重量损失应≤8%；当混凝土在其他条件下使用时，其重量损失则应≤12%。在腐蚀介质作用或通常处在水位变化区的地下结构或有抗疲劳、抗冲击或耐磨等要求的混凝土用卵石或碎石，其坚固性的重量损失率不应大于8%。

（7）有害物质的含量。卵石或碎石中的硫化物和硫酸盐含量，以及卵石中的有机物杂质等有害物质的含量应符合以下规定：

硫化物及硫酸盐含量应≤1%（重量比）。卵石中的有机质含量用比色法试验，其结果颜色应不深于标准色；如结果深于标准色，则应配制成混凝土进行强度对比试验，其试验结果抗压强度值应不低于标准强度的95%。

若发现卵石或碎石中有颗粒状硫酸盐或硫化物杂质时，则要求进行专项试验，证实能满足混凝土耐久性要求时方可使用。

237. 对混凝土拌合用水有哪些要求？

混凝土拌合用水包括饮用水、地表水、海水、经处理的工业废水。

生活饮用水可以拌制各种混凝土。

地表水和地下水第一次使用前应按规定进行检验，检验合格后方可拌制各种混凝土。

海水可以用来拌制无筋混凝土，不能用来拌制钢筋预应力混凝土和钢筋混凝土及有装饰要求的混凝土。

经处理、检验合格的水，可用来拌制各种混凝土。

拌合用水所含的物质对混凝土、预应力混凝土和钢筋混凝土不应产生有害作用。水的 pH 值、不溶物、氯化物、硫酸盐、硫化物的含量应符合表 6-9 的规定。

表 6-9　拌合用水物质含量限值

项目	预应力混凝土	钢筋混凝土	素混凝土
硫化物（以 S^{2-} 计）/（mg/L）	≤1500	≤1500	≤1500
硫酸盐（以 SO_4^{2-} 计）/（mg/L）	≤600	≤2000	≤2700
氯化物（以 Cl^- 计）/（mg/L）	≤500	≤1000	≤3500
可溶物/（mg/L）	≤2000	≤5000	≤10000
不溶物/（mg/L）	≤2000	≤2000	≤5000
pH 值	≥5	≥4.5	≥4.5

注：使用钢丝或热处理钢筋的预应力混凝土，氯化物含量不得超过 350mg/L。

238. 对混凝土外加剂有哪些具体要求？

混凝土外加剂为掺在混凝土中用以改善混凝土性能的材料。外加剂按其作用不同分为防冻剂、早强剂、膨胀剂、缓凝剂、减水剂、引气剂等。

（1）防冻剂。是指在规定温度下能明显降低混凝土冻结点，使混凝土液不冻结或仅部分冻结，以保证水泥水化热的正常进行，在一定的时间内获得预期强度的外加剂。在混凝土工程中可采用以下防冻剂：

①氯盐类。以氯盐（包括氯化钠、氯化钙）或以氯盐为主与其他早强剂、引气剂及减水剂复合型外加剂；

②氯盐阻锈类。氯盐与阻锈剂（亚硝酸钠）为主的复合型外加剂；

③无氯盐类。以亚硝酸盐、硝酸盐、碳酸盐、乙酸钠或以尿素为主的复合型外加剂。

可用于负温下施工的混凝土。

氯盐类防冻剂可用于混凝土工程，但不得用于以下结构：

使用直流电源的工厂及使用电气化运输设施的钢筋混凝土工程结构；与镀锌钢材或铝铁相接触部位的结构，以及有外露钢筋预埋件而无防护措施的结构；含有活性骨料的混凝土结构。

氯盐阻锈类防冻剂可用于钢筋混凝土工程，禁止与氯盐类防冻剂同时使用。

无氯盐类防冻剂可用于预应力混凝土工程和钢筋混凝土工程，但亚硝酸盐、碳酸盐及硝酸盐类防冻剂不得用于预应力混凝土工程和与镀锌钢材、铝铁相接触部位的钢筋混凝土结构。亚硝酸盐禁止用于食品工程及饮水工程。

防冻剂的用量应根据施工现场的气温，经试验确定。

防冻剂中防冻组分掺量应符合以下规定：

氯盐类防冻剂中氯盐掺量不得大于拌合水重量的 7%；

氯盐阻锈类防冻剂，总量不得大于拌合水重量的15%。当氯盐掺量占水泥重量的0.5%～1.5%时，亚硝酸钠与氯盐之比应>1；当氯盐掺量占水泥重量的1.5%～3%时，亚硝酸钠与氯盐之比应>1.3。

无氯盐类防冻剂，总量不得大于拌合水重量的20%，其中亚硝酸钠、硝酸钠、亚硝酸钙、硝酸钙均不得大于水泥重量的8%，尿素不得大于水泥重量的4%，碳酸钾不得大于水泥重量的10%。防冻剂的使用应符合以下规定：

在日最低气温为-5℃时，混凝土体采用一层塑料薄膜及两层草袋或其他代用物覆盖养护时，可用早强减水剂或早强剂来代替防冻剂。

在日最低气温为-10℃、-15℃、-20℃且在采用上述保温措施时，可分别采用规定温度为-5℃、-10℃和-15℃的防冻剂。

掺防冻剂的混凝土所用原材料应符合以下规定：

宜选用普通硅酸盐水泥，水泥强度等级不应低于32.5MPa。严禁使用高铝水泥。

使用的粗细骨料必须清洁，其中不得含有冰、雪等冻结物及易冻裂的矿物质；含钾、钠离子较多的防冻剂，不得采用活性骨料或在骨料中混进这些物质的骨料。

掺防冻剂的混凝土的配合比应符合以下规定：

C20混凝土的水灰比宜采用0.50～0.60；C40混凝土宜采用0.35～0.45。

C20混凝土的水泥用量不宜少于300kg/m³；C40混凝土的最小水泥用量不宜少于450kg/m³；重要的承重结构、薄壁结构的混凝土，可以增加10%的上述水泥用量。

掺引气组分防冻剂混凝土的砂率，比不掺防冻剂混凝土的砂率可降低2%～3%。

掺加防冻剂的混凝土搅拌时应符合以下规定：

严格控制水灰比，骨料及防冻液中的含水量均应扣减。

氯化钙与引水剂或引气减水剂复合使用时，应先加引水剂或引气减水剂，经搅拌均匀后再投放氯化钙溶液；钙盐与硫酸盐混合使用时应先加钙盐经搅拌均匀以后再加入硫酸盐。

气温低于-5℃时，可用热水拌制混凝土；当水温高于65℃时，应将热水与骨料拌合以后再投放水泥继续搅拌。

掺加防冻剂的混凝土，出罐温度不得低于10℃，入模温度不得低于5℃。寒冷地区或采用冻结法施工时，其出罐温度应经试验确定。

配制掺防冻剂的混凝土前，应用热水或蒸气给搅拌机加温，其搅拌时间应比常温条件下增加50%。

防冻剂溶液应安排专人配制，应严格控制掺量。

粉剂防冻剂如发现有受潮结块现象应研碎过筛后方可使用，粉剂、水泥和骨料应拌合均匀以后再加水搅拌。

气温低于-10℃时，骨料应采取加热保温措施。骨料冻结时应加热，温度不得高于65℃。骨料含水量应从拌合水中扣减。

防冻剂的配制应符合以下规定：

配制复合型防冻溶液时，应搅拌均匀，如其中有结晶或沉淀现象则应分别配制，分别投入使用。

配制复合防冻剂前，应检测防冻剂各组分的含量、水及不溶物所占比例，配制时应按有效固体含量计量使用。

掺防冻剂的混凝土运输及浇筑除遵守一般混凝土的规定以外,还应遵守以下规定:

混凝土浇筑前应清除钢筋和模板上的冰雪及油污,不得用蒸气直接融化冰块或积雪。

混凝土运到施工现场后应在15min以内注入并覆盖保温。

掺防冻剂的混凝土的养护应符合以下规定:

当混凝土温度降到规定温度以下时,混凝土强度必须达到3.5MPa。

在负温气候条件下养护时不得浇水,混凝土表面应覆盖。

拆除模板以后混凝土表面温度与外界温度之差超过15℃时,应采取保温措施。

初期保温不得低于防冻剂的规定温度,若低于防冻剂的规定温度,则应立即采取有效的保温措施。

(2) 早强剂。早强剂是指能提高混凝土早期强度,并对后期强度无影响的外加剂,当早强剂和减水剂复合使用时称作早强减水剂,同时有早强和减水两个作用。

混凝土工程中可使用以下早强剂:

①氯盐类。氯化钙、氯化钠等;

②硫酸盐类。硫酸钠、硫代硫酸钠等;

③有机胺类。如三乙醇胺、三异丙醇胺等;

④其他。如甲酸盐等。

早强减水剂及早强剂可用于蒸养混凝土及常温、低温和负温(最低气温不低于-5℃)环境条件下施工的有早强或防冻等要求的混凝土工程。

在下列结构中不得在钢筋混凝土中使用氯盐和含有氯盐成分的早强剂及早强减水剂:

①采用冷拉钢筋或冷拉低碳钢筋的结构工程;

②给排水构筑物、薄壁结构,中级和重级型吊车梁、落锤、屋桁架或锻锤基础等结构;

③电解车间和距高压直流电源直线距离100m以内的结构工程;

④临近高压电源(如发电站、变电所等)的结构工程、预应力混凝土结构工程及含有活性骨料的混凝土工程;

⑤相对湿度>80%的环境中使用的结构工程、处在水位交错变化部位的结构工程、外露结构及常受水淋的结构工程;

⑥与铝铁或镀锌钢材接触部位的结构工程及有外露预埋件而又无任何防护措施的结构工程;

⑦与酸碱或硫酸等重侵蚀性介质相接触的结构工程;

⑧经常处在温度在60℃以上的结构工程。

含有强电解质无机盐类的早强剂、硫酸盐早强减水剂,不得用于以下结构:

①使用直流电源的工厂及电气化运输设备的钢筋混凝土结构;

②与铝铁或镀锌钢材相接触部位的结构及外露钢筋预埋铁件而又无任何防护措施的结构工程;

③含有活性骨料的混凝土结构工程。

早强剂的掺量应根据混凝土的种类、早强剂的品种及使用条件选用,不能大于表6-10的规定。

表 6-10 早强剂掺量

混凝土种类及使用条件		早强剂品种	掺量（%）水泥重量
预应力混凝土		1. 硫酸钠 2. 三乙醇胺	1 0.05
钢筋混凝土	干燥环境	1. 氯盐 2. 硫酸钠 3. 硫酸钠和缓凝减水剂复合用 4. 三乙醇胺	1 2 3 0.05
钢筋混凝土	潮湿环境	1. 硫酸钠 2. 三乙醇胺	1.5 0.05
有饰面要求的混凝土		硫酸钠	1
无筋混凝土		氯盐	2

注：在预应力混凝土中，由其他原材料带入的氯盐总量，不应大于水泥重量的0.1%；在潮湿环境下的钢筋混凝土中不应大于水泥重量的0.25%。表中氯盐含量，按无水氯化钙计取。

常用复合早强剂及早强减水剂的组分与掺量，按表6-11的规定选用。

表 6-11 常用复合早强剂、早强减水剂的组分和剂量

类型	外加剂组分	常用剂量（以水泥重量%计）
复合早强剂	三乙醇胺 + 氯化钠	(0.03 ~ 0.05) + 0.5
	三乙醇胺 + 氯化钠 + 亚硝酸钠	0.05 + (0.3 ~ 0.5) + (1 ~ 2)
	硫酸钠 + 亚硝酸钠 + 氯化钠 + 氯化钙	(1 ~ 1.5) + (1 ~ 3) + (0.3 ~ 0.5) + (0.3 ~ 0.5)
	硫酸钠 + 氯化钠	(0.5 ~ 1.5) + (0.3 ~ 0.5)
	硫酸钠 + 亚硝酸钠	(0.5 ~ 1.5) + 1.0
	硫酸钠 + 三乙醇胺	(0.5 ~ 1.5) + 0.05
	硫酸钠 + 二水石膏 + 三乙醇胺	(1 ~ 1.5) + 2 + 0.05
	亚硝酸钠 + 二水石膏 + 三乙醇胺	1.0 + 2 + 0.05
早强减水剂	硫酸钠 + 萘系减水剂	(1 ~ 3) + (0.5 ~ 1.0)
	硫酸钠 + 木质素减水剂	(1 ~ 3) + (0.15 ~ 0.25)
	硫酸钠 + 糖钙减水剂	(1 ~ 3) + (0.05 ~ 0.12)

注：早强减水剂用来提高混凝土早期抗冻害能力时，硫酸钠的用量可提高到3%，减水剂掺量应取表中的上限数值。

有机胺、氯盐、结晶硫酸钠等早强剂可配制成溶液使用；可采用40 ~ 70℃的热水加快溶解，溶解必须均匀。硫酸钠溶液浓度不得超过20%，应随配随用，如发现有结晶沉淀现象应加热搅拌溶解后使用。

粉剂复合早强剂、早强减水剂如有受潮结块应通过0.63mm的筛过筛之后方可使用。粉剂搅拌时应与硬骨料、水泥干拌以后再加水，其搅拌时间不得少于3min。掺早强剂及早强减水剂的混凝土搅拌和振捣与不掺加外加剂的混凝土相同。

掺早强减水剂及早强剂的混凝土的养护应根据混凝土的浇灌温度、外加剂的品种和水泥的品种通过试验确定。

（3）膨胀剂。膨胀剂是能使混凝土浇注后在水化过程中产生一定程度的体积膨胀，并

能在一定约束条件下产生适度自应力的外加剂。

混凝土施工过程中可使用以下膨胀剂：

①硫铝酸钙类。有明矾石膨胀剂、CSA膨胀剂等。

②氧化镁类。有氧化镁膨胀剂。

③氧化钙-硫铝酸钙类。有复合膨胀剂。

④氧化钙类。如石灰膨胀剂等。

⑤金属类。有铁屑膨胀剂。

膨胀剂适用于配制自应力混凝土、填充用膨胀混凝土及补偿收缩混凝土。

膨胀剂的常用掺量，应符合表6-12的规定。

表6-12 膨胀剂的常用掺量

膨胀混凝土（砂浆种类）	膨胀剂名称	掺量（水泥用量%）
补偿收缩混凝土（砂浆）	明矾石膨胀剂	13~17
	硫铝酸钙膨胀剂	8~10
	氧化钙膨胀剂	3~5
	氧化钙-硫铝酸钙复合膨胀剂	8~12
填充用膨胀混凝土（砂浆）	明矾石膨胀剂	10~13
	硫铝酸钙膨胀剂	8~10
	氧化钙膨胀剂	3~5
	氧化钙-硫铝酸钙复合膨胀剂	8~10
	铁屑膨胀剂	30~35
自应力混凝土（砂浆）	硫铝酸钙膨胀剂	15~25
	氧化钙-硫铝酸钙复合膨胀剂	15~25

膨胀混凝土的施工应注意以下事项：

①掺硫铝酸钙类或氧化钙类膨胀剂的混凝土不宜使用氯盐类外加剂。

②膨胀混凝土应使用机械搅拌，其搅拌时间比不掺外加剂的混凝土延长30s，并不应少于3min。

③膨胀混凝土的运输及浇筑时间的允许时限应根据试验确定。

④搅拌补偿收缩混凝土宜使用机械振捣密实。坍落度在15cm以上的填充混凝土不宜使用机械振捣。在不易排除空气的部位，可用钢筋或铁管振捣。每个浇筑过程必须从一端向另一端依次浇筑完成。

⑤膨胀混凝土必须在湿润状态下养护14d以上，也可使用喷涂养护剂进行养护。当日最低气温低于5℃时，应立即采取保温措施。膨胀混凝土可采取80℃以下的蒸气养护，应根据使用的膨胀剂或水泥品种经试验确定养护要求。

⑥对硫铝酸钙类膨胀剂（明矾石膨胀剂除外）、氧化钙类膨胀剂，宜采用普通硅酸盐水泥或硅酸盐水泥。明矾石膨胀剂采用矿渣硅酸盐水泥或普通硅酸盐水泥。

⑦设计配合比时，水泥及膨胀剂用量应按内掺法计算（实际水泥用量+膨胀剂用量=计算水泥用量）。

⑧应根据工程的性质和施工现场的施工条件适当选择膨胀剂的品种，在使用前应进行试

配，根据试配结果确定配合比。

⑨所使用的水泥强度等级不应低于32.5MPa，其水泥用量应符合表6-13的规定。

表6-13 膨胀混凝土（砂浆）水泥用量

膨胀混凝土（砂浆）种类	最小水泥用量/（kg/m³）	最大水泥用量/（kg/m³）
补偿收缩混凝土	300	—
补偿收缩砂浆	—	900
填充用膨胀混凝土	300	700
填充用膨胀砂浆	—	900
自应力混凝土	500	—
自应力砂浆	—	900

（4）缓凝剂。缓凝剂是能延缓混凝土凝结的时间并对后期混凝土强度的增长无不利影响的外加剂。缓凝剂和减水剂配合使用成为缓凝减水剂，兼有减水和缓凝双重作用。

混凝土施工过程中，可使用以下缓凝剂、缓凝减水剂：

①无机盐类。有锌盐、磷酸盐、硼酸盐等。

②羟基羧酸及其盐类。有柠檬酸、酒石酸钾钠等。

③木质素磺酸盐类。有木质素磺酸钙和木质素磺酸钠等。

④糖类。有糖钙等。

⑤其他类。有纤维素醚、胺盐及其衍生物。

缓凝剂及缓凝减水剂，可用于大体积混凝土、炎热天气施工的混凝土及需要长距离和长时间才能浇筑的混凝土；不适宜用于日最低气温在5℃以下仍进行施工的混凝土和单独用于要求早强的混凝土、蒸养混凝土。

酒石酸钾钠及柠檬酸等缓凝剂，不宜用在水灰比较大、水泥用量较少的低强度等级混凝土工程。

缓凝剂、缓凝减水剂的品种及掺用量，应根据使用的混凝土强度、凝结时间、运输距离、浇筑时间等条件综合考虑。常用掺量可按以下规定选择：

糖类缓凝剂及缓凝减水剂，掺水泥用量的0.1%~0.3%；木质素磺酸盐类缓凝剂及缓凝减水剂，掺水泥用量的0.2%~0.3%；无机盐类缓凝剂及缓凝减水剂，掺水泥用量的0.1%~0.2%；羟基羧酸盐类缓凝剂及缓凝减水剂，掺水泥用量的0.03%~0.1%。

缓凝剂和缓凝减水剂应调成溶液，使用时加水搅拌均匀，加入的水应从混凝土配合比的用水中扣减。

掺缓凝剂和缓凝减水剂的混凝土的浇灌、振捣、养护与不掺外加剂的混凝土相同，但浇水养护要等终凝以后才能进行。

（5）减水剂。减水剂分普通减水剂和高效减水剂。普通减水剂能在保持混凝土稠度不变的情况下起到一定减水增强作用，而高效减水剂能在保持混凝土稠度不变的情况下起到大幅度减水增强的作用。

混凝土施工过程中，可采用以下减水剂：

①木质素磺酸盐类。有木质素磺酸钙、木质素磺酸钠。

②水溶性树脂磺酸类。有磺化三聚氰胺树脂、磺化古玛隆树脂。

③多环芳香族磺酸盐类。有萘和萘的同系磺化物与甲醛缩合的盐类。

普通减水剂宜用于日最低气温5℃以上的现浇混凝土或预制构件混凝土、预应力钢筋混凝土、钢筋混凝土,但不宜单独使用于蒸养混凝土工程。

高效减水剂宜用于日最低气温0℃以上的现浇混凝土或预制构件混凝土、钢筋混凝土、预应力钢筋混凝土,并适用于蒸养混凝土、高强混凝土、大流动性混凝土。

普通减水剂的最佳用量为0.5%~1.0%,可根据工程实际情况适当增减。

减水剂应先制成溶液,宜与混凝土拌合水同时加入,溶液中的水应在混凝土配合比拌合用水量中扣减。

混凝土运输车卸料前加入减水剂搅拌均匀以后再卸料浇筑。

掺减水剂的混凝土与不掺减水剂的混凝土浇筑、振捣方式相同。

掺减水剂的混凝土采用自然养护时,初期养护应加强;高效减水剂的混凝土采用蒸养时,应待混凝土达到一定强度后再加温。

(6)引气剂。引气剂是指在混凝土搅拌过程中,能引入大量的微小气泡,以减少混凝土的泌水离析,改善混凝土的和易性,并能显著提高混凝土抗冻融、耐久性的外加剂。引气剂与减水剂复合使用成为引气减水剂,并有引气和减水双重作用。

混凝土施工过程中,可采用以下引气剂:

①脂肪醇磺酸盐类。有脂肪醇聚氯乙烯醚、脂肪醇聚氧乙烯磺酸钠。

②烷基苯磺酸盐类。有烷基苯磺酸盐、烷基苯酚聚氧乙烯醚。

③松香树脂类。松香皂、松香热聚物。

④其他类。石油磺酸盐、蛋白质盐。

混凝土施工过程中,可采用以下引气减水剂:

①烷基芳香基磺酸盐类。有萘磺酸盐及甲醛缩合物。

②改性木质素磺酸盐类。

③各类减水剂与引气剂组合而成的复合剂。

引气减水剂及引气剂可广泛用于抗硫酸盐混凝土、抗渗混凝土、抗冻混凝土、低强度等级混凝土、轻骨料混凝土、泌水现象严重的混凝土、对饰面有一定要求的混凝土。引气剂不宜用在蒸养混凝土及预应力混凝土中。

引气剂及引气减水剂的用量应根据混凝土的含气要求,通过试验确定。引气剂或引气减水剂混凝土的含气量,不宜超过表6-14的规定。

表6-14 掺引气剂及引气减水剂混凝土的含气量

粗骨料最大粒径/mm	混凝土含气量(%)	粗骨料最大粒径/mm	混凝土含气量(%)
10	7.0	40	4.5
15	6.0	50	4.0
20	5.5	80	3.5
25	5.0	100	3.0

引气剂或引气减水剂应配制成溶液,使用时先溶于水搅拌均匀,拌合水应从混凝土配合比用水中扣减。发现有絮凝或沉淀现象时,应加热充分溶解后使用。

掺加引气剂及引气减水剂的混凝土搅拌时间应控制在 3~5min，从出料到浇筑的时间不宜过长。用振捣棒振捣的时间应控制在 20s 左右。

239. 混凝土用混合材料应符合哪些要求？

在采用硅酸盐水泥或普通硅酸盐水泥拌制混凝土时可掺入混合材料，混合材料简称掺合料，通常有粉煤灰、硅灰、磨细矿渣。

（1）粉煤灰。从煤粉炉中排放烟气时收集到的细颗粒粉末称作粉煤灰。按排放烟气的方式粉煤灰分为湿排灰和干排灰。

用于混凝土工程的粉煤灰按质量指标分为三个等级，其质量指标应符合表 6-15 的规定。

表 6-15 粉煤灰质量指标分级

粉煤灰等级	质量指标（%）			
	细度 45μm 方孔筛筛余	烧失量	需水量比	三氧化硫含量
Ⅰ	≤12	≤5	≤95	<3
Ⅱ	≤20	≤8	≤105	<3
Ⅲ	≤45	≤15	≤115	<3

湿排法所得的粉煤灰其质量应均匀；干排法所得的粉煤灰其含量不宜超过 1%。

粉煤灰用于混凝土工程按以下分级选用：

①钢筋混凝土和跨度不超过 6m 的预应力钢筋混凝土选用 Ⅰ 级粉煤灰。

②钢筋混凝土和无筋混凝土选用 Ⅱ 级粉煤灰。

③无筋混凝土采用 Ⅲ 级粉煤灰。设计强度等级为 C30 以上的无筋混凝土宜采用 Ⅰ、Ⅱ 级粉煤灰。

④用于预应力钢筋混凝土、钢筋混凝土和设计强度等级为 C30 及其以上的无筋混凝土的粉煤灰等，经试验室试验论证后可选用比以上三项规定指标低一级的粉煤灰。

粉煤灰用于混凝土工程时，应采取以下相应措施：

①粉煤灰混凝土在低温条件下施工时，宜掺入对粉煤灰混凝土无影响的早强剂或防冻剂；

②若需要早期脱模，提前产生负荷的混凝土宜掺用早强剂、高效减水剂；

③用于要求高抗冻融性的混凝土掺用粉煤灰混合材料时必须同时加入引气剂。

混凝土中掺入粉煤灰可以取代部分水泥，取代水泥的最大限量应符合表 6-16 的规定。

表 6-16 粉煤灰取代水泥的最大限量

混凝土种类	粉煤灰取代水泥的最大限量（%）			
	硅酸盐水泥	普通硅酸盐水泥	矿渣硅酸盐水泥	火山灰质硅酸盐水泥
预应力钢筋混凝土	25	15	10	—
钢筋混凝土 高强度混凝土 高抗冻融混凝土 蒸养混凝土	30	25	20	15

续表

混凝土种类	粉煤灰取代水泥的最大限量（%）			
	硅酸盐水泥	普通硅酸盐水泥	矿渣硅酸盐水泥	火山灰质硅酸盐水泥
中、低强度混凝土 泵送混凝土 大体积混凝土 水下混凝土 地下混凝土 压浆混凝土	50	40	30	20
碾压混凝土	65	55	45	35

当钢筋混凝土中钢筋保护层厚度小于5mm时，粉煤灰取代水泥的最大限量应比表6-16所列数值相应减少5%。

混凝土中掺入粉煤灰可采用等量取代法、超量取代法或外加法。等量取代法是掺进粉煤灰量与取代水泥量相等。超量取代法是掺进的粉煤灰量与取代水泥量乘超量系数。外加法是原来配合比的水泥用量不变，另外掺入粉煤灰而不取代水泥，此法主要是为改善混凝土的和易性而掺入的。

采用超量取代法时，超量系数可符合以下规定：

Ⅰ级粉煤灰的超量系数取1.1~1.4；Ⅱ级粉煤灰的超量系数取1.3~1.7；Ⅲ级粉煤灰的超量系数取1.5~2.0。

（2）硅灰。硅灰（硅粉或硅烟）是钢铁厂和铁合金厂生产硅钢和硅铁时产生的一种烟灰，其主要成分是二氧化硅（SiO_2）。硅灰呈极细的玻璃球状颗粒，粒径在0.1~1.0μm。硅灰遇水成深灰或浅灰色，拌合成泥浆时呈黑色。

硅灰掺入混凝土中，可增加混凝土密实度、抗渗性和耐久性，提高混凝土的强度，改善混凝土的和易性，增加其内聚力，减少离析。掺入时应增加用水量。

硅灰的掺量一般情况下为水泥用量的5%~10%。掺量过多时，由于需增加用水量，而导致混凝土其他性能受到不同程度的影响。

（3）磨细矿渣粉。是用粒化高炉矿渣经加工而成，分别有$4000cm^2/g$、$5000cm^2/g$、$6000cm^2/g$、$8000cm^2/g$等规格，可根据配制混凝土的强度等级而选择使用，选用时并应注意活性随存放时间的长短引起的变化情况。磨细矿渣粉的掺量可取代20%~50%的水泥用量。

磨细矿渣粉可增加混凝土的强度，改善混凝土的和易性，防止混凝土泌水离析，有利于混凝土的泵送施工。

240. 混凝土的搅拌应注意哪些方面？

混凝土的搅拌应注意以下方面：

（1）混凝土应严格按照配合比通知单配料，并搅拌均匀；为保证混凝土的强度和耐久性，应对这一施工过程严格控制。

（2）混凝土配制所使用的原材料应有出厂合格证和检测报告、复试报告，并按照设计

图样注明的混凝土强度等级和试验室出具的配合比通知单投料,各种原材料的投料偏差不得超过施工规范及验收规范的规定值:

水泥、外加混合材料 ±2%;

粗、细骨料 ±3%;

水、外加剂溶液 ±2%。

(3) 混凝土加入的拌合料,不得超过搅拌机容量的10%。为防止水泥黏附料筒,材料投放的先后顺序应为石子→水泥→砂或外掺料→水泥→石子。在滚筒内加水或在搅拌过程中加水。

(4) 混凝土搅拌的时间与搅拌机的类型、容量及坍落度要求有关。施工规范及施工验收规范规定混凝土搅拌的最短时间(即全部原料投入到出料为止)应符合表6-17的规定。

表6-17 混凝土搅拌的最短时间

混凝土的坍落度/mm	搅拌机机型	搅拌机容量/L		
		大于250	250~500	大于500
≤30	自落式	90	120	150
	强制式	60	90	120
>30	自落式	90	90	120
	强制式	60	60	90

注:掺用外加剂时应当延长搅拌时间。

(5) 为保证投料准确,其使用的均衡器应定期校验,使用的粗细骨料的含水率应经常测定,雨天应增加测定次数,以保证混凝土水灰比及坍落度的准确性。

241. 混凝土的运输有哪些要求?

混凝土出罐以后送到施工现场,需要一定的运输过程。运距较远时宜采用混凝土搅拌运输车,运距近的宜采用小型翻斗车。施工现场的垂直运输一般使用混凝土料斗、塔式起重机或物料提升机运到浇筑部位,有条件的采用混凝土泵车(汽车式混凝土泵送车,落地式混凝土泵送车)进行泵送。

混凝土的运输应符合以下规定:

(1) 混凝土的运输应本着最短的运输时间、最少的转运次数,尽快地运送到浇筑地点;最长运输时间不得达到混凝土初凝时间。混凝土从搅拌机中卸料至现场浇筑的延续时间如表6-18所示。

表6-18 混凝土从搅拌机中卸料至浇筑完毕的延续时间

气温	延续时间/min			
	采用搅拌车		其他运输设备	
	≤C30	>C30	≤C30	>C30
≤25℃	120	90	90	75
>25℃	90	60	60	45

(2) 混凝土的运输应考虑混凝土浇筑工作的连续性和协调一致性。

(3) 当采用泵送混凝土时应考虑泵送混凝土的连续施工,各个环节力求协调一致;防止因泵送管道停送时间过长而发生堵塞,影响工作效率。

(4) 混凝土运输工具应无漏浆、分层、离析现象。

混凝土运输工具:翻斗车包括 F10、F10A、F15、FY15、FJ20、FJZ20、FJ25、FJ30 等型号;混凝土运输车有:MR4500、EA05、JCQ602、JCD6、JC7 等型号;混凝土泵及泵车有 HB8、HB15、HB30B、HB60 等型号;臂架式混凝土泵车有 B-HB20、IPF85B、HBQ60、DC-S115B、NCP9FB、PTF75B 等型号。

混凝土泵送车型号不同,可送混凝土距离有 48m、50m 不等,给施工带来极大的方便,如图 6-1 所示。

图 6-1　混凝土泵送车
注:图为混凝土泵车正在直径 32m 沉淀池浇筑混凝土过程中。

第二节　混凝土施工

242. 混凝土浇筑应符合哪些要求?

混凝土浇筑应符合以下要求:

(1) 混凝土浇筑前的准备。在地基或基土上浇筑混凝土前应清理淤泥和杂物,并做好排水和防雨措施,对干燥的非黏性土应浇水湿润;对岩石类表层应浇水但不应形成明水。

检查模板的形状、尺寸、轴线、标高是否与图样相符,模板支架的刚度及稳定性、模板的接缝是否严密,预留孔洞及预埋件的位置是否准确或有遗漏。木模板应浇水湿润,钢模板应涂隔离剂。

检查钢筋的规格、型号、数量及接头形式。搭接长度及钢筋保护层如超过允许偏差应予以整改。

准备好浇筑混凝土的机具设备,做好施工方案及技术交底和安全生产交底工作。

（2）混凝土浇筑。混凝土的浇筑应能保证混凝土的振捣顺利进行，层厚应由振捣棒的长度及振捣方法确定。混凝土浇筑的层厚应符合表6-19的规定。

表6-19 混凝土浇筑层厚度 （mm）

捣实混凝土的方法		浇筑层的厚度
插入式振捣		振捣器作用部分长度的1.25倍
表面振捣		200
人工振捣	在基础、无筋混凝土或配筋稀疏的结构中	250
	在梁、墙板、柱结构中	200
	在配筋密列的结构中	150

混凝土浇筑时的坍落度应符合表6-20的规定。

表6-20 混凝土浇筑时的坍落度 （mm）

项次	结构种类	坍落度
1	基础或地面等的垫层、无配筋的厚大结构（挡土墙、基础或厚大的块体等）或配筋稀疏的结构	10～30
2	板、梁及大、中型截面的柱子等	30～60
3	配筋密列的结构（薄壁、斗仓、筒仓、细柱等）	50～70
4	配筋特密的结构	70～90

注：1. 本表系指使用机械振捣时的坍落度，当采用人工振捣时可适当增大。
2. 需要配制大坍落度混凝土时应掺加外加剂。
3. 曲面和斜面结构的混凝土，其坍落度值应根据实际需要另行选定。

①墙、柱混凝土浇筑。墙、柱混凝土浇筑由于投料落差大，坠落过程中又有钢筋的阻碍，所以使混凝土中的水泥浆大量损失，粗骨料容易集中在底部，造成接槎处烂根现象，所以在浇筑混凝土前应先浇筑50～100mm厚与混凝土内砂浆相同强度的水泥砂浆。当浇筑高度超过3m时，应采用串筒、溜管或溜槽等进行施工，以防离析。

②梁、板混凝土浇筑。梁板同时浇筑时，梁高度大于1m时可单独浇筑混凝土；无梁板中，柱帽和梁应同时浇筑混凝土。

浇筑与柱或墙体成为整体的梁和板时，应在柱或墙的混凝土浇筑完成后的1～1.5h，再继续浇筑梁和板的混凝土，以防梁与柱之间出现裂缝。

③混凝土施工缝的留设。混凝土的浇筑应连续进行，当不能连续浇筑时应留施工缝。施工缝的位置应在混凝土浇筑前确定，并宜设置在受剪力较小又便于施工的部位。柱施工缝留在基础顶面、梁或吊车梁留在牛腿的上面，吊车梁的下面和无梁楼板柱帽的上面。与板连成一体的大截面梁，施工缝应留置在底板面以下20～30mm处；单向板留在平行于板的短边的任一位置。有主次梁的楼板，宜顺次梁方向浇筑，施工缝应留置在次梁跨中1/3范围内。墙的施工缝留置在门洞口过梁跨度中1/3范围内或纵横墙交接部位。设备基础、双向受力板、拱、薄壳施工缝的位置应由设计单位确定。

（3）混凝土的振捣。混凝土的振捣应采用机械振捣，只有在不能使用机械振捣的情况下才采取人工振捣。

混凝土中的骨料与砂浆之间的摩阻力与粘结力使混凝土的流动性降低，不能自行充满模板各个部位。混凝土内部空隙及空气不能使混凝土达到密实要求，所以必须进行振捣，使混凝土克服摩阻力，排除空隙、空气达到充分密实。

机械振捣器有平板振捣器、滚轴振捣器、附着式振捣器及插入式振捣器。

插入式振捣器振捣混凝土时，振捣器的插点移位距离不宜大于振动器作用半径的1倍，距模板不应大于其作用半径的1/2，争取使振捣器的作用半径覆盖全部混凝土，无遗漏处。插点的排列方式如图6-2所示。其中（a）图为4振捣棒插棒中心呈正方形，而（b）图3棒的中心呈三角形，总之振捣棒的作用半径使混凝土没有漏振部位，只是棒的路线不同，使混凝土全部密实。

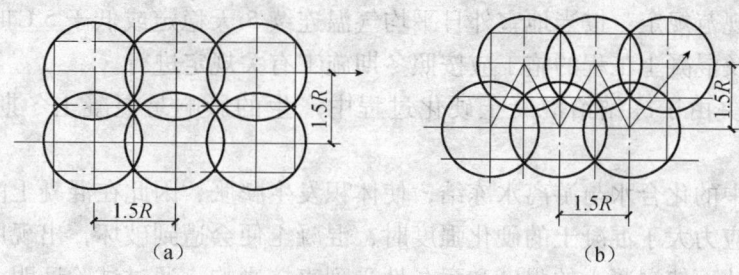

图6-2 插点排列方式
（a）行列式；（b）交错式

为使分层混凝土的上下层很好地结合为一体，振捣器应插入下层混凝土的深度一般不小于50mm，在振捣过程中应尽量不碰撞钢筋、模板、预埋管、预埋件，以免影响埋件的准确位置和模板的几何尺寸，表面振捣器的移动距离应能使振实的边缘压过30~50mm。在一振点应持续25~40s，以表面呈现出浮浆为止。表面振捣器的有效深度在200mm。振实后马上压光。对于硬性混凝土和轻骨料混凝土宜采用加压1000~3000N/m²的振动台振捣，以使混凝土充分密实。

243. 混凝土的养护应注意哪些方面？

混凝土的自然养护应注意以下方面：

养护的目的是为浇筑后的混凝土提供适宜的温度和湿度，以利于混凝土中水泥水化过程的正常进行。自然养护是指日平均气温不低于5℃，选用覆盖物并洒水，使混凝土在规定的时间内保持湿润。自然养护应符合以下规定：

（1）浇水养护的期限与水泥品种和环境有关。矿渣硅酸盐水泥和普通硅酸盐水泥配制的混凝土不得少于7d，有抗渗要求的混凝土和掺缓凝剂的混凝土不得少于14d。

（2）混凝土自浇筑完以后12h开始养护。

（3）用塑料布覆盖养护的混凝土，应包裹严密并以塑料布能见凝结水为好。

（4）浇水次数以能保持混凝土湿润为准。初期水泥水化反应比较旺盛，需用的水量比较多，所以浇水次数应多些，气温高时水分蒸发快也应多洒水。应严防因缺水造成混凝土表面凝结不良形成松散粉化脱落。养护用水应与搅拌用水要求相同。

(5) 混凝土在强度未达到 12N/mm² 以前,不准在混凝土上搭脚手板或安装支架,以保证混凝土硬化过程的正常进行。

其他的一些规定如下:
(1) 当日平均气温低于 5℃ 时,不得浇水养护;
(2) 当采用其他品种的水泥时,混凝土的养护时间应根据其他水泥的技术性能确定;
(3) 混凝土表面不便浇水或使用塑料布养护时,宜涂刷养护剂;
(4) 对大体积混凝土的养护,应根据气候条件按施工方案采取控温措施。

244. 混凝土的冬期施工应注意哪些方面?

混凝土的冬期施工应注意以下方面:

施工及验收规范规定:按当地室外日平均气温连续 5 天稳定或低于 5℃ 时便进入冬期施工,钢筋混凝土及混凝土工程的施工应按照冬期施工有关规定进行。

(1) 如何解决由于冻结给混凝土硬化过程中产生的影响是混凝土冬期施工的关键性问题。

由于混凝土中的化合水与游离水冻结,使体积发生膨胀,因此在混凝土内产生强大的应力。当这强大的应力大于混凝土的硬化强度时,混凝土便会遭到破坏,出现用肉眼可见和不可见到的裂缝,从而使混凝土的强度和耐久性受到直接影响。通过试验证明,混凝土标准养护的时间越短,遭冻后混凝土的最终强度损失值越高。如果混凝土遭受冻害前就已具备了抵抗冻胀应力的最低强度,混凝土内部就不会造成破坏,这抵抗冻胀应力的最低强度为冬期施工的混凝土"临界强度"。所以,施工及验收规范规定冬期施工的混凝土受冻害之前其抗压强度不应低于以下规定:

硅酸盐水泥或普通硅酸盐水泥拌制的混凝土,应达到设计混凝土强度标准值的 30%;矿渣硅酸盐水泥拌制的混凝土,应达到设计混凝土强度标准值的 40%,C10 及以下强度等级的混凝土的抗压强度不得低于 5N/mm²。

(2) 混凝土冬期施工的方法有蓄热法、蒸气加热法、暖棚法和电热法、外加剂法。

目前,施工现场采用外加剂法解决冬期施工的关键性问题比较普遍。外加剂法是在混凝土的搅拌过程中加入单一或复合型外加剂,使混凝土中的水在负温环境下不至冻结,使混凝土中的水泥水化过程能正常进行,混凝土的强度能持续增长。只要严格按施工规范进行施工就能保证混凝土的工程质量。外加剂法操作方便简单,节约资金。外加剂的种类繁多,应根据施工现场实际情况通过试配确定适当的种类和掺量。冬期施工宜使用引气减水剂,含气量应在 3%~5%,若含气量过大则会增加混凝土的孔隙率而影响混凝土的强度。

采用氯盐作外加剂时不应超过水泥用量的 1%。为防止氯盐对钢筋的侵蚀应加一定数量的防锈剂。掺氯盐的混凝土应振捣密实,并不能采取蒸气养护。

以下混凝土工程结构中不得掺用氯盐外加剂:

电解车间和使用直流电源的结构及靠近高压电源的结构;

预应力混凝土结构、薄壁结构、中级或重级的吊车梁、屋架、落锤或锻锤的基础结构;

与含酸、碱或硫酸盐等介质相接触的结构;经常处在 60℃ 以上高温的结构;

使用冷拉钢筋或冷拉低碳钢丝的结构；经常遭受雨淋及露天结构；

高湿度环境中使用的结构和处于水位交错部位的结构。

（3）混凝土冬期施工应注意的事项：

①混凝土使用冷材料配制时，氯盐掺量不得超过用水重量的15%；采用热材料配制时不超过水泥用量的3%。

②钢筋的冷拉可以在负温下进行，但温度不宜低于－20℃。冬期焊接应在室内施焊，若必须在室外操作时，气温不宜低于－20℃，并应有防风雪措施。焊完的接头严禁触雪急剧降温。

③冬期施工混凝土拌制时，应优先选择水化热高且早期强度较高的硅酸盐水泥或普通硅酸盐水泥，其强度等级不应低于32.5MPa，最小水泥用量不宜少于300kg/m³；水灰比不应大于0.6。

水泥使用前应转入暖棚，水泥温度保持在正温以上；禁止用加热的方法使水泥升温。粗细骨料不得带冻块或冰雪入罐、冬季混凝土搅拌的时间应比常温时节适当延长。

④冬季混凝土运输工具的容器应有保温措施，确保混凝土的入模温度在5℃以上；采用加热法使养护前的混凝土温度不低于2℃。冬季浇筑混凝土的基土应保温防冻，避免因基土开化沉陷而影响结构安全。

装配式结构接头的混凝土浇筑，应使接头部位保持正温。浇筑后的接头混凝土在45℃以下的环境条件时，应养护到设计强度100%；当设计无具体要求时，不应低于设计强度的70%。为保证混凝土硬化过程的正常进行，接头部位混凝土应加入适量的对钢筋无腐蚀的混凝土外加剂。

⑤混凝土冬期施工应按日测定气温、天气阴晴风雪、混凝土温度、原材料的温度，并将各测点的实测温度做好记录。

混凝土搅拌过程中按每台班四次测温，包括混凝土原材料入罐温度、混凝土出罐温度、入模温度及养护前和养护过程的温度并将实测温度值记录填入表格。

混凝土养护过程中，现场温度每月测四次；采用蒸气或电热法时，降温和升温期间每小时测一次，正常养护期间可两小时测一次，以便低于要求温度时及时采取保温措施。大面积的混凝土结构应留测温孔，测温孔应有编号，测温表应在孔内与外界隔绝不少于3min。测温孔的设置应具有代表性并详细填入记录。

245. 混凝土工程质量应如何控制？

混凝土工程质量分为合格和不合格。

合格标准：主控项目全部符合要求；一般项目有80%以上检查点符合要求，其余检查点的偏差值不得超过允许偏差的1.5倍。

1. 原材料检验项目

（1）主控项目

①水泥进场时应对其品种、级别、包装或散装仓号、出厂日期等进行检查，并对其强度、安定性及其他必要的性能指标进行复验，其质量必须符合现行国家标准GB 175—2007《通用硅酸盐水泥》的规定。当在使用中对水泥质量有怀疑或水泥出厂超过三个月（快硬硅

酸盐水泥超过一个月）时，应进行复验，并按复验结果使用。钢筋混凝土结构、预应力混凝土结构中，严禁使用含氯化物的水泥。

检查数量：按同一厂家、同一等级、同一品种、同一批号且连续进场、袋装不超过200t的水泥为一批，散装不超过500t的水泥为一批，每批抽样不少于一次。

检验方法：检查产品合格证、出厂检验报告和进场复验报告。

②混凝土中掺用外加剂的质量及应用技术应符合现行国家标准GB 8076—2008《混凝土外加剂》、GB 50119—2003《混凝土外加剂应用技术规范》等和有关环境保护的规定。预应力混凝土结构中，严禁使用含氯化物的外加剂。钢筋混凝土结构中，当使用含氯化物的外加剂时，混凝土中氯化物的总含量应符合现行国家标准GB 50164—2011《混凝土质量控制标准》的规定。

检查数量：按进场的批次和产品的抽样检验方案确定。

检验方法：检查产品合格证、出厂检验报告和进场复验报告。

（2）一般项目

①混凝土中掺用矿物掺合料的质量应符合现行国家标准GB 1596《用于水泥和混凝土中的粉煤灰》等的规定。矿物掺合料的掺量应通过试验确定。

检查数量：按进场的批次和产品的抽样检验方案确定。

检验方法：检查出厂合格证和进场复检报告。

②普通混凝土所使用的粗细骨料的质量应符合国家现行标准JGJ 52—2006《普通混凝土用砂、石质量标准及检验方法》的规定。

检查数量：按进场的批次和产品的抽样检验方案确定。

检验方法：检查材质试验报告。

（3）拌制混凝土宜用饮用水；当采用其他水源时，水质应符合国家现行标准JGJ 63—2006《混凝土用水标准》的规定。

检查数量：同一水源检查不应少于一次。

检验方法：检查水质试验报告。

2. 混凝土施工检验项目

（1）主控项目

①结构混凝土的强度等级必须符合设计要求。用于检查结构构件混凝土强度的试件，应在混凝土的浇筑地点随机抽取。取样与试件留置应符合下列规定：

每拌制100盘且不超过$100m^3$的同配合比混凝土，取样不得少于一次。

每工作台班拌制的同一配合比的混凝土不足100盘时，取样不得少于一次；

当一次连续浇筑超过$1000m^3$时，同一配合比的混凝土每$200m^3$取样不得少于一次。

每一楼层同一配合比的混凝土，取样不得少于一次。

每次取样应至少留置一组标准养护试件，同条件养护试件的留置组数应根据实际需要确定。

检验方法：检查施工记录及试件强度检验报告。

②对有抗渗要求的混凝土结构，其混凝土试件应在浇筑地点随机取样。同一工程、同一配合比混凝土，取样不应少于一次。留置试件组数可根据实际需要确定。

检验方法：检查试件抗渗试验报告。

③混凝土原材料每盘称重量的偏差应符合以下规定：

水泥、掺合料，允许偏差±2%；

粗、细骨料，允许偏差±3%；

水、外加剂，允许偏差±2%。

检查数量：每工作班抽查不应少于一次。

检验方法：复称。

④混凝土运输、浇筑及间歇时间的全部时间不应超过混凝土的初凝时间。同一施工段的混凝土应连续浇筑，并应在底层混凝土初凝之前将上层混凝土浇筑完毕。当底层混凝土初凝后浇筑上一层混凝土时，应按施工技术方案中对施工缝的要求进行处理。

（2）一般项目

①施工缝的位置应在混凝土浇筑前按设计要求和施工技术方案确定。施工缝的处理应按施工技术方案执行。

检查数量：全数检查。

检验方法：观察、检查施工记录。

②后浇带的留置应按设计要求和施工技术方案确定。后浇带混凝土的浇筑应按施工技术方案进行。

检查数量：全数检查。

检验方法：观察、检查施工记录。

③混凝土浇筑完毕后，应按施工技术方案及时采取有效的养护措施，并应符合以下规定：

应在浇筑完毕后的12h开始对混凝土加以覆盖并保湿养护；

混凝土浇水养护的时间：对采用硅酸盐水泥、普通硅酸盐水泥或矿渣硅酸盐水泥拌制的混凝土，不得少于7d；对掺用缓凝型外加剂或有抗渗要求的混凝土，不得少于14d；

浇水次数应能保持混凝土处于湿润状态；混凝土养护用水质量要求应与拌制用水相同；

采用塑料布覆盖养护的混凝土，其敞露的全部表面应覆盖严密；并应保持塑料布内有凝结水；

混凝土强度达到1.2MPa前，不得在其上踩踏或安装模板及支架。

检查数量：全数检查。

检验方法：观察、检查施工记录。

3. 混凝土现浇结构检验项目

（1）主控项目

①现浇结构的外观质量不应有严重缺陷。对已经出现的严重缺陷，应由施工单位提供技术处理方案，并经监理（建设）单位认可后处理。对经处理的部位应重新检查验收。

检查数量：全数检查。

检验方法：观察、检查技术处理方案。

②现浇结构不应有影响结构性能和使用功能的尺寸偏差。混凝土设备基础不应有影响结构性能和设备安装的尺寸偏差。对超过尺寸允许偏差且影响结构性能和安装、使用功能的部

位，应由施工单位提出技术处理方案，并经监理（建设）单位认可后进行处理。对经处理的部位应重新检查验收。

检查数量：全数检查。

检验方法：量测、检查技术处理方案。

(2) 一般项目

①现浇结构的外观质量不宜有一般缺陷，对已经出现的一般缺陷，应由施工单位按技术处理方案进行处理，并重新检查验收。

检查数量：全数检查。

检验方法：观察、检查技术处理方案。

②现浇结构和混凝土设备基础拆模以后的尺寸偏差应符合表6-21、表6-22的规定。

表6-21 现浇结构尺寸允许偏差和检验方法

项 目			允许偏差/mm	检验方法
轴线位置	基础		15	钢尺检查
	独立基础		10	
	墙、柱、梁		8	
	剪力墙		5	
垂直度	层高	≤5m	8	经纬仪或吊线、钢尺检查
		>5m	10	经纬仪或吊线、钢尺检查
	全高（H）		H/1000且≤30	经纬仪、钢尺检查
标高	层高		±10	水准仪或拉线、钢尺检查
	全高		±30	
截面尺寸			+8，-5	钢尺检查
电梯井	井筒长、宽对定位中心线		+25，0	钢尺检查
	井筒全高（H）垂直度		H/1000且≤30	经纬仪、钢尺检查
表面平整度			8	2m靠尺和塞尺检查
预埋设施中心线位置	预埋件		10	钢尺检查
	预埋螺栓		5	
	预埋管		5	
预留洞中心线位置			15	

注：检查轴线、中心线位置时，应沿纵横两个方向量测，并取其中的较大值。

表6-22 混凝土设备基础尺寸允许偏差和检验方法

项 目	允许偏差/mm	检验方法
坐标位置	20	钢尺检查
不同平面的标高	0，-20	水准仪或拉线、钢尺检查
平面外形尺寸	±20	钢尺检查
凸台上平面外形尺寸	0，-20	钢尺检查
凹穴尺寸	+20，0	钢尺检查

续表

项目		允许偏差/mm	检验方法
平面水平度	每米	5	水平尺、塞尺检查
	全长	10	水准仪或拉线、钢尺检查
垂直度	每米	5	经纬仪或吊线、钢尺检查
	全高	10	
预埋地脚螺栓	标高（顶部）	+20, 0	水准仪或拉线、钢尺检查
	中心距	±2	钢尺检查
预埋地脚螺栓孔	中心线位置	10	钢尺检查
	深度	+20, 0	
	孔垂直度	10	吊线、钢尺检查
预埋活动地脚螺栓锚板	标高	+20, 0	水准仪或拉线、钢尺检查
	中心线位置	5	钢尺检查
	带槽锚板平整度	5	钢尺、塞尺检查
	带螺纹孔锚板平整度	2	

注：检查坐标、中心线位置时，应沿纵、横两个方向量测，并取其中的较大值。

检查数量：按层数、结构缝或施工段划分检验批。在同一检验批内，对梁、柱和独立基础，应抽查构件数量的10%，且不少于3件；对墙和板，应按有代表性的自然间检查10%，且不少于3间；对大空间结构，墙可按相邻轴线间高度5m左右划分检查面，板可按纵、横轴线划分检查面，抽查10%，且均不少于3面；对电梯井，应全数检查；对设备基础，应全数检查。

第三节 大体积混凝土工程

大体积混凝土是指在混凝土结构中实体厚度最小尺寸大于或等于1m的部位所使用的混凝土。

246. 大体积混凝土有哪些特点？如何识别大体积混凝土裂缝？

大体积混凝土的特点是结构实体尺寸较厚，实体混凝土的用量较大，工程条件复杂（大部分为钢筋混凝土地下结构），施工技术要求高，水泥水化热容易使结构产生温度变形。应适当采取相应的措施，尽最大限度地避免和减少因为温度变形引起的裂缝。

大体积混凝土由于受到截面和内外温差及平面尺寸的约束从而产生了很大的温度应力，如果不采取措施或采取的措施不利，则会使混凝土实体由于温度应力的作用而出现裂缝。为了解决这一问题，我国的《混凝土结构设计规范》（GB 50010—2010）中，对混凝土结构伸缩缝的留置作了下列规定：当现浇框架结构时，处于室内或土中时最大间距为55m，在露天条件下分缝最大间距则为35m；当现浇剪力墙结构时室内或土中最大间距为45m，在露天条件下分缝最大间距30m；挡土墙、地下室墙壁等类结构时为室内或土中最大间距30m，露天条件下分缝最大间距为20m。

大体积混凝土具有抗压强度高和耐久性良好的特性，但抗拉强度很差，所以在拉应力的作用下容易开裂。

混凝土的裂缝分为微观裂缝和宏观裂缝。微观裂缝一般是肉眼不可见，并宽度在0.05mm以下的水泥裂缝和骨料裂缝；而宏观裂缝是肉眼可见，宽度等于或大于0.05mm的裂缝。

大体积混凝土的裂缝根据深度不同分为表面裂缝、深层裂缝和贯穿裂缝。

表面裂缝一般在危害混凝土整体结构性能方面很小，裂纹出现在混凝土结构的表面或局部的转角处，深层裂缝部分地切断了结构的断面，从而给结构造成不同程度的影响；贯穿裂缝由于切断了结构的断面，所以对结构的整体性造成一定危害。

247. 大体积混凝土裂缝产生的原因是什么？

混凝土中水泥水化热的变化使混凝土实体发生膨胀和收缩称作温度变形。在大体积混凝土施工阶段由于温度变形而引起的裂缝称作初始裂缝。大体积混凝土施工阶段所产生的温度裂缝，主要是由于混凝土内外温差形成温度梯度，使混凝土的内部产生压应力和应变；表面的拉应力超过混凝土本身的抗拉强度而形成的。另一原因是混凝土结构物受到外部约束及各质点的约束而形成的。这种裂缝如在允许值之内，则对结构的强度不会产生多大影响，但对结构的耐久性会产生影响，所以应予以控制。

产生裂缝的主要原因：

1）水泥水化热

水泥在水化过程中释放出大量的热量，大体积混凝土断面有一定的厚度阻碍热量的散失。混凝土中单位体积的水泥用量及水泥的品种直接取决于混凝土内热量的高低并随混凝土的龄期而增加，一般在10~12d接近于最终绝热温升阶段（与气温变化而有差异）。但由于结构物有一定的自然散热条件，使混凝土的内部最高温度一般发生在混凝土浇筑以后的3~5d。由于混凝土的初期强度及弹性模量都很低且导热性能较差，所以，混凝土对急剧温升产生变形的约束力并不大，使相应的温度应力变小。随着混凝土龄期的增长，其弹性模量及强度的增高，混凝土内部降温收缩的约束力越来越大，当混凝土的抗拉强度不能抵抗这种拉应力情况下，混凝土便出现裂缝。

2）混凝土的收缩

混凝土多余的水分的蒸发使混凝土体积产生收缩，主要原因是由于毛细管的引力所引起的。如果混凝土收缩以后，又重复到水饱和状态，则使混凝土体积回复到原来体积，这样的收缩对混凝土的耐久性及强度都会产生不利影响。

在混凝土施工过程中，水泥的品种、配合比、外加剂和掺合料的品种及施工工艺（主要是养护过程）是对混凝土收缩产生影响的主要原因。

3）约束条件

结构物的变形会受到一定的约束，阻止这种变形称作约束条件。约束条件分为外约束和内约束，外约束是指结构临界条件，如支座对结构变形的约束。内约束是指结构内部不均匀的温度及收缩的分布，各质点变形不均匀而产生的相互作用约束。大体积混凝土由于温度变化产生变形，这种变形又受到约束而产生应力，当应力超过一定数值时便产生裂缝。

4）外界气温变化

混凝土施工过程中，外界气温越高使混凝土的入模温度越高，而气温的下降又使混凝土增加了降温幅度，急剧的降温会增加混凝土内外的温度梯度，这对混凝土变形的影响是很大的。

混凝土内部的温度是水化热的绝热温度、入模混凝土温度和结构物的散热温降的总和，而温度应力是由温差引起的、温度变形所致，温差越大，温度应力越大。在炎热的夏天，大体积混凝土不易散热，往往使大体积混凝土中的温度达到 60～65℃ 且持续时间较长，所以应采取有效的控温措施，以减小混凝土内外温差引起的温度应力。

248. 大体积混凝土裂缝的控制应采取哪些措施？

大体积混凝土裂缝的控制应采取以下措施。

混凝土的配制所使用的原材料应符合以下要求：

（1）粗骨料应采取连续级配，细骨料宜采取中砂，控制粗细骨料的含泥量、降低水灰比。

（2）水泥应采用水化热低、凝结时间长的水泥，应优先选用中热硅酸盐水泥、低热硅酸盐水泥、粉煤灰硅酸盐水泥、火山灰质硅酸盐水泥、矿渣硅酸盐水泥、复合水泥。

（3）外加剂宜选用缓凝剂，减水剂；掺合料宜选用粉煤灰及矿渣粉。

大体积混凝土应在保证混凝土设计强度的前提下，增加掺加料及硬骨料的含量，降低水泥用量，使水化热最低。试验结果证明，每增减 10kg 水泥，水化热则升降 1℃。

（4）在大体积混凝土结构中（包括无筋混凝土和少筋混凝土），随着混凝土的浇筑，均匀地掺加直径不超过少筋间距 3/4 且总量不超过混凝土总体积 20% 的洁净毛石块（石块的位置应放置在大体积混凝土的中层且均匀分布，严禁集中和块与块之间没有砂浆），可以增加混凝土强度，节约费用，减小水泥用量，从而降低水化热。

（5）在配制混凝土时，还可掺入适量的微膨胀剂或膨胀水泥，从而使混凝土得到补偿收缩和减小混凝土温度应力。

我国混凝土裂缝专家通过多年对混凝土结构的应力应变分析认为，大体积混凝土的后浇带一般在 60m 以内的可不设置，结构超过 60m 的采取以下两个方案进行施工：

①采用加强带法，在结构的中间部位设置加强带，宽度 2.30m。在加强带范围内的混凝土掺 13%～14% 的 CEA-B 膨胀剂，在加强带的两侧掺 10% 的 CEA-B 膨胀剂。加强带的两侧设钢丝网防止外部掺 10% CEA-B 微膨胀剂的混凝土混入加强带以内。施工时可连续浇筑，只是在浇加强带时单独更换配合比，调整 CEA-B 膨胀剂的掺量。

②可将结构混凝土 CEA-B 膨胀剂的掺入量全部提高为 11%～13%，在采取措施的情况下，伸缩缝的间距可延长到 100m。以上两种方案应经设计同意后实施（摘自监理信息，2001. 8. 20 第八期）。

施工过程中应严格控制 CEA-B（复合膨胀剂）的投入量；振捣时间为 10～13s（指每棒的持续时间，以发现返浆或不冒气泡为准）；掺膨胀剂的混凝土养护时间不少于 14d；拆模时混凝土内外温差不大于 15℃；坍落度控制在 15～20cm 之间，当发现坍落度小于 15cm 时可掺入 0.5kg/m³ 液体泵送剂，搅拌 3min 以后再行浇筑，且及时压光覆盖。

（6）改善配筋。为保证每一浇筑层均有温度筋，可建议设计单位将分布筋做适当调整，温度筋适当加密，一般采用 Φ8@150 布置双向配筋。这样便可以增强抵抗温度应力的能力。

上层钢筋的绑扎可在下层混凝土浇筑完成以后进行。

(7) 设置后浇带。当大体积混凝土结构平面尺寸较大时，可适当设置后浇带或加强带，以减小外应力和温度应力；同时也有利于散热，降低混凝土内部的温度。

(8) 在混凝土中预埋冷却水管，通过循环水冷却强制性降低水化热温度。

(9) 降低混凝土的温度差。

①掺入适量的缓凝型减水剂，如木质磺酸钙等。

②大体积混凝土模板内应采取各种措施改善和加强通风，加强模板内热量的散发。

③选择较适宜的天气浇筑大体积混凝土，想尽办法避开炎热的天气。夏天可采取低温水或冰水拌制混凝土，可对硬骨料喷洒冷水雾或冷气进行预冷，或对硬骨料进行覆盖、遮凉等避免阳光照晒，对混凝土的运输工具采取降温遮阳措施，以降低入模温度。

(10) 加强施工过程的温度控制

①加长养护时间，在适当合理的时间拆模，延缓降温时间和速度，充分发挥混凝土的应力松弛效应。

②加强混凝土温度监测与管理，实行信息化管理，随时监视混凝土内温度的变化，将内外温差控制在25℃以内。基面和基底温度差均控制在20℃以内，及时调整保温和养护措施，使混凝土的温度梯度不至过大。温度控制在最佳的范围以内。

③合理安排施工程序，在浇筑过程中避免混凝土拌合料堆积产生过大高差。混凝土结构拆模以后及时回填，避免混凝土长时间的暴露。

④混凝土浇筑完成后，应做好保温保湿养护，延缓降温速率，以充分发挥混凝土的徐变特性，减低温度应力。夏季应注意避光以防曝晒，注意保湿，冬季应采取保温覆盖，以免发生过大的温度梯度变化。

(11) 改善约束条件，消减温度应力。

①大体积混凝土应分层分段进行浇筑，合理设置水平或垂直施工缝，在适当位置设置后浇带或加强带，以放松约束程度。减少每次浇筑长度的蓄热量，防止水化热的积聚，减小温度应力。

②对大体积混凝土基础及基岩地基或基础混凝土与垫层之间应设置滑动层，如采用平面浇筑沥青胶、铺砂或刷热沥青、铺卷材。在垂直面、键槽等部位设置缓冲层，如铺设30~50mm厚的沥青木丝板或聚苯乙烯泡沫塑料，以消除嵌固作用，释放约束应力。

(12) 提高混凝土的极限拉伸强度。

①选择级配良好的粗骨料、细骨料，严格控制含泥量；加强混凝土的振捣以提高混凝土的抗拉强度，减小收缩变形。

②采取二次投料法和二次振捣法，浇筑完成后及时排除积水。加强早期养护，提高混凝土的早期或相应龄期的抗拉强度及弹性模量。

③在大体积混凝土结构内设置必要的温度配筋。在截面突然改变尺寸及转折处，底板、顶板及墙体转角处、孔洞转角及周边，增加斜向构造筋，以改善应力集中，防止开裂。

249.《块体基础大体积混凝土施工技术规程》有哪些具体规定？

(1) 设计要求。

①基础混凝土的强度等级宜在C15~C25之间；

②整体或分层浇筑，增配应力筋；
③减少约束，设置底板滑移层；
④适当设置沉降缝、伸缩缝。

(2) 温控指标。
①混凝土浇筑入模温度基础上，最大温升值为35℃；
②混凝土实体内外温差（不含混凝土收缩的当量温度）为25℃；
③混凝土实体的降温速度为1.5℃/d。

(3) 大体积混凝土工程应防止出现贯穿裂缝，表面温度裂缝不得大于0.3mm。

(4) 大体积混凝土应选用硅酸盐水泥、普通硅酸盐水泥、矿渣硅酸盐水泥、火山灰质硅酸盐水泥或粉煤灰硅酸盐水泥等水化热较低的水泥。当混凝土强度等级为C15时可采用32.5级硅酸盐水泥，当混凝土强度等级为C20及以上时，应采用不低于42.5级的矿渣硅酸盐水泥；配制混凝土所用水泥7d的水化热宜不大于250kJ/kg。

(5) 大体积混凝土所使用的粗骨料应符合《普通混凝土用砂、石质量标准及检验方法标准（附条文说明）》JGJ 52—2006的规定，其含泥量当混凝土强度大于或等于C30时，应≤1%，当小于C30时，应≤2%；高炉重矿渣碎石作为粗骨料时应符合《混凝土用高炉重矿渣碎石》YB/T 4178—2008的规定，且含0.08mm以下粒径粉尘量应不大于1.5%。

(6) 砂宜采用天然砂，其质量应符合《普通混凝土用砂质量标准及检验方法》的规定。

(7) 外加剂和混合料的品种和掺量应通过试验确定；外加剂的质量应符合《混凝土外加剂》GB 8076的要求，其使用应符合《混凝土外加剂应用技术规范》GB 50119的规定；粉煤灰的质量及应用应符合《用于水泥和混凝土中的粉煤灰》GB/T 1596、《粉煤灰在混凝土和砂浆中应用技术规程》JGJ 28的要求。

(8) 大体积混凝土的养护应使用塑料、草帘和模板，不得采用强制性不均匀的降温措施；模板拆除后应及时回填土，以防风吹日晒或寒潮侵袭及过分干燥。

(9) 混凝土表面50~100mm温度检测每工作班应不少于2次；内外温差、降温速度及环境温度的测试，每昼夜应不少于2次。

(10) 基础底面应设滑移层；及时清除混凝土表面的泌水。

第四节　钢管混凝土

250. 钢管制作应符合哪些要求？

钢管制作应符合以下要求：

(1) 按设计图样要求，对进场的钢管进行检查验收，进场的钢管应有出厂合格证、检测报告；由施工单位自行卷制的钢管，其钢板必须平直，不得使用表面锈蚀或受过冲击的钢板，钢板应有合格证和检测报告。

(2) 卷管方向应与钢板压延方向一致。卷制钢管前，应根据要求将板端开好坡口。为适应钢管拼接的轴线要求，钢管坡口端应与管轴线严格垂直。卷板过程中，应注意保证管端平面与管轴线垂直。根据不同的板厚，焊接坡口应符合表6-23的要求。采用螺旋缝焊接钢管时，拼接也应按表 6-23 的要求预先开好坡口。

（3）当采用滚床卷板并用手工焊接时，宜采用直流电焊机进行反接焊接施工。

（4）焊缝质量应满足《钢结构工程施工质量验收规范》（GB 50205）二级质量标准的要求。

（5）应保证钢管内壁与核心混凝土紧密粘接，钢管内不得有油渍等污物。

表 6-23 焊缝坡口允许偏差

坡口名称	焊接方法	厚度 δ	钝边 a	垫板厚度 b	内侧间隙 c	外侧间隙 d	坡口高度 e	坡口半径 R	坡口角度 α	坡口形式	附注
齐边 I 形	自动焊	<14			0+2						
V 形坡口	手工焊	6~8	1±1		1±1				70°±5°		
		10~26	2±1		2±1				60°±5°		
	自动焊	16~22	7±1		0±1				60°±5°		
U 形坡口	自动焊	<30	2±1	6	2±1	7±1		3.5±1			
		>30	2±1	6	4±1	13±1		6.5±1			
		>25	2±1		0+1	13±1	3±1	6.5±1	90°±5°		大管径

注：①垫板材质与钢管材质可不相同，宜采用 3 号钢或 20 号钢；
②焊工可进入大管径的钢管内壁进行施焊。

251. 钢管拼接组装应符合哪些规定？

钢管拼接组装应符合以下规定：

（1）钢管格构柱或钢管的长度，可根据现场吊装条件和运输条件确定，一般以不大于 12m 为宜，也可根据吊装条件现场拼接或切割。

（2）钢管对接时应严格保持钢管的平直，焊接时，除控制几何尺寸外，还应注意焊接变形对肢管的影响，焊接宜采用分段反向顺序施工，分段施焊应保持对称。肢管对接间隙宜放大 0.5~2.0mm，以抵消收缩变形，具体数据可根据试焊接结果确定。

（3）焊接前，应对小口径钢管采取点焊定位，对大口径钢管可另用附加钢筋焊于钢管外壁作临时固定联焊，固定点的间距可取 300mm 左右，且不得少于 3 点。钢管对接焊接过程中如发现点焊定位处的焊缝出现微裂缝，则该微裂缝部位须全部铲除重焊。

（4）为确保接缝的焊接质量，可在管内接缝处设置附加衬管，其宽度为 20mm，厚

3mm，与管内壁留有 0.5mm 的膨胀间隙。

（5）格构柱的肢管和各种缀件的组装应遵照施工工艺设计的程序进行。肢管与缀件连接的尺寸和角度必须准确，组装的质量应符合表 6-24 的规定。

表 6-24　钢管组装允许偏差

偏差名称	示意图	允许值
纵向弯曲		$f \leqslant l/1000$ $f \leqslant 10 \text{mm}$
椭圆度		$\dfrac{f}{d} \leqslant \dfrac{3}{1000}$
管端不平度		$\dfrac{f}{d} \leqslant \dfrac{3}{1500}$ $f \leqslant 0.3 \text{mm}$
管肢组合误差		$\dfrac{\delta_1}{b} \leqslant \dfrac{1}{1000}$ $\dfrac{\delta_2}{h} \leqslant \dfrac{1}{1000}$
缀件组合误差		$\dfrac{\delta_1}{l_1} \leqslant \dfrac{1}{1000}$ $\dfrac{\delta_2}{l_2} \leqslant \dfrac{1}{1000}$

（6）钢管构件中各杆件的间隙，特别是缀件与肢管连接处的间隙应按钣金展开图放大样。焊接时，根据间隙大小选用合适直径的焊条。缀件与肢管焊接时，焊接顺序应考虑焊接变形的影响。

（7）格构柱组装后，应按吊装平面布置图就位，在节点处用垫木支平。吊点位置应设明显标记。

（8）在各工种之间，或每个工序之间，必须按照设计图样进行自检和互检，并在钢管构件上打上各自的记号。

（9）所有钢管构件必须在焊缝检查合格后方能按设计要求进行防腐处理。

252. 钢管柱吊装应注意哪些方面？

钢管柱吊装应注意以下方面：

（1）钢管柱组装后，在吊装过程中应尽量减少自身荷载作用下的变形，吊点设置的位置应根据钢管柱本身的承载力和稳定性经验算后确定。必要时，应采取临时加固措施。

（2）吊装钢管柱前应将钢管上口包严，防止异物落入管内。

当采用预制钢管混凝土构件时，应待管内混凝土强度达到设计值的50%后，方可进行吊装。

（3）钢管柱吊装就位后应立即进行校正，并采取临时固定措施以保证构件的稳定性。

（4）钢管柱吊装质量的允许偏差应符合表6-25的规定。

表6-25 钢管柱吊装允许偏差

序号	检查项目	允许偏差
1	立柱中心线和基础中心线	±50mm
2	立柱顶面标高和设计标高	+0mm，-20mm
3	立柱顶面不平度	±5mm
4	各立柱不垂直度	长度的$\frac{1}{1000}$，最大不大于15mm
5	各柱之间的距离	间距$\frac{1}{1000}$
6	各立柱上下两平面相应对角线差	长度的$\frac{1}{1000}$，但不大于20mm

253. 钢管内混凝土浇筑应符合哪些要求？

钢管内混凝土浇筑应符合以下要求：

（1）钢管内混凝土可采用高位抛落不振捣法、立式手工振捣法或泵送顶升浇灌法进行施工。

（2）立式高位抛落不振捣法。是利用混凝土喷射下落时产生的动能达到振实混凝土的目的。此法适用于管径>350mm，高度>4mm的管内混凝土浇筑。对于高度<4m的钢管柱，应用内部振捣棒振实。一次抛落的混凝土量宜为0.7m³左右，用料斗装填，料斗的下口

第六章 混凝土工程

尺寸应比钢管内径小100~200mm,以便混凝土下落时,管内空气顺利外排。

(3) 立式手工浇捣法。混凝土自钢管上口灌入,用振捣器振实。当管径≤350mm时,可采用附着在钢管上的外部振捣器进行振捣；外部振捣器的位置应随混凝土浇灌的进展加以调整。外部振捣器的工作范围,以钢管横向振幅不小于0.3mm为有效。振幅可用百分表实测；振捣时间不小于1min,一次浇灌的高度不应大于振捣器的有效工作范围和2~3m柱长。当管径>350mm时,宜采用内部振捣(一般使用振捣棒或锅底形振捣器)。每次振捣时间不少于30s,一次浇灌高度不宜大于2m柱长。

(4) 泵送顶升浇灌法。是在钢筋接近地面的适当位置安装一个带闸门的进料支管,直接与混凝土泵车的输送管相连,用泵车将混凝土连续不断地挤出顶满钢管,不必振捣。钢管直径宜≥泵车输送管直径的两倍。

(5) 混凝土配合比应根据混凝土设计等级计算,并通过试验确定,除满足强度指标外,尚应注意混凝土坍落度的选择。对于泵送顶升浇灌法和立式高位抛落不振捣法,粗骨料粒径可采用0.5~30mm,水灰比不大于0.45,坍落度不小于150mm,对于立式手工浇捣法,粗骨料粒径可采用10~40mm,水灰比不大于0.4,坍落度20~40mm；当有穿心部件时,粗骨料粒径宜减小为5~20mm,坍落度宜不小于150mm。为满足上述坍落度的要求,应掺入适量的减水剂。为减少收缩量,也可掺入适量的混凝土微膨胀剂。

(6) 钢管内的混凝土浇灌应连续进行,必须停歇时,停歇时间不应超过混凝土的终凝时间。必须留置施工缝时,应将管封闭,以防止油、水、异物落入。

(7) 每次浇灌混凝土前(包括施工缝)应先浇灌一层厚度为100~200mm的与混凝土强度等级相同的水泥砂浆,以免自由下落的混凝土粗骨料产生离析现象。

(8) 钢管内混凝土的浇灌质量,可用敲击法进行初步检查,如有异常,则应用超声波检测。对不密实的部位,应采用钻孔压浆的方法进行补强,然后将钻孔补焊牢固平齐。

(9) 当混凝土浇灌到钢管顶端时,可以使混凝土稍有溢出后再将留有排气孔的层间横隔板或封顶板紧压在管端,随即进行点焊,待混凝土强度达到设计值的50%后,再将横隔板或封顶板按设计要求进行补焊。也可将混凝土浇灌到稍低于钢管口的位置,待混凝土强度达到设计强度的50%后再用相同等级的水泥砂浆补平,待凝结后,将隔板或顶板焊牢。

第七章 地下钢结构工程

第一节 钢结构工程材料

254. 钢结构用钢材的机械性能和化学成分是怎样的？

钢结构用钢材的机械性能和化学成分如下：

钢结构用钢材包括碳素结构钢、优质碳素结构钢、低合金高强度结构钢、桥梁用结构钢、合金钢、不锈钢等，但最常用的还是前三种，现仅对碳素结构钢、优质碳素结构钢、低合金高强度结构钢的基本情况作以下介绍。

（1）碳素结构钢（GB/T 700—2006）

碳素结构钢的牌号、成分、力学性能及冷弯试验见表7-1、表7-2、表7-3所示。

表7-1 碳素结构钢的牌号、成分

牌号	等级	厚度或直径	化学成分/% ≤					
			脱氧方法	C	Si	Mn	P	S
Q195	—		F、Z	0.12	0.30	0.50	0.035	0.040
Q215	A		F、Z	0.15	0.35	1.20	0.045	0.050
	B							0.045
Q235	A		F、Z	0.22	0.35	1.40	0.045	0.050
	B			0.20			0.045	0.045
	C		Z	0.17			0.040	0.040
	D		TZ				0.035	0.035
Q275	A		F、Z	0.24	0.35	1.50	0.045	0.050
	B	≤40	Z	0.21			0.045	0.045
		>40		0.22				
	C		Z	0.20			0.040	0.040
	D		TZ				0.035	0.035

注：①D级钢有足够细化晶粒的元素，并在质量证明书中注明细化晶粒元素的含量。当采用铝脱氧时，钢中酸溶铝含量应不小于0.015%，或总铝含量应不小于0.020%。

②钢中残余元素铬、镍、铜含量应各不大于0.30%，氮含量应不大于0.008%。如供方能保证，均可不进行分析。氮含量允许超过上述的规定值，但是含量每增加0.001%，磷的最大含量应减少0.005%，熔炼分析氮的最大含量应不大于0.012%；如果钢中的酸溶铝含量不小于0.015%或总铝含量不小于0.020%，氮含量的上限值可以不受限制。固定氮的元素应在质量说明书中注明。经需方同意，A级钢的铜含量不可大于0.35%。此时，供方应进行铜含量的分析，并在质量说明书中注明含量。

③钢中砷的含量应不大于0.080%。用含砷矿冶炼生铁所冶炼的钢，砷含量由供需双方协议确定。如原料中不含砷，可不进行砷的分析。

④在保证钢材力学性能符合GB/T 700—2006规定的情况下，各牌号A级钢的碳、锰、硅含量可以不作为交货条件，但其含量应在质量说明书中注明。

⑤在供应商品连铸坯，钢锭和钢坯时，为了保证轧制钢材各项性能达到标准要求，可以根据需方要求规定各牌号的碳、锰含量下限。

⑥成品钢材，连铸坯、钢坯的化学成分允许偏差值应符合GB/T 222—2006中表1的规定。氮含量允许超过规定值，但必须符合注②的要求含量，并在质量说明书中注明，氮含量上限值可不受限制。沸腾钢成品钢材和钢坯的化学成分偏差不作保证。

表 7-2 碳素结构钢的力学性能

牌号	等级	屈服强度 R_{eH}[①]/MPa≥						抗拉强度 R_m[②] /MPa	断后伸长率 A/%≥					冲击试验（纵向）	
		厚度或直径/mm							厚度或直径/mm					温度/℃	冲击吸收功 AkV/J≥
		≤16	>16~40	>40~60	>80~100	>100~150	>150~200		≤40	>40~60	>60~100	>100~150	>150~200		
Q195	—	195	185	—	—	—	—	315~430	33	—	—	—	—		
Q215	A	215	206	195	185	175	168	335~450	31	30	29	27	26	—	—
	B													+20	27
Q235	A	235	225	215	215	195	185	370~500	26	25	24	22	21	—	—
	B													+20	27[③]
	C													0	
	D													−20	
Q275	A	275	265	255	245	225	215	410~540	22	21	20	18	17	—	—
	B													+20	27
	C													0	
	D													−20	

注：①Q195的屈服强度值仅供参考，不作交货条件。
②厚度大于100mm的钢材，抗拉强度下限允许降低20MPa。宽带钢（包括剪切钢板）抗拉强度上限不作交货条件。
③厚度小于25mm的Q235B级钢材，如供方能保证冲击吸收功值合格，经需方同意可不进行检验。

表 7-3 碳素结构钢的冷弯试验

牌号	试样方向	冷弯试验180°（试样宽度）B=2a（试样厚度或直径）	
		钢材厚度或直径/mm	
		≤60	>60~100
		弯心直径 d	
Q195	纵	0	—
	横	0.5a	—
Q215	纵	0.5a	1.5a
	横	a	2a
Q235	纵	a	2a
	横	1.5a	2.5a
Q275	纵	1.5a	2.5a
	横	2a	3a

（2）优质碳素结构钢（GB/T 699—1999）

优质碳素结构钢的牌号、化学成分、力学性能见表7-4所示。

表 7-4 优质碳素结构钢的化学成分及力学性能

牌号	化学成分/%						力学性能≥				
	C	Si	Mn	Cr	Ni	Cu	R_m/MPa	$R_{p0.2}$/MPa	A/%	Z/%	A_k/J
				≤							
0.8F	0.05~0.11	≤0.03	0.25~0.50	0.10	0.30	0.25	295	175	35	60	—
0.8	0.05~0.11	0.17~0.37	0.35~0.65	0.10	0.30	0.25	325	195	33	60	—
10F	0.07~0.13	≤0.07	0.25~0.50	0.15	0.30	0.25	315	185	33	55	—
10	0.07~0.13	0.17~0.37	0.35~0.65	0.15	0.30	0.25	335	205	31	55	—
15F	0.12~0.18	≤0.07	0.25~0.50	0.25	0.30	0.25	355	205	29	55	—

续表

牌号	化学成分/%						力学性能≥				
	C	Si	Mn	Cr	Ni	Cu	R_m/MPa	$R_{p0.2}$/MPa	A/%	Z/%	A_k/J
				≤							
15	0.12~0.18	0.17~0.37	0.35~0.55	0.25	0.30	0.25	375	225	27	55	—
20	0.17~0.23	0.17~0.37	0.35~0.65	0.25	0.30	0.25	410	245	25	55	—
25	0.22~0.29	0.17~0.37	0.50~0.80	0.25	0.30	0.25	450	275	23	50	71
30	0.27~0.34	0.17~0.37	0.50~0.80	0.25	0.30	0.25	490	295	21	50	63
35	0.32~0.39	0.17~0.37	0.50~0.80	0.25	0.30	0.25	530	315	20	45	55
40	0.37~0.44	0.17~0.37	0.50~0.80	0.25	0.30	0.25	570	335	19	45	47
45	0.42~0.50	0.17~0.37	0.50~0.80	0.25	0.30	0.25	600	355	16	40	39
50	0.47~0.55	0.17~0.37	0.50~0.80	0.25	0.30	0.25	630	375	14	40	31
55	0.25~0.60	0.17~0.37	0.50~0.80	0.25	0.30	0.25	645	380	13	35	—
60	0.57~0.65	0.17~0.37	0.50~0.80	0.25	0.30	0.25	675	400	12	35	—
65	0.62~0.70	0.17~0.37	0.50~0.80	0.25	0.30	0.25	695	410	10	30	—
70	0.67~0.75	0.17~0.37	0.50~0.81	0.25	0.30	0.25	715	420	9	30	—
75	0.72~0.80	0.17~0.37	0.50~0.80	0.25	0.30	0.25	1080	880	7	30	—
80	0.77~0.85	0.17~0.37	0.50~0.80	0.25	0.30	0.25	1080	930	6	30	—
85	0.82~0.90	0.17~0.37	0.50~0.80	0.25	0.30	0.25	1130	980	6	30	—
15Mn	0.12~0.18	0.17~0.37	0.70~1.00	0.25	0.30	0.25	410	245	26	55	—
20Mn	0.17~0.23	0.17~0.37	0.70~1.00	0.25	0.30	0.25	450	275	24	50	—
25Mn	0.22~0.29	0.17~0.37	0.70~1.00	0.25	0.30	0.25	490	295	22	50	71
30Mn	0.27~0.34	0.17~0.37	0.70~1.00	0.25	0.30	0.25	540	315	20	45	63
35Mn	0.32~0.39	0.17~0.37	0.70~1.00	0.25	0.30	0.25	560	335	19	45	55
40Mn	0.37~0.44	0.17~0.37	0.70~1.00	0.25	0.30	0.25	590	355	17	45	47
45Mn	0.42~0.50	0.17~0.37	0.70~1.00	0.25	0.30	0.25	620	375	15	40	39
50Mn	0.48~0.56	0.17~0.37	0.70~1.00	0.25	0.30	0.25	645	390	13	40	31
60Mn	0.57~0.55	0.17~0.37	0.70~1.00	0.25	0.30	0.25	695	410	11	35	—
65Mn	0.62~0.70	0.17~0.37	0.90~1.20	0.25	0.30	0.25	735	430	9	30	—
70Mn	0.67~0.75	0.17~0.37	0.90~1.20	0.25	0.30	0.25	785	450	8	30	—

注：①如果是高级优质钢、牌号后加 A 或 E；对于沸腾钢和半镇静钢，牌号后 F 或 b。
②钢中硫、磷含量：优质钢 w_p 均不大于 0.035%；高级优质钢 w_s 均不大于 0.030%；特级优质钢 w_s ≤ 0.025%，w_p ≤ 0.020%
③A_k 为调质处理值，其他力学性能多为正火处理值，试样毛坯尺寸 25mm。

(3) 低合金高强度结构钢（GB/T 1591—2008）

低合金高强度结构钢的牌号、化学成分、性能见表 7-5 所示。

表 7-5 低合金高强度结构钢的牌号及化学成分

牌号	质量等级	化学成分/%														
		C	Si	Mn	P	S	Nb	V	Ti	Cr	Ni	Cu	N	Mo	B	Als
							<									≥
Q345	A	≤0.20	≤0.50	≤1.70	0.035	0.035	0.07	0.15	0.20	0.30	0.50	0.30	0.012	0.10	—	0.015
	B				0.035	0.035										
	C				0.030	0.030										
	D	≤0.18			0.030	0.025										
	E				0.025	0.020										

续表

牌号	质量等级	化学成分/%													
		C	Si	Mn	P	S	Nb	V	Ti	Cr	Ni	Cu	N	Mo	B	Als
							<									≥
Q390	A	≤0.20	≤0.50	≤1.70	0.035	0.035	0.07	0.20	0.20	0.30	0.50	0.30	0.015	0.10	—	—
	B				0.035	0.035										
	C				0.030	0.030										0.015
	D				0.030	0.025										
	E				0.030	0.020										
Q420	A	≤0.20	≤0.50	≤1.70	0.035	0.035	0.07	0.20	0.20	0.30	0.80	0.30	0.015	0.20	—	—
	B				0.035	0.035										
	C				0.030	0.030										0.015
	D				0.030	0.025										
	E				0.025	0.020										
Q460	C	≤0.20	≤0.60	≤1.80	0.030	0.030	0.11	0.20	0.20	0.30	0.80	0.55	0.015	0.20	0.004	0.015
	D				0.030	0.025										
	E				0.025	0.020										
Q500	C	≤0.18	≤0.60	≤1.80	0.030	0.025	0.11	0.12	0.20	0.60	0.80	0.55	0.015	0.20	0.004	0.015
	D				0.025	0.020										
	E				0.025	0.020										
Q550	C	≤0.18	≤0.60	≤2.00	0.030	0.030	0.11	0.12	0.20	0.80	0.80	0.80	0.015	0.20	0.004	0.015
	D				0.030	0.025										
	E				0.025	0.020										
Q620	C	≤0.18	≤0.60	≤2.00	0.030	0.030	0.11	0.12	0.20	1.00	0.80	0.80	0.015	0.30	0.004	0.015
	D				0.030	0.025										
	E				0.025	0.020										
Q690	C	≤0.18	≤0.60	≤2.00	0.030	0.030	0.11	0.12	0.20	1.00	0.80	0.80	0.015	0.30	0.004	0.015
	D				0.030	0.025										
	E				0.025	0.020										

注：①型材及棒材 P、S 含量可提高 0.005%，其中 A 级钢上限可为 0.045%。
②当细化晶粒元素组合加入时，$20(w_{Nb}+w_V+w_{Ti}) \leq 0.22\%$，$20(w_{Nb}+w_{Cr}) \leq 0.30\%$。

表 7-6 交货钢材的碳当量 CEV

牌号	热轧、控轧状态			正火、正火加回火状态			热机械轧制（TMCP）或热机械轧制加回火状态		
	公称厚度或直径/mm			公称厚度/mm			公称厚度/mm		
	≤63	>63~250	>250	≤63	>63~120	>120~250	≤63	>63~120	>120~150
Q345	≤0.44	≤0.47	≤0.47	≤0.45	≤0.48	≤0.48	≤0.44	≤0.45	≤0.45
Q390	≤0.45	≤0.48	≤0.48	≤0.46	≤0.48	≤0.49	≤0.46	≤0.47	≤0.47

续表

牌号	热轧、控轧状态 公称厚度或直径/mm			正火、正火加回火状态 公称厚度/mm			热机械轧制（TMCP）或热机械轧制加回火状态 公称厚度/mm		
	≤63	>63~250	>250	≤63	>63~120	>120~250	≤63	>63~120	>120~150
Q420	≤0.45	≤0.48	≤0.48	≤48	≤0.50	≤0.52	≤0.46	≤0.47	≤0.47
Q460	≤0.46	≤0.49	—	≤0.53	≤0.54	≤0.55	≤0.47	≤0.48	≤0.48
Q500	—	—	—	—	—	—	≤0.47	≤0.48	≤0.48
Q550	—	—	—	—	—	—	≤0.47	≤0.48	≤0.48
Q620	—	—	—	—	—	—	≤0.48	≤0.49	≤0.49
Q690	—	—	—	—	—	—	≤0.49	≤0.49	≤0.49

注：①碳当量 CEV 应由熔炼分析成分并采用 $CEV = w_{Cr} + w_{Mn}/6 + (w_{Cr} + w_{Mo} + w_V)/5 + (w_{Ni} + w_{Cn})/15$ 公式计算。
②热机械轧制（TMCP）或热机械轧制加回火状态交货钢材的碳含量小于或等于 0.09% 时，可采用焊接裂纹敏感性指数（P_{cm}）代替碳当量评估钢材的可焊性。P_{cm} 应由熔炼分析成分并采用 $P_{cm} = w_C + w_{Si}/30 + w_{Mn}/20 + w_{Ni}/60 + w_{Cr}/20 + w_{Mo}/15 + w_V/10 + 5w_B$ 公式计算。Q345、Q390、Q420、Q460 的 P_{cm} 应小于或等于 0.20%，Q500、Q550、Q620、Q490 的 P_{cm} 应小于或等于 0.25%。

对钢材性能的要求，承重结构的使用钢材应能保证抗拉强度、屈服强度、伸长率及硫、磷的极限含量。磷的极限含量应满足焊接结构钢材的要求，必要时还应出具冷弯试验的报告。

对吊车起重等于或大于 50t 的中级工作制和重型工作制焊接吊车梁或类似结构的使用钢材，Q235 钢应有 -20℃ 以下冲击韧性的保证；Q345 钢应有 -40℃ 以下冲击韧性的保证。重级工作制的非焊接吊梁，必要的时候也应有冲击韧性的保证。

根据国家《高层建筑钢结构设计与施工规程》的规定，高层建筑钢结构宜采用牌号为 Q235 中 B、C、D 等级的碳素结构钢和牌号为 Q345 中的 B、C、D 级的低合金钢。对承重结构使用的钢材应保证抗拉强度，伸长率、屈服点、冷弯、冲击韧性及硫、磷含量试验合格后才能使用。对采用焊接的结构应保证其含碳量的极限值。对结构节点的要求应严格，板厚等于或大于 50mm，且承受板厚方向拉力的焊接结构，应控制板厚方向的断面收缩率。

结构钢材进场以后应有厂家合格证、检测报告、质量保证书，并应现场取样送有资质的检测单位复验。

第二节 钢结构拼装和连接

255. 钢结构拼装和连接应如何进行？

1. 钢结构（焊接结构）拼装

（1）桁架拼装 桁架拼装应注意的事项

①桁架的弦杆、腹杆，应先单肢焊接矫正后拼装。

②与支座、钢柱连接的节点板应先小件组焊矫正后拼装。

③放大样时应放出收缩量（$l \leq 24m$ 时放 5mm，$l > 24m$ 时放 8mm）。

④三角形屋架跨度在 15m 以上，平行弦桁架和梯形屋架跨度在 24m 以上、弦无曲折时应起拱（$l/500$）。当跨度小于上述者可少量起拱在 10mm 左右。

⑤桁架拼装有胎模法（尺寸精确，但较麻烦，仅适用于大型成批加工的桁架）和复制法（加工方便快捷，适用于小批量生产的中、小型桁架）。

⑥节点板的槽焊深度与节点板的厚度有关，当节点板厚 6mm 时，槽焊深度为 5mm；当板厚 8mm 时，深度为 6mm；当板厚为 10m 时，深度为 8mm；当板厚为 12mm 时，深度为 10mm；当板厚为 14mm 时，深度为 12mm。若深度需超过以上规定，则应征得设计单位同意；装配时槽深度偏差为 ±1mm。

⑦焊接构件拼装的允许偏差如表 7-7 所示。

表 7-7 焊接构件拼装的允许偏差

项目		允许偏差/mm	图例
对口错边（Δ）		$t/10$ 且不大于 3.0	
间隙（a）		±1.0	
搭接长度（a）		±5	
缝隙（Δ）		1.5	
高度（h）		±2.0	
垂直度（Δ）		$b/100$ 且不大于 2.0	
中心偏移（e）		±2.0	
型钢错位（Δ）	连接处	1.0	
	其他处	2.0	
箱形截面高度（h）		±2.0	
宽度（b）		±2.0	
垂直度（Δ）		$b/200$ 且不大于 3.0	
桁架结构杆件轴线交点偏差（Δ）		≤3.0	

(2) 实腹工字形吊车梁拼装应注意事项

①腹板应平直，宽度应符合设计尺寸，拼装间隙应符合要求。

②翼缘板应有反变形措施，且两翼夹角应相等，翼缘板与腹板的中心线偏差 ≤2mm。腹板与翼缘板的主焊缝 50mm 以内应清理干净。

③点焊高度为焊缝的 2/3，且不应大于 8mm，焊缝长度不宜小于 25mm，点焊距离 ≤200mm，

双面施焊并加斜支撑。如图7-1所示。

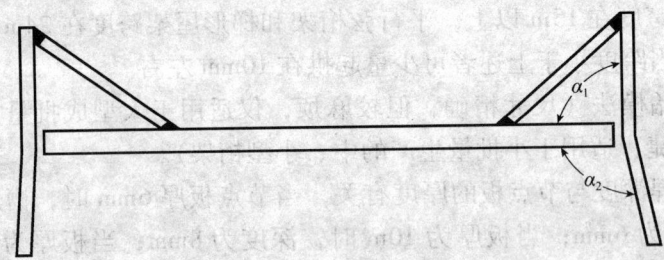

图7-1　两翼夹角相等并设撑杆

④实腹吊车梁跨度小于24m时，为防止下挠应先焊下翼缘的主缝和横缝；超过24m时应起拱。

⑤端部的夹劲角钢应长度相等。

⑥自动焊时，视板厚和焊缝厚度设宽度60~100mm、长度80~100mm的主焊缝焊接引弧板，以防引弧时不均匀焊接对实体产生焊接影响。

（3）大型钢模板拼装应注意的事项

①将材料的下料长度控制在允许偏差±1mm以内。

②拼装应在平台上进行，随时检查平台的平整度。骨架的位置应设胎具定位，各交叉点的平整度应不超过1mm，全长平整度应等于或小于5mm。

③骨架焊接应平齐，应从内向外施焊，每个钢模上的操作人员不超过4人，并应对称施焊以防变形。

④为使骨架与钢板严密结合，应对焊缝修平，大面应平整，全平面翘曲不超过10mm，局部不平度应小于3/200，全长为6~8mm。

⑤对工字钢或槽形钢其翼缘平面与腹板必须成90°，其允许偏差应≤1mm。为减少变形，有条件的尽量采用CO_2气体保护焊。

（4）高层钢结构拼装时应注意的事项

①组装前应严格检查零部件的加工质量，并按工艺流程的次序进行组装。

②编制收缩量的分配和定位点的确定、各尺寸的允许偏差等详细的组装方案。

③箱形管柱的翼缘板、内隔板与焊接垫板的装配缝隙应不大于1mm。

④当高层田字柱有较多牛腿且伸出较长时，应先在柱体上定位并钻孔再装配，牛腿位置应在允许偏差范围以内。

2. 钢结构的连接

钢结构的连接是施工中的重要环节，应本着安全可靠、构造简单、施工方便和节约钢材的原则进行。

钢结构的连接部位应具有足够的静力强度和抗疲劳的能力，并应保持正确的相互位置以满足传力和使用要求。

钢结构的连接方法有：焊接、铆接、普通螺栓和高强螺栓连接等。

（1）焊接的方法。焊接的方法有电渣焊、气压焊、电弧焊（交流焊机手工焊、直流焊机手工焊、埋弧自动焊、半自动焊、CO_2气体保护焊）和接触焊及高频焊等，如表7-8所示。

表 7-8　各种焊接方法的特点、适用范围

焊接类别			特点	适用范围
电弧焊	手工焊	交流焊机	设备简单、操作灵活，可进行各种位置的焊接，是建筑工地应用最广泛的焊接方法	焊接普通钢结构
		直流焊机	焊接技术与交流焊机相同。成本比交流焊机高，但焊接时电弧稳定	焊接要求较高的钢结构
	埋弧自动焊		效率高，质量好，操作技术要求低，劳动条件好，宜于工厂中使用	焊接长度较大的对接、贴角焊缝，一般是有规律的直焊缝
	半自动焊		与埋弧自动焊基本相同，操作较灵活，但使用不够方便	焊接较短的或弯曲的对接、贴角焊缝
	CO_2气体保护焊		用CO_2或惰性气体保护的光焊条焊接，可全位置焊接，质量好，焊时应避风	薄钢板和其他金属焊接
电渣焊			利用电流通过液态熔渣所产生的电阻热焊接，能焊大厚度焊缝	大厚度钢板粗直径圆钢和铸钢等焊接
气压焊			利用乙炔、氧气混合燃烧的火焰融熔金属进行焊接。焊有色金属、不锈钢时需气焊粉保护	薄钢板、铸铁件、连接件和堆焊
接触焊			利用电流通过焊件时产生的电阻热焊接，建筑施工中多用于对焊、点焊	钢筋对焊、钢筋网点焊、预埋件焊接
高频焊			利用高频电阻产生的热量进行焊接	薄壁钢管的纵向焊缝

（2）焊条的选择。国产碳钢焊条如表 7-9 所示。国产低合金钢焊条（GB/T 5118—1995）如表 7-10 和低合金钢化学成分表 7-11 所示。

表 7-9　碳钢焊条的型号

焊条型号	药皮类型	焊接位置	电流种类
E43 系列-熔敷金属抗拉强度≥420N/mm²			
E4300	特殊型	平、立、仰、横	交流成直流正、反接
E4301	钛铁矿型		
E4303	钛钙型		
E4310	高纤维钠型		直流反接
E4311	高纤维钾型		交流或直流反接
E4312	高钛钠型		交流或直流正接
E4313	高钛钾型		交流或直流正、反接
E4315	低氢钠型		直流反接
E4316	低氢钾型		交流或直接反接
E4320	氧化铁型	平角焊	交流或直流正接
E4322		平	交流或直流正、反接

续表

焊条型号	药皮类型	焊接位置	电流种类
F4323	铁粉钛钙型	平、平角焊	交流或直流正、反接
F4324	铁粉钛型		
E4327	铁粉氧化铁型		交流或直流正接
F4328	铁粉低氢型		交流或直流反接
F50系列-熔敷金属抗拉强度≥490N/mm²			
F5001	钛铁矿型	平、立、仰、横	交流或直流正、反接
E5003	钛钙型		
E5011	高纤维钾型		交流或直流反接
E5014	铁粉钛型		交流或直流正、反接
E5015	低氢钠型		直流反接
E5016	低氢钾型		交流或直流反接
E5018	铁粉低氢型		
E5024	铁粉钛型		交流或直流正、反接
F5027	铁粉氧化铁型	平、平角焊	交流或直流正接
E5028	铁粉低氢型	平、立、仰、立向下	交流或直接反接
E5048			
E5010			
E5015-1			
E5016-1			
E5018-1			
E5018M			
E5023			
5024-1			
50			

注：1. 焊条型号编写方法如下：字母"E"表示焊条；前两位数字后面加0（如50改为500），表示熔敷金属抗拉强度的最小值，单位为N/mm²；第三位数字表示焊条的焊接位置，"0"及"1"表示焊条适用于全位置焊接（平、立、仰、横），"2"表示焊条适用于平焊及平角焊，"4"表示焊条适用于向下立焊；第三位和第四位数字组合时表示焊接电流种类及药皮类型。
2. 焊接位置栏中文字涵义：平——平焊、立——立焊、仰——仰焊、横——横焊、平角焊——水平角焊、立向下——向下立焊。
3. 直径不大于4.0mm的E5014、E5015、E5016和E5018型焊条及直径不大于5.0mm的其他型号的焊条可适用于立焊和仰焊。
4. E4322型焊条适宜单道焊。

表7-10　国产低合金焊条 GB/T 5118—1995

焊条型号	药皮类型	焊接位置	电流种类
E50系列-熔敷金属抗拉强度≥490MPa（50kgf/mm²）			
E5003-×	钛钙型	平、立、仰、横	交流或直流正、反接
E5010-×	高纤维素钠型		直流反接
E5011-×	高纤维素钾型		交流或直流反接
E5015-×	低氢钠型		直流反接
E5016-×	低氢钾型		交流或直流反接
E5018-×	铁粉低氢型		

第七章 地下钢结构工程

续表

焊条型号	药皮类型	焊接位置	电流种类
	E50 系列-熔敷金属抗拉强度≥490MPa（50kgf/mm²）		
E5020-×	高氧化铁型	平角焊	交流或直流正接
		平	交流或直流正、反接
E5027-×	铁粉氧化铁型	平角焊	交流或直流正接
		平	交流或直流正、反接
	E55 系列-熔敷金属抗拉强度≥540MPa（55kgf/mm²）		
E5500-×	特殊型	平、立、仰、横	交流或直流正、反接
E5503-×	钛钙型		
E5510-×	高纤维素钠型		直流反接
E5511-×	高纤维素钾型		交流或直流反接
E5513-××	高钛钾型		交流或直流正、反接
E5515-×	低氢钠型		直流反接
E5516-×	低氢钾型		交流或直流反接
E5518-×	铁粉低氢型		
	E60 系列-熔敷金属抗拉强度≥590MPa（60kgf/mm²）		
E6000-×	特殊型	平、立、仰、横	交流或直流正、反接
E6010-×	高纤维素钠型		直流反接
E6011-×	高纤维素钾型		交流或直流反接
E6013-×	高钛钾型		交流或直流正、反接
E6015-×	低氢钠型		直流反接
E6016-×	低氢钾型		交流或直流反接
E6018-×	铁粉低氢型		
	E70 系列-熔敷金属抗拉强度≥690MPa（70kgf/mm²）		
E7010-×	高纤维素钠型	平、立、仰、横	直流反接
E7011-×	高纤维素钾型		交流或直流反接
E7013-×	高钛钾型		交流或直流正、反接
E7015-×	低氢钠型		直流反接
E7016-×	低氢钾型		交流或直流反接
E7018-×	铁粉低氢型		
	E75 系列-熔敷金属抗拉强度≥740MPa（75kgf/mm²）		
E7515-×	低氢钠型	平、立、仰、横	直流反接
E7516-×	低氢钾型		交流或直流反接
E7518-×	铁粉低氢型		
	E80 系列-熔敷金属抗拉强度≥780MPa（80kgf/mm²）		
E8015-×	低氢钠型	平、立、仰、横	直流反接
E8016-×	低氢钾型		交流或直流反接
E8018-×	铁粉低氢型		

续表

焊条型号	药皮类型	焊接位置	电流种类
E85 系列-熔敷金属抗拉强度≥830MPa（85kgf/mm²）			
E8515-×	低氢钠型	平、立、仰、横	直流反接
E8516-×	低氢钾型		交流或直流反接
E8518-×	铁粉低氢型		
E90 系列-熔敷金属抗拉强度≥880MPa（90kgf/mm²）			
E9015-×	低氢钠型	平、立、仰、横	直流反接
E9016-×	低氢钾型		交流或直流反接
E9018-×	铁粉低氢型		
E100 系列-熔敷金属抗拉强度≥980MPa（100kgf/mm²）			
E10015-×	低氢钠型	平、立、仰、横	直流反接
E10016-×	低氢钾型		交流或直流反接
E10018-×	铁粉低氢型		

注：①后缀字母×代表熔敷金属化学成分分类代号如 A1、B1、B2 等（见表 7-11）

②字母"E"表示焊条；前两位数字表示熔敷金属抗拉强度的最小值；第三位数字表示焊条的焊接位置，"0"及"1"表示焊条适用于全位置焊接（平焊、立焊、仰焊及横焊），"2"表示焊条适用于平焊及平角焊；第三位和第四位数字组合时表示焊接电流种类及药皮类型；后缀字母为熔敷金属的化学成分分类代号，并以短划"-"与前面数字分开，若还具有附加化学成分时，附加化学成分直接用元素符号表示，并以短划"-"与前面后缀字母分开。对于 E50××-×、E55××-×、E60××-×型低氢焊条的熔敷金属化学成分分类后缀字母或附加化学成分后面加字母"R"时，表示耐吸潮焊条。

表 7-11 低合金钢焊条化学成分

焊条型号	化学成分												
	C	Mn	P	S	Si	Ni	Cr	Mo	V	Nb	W	B	Cu
碳钼钢焊条													
E5010-A1	0.12	0.60	0.035	0.035	0.40	—	—	0.40~0.65					
E5011-A1													
E5003-A1													
E5015-A1		0.90			0.60								
E5016-A1													
E5018-A1					0.80								
E5020-A1		0.60			0.40								
E5027-A1		1.00											

续表

焊条型号	化学成分												
	C	Mn	P	S	Si	Ni	Cr	Mo	V	Nb	W	B	Cu
铬钼钢焊条													
E5500-B1	0.05~0.12	0.90	0.035	0.035	0.60	—	0.40~0.65	—	—	—	—	—	—
E5503-B1	0.05~0.12	0.90	0.035	0.035	0.60	—	0.40~0.65	—	—	—	—	—	—
E5515-B1	0.05~0.12	0.90	0.035	0.035	0.60	—	0.40~0.65	—	—	—	—	—	—
E5516-B1	0.05~0.12	0.90	0.035	0.035	0.60	—	0.40~0.65	—	—	—	—	—	—
E5518-B1	0.05~0.12	0.90	0.035	0.035	0.80	—	0.40~0.65	—	—	—	—	—	—
E5515-B2	0.05~0.12	0.90	0.035	0.035	0.60	—	0.40~0.65	—	—	—	—	—	—
E5515-B2L	0.05	0.90	0.035	0.035	1.00	—	0.40~0.65	—	—	—	—	—	—
E5516-B2	0.05~0.12	0.90	0.035	0.035	0.60	—	0.40~0.65	—	—	—	—	—	—
E5518-B2	0.05~0.12	0.90	0.035	0.035	0.80	—	0.40~0.65	—	—	—	—	—	—
E5518-B2L	0.05	0.90	0.035	0.035	0.80	—	0.40~0.65	—	—	—	—	—	—
E5500-B2-V	0.05~0.12	0.70~1.10	0.035	0.035	0.60	—	0.80~1.50	—	0.10~0.35	—	—	—	—
E5515-B2-V	0.05~0.12	0.70~1.10	0.035	0.035	0.60	—	0.80~1.50	—	0.10~0.35	—	—	—	—
E5515-B2-VNb	0.05~0.12	0.70~1.10	0.035	0.035	0.60	—	0.80~1.50	0.70~1.00	0.15~0.40	0.10~0.25	—	—	—
E5515-B2-VW	0.05~0.12	0.70~1.10	0.035	0.035	0.60	—	0.80~1.50	0.70~1.00	0.20~0.35	—	0.25~0.50	—	—
E5500-B3-VWB	0.05~0.12	1.00	0.035	0.035	0.60	—	1.50~2.50	0.30~0.80	0.20~0.60	—	0.20~0.60	0.001~0.003	—
E5515-B3-VWB	0.05~0.12	1.00	0.035	0.035	0.60	—	1.50~2.50	0.30~0.80	0.20~0.60	—	0.20~0.60	0.001~0.003	—
E5515-B3-VNb	0.05~0.12	1.00	0.035	0.035	0.60	—	2.40~3.00	0.70~1.00	0.25~0.50	0.35~0.65	—	—	—
E6000-B3	0.05~0.12	0.90	0.035	0.035	0.60	—	2.00~2.50	0.90~1.20	—	—	—	—	—
E6015-B3L	0.05	0.90	0.035	0.035	1.00	—	2.00~2.50	0.90~1.20	—	—	—	—	—
E6015-B3	0.05~0.12	0.90	0.035	0.035	0.60	—	2.00~2.50	0.90~1.20	—	—	—	—	—
E6016-B3	0.05~0.12	0.90	0.035	0.035	0.60	—	2.00~2.50	0.90~1.20	—	—	—	—	—
E6018-B3	0.05~0.12	0.90	0.035	0.035	0.80	—	2.00~2.50	0.90~1.20	—	—	—	—	—
E6018-B3L	0.05	0.90	0.035	0.035	1.00	—	2.00~2.50	0.90~1.20	—	—	—	—	—
E5515-B4L	0.05	0.90	0.035	0.035	1.00	—	1.75~2.25	0.40~0.65	—	—	—	—	—
E5516-B5	0.07~0.15	0.40~0.70	0.035	0.035	0.30~0.60	—	0.40~0.60	1.00~1.25	0.05	—	—	—	—
镍钢焊条													
E5515-C1	0.12	1.25	0.035	0.035	0.60	2.00~2.75	—	—	—	—	—	—	—
E5516-C1	0.12	1.25	0.035	0.035	0.60	2.00~2.75	—	—	—	—	—	—	—
E5518-C1	0.12	1.25	0.035	0.035	0.80	2.00~2.75	—	—	—	—	—	—	—
E5015-C1L	0.05	1.25	0.035	0.035	0.05	2.00~2.75	—	—	—	—	—	—	—
E5016-C1L	0.05	1.25	0.035	0.035	0.05	2.00~2.75	—	—	—	—	—	—	—
E5018-C1L	0.05	1.25	0.035	0.035	0.05	2.00~2.75	—	—	—	—	—	—	—
E5516-C2	0.12	1.25	0.035	0.035	0.60	3.00~3.75	—	—	—	—	—	—	—
E5518-C2	0.12	1.25	0.035	0.035	0.80	3.00~3.75	—	—	—	—	—	—	—

续表

焊条型号	化学成分												
	C	Mn	P	S	Si	Ni	Cr	Mo	V	Nb	W	B	Cu
镍钢焊条													
E5015-C2L	0.05	1.25	0.035	0.035	0.50	3.00~3.75	—	—	—		—		
E5016-C2L													
E5018-C2L													
E5515-C3	0.12	0.40~1.25	0.03	0.03	0.80	0.80~1.10	0.15	0.35	0.05		—		
E5516-C3													
E5518-C3													
镍钼钢焊条													
E5518-NM	0.10	0.80~1.25	0.02	0.03	0.60	0.80~1.10	0.05	0.40~0.65	0.02	—	—	—	0.10
锰钼钢焊条													
E6015-D1	0.12	1.25~1.75	0.035	0.035	0.60		—	0.25~0.45	—		—		
E6016-D1													
E6018-D1						0.80							
E5515-D3		1.00~1.75			0.60								
E5516-D3													
E5518-D3					0.80								
E7015-D2	0.15	1.65~2.00			0.60								
E7016-D2													
E7018-D2					0.80								
所有其他低合金钢焊条													
E××03-G	—	≥1.00	—	—	≥0.80	≥0.50	≥0.30	≥0.20	≥0.10				
E××10-G													
E××11-G													
E××13-G													
E××15-G													
E××16-G													
E××18-G													
E5020-G													
E6018-M	0.10	0.60~1.25	0.03	0.03	0.80	1.40~1.80	0.15	0.35	0.05				
E7018-M		0.75~1.70				1.40~2.10	0.35	0.25~0.50					
E7518-M		1.30~1.80			0.60	1.25~2.50	0.40						
E8518-M		1.30~2.25				1.75~2.50	0.30~1.50	0.30~0.55					
E8518-M1		0.80~1.60	0.015	0.012	0.65	3.00~3.80	0.65	0.20~0.30					

续表

焊条型号	化学成分												
	C	Mn	P	S	Si	Ni	Cr	Mo	V	Nb	W	B	Cu
所有其他低合金钢焊条													
E5018-W	0.12	0.40~0.70	0.025	0.025	0.40~0.70	0.20~0.40	0.15~0.30	—	0.08	—	—	—	0.30~0.60
E5518-W	0.12	0.50~1.30	0.035	0.035	0.35~0.80	0.40~0.80	0.45~0.70	—	—	—	—	—	0.30~0.75

注：①焊条型号中的"××"代表焊条的不同抗拉强度等级（50、55、60、70、75、80、85、90及100）。
②表中单值除特殊规定外，均为最大百分比。
③E5518-NM 型焊条铝不大于 0.05%。
④E××××-G 型焊条只要1个元素符合表中规定即可，当有-40℃冲击性能要求≥54J时，该焊条型号标志为 E××××-E。

（3）焊条的烘焙。焊条使用前应检查是否受潮，检查的方法是：

将焊条在手上滚动时，若相互碰撞发出清脆的金属声便可认定焊条是干燥的，若发出沙沙声则可认定药皮已受潮。受潮焊条应按以下要求进行烘焙：

焊条类型	烘焙要求
酸性焊条	1. 包装好、未受潮、贮存时间短时可不烘焙 2. 视受潮程度，一般在15℃~70℃烘箱中烘焙1h
低氢碱性焊条	1. 使用前必须烘焙，在250℃~350℃温度下烘焙1~2h，然后放入低温烘箱保持恒温 2. 对含氢量有特殊要求时，在400℃下烘焙1~2h，然后放入80℃~100℃低温烘干箱中，随用随取 3. 露天操作过夜的焊条，按上述规定重新烘焙

钢结构的焊缝标注内容如图 7-2 所示。

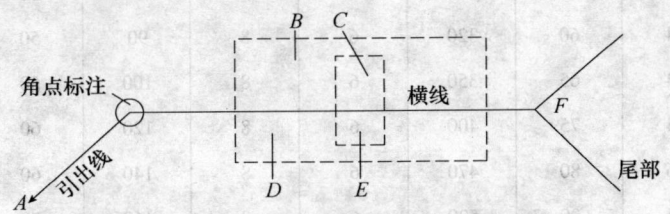

图 7-2　焊缝标注内容

A—单箭头指向焊缝部位；B—箭头所指一边的焊缝尺寸；C—箭头所示一边的焊缝或间隙符号；
D—箭头所示另一边的焊缝尺寸；E—箭头所示另一边的焊缝或间隙符号；F—特别说明

（4）钢结构的对接焊缝、角焊缝和贴角焊缝的内容标注如图 7-3 所示。

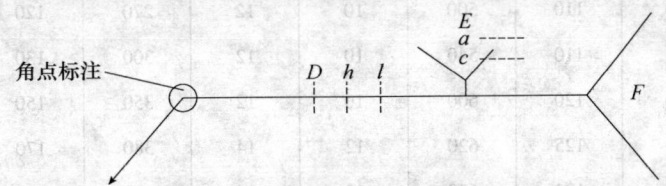

图 7-3　对接焊缝的标注内容

D—焊缝根部高；h—焊根以上部分焊缝高；l—焊缝长度（未注明者为全长焊）；
E—焊缝间隙或坡口符号；a—焊缝坡口开角；c—对接焊缝离缝尺寸；F—特殊说明

贴角焊缝的标注内容如图 7-4 所示。

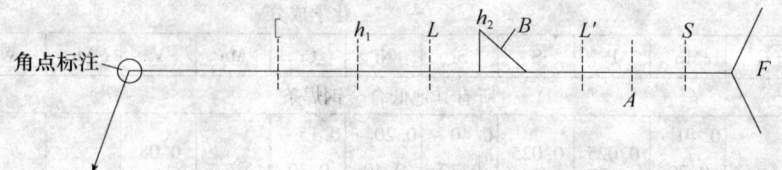

图 7-4 贴角焊缝的标注内容

—围焊符号；h_1—贴角焊缝高度；L—贴角焊缝长度（未注明时为全长焊）；h_2—贴角焊缝焊脚宽度（仅在平铺加强板贴角缝时注明）；B—贴角焊缝间隙或焊缝形状符号；L'—特别说明

（5）常用型钢的焊接标准接头。钢结构加工制作过程中，因材料长度不够需要接长的时候，常用型钢的焊接标准接头如表 7-12 ~ 表 7-15 所示。

表 7-12 工字钢标准接头

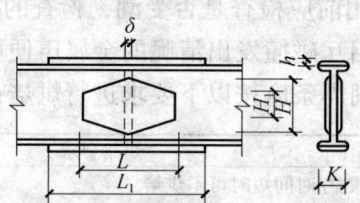

截面型号	水平盖板/mm				垂直盖板/mm				
	盖板厚 h	宽度 K	长度 L_1	焊缝高 h_f	厚度	宽度 H	宽度 H_1	长度 L	焊缝高 h_f
10	10	55	260	5	6	60	40	120	5
12, 6 (12)	12	60	310	5	6	80	40	150	5
14	14	60	320	6	8	90	50	160	6
16	14	65	350	6	8	100	50	190	6
18	14	75	400	6	8	120	60	220	6
20a	16	80	470	6	8	140	60	260	6
22a	16	90	520	6	8	160	70	290	6
25a (24a)	16	95	470	8	10	180	80	290	8
28a (27a)	18	100	480	8	10	200	90	300	8
32a	18	110	570	8	10	250	110	410	8
36a	20	110	500	10	12	270	120	360	10
40a	22	110	540	10	12	300	130	440	10
45a	24	120	600	10	12	350	150	540	10
50a	30	125	620	12	14	380	170	480	12
56a	30	125	630	12	14	480	180	590	12
63a	30	135	710	12	14	480	200	660	12

表7-13 槽钢标准接头

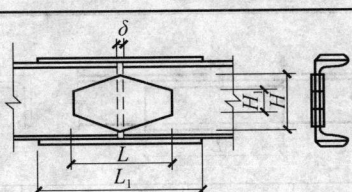

截面型号	水平盖板/mm				垂直盖板/mm				
	盖板厚	宽度	长度 L_1	焊缝高 h_f	厚度	宽度 H	宽度 H_1	长度 L	焊缝高 h_f
5									
6, 3 (6)									
8									
10	12	35	180	6	6	60	40	130	5
12, 6 (12)	12	40	210	6	6	80	40	160	5
14a	12	45	230	6	6	90	50	160	6
16a	14	50	270	6	8	100	50	200	6
18a	14	55	230	8	8	120	60	230	6
20a	14	60	250	8	8	140	60	250	6
22a	14	65	260	8	8	160	70	280	6
25a (24)	16	65	280	8	8	180	80	300	6
28a (27)	16	70	340	8	8	200	90	300	6
32a (30)	18	70	360	8	10	250	110	350	8
36a	20	75	360	10	10	270	120	410	8
40a	24	80	420	10	12	300	130	430	10

表7-14 等肢角钢的标准接头

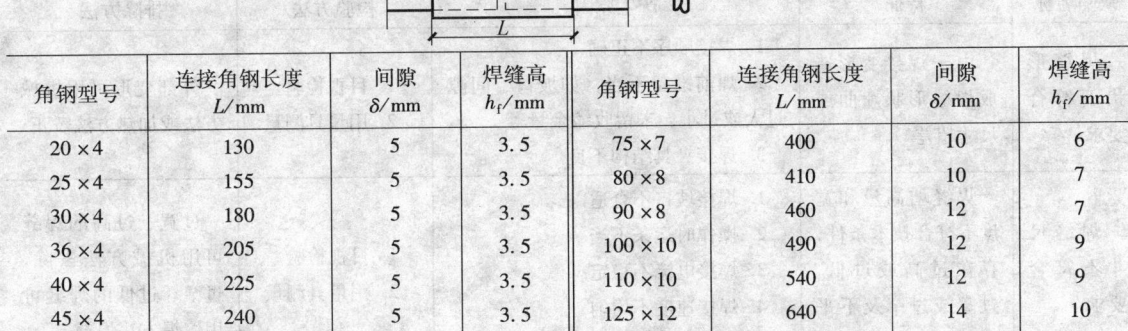

角钢型号	连接角钢长度 L/mm	间隙 δ/mm	焊缝高 h_f/mm	角钢型号	连接角钢长度 L/mm	间隙 δ/mm	焊缝高 h_f/mm
20×4	130	5	3.5	75×7	400	10	6
25×4	155	5	3.5	80×8	410	10	7
30×4	180	5	3.5	90×8	460	12	7
36×4	205	5	3.5	100×10	490	12	9
40×4	225	5	3.5	110×10	540	12	9
45×4	240	5	3.5	125×12	640	14	10
50×5	250	8	4.5	140×14	690	14	12
56×5	300	10	4.5	160×14	790	14	12
63×6	350	10	5	180×16	860	14	14
70×7	370	10	6	200×20	840	20	18

注：1. 当角钢肢宽大于125mm时，考虑角钢受力均匀，对受拉杆件要求其两肢按下图方式切斜，两角钢间加设垫板，以减少截面的削弱。受压构件可不切斜。在节点板处可不设垫板。
2. 连接角钢的背与被连接角钢相贴合处应切削成弧形。

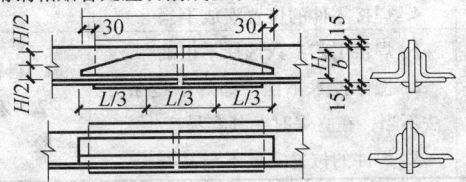

表 7-15 不等肢角钢的标准接头

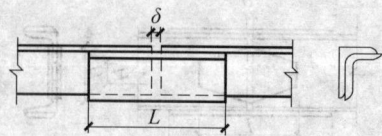

角钢型号	连接角钢长度 L/mm	间隙 δ/mm	焊缝高 h_f/mm	角钢型号	连接角钢长度 L/mm	间隙 δ/mm	焊缝高 h_f/mm
25×6×4	140	5	3.5	90×56×6	440	10	5
32×20×4	170	5	3.5	100×63×8	450	10	7
40×25×4	205	5	3.5	100×80×8	460	12	7
45×28×4	235	5	3.5	100×70×8	460	12	7
50×32×4	250	5	3.5	125×80×10	540	12	9
56×36×4	275	5	3.5	140×90×12	590	12	11
63×40×5	300	8	4.5	160×100×14	700	12	12
70×45×5	340	10	4.5	180×100×14	780	14	12
75×50×5	370	10	4.5	200×125×16	850	14	14
80×50×6	390	10	5				

注：肢宽大于 125mm 的角钢，受拉杆件应于肢部切斜，方法见等肢角钢。

（6）焊缝的缺陷处理。

引起焊缝缺陷的原因及其处理方法如表 7-16 所示。

表 7-16 引起焊缝缺陷的原因及其处理方法

缺陷名称	特征	产生原因	检验方法	排除方法
焊缝形状不符合要求	由于焊接变形造成焊缝形状翘曲或尺寸超差	1. 焊接顺序不正确 2. 焊前准备不当，如坡口、间隙过大或过小，未留收缩余量等 3. 焊接夹具结构不良	1. 目视检验 2. 用量具测量	外部变形可用机械方法或加热方法矫正
焊缝尺寸不符合要求	焊缝增高量和宽度不符合技术条件，存在过高或过低、过宽或过窄及不平滑过渡的现象	1. 焊接坡口不合适 2. 操作时运条不当 3. 焊接电流不稳定 4. 焊接速度不均匀 5. 焊接电弧高低变化太大	1. 目视检验 2. 用量具测量	过宽、过高的焊缝可用机械方法去除，过窄、过低的焊缝可用熔焊方法焊补
咬边	沿焊缝的母材部位产生的沟槽或凹陷	1. 焊接工艺参数选择不当，如电流过大、电弧过长 2. 操作技术不正确，如焊枪角度不对，运条不适当 3. 焊条药皮端部的电弧偏吹 4. 焊接零件的位置安放不当	1. 目视检验 2. 宏观金相检验	轻微的、浅的咬边可用机械方法修锉，使其平滑过渡。严重的、深的咬边应进行焊补
焊瘤	熔化金属流淌到焊缝之外未熔化的母材上所形成的金属瘤	1. 焊接工艺参数选择不正确 2. 操作技术不佳，如焊条运条方法不当，在立焊时尤其容易产生 3. 焊件的位置安放不当	1. 目视检验 2. 宏观金相检验	可用铲、锉、磨等手工或机械方法除去多余的堆积金属

续表

缺陷名称		特征	产生原因	检验方法	排除方法
烧穿		熔化金属自坡口背面流出、形成穿孔的缺陷	1. 焊件装配不当，如坡口尺寸不合要求，间隙太大 2. 焊接电流太大 3. 焊接速度太慢 4. 操作技术不佳	1. 目视检验 2. X射线探伤	消除烧穿孔洞边缘的残余金属，用补焊方法填平孔洞后，再继续焊接
焊漏		母材熔化过深，致使熔融金属从焊缝背面漏出	1. 焊接电流太大 2. 焊接速度太慢 3. 接头坡口角度、间隙太大	1. 目视检验 2. 宏观金相检验 3. X射线探伤	可用铲、锉、磨等手工或机械方法去除漏出的多余金属
气孔		熔池中的气泡在凝固时未能逸出而残留下来所形成的空穴。气孔分为密集气孔、条虫状气孔等	1. 焊件和焊接材料有油污、锈及其他氧化物 2. 焊接区域保护不好 3. 焊接电流过小，弧长过长，焊接速度太快	1. X射线探伤 2. 金相检验 3. 目视检验	铲去气孔处的焊缝金属，然后焊补
夹渣		焊后残留在焊缝中的熔渣	1. 焊接材料质量不好 2. 焊接电流太小，焊接速度太快 3. 熔渣密度太大，阻碍熔渣上浮 4. 多层焊时熔渣未清除干净	1. X射线探伤 2. 金相检验 3. 超声探伤	铲除夹渣处的焊缝金属，然后进行焊补
裂纹	热裂纹	沿晶界面出现，裂纹断口处有氧化色。一般出现在焊缝上，呈锯齿状	1. 母材抗裂性能较差 2. 焊接材料质量不好 3. 焊接工艺参数选择不当 4. 焊缝内拉应力大	1. 目视检验 2. X射线探伤 3. 超声探伤 4. 磁粉探伤 5. 金相检验 6. 着色探伤和荧光探伤	在裂纹两端钻止裂孔或铲除裂纹处的焊缝金属，进行焊补
	冷裂纹	断口无明显的氧化色，有金属光泽。产生在热影响区的过热区中	1. 焊接结构设计不合理 2. 焊缝布置不当 3. 焊接工艺措施不周全，如未预热或焊后冷却快		
	再热裂纹	沿晶间且局限在热影响区的粗晶区内	1. 焊后所选择的热处理规范不正确 2. 母材性能尚未完全掌握		
	层状撕裂	沿平行于板面呈分层分布的非金属夹杂物方向扩展的阶梯状裂纹	1. 材质本身存在层状夹杂物 2. 钢板的Z向应力较大 3. 焊接接头含氧量太大	1. 金相检验 2. 超声波检验	1. 严格控制钢板的硫含量 2. 设计的接头减少Z向应力 3. 降低焊缝金属的含氢量
未焊透		母材与焊缝金属之间未熔化而留下的空隙，常在单面焊根部和双面焊中间	1. 焊接电流太小 2. 焊接速度太快 3. 坡口角度间隙太小 4. 操作技术不佳	1. 目视检验 2. X射线探伤 3. 超声探伤 4. 金相检验	1. 对开敞性好的结构的单面未焊透，可在焊缝背面直接补焊 2. 对于不能直接焊补的重要焊件，应铲去未焊透的焊缝金属，重新焊接
未熔合		母材与焊缝金属之间，焊缝金属与焊缝金属之间未完全熔合在一起			

续表

缺陷名称	特征	产生原因	检验方法	排除方法
夹钨	钨极进入到焊缝中的钨粒	氩弧焊时钨极与熔池金属接触	1. 目视检验 2. X射线探伤	挖去夹钨处缺陷金属,重新焊接
弧坑	焊缝熄弧处的低洼部分	操作时熄弧太快,未反复向熄弧处补充填充金属	目视检验	在弧坑处焊补
凹坑	焊缝表面或焊缝背面形成的低于母材表面的局部低洼部分。弧坑也是凹坑的一种	焊接电流太大且焊接速度太快	目视检验	对于对接焊缝,铲去焊缝金属重新焊接(指封闭结构)。对于T形接头和开敞性好的对接焊缝,可在其背面直接补焊
晶间腐蚀	焊接不锈钢时,焊缝或热影响区金属晶界上出现的细小裂纹	1. 焊接时母材中合金元素烧损过多 2. 焊接方法选择不当 3. 焊接材料选择不当	微观金相检验	铲去有缺陷的焊缝,重新焊接

256. 钢结构拼装和连接工程质量如何控制?

钢结构工程质量应按以下标准进行控制:

单层钢柱的外形尺寸允许偏差如表7-17所示。

表7-17 单层钢柱的外形尺寸允许偏差 （mm）

项目		允许偏差	示意图
柱底面到柱端与桁架连接的最上一个安装孔距离（l）		$\pm l/1500$ ± 15.0	
柱底面到牛腿支承面距离（l_1）		$\pm l_1/2000$ ± 8.0	
受力支托表面到第一个安装孔距离（a）		± 1.0	
牛腿面的翘曲（Δ）		2.0	
柱身曲面矢高		$H/1000$ 12.0	
柱身扭曲	牛腿处	3.0	
	其他处	8.0	
柱截面几何尺寸	连接处	± 3.0	
	其他处	± 4.0	
翼缘板对腹板的垂直度	连接处	1.5	
	其他处	$b/100$ 5.0	
柱脚底板平面度		5.0	
柱脚螺栓孔中心对柱轴线的距离（a）		3.0	

多节钢柱的外形尺寸允许偏差如表7-18所示。

表7-18　多节钢柱的外形尺寸允许偏差　　　　　　　　　　　　（mm）

项目		允许偏差	示意图
一节柱高度（H）		±0.3	
两端最外侧安装孔距离（l_3）		±2.0	
柱底铣平面到牛腿支承面的距离（l_1）		±2.0	
铣平面到第一个安装孔距离（a）		±1.0	
柱身弯曲矢高（f）		$H/1500$ 5.0	
一节柱的柱身扭曲		$h/250$ 5.0	
牛腿端孔到柱轴线距离（l_2）		±3.0	
牛腿的翘曲（Δ）	$l_2 \leq 1000$	2.0	
	$l_2 > 1000$	3.0	
柱截面几何尺寸	连接处	±3.0	
	其他处	±4.0	
柱脚底板平面度		5.0	
翼缘板对腹板的垂直度	连接处	1.5	
	其他处	$b/100$ 5.0	
柱脚螺栓孔对柱轴线的距离（a）		3.0	
箱形截面连接处对角线差		3.0	
柱身板平面度		$h(b)/150$ 5.0	

焊接实腹钢梁的外形尺寸允许偏差如表7-19所示。

表 7-19 焊接实腹钢梁的外形尺寸允许偏差 (mm)

项目		允许偏差	示意图
梁长度（l）	端部有凸缘支座板	0 -5.0	
	其他形式	±l/2500 ±10.0	
端部高度（h）	h≤2000	±2.0	
	h>2000	±3.0	
两端最外侧安装孔距离（l_1）		±3.0	
拱度	设计要求起拱	±l/5000	
	设计未要求起拱	10.0 -5.0	
侧弯矢高		l/2000 10.0	
扭曲		h/250 10.0	
腹板局部平面度	t≤14	5.0	
	t>14	4.0	
翼缘板对腹板的垂直度		b/100 3.0	
箱形截面对角线差		5.0	
两腹板至翼缘板中心线距离（a）	连接处	1.0	
	其他处	1.5	

注：吊车梁不得下挠。

钢桁架的外形尺寸允许偏差如表 7-20 所示。

表 7-20 钢桁架的外形尺寸允许偏差 (mm)

项目		允许偏差	示意图
桁架跨度最外端两个孔或两端支承处最外侧的距离（l）	l<24m	+3.0 -7.0	
	l>24m	+5.0 -10.0	
桁架跨中高度		±10.0	
桁架跨中拱度	设计要求起拱	±l/5000	
	设计未要求起拱	10.0 -5.0	

续表

项目	允许偏差	示意图
支承面到第一个安装孔距离（a）	±1.0	
相邻节间弦杆的弯曲	$l/1000$	
檩条连接支座间距（a）	±5.0	
杆件轴线交点错位（e）	3.0	

注：吊车桁架严禁下挠。

钢管结构的外形尺寸允许偏差如表 7-21 所示。

表 7-21　钢管结构的外形尺寸允许偏差　　　　　　　（mm）

项目	允许偏差	示意图
直径（d）	±d/500 ±5.0	
构件长度（l）	±3.0	
管口圆度	d/500 5.0	
端面对管轴的垂直度	d/500 3.0	
弯曲矢高	l/1500 5.0	
对口错边	t/10 3.0	

钢平台、钢梯和护钢栏杆的外形尺寸允许偏差如表 7-22 所示。

表 7-22　钢平台、钢梯和防护钢栏杆的外形尺寸允许偏差　　　　（mm）

项目	允许偏差	示意图
平台长度和宽度	±5.0	
平台两对角线差 $\lvert l_1 - l_2 \rvert$	6.0	
平台表面平面度（1m 范围内）	6.0	

续表

项目	允许偏差	示意图
梯梁长度（l）	±5.0	
钢梯宽度（b）	±5.0	
钢梯安装孔距离（a）	±3.0	
梯梁纵向挠曲矢高	$l/1000$	
踏步间距（a_1）	±5.0	
栏杆高度	±5.0	
栏杆立柱间距	±10.0	

墙架、支撑系统钢构件的允许偏差如表 7-23 所示。

表 7-23　墙架、支撑系统钢构件的允许偏差　　　　　　　　　（mm）

项目	允许偏差	示意图
构件长度（l）	±5.0	
构件两端最外侧安装孔距离（l_1）	±3.0	
构件弯曲矢高	$l/1000$ 10.0	

第三节　钢结构安装

257. 钢结构安装应注意哪些方面？

钢结构的种类很多，以下只介绍几种安装顺序：

1）钢柱安装

当施工现场空间比较大时，一般可用自行杆式起重机或塔式起重机吊装钢柱。钢柱的安装方法基本上与钢筋混凝土柱子的安装方法相同，也可用滑行法或旋转法进行安装。对大型钢柱用双机抬吊的方法安装。由双机将大型柱吊起，移去运柱车，由主机单独起吊，将柱插进锚固螺栓进行固定。将柱的垂直度偏差控制在 20mm 以内后固定好。钢柱的垂直度用经纬仪检测，若有偏差可用千斤顶进行校正。在垂直度校正过程中应注意标高应在允许偏差范围内。钢柱用千斤顶移到准确位置后用厚钢板固定并用电焊焊牢，钢柱用缆绳复位以后将锚固螺栓拧紧。

2) 吊车梁安装

钢柱安装完以后便可进行吊车梁的安装。吊车梁根据起重量的大小分为轻型、中型和重型三类。轻型的重量只有几吨，重型的重量100t以上。

钢吊车梁为简支梁，梁与牛腿面之间有一定的间隙，梁端之间有10mm左右的间隙；梁与牛腿用螺栓连接，梁与制动架之间用高强螺栓连接。吊车梁安装前应检查钢柱的垂直度及其位置偏差，实测吊车梁制作的尺寸偏差，检查牛腿面的标高及定位轴线是否准确。

吊车梁重量过大时可进行分段吊装。吊车梁的校正项目主要有垂直度、标高、轴线及跨度，一般可在顶板安装完成以后进行，因为各种荷载对钢柱的影响已基本稳定。检查吊车梁的轴线应以跨距为准，在吊车梁的上面拉通线，然后用线垂吊线检查吊车梁的轴线，也可用经纬仪检查。

3) 钢桁架安装

钢桁架可用自行杆式起重机、塔式起重机和桅杆式起重机进行安装。由于桁架的跨度、自重和高度不同，所以使用的吊装设备也各有不同，一般用悬空吊装。为防止吊起以后摇摆，在端部及节间用麻绳控制正确位置。桁架的绑扎点应能保持桁架起吊后的平衡。

为保证吊装的稳定性可将两钢桁架组装来起吊，连同桁架上的檩条、横拉杆、斜支撑等的组合吊装可大大提高工作效率，并有助于桁架的吊装稳定性和安全性。经校正合格的桁架方可最后固定。固定可用电焊或高强螺栓进行。

258. 地下钢结构安装工程质量应如何控制？

1. 基础和支承面

基础和支承面质量分为合格和不合格。

合格标准：主控项目全部符合规定；一般项目应有80%及以上检查点符合规定，其余检查点的最大偏差值不应超过其允许偏差的1.5倍。

（1）主控项目。建筑物的定位轴线、基础轴线和标高、地脚螺栓的规格及其紧固应符合设计要求。

检查数量：按柱基总数抽查10%，且不应少于3个。

检验方法：用经纬仪、水准仪、全站仪和钢尺现场实测。

基础顶面直接作为柱的支承面和基础顶面。预埋钢板或支座作为柱的支承面时，其支承面、地脚螺栓（锚栓）位置的允许偏差应符合表7-24的规定。

表7-24 支承面、地脚螺栓（锚栓）位置的允许偏差

项目		允许偏差/mm
支承面	标高	±3.0
	水平度	$l/1000$
地脚螺栓（锚栓）	螺栓中心偏移	5.0
	预埋孔中心偏移	10.0

检查数量：按柱基总数抽查10%，且不应少于3个。

检验方法：用经纬仪、水准仪、全站仪和钢尺实测。

采用坐浆垫板时,坐浆垫板的允许偏差应符合表7-25的规定。

表7-25 坐浆垫板的允许偏差 （mm）

项目	允许偏差
顶面标高	0.0 -3.0
水平度	$l/1000$
位置	20.0

检查数量：全数检查。按柱基总数抽查10%，且不应少于3个。

检验方法：用水准仪、全站仪、水平尺和钢尺实测。

采用杯口基础时，杯口尺寸的允许偏差应符合表7-26的规定。

表7-26 杯口尺寸的允许偏差

项目	允许偏差/mm
底面标高	0.0 -5.0
杯口深度 H	±5.0
杯口垂直度	$H/100$，且不应大于10.0
位置	10.0

检查数量：按基础总数抽查10%，且不应少于4处。

检验方法：观察及尺量检查。

(2) 一般项目。地脚螺栓（锚栓）尺寸的允许偏差应符合表7-27的规定，地脚螺栓（锚栓）的螺纹应受到保护。

表7-27 地脚螺栓（锚栓）尺寸的允许偏差

项目	允许偏差/mm
螺柱（锚栓）露出长度	+30.0 0.0
螺纹长度	+30.0 0.0

检查数量：按柱总数抽查10%，且不应少于3个。

检验方法：用钢尺现场实测。

2. 安装与校正

安装和校正质量分为合格和不合格。

合格标准：主控项目全部符合规定；一般项目应有80%及以上检查点符合规定，其余检查点的最大偏差值不应超过其允许偏差的1.5倍。

(1) 主控项目。钢构件应符合设计要求和规范中的相关规定。运输、堆放和吊装等造成的钢构件变形及涂层脱落,应及时进行矫正和修补。

检查数量:按构件总数抽查10%,且不应少于3个。

检验方法:用拉线、钢尺现场实测或观察。

设计要求顶紧的节点,接触面不应少于70%紧贴,且边缘最大间隙不应大于0.8mm。

检查数量:按节点总数抽查10%,且不少于3个。

检验方法:用钢尺及0.3mm和0.8mm厚的塞尺现场实测。

钢屋(托)架、桁架、梁及受压杆件垂直度和侧向弯曲矢高的允许偏差应符合表7-28的规定。

表7-28 钢屋(托)架、桁架、梁及受压杆件垂直度和侧向弯曲矢高的允许偏差

项目	允许偏差/mm		图例
跨中的垂直度	$h/250$,且不应大于15.0		
侧向弯曲矢高 f	$l \leq 30m$	$l/1000$,且不应大于10.0	
	$30m < l \leq 60m$	$l/1000$,且不应大于30.0	
	$l > 60m$	$l/1000$,且不应大于50.0	

检查数量:按同类构件数抽查10%,且不应少于3个。

检验方法:用垂直仪、吊线、拉线、经纬仪和钢尺现场实测。

地下钢结构主体结构的整体垂直度和整体平面弯曲的允许偏差应符合表7-29的规定。

表7-29 整体垂直度和整体平面弯曲的允许偏差

项目	允许偏差/mm	图例
主体结构的整体垂直度	$l/1000$,且不应大于25.0	
主体结构的整体平面弯曲	$l/1500$,且不应大于25.0	

检查数量:对主要立面全部检查。对每个所检查的立面,除两列角柱外,尚应至少选取一列中间柱。

检验方法:采用经纬仪、垂直仪、全站仪等测量。

(2)一般项目。钢柱等主要构件的中心线及标高基准点等标记应齐全。

检查数量：按同类构件总数抽查10%，且不应少于3件。

检验方法：观察检查。

当钢桁架（或梁）安装在混凝土柱上时，其支座中心与定位轴线的偏差不应大于10mm；当采用大型混凝土屋面板时，钢桁架（或梁）间距的偏差不应大于10mm。

检查数量：按同类构件总数抽查10%，且不应少于3榀。

检验方法：用拉线和钢尺现场实测。

钢柱安装的允许偏差应符合表7-30的规定。

表7-30　地下钢结构中柱子安装的允许偏差

项目		允许偏差/mm	图例	检验方法
柱脚底座中心线对定位轴线的偏移		5.0		用垂直仪、吊线和钢尺检查
柱基准点标高	有吊车梁的柱	+3.0 -5.0		用水准仪检查
	无吊车梁的柱	+5.0 -8.0		
弯曲矢高		$H/1200$，且不应大于15.0		用经纬仪或拉线和钢尺检查
柱轴线垂直度	单层柱 $H\leqslant 10m$	$H/1000$		用经纬仪或吊线和钢尺检查
	单层柱 $H>10m$	$H/1000$，且不应大于25.0		
	多节柱 单节柱	$H/1000$，且不应大于10.0		
	多节柱 柱全高	35.0		

检查数量：按钢柱数抽查10%，且不应少于3件。

钢吊车梁或直接承受动力荷载的类似构件，其安装的允许偏差应符合表7-31的规定。

检查数量：按钢吊车梁总数抽查10%，且不应少于3榀。

第七章 地下钢结构工程

表 7-31 钢吊车梁安装的允许偏差

项目		允许偏差/mm	图例	检验方法
梁的跨中垂直度 Δ		$h/500$		用吊线和钢尺检查
侧向弯曲矢高		$l/1500$,且不应大于 10.0		用拉线和钢尺检查
垂直上拱矢高		10.0		
两端支座中心位移 Δ	安装在钢柱上时,对牛腿中心的偏移	5.0		用拉线和钢尺检查
	安装在混凝土柱上时,对定位轴线的偏移	5.0		
吊车梁支座加劲板中心与柱子承压加劲板中心的偏移 Δ_1		$t/2$		用吊线和钢尺检查
同跨间内同一横截面吊车梁顶面高差 Δ	支座处	10.0		用经纬仪、水准仪和钢尺检查
	其他处	15.0		
同跨间内同一横截面下挂式吊车梁底面高差 Δ		10.0		
同列相邻两柱间吊车梁顶面高差 Δ		$l/1500$,且不应大于 10.0		用水准仪和钢尺检查
相邻两吊车梁接头部位 Δ	中心错位	3.0		用钢尺检查
	上承式顶面高差	1.0		
	下承式底面高差	1.0		
同跨间任一截面的吊车梁中心跨距 Δ		±10.0		用经纬仪和光电测距仪检查;跨度小时,可用钢尺检查
轨道中心对吊车梁腹板轴线的偏移 Δ		$t/2$		用吊线和钢尺检查

檩条、墙架等次要构件安装的允许偏差应符合表 7-32 的规定。

检查数量：按同类构件数抽查 10%，且不应少于 3 件。

表 7-32 墙架、檩条等次要构件安装的允许偏差

项目		允许偏差/mm	检验方法
墙架立柱	中心线对定位轴线的偏移	10.0	用钢尺检查
	垂直度	$H/1000$，且不应大于 10.0	用经纬仪或吊线和钢尺检查
	弯曲矢高	$H/1000$，且不应大于 15.0	
抗风桁架的垂直度		$h/250$，且不应大于 15.0	用吊线、钢尺检查
檩条、墙梁的间距		±5.0	用钢尺检查
檩条的弯曲矢高		$l/750$，且不应大于 12.0	用拉线和钢尺检查
墙梁的弯曲矢高		$l/750$，且不应大于 10.0	用拉线和钢尺检查

注：1. H 为墙架立柱高度。
2. h 为抗风桁架高度。
3. l 为檩条或墙梁的长度。

钢平台、钢梯、栏杆安装应符合现行国家标准 GB 4053.1—2009《固定式钢梯及平台安全要求 第一部分：钢直梯》、GB 4053.2—2009《固定式钢梯及平台安全要求 第二部分：钢斜梯》、GB 4053.3—2009《固定式钢梯及平台安全要求 第三部分：工业防护栏杆及钢平台》。钢平台、钢梯和防护栏杆安装的允许偏差应符合表 7-33 的规定。

表 7-33 钢平台、钢梯和防护栏杆安装的允许偏差

项目	允许偏差/mm	检验方法
平台标高	±10.0	用水准仪检查
平台梁水平度	$L/1000$，且不应大于 20.0	用水准仪检查
平台支柱垂直度	$H/1000$，且不应大于 15.0	用经纬仪或吊线和钢尺检查
承重平台梁侧向弯曲	$L/1000$，且不应大于 10.0	用拉线和钢尺检查
承重平台梁垂直度	$h/250$，且不应大于 15.0	用吊线和钢尺检查
直梯垂直度	$H_t/1000$，且不应大于 15.0	用吊线和钢尺检查
栏杆高度	±10.0	用钢尺检查
栏杆立柱间距	±10.0	用钢尺检查

注：L 为平台梁长度；H 为支柱高度；h 为平台梁设计；H_t 为直梯高度。

检查数量：按钢平台总数抽查 10%，栏杆、钢梯按总长度各抽查 10%，但钢平台不应少于 1 个，栏杆不应少于 5m，钢梯不应少于 1 跑。

现场焊缝组对间隙的允许偏差应符合表 7-34 的规定。

检查数量：按同类节点总数抽查 10%，且不应少于 3 个。

检验方法：尺量检查。

钢结构表面应干净、结构主要表面不应有疤痕、泥砂或污垢。

表 7-34 现场焊缝组对间隙的允许偏差 （mm）

项目	允许偏差
无垫板间隙	+3.0, 0.0
有垫板间隙	+3.0, -2.0

检查数量：按同类构件总数抽查10%，且不应少于3件。

检验方法：观察检查。

259. 地下钢结构防腐涂料涂装应符合哪些规定？

地下钢结构由于所处环境潮湿和其他介质的影响；所以，必须认真做防腐处理，钢结构防腐涂料的涂装应在钢结构构件组装、预拼装或钢结构安装工程检验批的施工质量验收合格后进行。钢结构涂装时的环境温度和相对湿度应符合涂料厂家产品说明书的要求，当产品说明书无具体要求时，环境温度宜在5~38℃之间，相对湿度不应大于85%。涂装时构件表面不得有遗漏；涂装后4h内应加以保护免受雨淋。

1. 涂装前钢材表面除锈应符合设计要求和现行国家有关标准的规定。处理后的钢材表面不应有焊渣、焊疤、灰尘、油污、水和毛刺等。当设计无具体要求时，钢材表面除锈等级应符合以下规定：

（1）当使用油性酚醛、醇酸等底漆或防锈漆时，除锈等级为St2；

（2）当使用高氧化聚乙烯、氯化橡胶、氯磺化聚乙烯、环氧树脂、聚氨酯等底漆或防锈漆时，除锈等级为Sa2；

（3）当使用无机富锌、有机硅、过氯乙烯等底漆时，除锈等级为$Sa2\frac{1}{2}$。

检查数量：按构件数抽查10%，且同类构件不应少于3件。

检验方法：用铲刀检查、用国家现行标准《涂装前钢材表面锈蚀等级和除锈等级》GB 8923—88规定中的图片1-8对照观察检查。

2. 涂料、涂装遍数、涂层厚度均应符合设计要求。当设计对涂层厚度无具体要求时，涂层干漆膜总厚度：室外应为150μm，室内应为125μm，其允许偏差为-25μm。每涂层漆膜厚度的允许偏差为-5μm。

检查数量：按构件数抽查10%，且同类构件不应少于3件。

检验方法：用干漆膜测厚仪检查。每个构件检测5处，每处的数值为3个相距50mm测点涂层干漆膜厚度的平均值。

3. 构件表面不应误涂、漏涂，涂层不应脱皮和返锈等。涂层应均匀、无明显皱折、流坠、针眼和气泡等。

检查数量：全数检查。

检验方法：观察检查。

4. 当钢结构处在有腐蚀介质环境或外露且设计有具体要求时，应进行涂层附着力测试，在检测范围内，当涂层完整程度达到70%及以上时，便定为涂层附着力达到合格质量标准要求。

检查数量：按构件数抽查1%，且不应少于3件，每件测3处。

检验方法：按照现行国家标准《漆膜附着力测定法》GB 1720—79（89）或《色漆和清

漆、漆膜的规格试验》GB 9286—88 执行。

5. 涂装完成后，构件的标志，标记和编号应清晰完整。

检查数量：全数检查。

检验方法：观察检查。

260. 地下钢结构防火涂料涂装应符合哪些规定？

地下钢结构在高温作用下变得软弱，尤其是火烧以后使强度大大变低，故应涂防火涂料以防遭受火烧。钢结构防火涂料的涂装应在钢结构安装检验批施工质量检验合格之后进行。涂装时的环境温度和相对湿度应符合厂家产品说明书的要求，当产品说明书无具体要求时，环境温度宜在 5~38℃ 之间，相对湿度不应大于 85%，涂装时构件表面不应有遗漏；涂装以后 4h 时内应加以保护免受雨淋。

1) 涂装前钢材表面除锈及防锈底漆的涂装应符合设计要求和现行国家有关标准的规定。

检查数量：抽查构件总数的 10%，且同类构件不应少于 3 件。

检验方法：表面除锈用铲刀检查，用现行国家标准《涂装前钢材表面锈蚀等级和除锈等级》GB 8923—88 规定中图片 1-8 对照观察检查。

底漆涂装用干漆膜测厚仪检查，每个构件检测 5 处，每处的数值为 3 个相距 50mm 测点涂层干漆膜厚度的平均值。

2) 钢结构防火涂料的粘结强度、抗压强度应符合现行国家标准《钢结构防火涂料应用技术规程》CECS 24：90 的规定。检验方法应符合现行国家标准《建筑构件防火喷涂材料性能试验方法》GB 9978 的规定。

检查数量：每使用 100t 或不足 100t 薄涂型防火涂料应抽检一次粘结强度；每使用 500t 或不足 500t 厚涂型防火涂料应抽查一次粘结强度和抗压强度。

检验方法：检查复验报告。

3) 薄涂型防火涂料的涂层应符合有关耐火极限的设计要求。厚涂型防火涂料涂层的厚度 80% 及以上面积应符合有关耐火极限的设计要求，且最薄处厚度不应低于设计要求的 85%。

检查数量：抽查同类构件总数的 10%，且均不应少于 3 件。

检验方法：用涂层厚度检测仪，测针和钢尺检查。测量方法应符合现行国家标准《钢结构防火涂料应用技术规程》CECS 24.90 及《钢结构工程施工质量验收规范》附录 F 的规定。

4) 薄涂型防火涂料涂层表面裂纹宽度不应大于 0.5mm；厚涂型防火涂料涂层表面裂纹宽度不应大于 1mm。

检查数量：抽查同类构件总数的 10%，且均不应少于 3 件。

检验方法，观察和用尺量检查。

5) 防火涂料涂装基层不应有油污、灰尘和泥砂等污垢。

检查数量：全数检查。

检验方法：观察检查。

6) 防火涂料不应有误涂、漏涂，涂层应闭合无脱层、明显凹陷、空鼓、粉化松散和浮浆等外观缺陷，乳凸已剔除。

检查数量：全数检查。

检验方法：观察检查。

第八章 砖石基础

第一节 砖石基础材料

261. 砖石基础有哪些基本要求?

低层或要求承载力不高的建筑物基础可用砖或石进行砌筑,砌筑地基基础所使用的材料应具有质量证明文件和复试报告文件,合格以后方可使用。砌筑基础的用砖应符合国家现行标准《烧结普通砖》GB 5101—2003 的规定。

石材应符合设计要求的强度等级和岩种。

(1) 地基基础应在基槽验收合格以后进行。

(2) 地基基础的标高应从标准水准点或设计指定的水准点引入。

(3) 基础施工前,应在建筑物的主要轴线部位设置标志板,标志板上应标明基础的标高、轴线位置,轴线两侧标明基础的内侧线和外侧线。对外形和构造简单的建筑物,可用控制轴线的引入桩代替标志板。

(4) 基础砌筑前,应校核各轴线的放线尺寸,基础长和宽的放线尺寸允许偏差应符合表 8-1 的规定。

表 8-1 放线尺寸的允许偏差

长度 L、宽度 B 的尺寸/m	允许偏差/mm	长度 L、宽度 B 的尺寸/m	允许偏差/mm
L 或 B≤30	±5	60<L 或 B≤90	±15
30<L 或 B≤60	±10	L 或 B>90	±20

(5) 基础砌筑前应根据设计要求的尺寸及标高、每步退台在水平板上标明,纵、横及竖向构造变化部位应特别注明。

(6) 砌筑顺序,应符合下列规定:

当遇基底标高不同时,应从低处砌起,并应在由高及低处搭接。当设计没有要求时,搭接长度不应小于基础扩大部分的高度。

在内外墙同时砌筑时,当不能同时砌筑时,应按规定留槎并做好接槎处理。

(7) 砌完基础后,应及时双侧回填。回填土的施工应符合现行国家标准《建筑地基基础工程施工质量验收规范》(GB 50202—2002) 的有关规定。单项回填应在砌体达到侧向承载能力要求后进行。

(8) 基础墙的防潮层。当设计无具体要求时,宜用 1:2.5 的水泥砂浆加适量的防水剂铺设,其厚度宜为 20mm。

抗震设防地区的建筑物,不应采用卷材作基础墙的水平防潮层。

（9）砌筑施工前,应将砌筑部位的砂浆及杂物清理干净,并应浇水湿润。

（10）伸缩缝、防震缝、沉降缝中,不得夹杂砂浆、砌材碎渣和其他杂物。

（11）不得在下列墙体中设置脚手眼：

①独立柱。

②过梁上与过梁成60°角的三角形范围及过梁净跨度1/2的高度范围内。

③宽度小于1m的窗间墙。

④砖砌体的门窗洞口两侧200mm及转角处450mm的范围内；石砌体的门窗洞口两侧300mm范围内。

⑤梁或梁垫下及其左右各500mm范围内。

⑥设计明确不允许设置脚手眼的部位。

（12）砌体表面的垂直度、平整度及灰缝厚度、砂浆饱满度等均应按规范规定,随时检查并校正。砌体表面的垂直度、平整度校正必须在砂浆终凝前进行。

（13）砌体工程施工段的分段位置,宜设在伸缩缝、沉降缝、防震缝、构造柱或门窗洞口处,相邻施工段的砌筑高度差不得超过一个楼层的高度,且不宜大于4m。

（14）砌体临时间断处的高度差,不得超过一步脚手架的高度。临时性洞口顶部应设置过梁,普通砖砌体也可在洞口上部采取逐层挑砖的方法封口,并应预埋水平拉筋。这种做法的洞口最宽不应超过1m。

（15）设计要求的洞口、管道、沟槽和预埋件等应在砌筑同时在正确位置留出或预埋。宽度超过300mm的洞口,应砌筑成平拱或设置过梁。砌体中的预埋件应作防腐处理。

（16）通气道、垃圾道等采用水泥制品时,接缝处外侧宜带有槽口,安装时除坐浆外,尚应采用1:2水泥砂浆将槽口填封严实。

（17）砖体施工质量控制等级,应符合下列规定：

①砌体工程施工质量控制等级,按施工技术和质量控制状况分为三级,应符合表8-2所示规定。

表8-2 砌体施工质量控制等级

项目	施工质量控制等级		
	A	B	C
现场质量保证体系	制度健全,应严格执行；非施工方质量监督人员经常到现场,或现场设常驻代表；施工方有在岗专业技术管理人员,人员齐全,并持证上岗	制度基本健全,并能执行；非施工方质量监督人员间断地到现场进行质量控制；施工方有在岗专业技术管理人员,并持证上岗	有制度；非施工方质量监督人员很少作现场质量控制；施工方有在岗专业技术管理人员
砂浆、混凝土强度	试块按规定制作,强度满足试验规定,离散性小	试块按规定制作,强度满足验收规定,离散性较小	试块强度满足验收规定,离散性大
砂浆拌合方式	机械拌合；配合比计量控制严格	机械拌合；配合比计量控制一般	机械或人工拌合；配合比计量控制较差
砌筑工人技术等级	中级工以上；其中高级不少于20%	中级工不少于70%	初级工以上

②砌体施工质量控制等级的选用，应符合设计要求。当设计无规定时，可根据砌体工程类型由建设单位、设计单位、监理单位共同确认。对重要的建筑物，宜优先选用 A 级，不应选用 C 级。

（18）砌筑完基础以后，应该校核砌体的标高、轴线是否超过允许偏差范围。实际偏差可在基础进行校正，实际标高偏差可以通过加大或减少灰缝厚度进行调整。

（19）砌体施工时，楼面和屋面的堆载不得超过楼板的极限荷载。施工层进料口楼板下，应采取临时加设支撑措施。

（20）搁置预制梁、板的砌体顶面应找平，应在安装时铺浆。

（21）尚未安装楼板或屋面板的墙和柱，当可能遇大风时，其允许自由高度不得超过表 8-3 的规定，若超过限值，必须采取临时支撑等有力措施。

表 8-3　墙和柱的允许自由高度

墙和柱厚/mm	砌体密度 >1600kg/m³			砌体密度 1300~1600kg/m³		
	风载/(kN/m²)			风载/(kN/m²)		
	0.3（大致相当于7级风）	0.4（大致相当于8级风）	0.6（大致相当于9级风）	0.3（大致相当于7级风）	0.4（大致相当于8级风）	0.6（大致相当于9级风）
190	—	—	—	1.4	1.1	0.7
240	2.8	2.1	1.4	2.2	1.7	1.1
370	5.2	3.9	2.6	4.2	3.2	2.1
490	8.6	6.5	4.3	7.0	5.2	3.5
620	14.0	10.5	7.0	11.4	8.6	5.7

（22）雨季施工应防止基槽灌水和雨水冲刷砂浆。砂浆稠度应适当减少，每小时砌筑高度不宜超过 1.2m；每天收工时应用防雨材料覆盖新砌体。

262. 砌筑砂浆的品种和砂浆对原材料的要求有哪些？

砌筑砂浆是砌体的胶凝材料，它起的作用是将上部荷载均匀地向下传递，它的质量直接影响砌体的强度。砂浆的质量直接与原材料及拌合制备有关。

1）砌筑砂浆的品种

砌筑砂浆是指将砖、石、砌块等粘结成为砌体的粘结材料。

砌筑砂浆分为水泥砂浆和水泥混合砂浆。

水泥砂浆是由水泥、细骨料加拌合水配制而成的砂浆。

水泥混合砂浆是由水泥、细骨料、掺加料和水配制而成的砂浆。

细骨料一般采用中砂。

掺加料一般是指改善砂浆和易性而加入的无机材料，例如，石灰膏、电石膏、粉煤灰、黏土膏等。

为了改善砌筑砂浆性能，可在拌制砂浆的过程中掺加适量的外加剂。

掺入砌筑砂浆中的外加剂，应具有法定检测单位出具的产品砌体强度的检测报告，并经砂浆性能试验合格（试验室出具的配合比通知单是通过试配且经试验证实能满足设计要求的配合比）后，方可投入施工现场来使用。基础用砂浆一般为水泥砂浆。

2) 砂浆原材料要求

水泥进场后应按品种、强度等级、出厂日期分别码放，并应有厂家合格证、检测报告及质量保证书、生产许可证等相关资料。水泥使用前应对强度、安定性进行复试。检验批应以同一生产厂家、同一强度等级、同一品种的水泥为一批。当遇水泥强度等级不清或生产日期超过三个月（快硬水泥超过一个月）时，应对水泥进行复试，按复试报告的结果进行使用。

不同品种的水泥，不得混合使用。

砂浆用砂宜用中砂，并应过筛，且不得含有草根等有害物质。当水泥砂浆的强度等级不小于 M5 时，其含泥量不应超过 5%；当水泥混合砂浆的强度等级小于 M5 时，其含泥量不应超过 10%。人工砂、山砂及特细砂经试配能满足砌筑砂浆技术要求时，含泥量可适当放宽。

块状生石灰熟化成石灰膏时，应用不大于 3mm×3mm 的细筛过筛，其熟化时间不得少于 7d；对于磨细生石灰粉，其熟化时间不得少于 2d。过滤水沉淀池中的石灰膏应防止干燥、受冻和混入杂质。脱水后的石灰膏严禁使用。消石灰粉不得直接使用于砂浆中。

石灰的主要成分是碳酸钙。由白云石通过高温（1000~1100℃）煅烧而成的是生石灰，而不是熟石灰，其主要成分是氧化钙。熟石灰是由生石灰加水经过化学反应而成，其主要成分是氢氧化钙。生石灰熟化时能自动形成极细颗粒（直径约为 1μm）、呈胶状体分散状态的氢氧化钙，其颗粒表面吸附一层水膜。因此，熟化后的石灰浆，在砂浆中能起到提高和易性的作用。石灰中的化学成分是氢氧化钙，遇空气中的二氧化碳后便还原成碳酸钙，并析出水分。碳酸钙具有一定的强度。因空气中的二氧化碳比较稀薄，故碳化过程较为缓慢，且由于表面碳化后形成一层紧紧的外壳，不利碳化过程的深入，也不利于内部水分的挥发，因此石灰是一种硬化缓慢的材料。

熟石灰是由生石灰加入足够的水而生成的，可用于砌筑、抹灰和罩面。规范规定：砌筑用石灰应通过过滤网，熟化时间不少于 7d；抹灰用石灰熟化时间不得少于 15d；罩面用的石灰熟化时间不少于 30d。石灰使用时不得含有颗粒或其他杂质。

石灰使用时应避开潮湿环境，处理地基土除外。生石灰露天堆放时间不宜太长。磨细生石灰与块灰应存放在地面干燥、门窗密闭的仓库内，灰堆应离墙一段距离，最好随进随用。

石灰不宜存放在木材等易燃物品处，因为生石灰熟化过程中释放出大量的热，易引发火灾。

粉煤灰的品质指标应符合现行行业标准《粉煤灰在混凝土及砂浆应用技术规程》JCJ28 的有关规定。

用于砂浆及混凝土中的早强剂、缓凝剂、防冻剂等，其掺量应通过试验确定。

拌制砂浆及混凝土的用水宜采用生活饮用水，当采用其他来源水时（如地表水、地下水、海水以及处理过的工业废水），水质应符合现行行业标准《混凝土用水标准》JGJ 63—2006 的规定。

生活饮用水可拌制各种混凝土和砂浆。

地表水和地下水在首次使用前，应按规定进行检验，检验合格者可拌制各种混凝土和砂浆。

海水可拌制素混凝土，但不得用于拌制钢筋混凝土和预应力混凝土。有饰面要求的混凝土和砂浆不应用海水拌制。

工业废水经处理检验合格后可用于拌制各种混凝土和砂浆。

拌合用水中所含物质对混凝土、钢筋混凝土和预应力混凝土不应产生有害作用。水的pH值、不溶物、可溶物、氯化物、硫酸盐、硫化物的含量应符合表6-9的规定。

263. 砌筑砂浆的技术条件有哪些？

砌筑砂浆的强度等级宜采用 M20、M15、M10、M7.5、M5、M2.5。

水泥砂浆拌合物的密度不宜小于 $1900kg/m^3$；水泥混合砂浆拌合物的密度不宜小于 $1800kg/m^3$。

砌筑砂浆的稠度应按表8-4的规定选用。

表8-4 砌筑砂浆的施工稠度

砌体种类	砂浆稠度/mm
烧结普通砖砌体、粉煤灰砖砌体	70~90
烧结多孔砖砌体、烧结空心砖砌体、轻集料混凝土小型空心砌块砌体、蒸压加气混凝土砌块砌体	60~80
灰砂砖砌体 普通混凝土小型空心砌块砌体 混凝土砖砌体	50~70
石砌体	30~50

砌筑砂浆的分层度不得大于30mm。

水泥砂浆中的水泥用量不应小于 $200kg/m^3$；水泥混合砂浆中水泥和掺加料总量宜为 $300\sim350kg/m^3$。

具有冻融循环次数要求的砌筑砂浆，经冻融试验后，质量损失率不得大于5%，抗压强度损失率不得大于25%。

264. 砌筑砂浆的搅拌和使用应注意哪些方面？

砌筑砂浆现场搅拌时，各种材料应采取重量计量。

砌筑砂浆应使用机械搅拌。搅拌时应先将砂与水泥干拌均匀后再加水搅拌均匀；搅拌水泥混合砂浆时应将砂与水泥干拌均匀，再边掺加料边加水搅拌均匀。

自投料结束算起，搅拌时间应符合以下规定：

(1) 水泥砂浆和水泥混合砂浆不得少于2min。

(2) 水泥粉煤灰砂浆和掺用外加剂的砂浆不得少于3min。

(3) 掺用有机塑化剂的砂浆，应为3~5min。

砌筑砂浆应随拌随用，水泥砂浆和水泥混合砂浆应分别在搅拌后3h和4h内使用完毕。当施工期间最高气温超过30℃时，应分别在搅拌完成以后2h和3h内使用完毕。对掺用缓凝剂的砂浆，其使用时间可根据具体情况适当延长。

265. 砌筑砂浆试块强度验收如何控制？

砌筑砂浆试块强度验收时，其强度合格标准必须符合以下规定：

同一验收批砂浆试块抗压强度平均值必须大于或等于设计强度等级所对应的立方体抗压强度；同一验收批砂浆试块抗压强度的最小一组试块的平均值必须大于或者等于设计强度等级所对应的立方体抗压强度的75%。

砌筑砂浆的检验批，同一类型、强度等级的砂浆试块应不少于3组。当同一验收批只有一组试块时，该组试块抗压强度的平均值必须大于或等于设计强度等级所对应的立方体抗压强度。

砂浆强度应以标准条件养护、龄期为28d的试块抗压强度试验结果为准。

抽检数量：每一检验批且不超过250m³、各种类型及强度等级的砌筑砂浆，每台搅拌机应至少抽检一次。

检验方法：在砂浆搅拌机出料口随机取样制作砂浆试块（同盘砂浆只应制作一组试块），最后检查试块强度试验报告单。

当施工中或验收时出现以下情况时，可采用现场检验方法对砂浆和砌体强度进行原位检测或取样检测来判定其强度。

（1）砂浆试块缺乏代表性或试块数量不足。
（2）对砂浆试块的试验结果有怀疑或有争议。
（3）砂浆试块的试验结果，不能满足要求。

266. 砌筑水泥砂浆强度增长情况是怎样的？

普通硅酸盐水泥拌制的砂浆的强度增长关系如表8-5所示。

表8-5 用32.5MPa、42.5MPa普通硅酸盐水泥拌制的砂浆强度增长

龄期/d	不同温度下的砂浆强度百分率（以在20℃时养护28d的强度为100%）							
	1℃	5℃	10℃	15℃	20℃	25℃	30℃	35℃
1	4	6	8	11	15	19	23	25
3	18	25	30	36	43	48	54	60
7	38	46	54	62	69	73	78	82
10	46	55	64	71	78	84	88	92
14	50	61	71	78	85	90	94	98
21	55	67	76	85	93	96	102	104
28	59	71	81	92	100	104		

矿渣硅酸盐水泥拌制的砂浆强度增长关系如表8-6及表8-7所示。

表8-6 用32.5MPa矿渣硅酸盐水泥拌制的砂浆强度增长

龄期/d	不同温度下的砂浆强度百分率（以在20℃时养护28d的强度为100%）							
	1℃	5℃	10℃	15℃	20℃	25℃	30℃	35℃
1	3	4	5	6	8	11	15	18
3	8	10	13	19	30	40	47	52
7	19	25	33	45	59	64	69	74
10	26	34	44	57	69	75	81	88
14	32	43	54	66	79	87	93	98
21	39	48	60	74	90	96	100	102
28	44	53	65	83	100	104	—	—

表 8-7 用 42.5MPa 矿渣硅酸盐水泥拌制的砂浆强度增长

龄期/d	不同温度下的砂浆强度百分率（以在20℃时养护28d的强度为100%）							
	1℃	5℃	10℃	15℃	20℃	25℃	30℃	35℃
1	3	4	6	8	11	15	19	22
3	12	18	24	31	39	45	50	56
7	28	37	45	54	61	68	73	77
10	39	47	54	63	72	77	82	86
14	46	55	62	72	82	87	91	95
21	51	61	70	82	92	96	100	104
28	55	66	75	89	100	104	—	—

267. 砌筑地基基础用砖有哪些要求？

砌筑地基基础用砖大多使用烧结普通砖。

烧结普通砖是指用黏土、页岩、煤矸石、粉煤灰为主要原料经焙烧而成的砖。

烧结普通砖按照所用材料的不同分为黏土砖、页岩砖、煤矸石砖和粉煤灰砖。

烧结普通砖根据抗压强度的不同分为 MU30、MU25、MU20、MU15 和 MU10 五个强度等级。

强度和抗风化性能合格的砖，根据外观质量、尺寸不同、泛霜和石灰爆裂分为优等品、一等品、合格品三个等级。

优等品的砖适用于砌筑清水墙和墙体装饰，一等品的砖和合格的砖适用于混水墙。中等泛霜的砖不能用于砌体的潮湿部位。

烧结普通砖形状呈直角六面体，其公称尺寸为长 240mm、宽 115mm、高 53mm。配砖公称尺寸为长 175mm、宽 115mm、高 53mm。

烧结普通砖尺寸允许偏差应符合表 8-8 的规定。

烧结普通砖的外观质量应符合表 8-9 的规定。

表 8-8 烧结普通砖尺寸允许偏差　　　　　　　　　　　　　　　　（mm）

公称尺寸	优等品		一等品		合格品	
	样本平均偏差	样本极差≤	样本平均偏差	样本极差≤	样本平均偏差	样本极差≤
240	±2.0	6	±2.5	7	±3.0	8
115	±1.5	5	±2.0	6	±2.5	7
53	±1.5	4	±1.6	5	±2.0	6

表 8-9 烧结普通砖外观质量　　　　　　　　　　　　　　　　（mm）

项目		优等品	一等品	合格品
两条面高低差	≤	2	3	4
弯曲	≤	2	3	4
杂质凸出高度	≤	2	3	4
缺棱掉角的三个破坏尺寸，不得同时大于		5	20	30

续表

项目		优等品	一等品	合格品
裂纹长度≤	a. 大面上长度方向及其延伸至条面裂纹长度	30	60	80
	b. 大面上长度方向及其延伸至顶面的长度或条顶面上水平裂纹的长度	50	80	100
完整面[a] 不得少于		二条面和二顶面	一条面和一顶面	—
颜色		基本一致	—	—

注 a：凡有下列缺陷之一的，不得称为完整面。
(1) 缺损在条面或顶面造成的破坏面尺寸同时大于 10mm×10mm；
(2) 条面或顶面上裂纹宽度大于 1mm，其长度超过 30mm。
(3) 压陷、粘底、焦花在条面或顶面的凹陷或凸出超过 2mm，区域尺寸同时大于 10mm×10mm。

烧结普通砖的强度等级应符合表 8-10 的规定。

表 8-10 烧结普通砖强度等级 （MPa）

强度等级	抗压强度平均值≥	变异系数≤0.21 强度标准值≥	变异系数＞0.21 单块最小抗压强度值≥
MU30	30.0	22.0	25.0
MU25	25.0	18.0	22.0
MU20	20.0	14.0	16.0
MU15	15.0	10.0	12.0
MU10	10.0	6.5	7.5

第二节　普通砖基础施工

268. 烧结普通砖基础施工应遵循哪些原则？

用于清水墙、柱表面的砖，应边角整齐、色泽均匀，砌砖时应予以挑选。

砖应提前 1~2d 浇水湿润。烧结普通砖含水率宜为 5%~10%。现场检查砖含水率，可将砖断开，砖心尚有 10~15mm 厚干心为宜。

在砖砌体的转角处、交接处竖立皮数杆，皮数杆之间的间距应小于 15m。皮数杆上应画出地面标高、砖的厚度、灰缝厚度以及砌体内构件高程位置等。在相对的皮数杆上砖的上皮线拉上准线，每皮砖依准线砌筑。

砌筑基础前，应先用钢尺校核放线尺寸，允许偏差应符合表 8-11 的规定。

表 8-11 放线尺寸的允许偏差

长度 L 宽度 B/m	允许偏差/mm	长度 L 宽度 B/m	允许偏差/mm
L(或 B)≤30	±5	60＜L(或 B)≤90	±15
30＜L(或 B)≤60	±10	L(或 B)＞90	±20

砌砖方法宜采用"三一"砌砖法，"三一"砌砖法即为一铲灰、一块砖、一揉压的砌筑法。当采用铺浆法砌筑时，铺浆长度不得超过 250mm；施工期间气温超过 30℃时，铺浆长

第八章 砖石基础

度不得超过500mm。

砌筑前，应将砌筑部位的砂浆和杂物等清除干净，并应浇水湿润。

砖基础施工

砖基础可根据设计要求，砌成等高式或间隔式，如图8-1所示。

等高式基础是每砌两皮砖收进一次，每边每次收进1/4砖长（60mm）。

间隔式砖基础是每砌两皮砖收进一次，与每砌一皮砖收进一次相间隔，每边每次收进1/4砖长（60mm）。

砖基础立面砌筑形式宜为一顺一丁，上下皮竖向灰缝相互错开至少1/4砖长。

等高式两砖半底宽的砖基础分皮砌筑法如图8-2所示，在转角处加砌1/4砖（也可打6分头或3/4砖）。

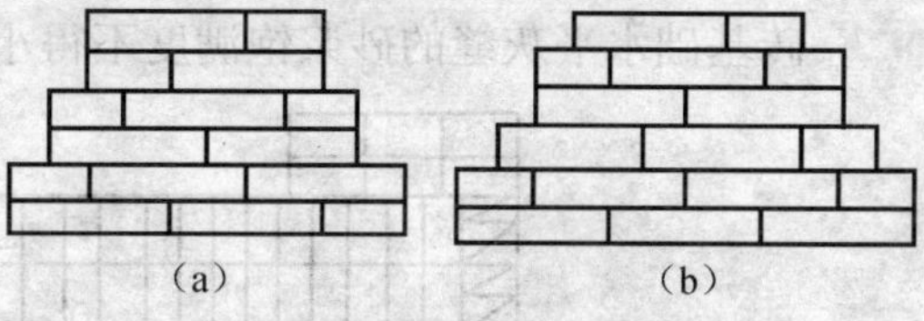

图8-1 砖基础形式
(a) 等高式；(b) 间隔式

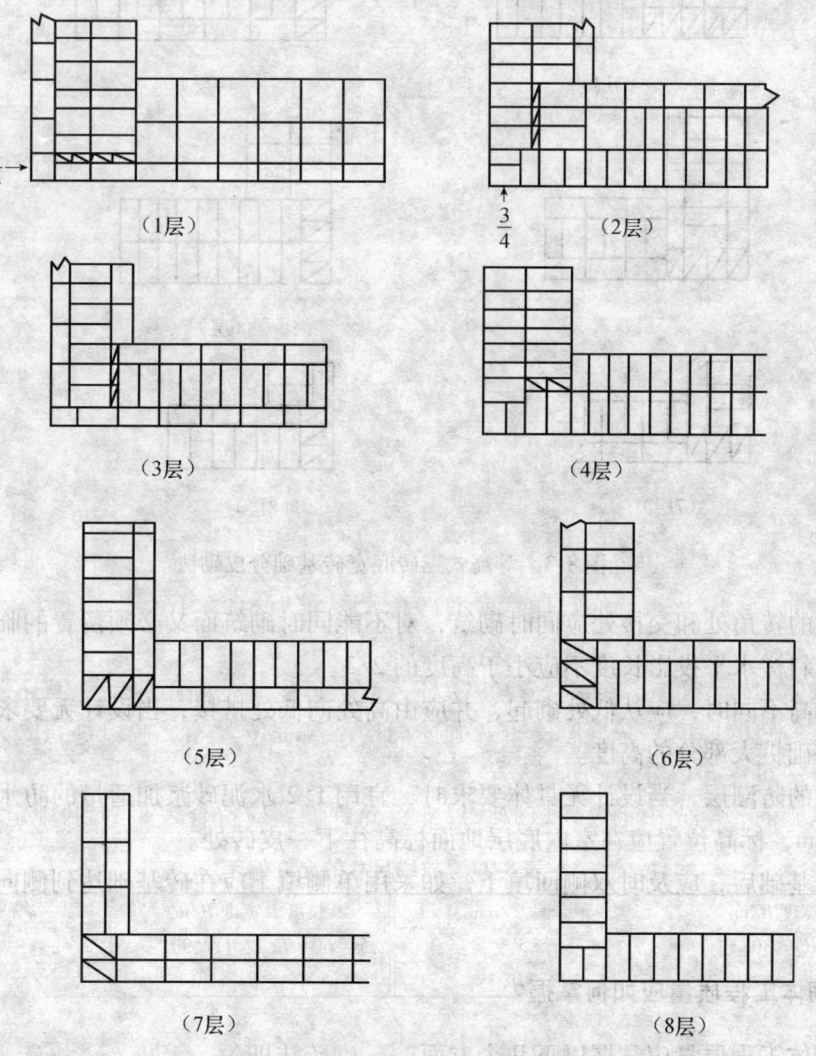

图8-2 高等式两砖半底宽砖基砖分皮砌法

等高式三砖底宽的砖基砖分皮砌法如图8-3所示，在转角处仅加砌配砖。

砖基砌的水平灰缝厚度和竖向灰缝宽度宜为10mm，但不应小于8mm或大于12mm。

砖基础水平灰缝的砂浆饱满度不得小于80%，竖向灰缝宜采用挤浆或加浆砌法。

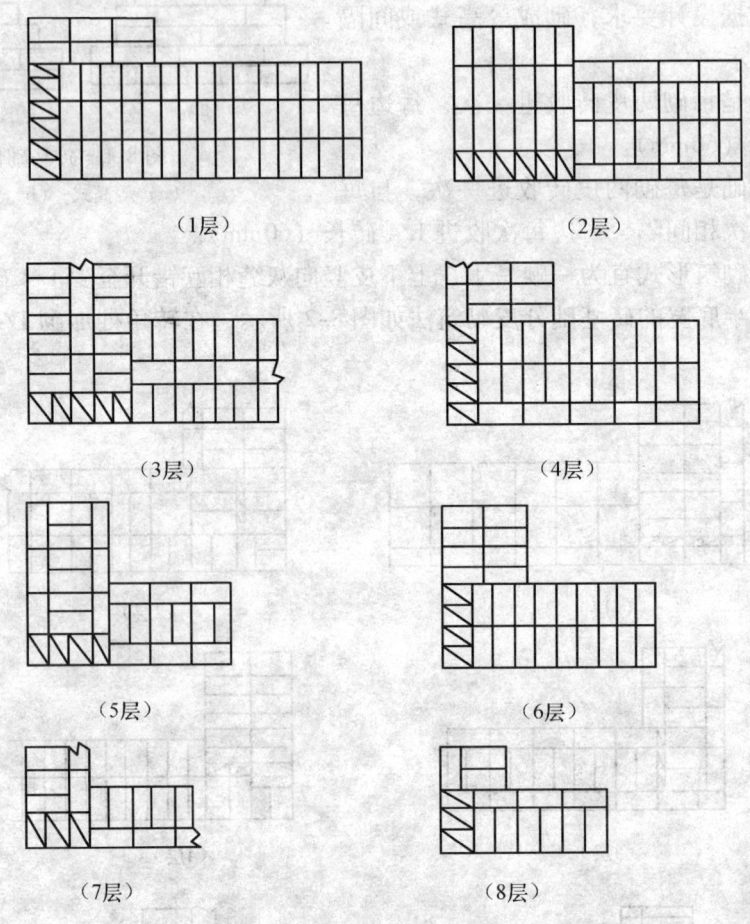

图8-3 等高式三砖底宽砖基础分皮砌法

砖基础的转角处和交接处应同时砌筑，对不能同时砌筑而又必须留置的临时间断处，应砌成斜槎，斜槎水平投影长度不应小于高度的2/3。

基底标高不同时，应从低处砌起，并应由高处向低处搭接；当设计无要求时，搭接长度不应小于基础扩大部分的高度。

基础墙的防潮层，当设计无具体要求时，宜用1:2水泥砂浆加适量的防水剂铺设，其厚度宜为20mm，标高位置应在室内底层地面标高往下一皮砖处。

砌完砖基础后，应及时双侧回填土，如采用单侧填土应在砖基础达到侧向承载能力要求以后进行。

269. 基础砌体工程质量应如何掌握？

基础砌体工程质量应掌握以下几个方面：

基础砖砌体工程质量分为合格与不合格。

第八章 砖石基础

质量合格标准：其主控项目应全部符合规定；一般项目应有80%及其以上的检查点符合规定，其余检查点的偏差不得超过允许偏差的1.5倍。

基础砖砌体工程主控项目

1）砖和砌筑砂浆的强度等级必须符合设计要求。

砖检查数量：每一生产厂家的砖运至现场以后，按烧结普通砖15万块。为一验收批，检查数量为一组。

砂浆试块的检查数量：每一检验批且不超过250m^3砌体的各种类型及强度等级的砌筑砂浆、每台搅拌机应至少检查一次。

检查方法：检查砖和砂浆试块试验报告。

2）砖砌体水平灰缝的砂浆饱满程度不得小于80%。

检查数量：每检验批抽查不得少于5处。

检查方法：用百格网检查砖底面与砂浆的粘结面积。每处检验3块砖，取其平均值。

3）砖砌体的转角处和交接处应同时砌筑，严禁无任何可靠措施的内外墙分砌施工。对不能同时砌筑而又必须留置的临时间断处应砌成斜槎，斜槎水平投影长度不应小于高度的2/3。

检查数量：每检验批抽20%接槎，且不少于5处。

检验方法：观察检查。

4）非抗震设防及抗震设防裂度为6度、7度地区的临时间断处，当不能留斜槎时，除转角处外，可留直槎，但直槎必须做成凸槎。留直槎处应加设拉结钢筋，拉结钢筋的数量为每120mm墙厚放置1φ6拉结钢筋（240mm厚墙放置2φ6的拉结钢筋）。间距沿墙高不应超过500mm；埋入长度从留槎处计算每边均不应小于1000mm；末端应有90°弯钩。

检查数量：每检验批抽20%接槎，且不应少于5处。

检验方法：观察和尺量检查。

合格标准：留槎正确，拉结钢筋的数量、直径正确，竖向间距偏差不超过100mm，留置长度基本符合规定。

基础砌体轴线位置偏移允许偏差为10mm。

检查方法：用经纬仪和尺或其他测量仪器检查。

检查数量：轴线查所有承重墙柱；外墙垂直度全高阳角，不少于4处，每层每20m查一处；内墙按有代表性的自然间抽查10%，但不应少于3间，每间不应少于2处，柱不少于5根。

5）砌体工程一般项目（空心墙除外）

①砖砌体组砌方法应正确，上、下要错缝，内外搭砌，砖柱不得采用包心砌法。

检查数量：外墙每20m抽查一处，每处3~5m，且不应少于3处；内墙按有代表性的自然间抽查10%，且不应少于3间。

检验方法：观察检查。

合格标准：除符合上述要求外，基础墙中长度大于或等于300mm的通缝每间不超过3处，且不得位于同一面墙体上。

②砖砌体的灰缝应横平竖直，厚薄均匀。水平灰缝厚度宜为10mm，但不应小于8mm，也不应大于12mm。

检查数量：每步脚手架施工的砌体，每20m检查一处。

检验方法：用尺量10皮砖砌体高度折算。

③砖基础顶面标高允许偏差±5mm。

检查数量：不应少于5处。

检验方法：用水准仪、经纬仪检查。

第三节　石基础工程

270. 石基础用石应符合哪些要求？

石基础用石应符合以下要求：

石砌体采用的石材应质地坚实、无风化剥落和裂纹。

石材的强度等级：MU100、MU80、MU60、MU50、MU40、MU30和MU20，五层及五层以上建筑以及受振动或层高大于6m的建筑基础用石材的最低强度等级为MU30。

石材按其加工后的外形规则程度，可分为料石和毛石。

料石分为细料石、粗料石和毛料石。

（1）细料石。通过细加工，外表规则，叠砌面凹入深度不应大于10mm，截面的宽度、高度不宜小于200mm，且不宜小于长度的1/4。

（2）粗料石。规格尺寸同上，但叠砌面凹入深度不应大于20mm。

（3）毛料石。外形大致方正，一般不加工或仅稍加修整，高度不应小于200mm，叠砌面凹入深度不应大于25mm。

毛石形状不规则，中部厚度不应小于200mm。

271. 毛石基础施工应注意哪些方面？

毛石基础施工应注意以下方面：

毛料石砌体是用乱毛石、平毛石砌成的砌体。乱毛石是指形状不规则的石块；平毛石是指形状不规则，但有两个平面大致平行的石块。

毛石砌体有毛石基础、毛石墙。

毛石基础可做成阶梯形或梯形。阶梯形毛石基础的上阶石块应至少压下阶石块的1/2，相邻阶梯的毛石应相互错开缝搭砌，砌法如图8-4所示。

毛石墙的厚度不应小于200mm。

毛石砌体宜分皮卧砌，各皮石块间应利用自然形状敲打修整，使石块间基本吻合，搭砌紧密；应上下错缝、内外搭砌，不得采用外侧立石块中间填心的砌筑方法；中间不得有铲刀石（尖石顶斜向外），斧刃石（石块尖头向下）和过桥石（仅以两端搭砌的石块），砌法如图8-5所示。

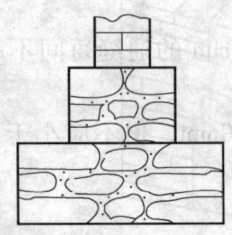

图8-4　毛石基础

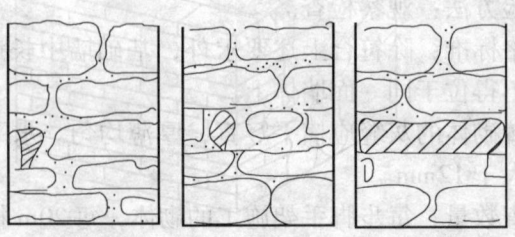

图8-5　铲刀石、斧刃石、过桥石

第八章 砖石基础

毛石砌体的灰缝厚度宜为 20～30mm，石块间不得有相互接触现象。石块间较大的空隙应先填塞砂浆后用碎石块嵌实，不得采用先摆碎石块后塞砂浆或干填碎石块的做法。

砌筑毛石基础的第一皮应坐浆砌筑，并将大面向下。

毛石砌体的第一皮及转角处、交接处和洞口处，应用较大的平毛石砌筑。基础砌体的最上一皮，宜选较大的毛石砌筑。

毛石砌体必须设置拉结石。拉结石应均匀分布，相互错开。毛石基础同皮内每隔2m左右设置一块；毛石墙一般每 $0.7m^2$ 墙面至少应设置一块，且同皮内的中距不应大于2m。

拉结石的长度：如基础的宽度或墙厚等于或小于400mm，则拉结石的长度应与基础宽度或墙厚相等；如基础宽度或墙厚大于400mm，可用两块拉结石内外搭接，搭接长度不应小于150mm，且其中一块长不应小于基础宽度或墙厚的2/3。

砌筑毛石挡土墙，每砌3～4皮为一个分层高度，每个分层高度应找平一次；外露面的灰缝厚度不得大于400mm，两个分层高度间分层处的错缝不得小于80mm，砌法如图8-6所示。

在毛石和普通砖的组合墙中，毛石砌体与砖砌体应同时砌筑，并每隔4～6皮砖用2～3皮丁砖与毛石砌体拉结组合。两种砌材间的空隙应用砂浆填满，砌法如图8-7所示。

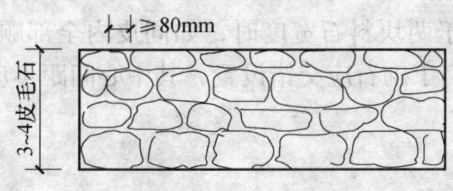

图8-6 毛石挡土墙立面

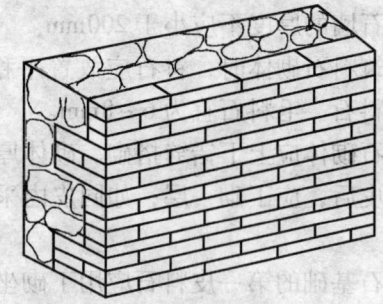

图8-7 毛石和普通砖组合墙

毛石墙和砖墙相接的转角处及交接处应同时砌筑。

转角处应自纵墙（或横墙）每隔4～6皮砖高度引出不小于120mm与横墙（或纵墙）相接，做法如图8-8所示。

交接处应自纵墙每隔4～6皮砖高度引出不小于120mm与横墙相接，做法如图8-9所示。

毛石砌体每天的砌筑高度，不应超过1.2m。

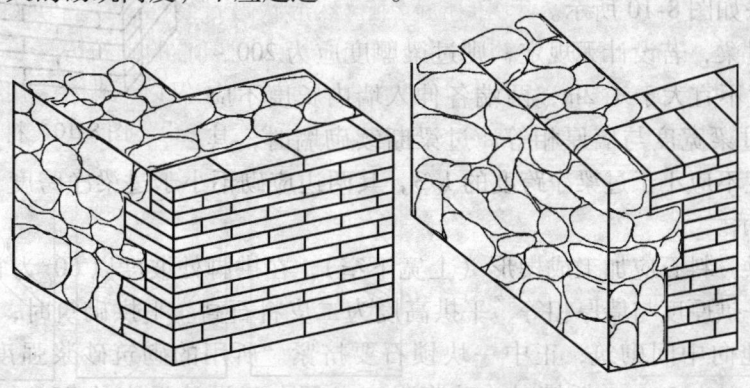

图8-8 毛石墙和砖墙转角处

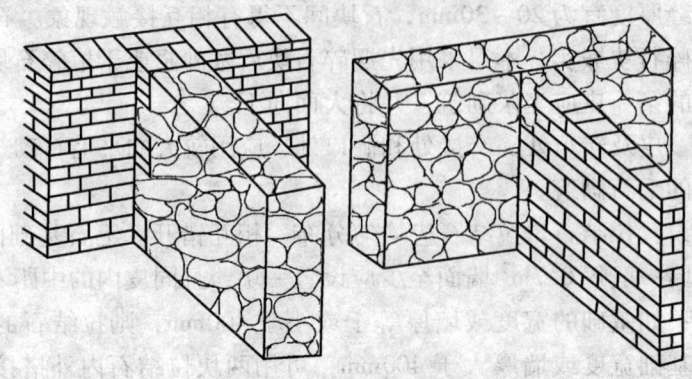

图 8-9 毛石墙和砖墙的交接处

料石砌体有料石基础、墙和柱。

料石砌体是由毛料石、粗料石或细料石砌成的砌体，毛料石、粗料石可砌成基础和墙，细料石可砌成墙和柱。

料石基础可做阶梯形，上阶料石应至少压砌下阶料石的1/3。

料石墙的厚度不应小于200mm。

砌筑料石砌体时，料石应放置平稳，砂浆铺设厚度应略高于规定灰缝厚度，其高出厚度，细料石、毛料石宜为 6～8mm。

料石砌体应上下错缝搭砌。砌体厚度等于或大于两块料石宽度时，如同皮内全部顺砌，每砌两皮后，应丁砌一层；如同皮内采用丁顺组砌，丁砌石应交错设置，其中心间距不应大于 2m。

料石基础的第一皮料石应用丁砌坐浆砌筑。

料石挡土墙，当中间部分用毛石砌时，丁砌料石伸入毛石部分的长度不小于200mm。

料石砌体灰缝厚度：毛料石和粗料石砌体不宜大于20mm；细料石砌体不宜大于5mm。

在料石和毛石或砖的组合墙中，料石砌体和毛石砌体或砖砌体应同时砌筑，并每隔 2～3 皮料石层用丁砌层与毛石层砌体或砖砌体拉结砌合。丁砌料石的长度宜与组合墙厚度相同。做法如图 8-10 所示。

用料石做过梁，若设计无规定，则过梁厚度应为 200～450mm，净跨度不宜大于 1.2m，两端各伸入墙内长度不应小于250mm，过梁宽度与墙厚相等。过梁断续砌墙时，其正中料石的长度不应小于过梁净跨度的1/3，其两边应砌不小于过梁净跨度2/3 的料石，砌法如图 8-11 所示。

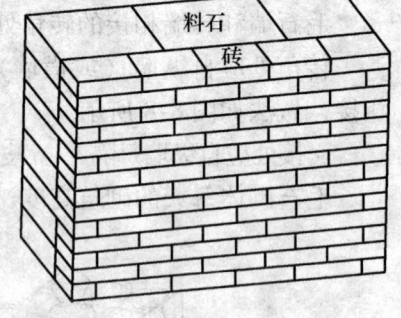

图 8-10 料石和砖组合墙

用料石平拱，料石应加工成楔形（上宽下窄），在拱脚处坡度以60°为宜。平拱石料块数应为单数，平拱厚度与墙厚相等，平拱高度为二皮料石高。平拱砌筑时，应先支设模板，并从两边对称地向中间砌筑，正中一块锁石要挤紧。所用的砌筑砂浆强度等级不应低于 M10，灰缝厚度宜为 5mm。拆模时，砂浆强度必须大于设计强度的70%，做法如图 8-12

所示。

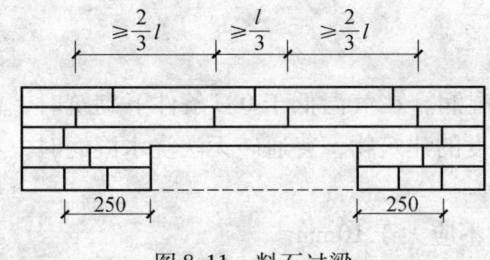

图 8-11 料石过梁

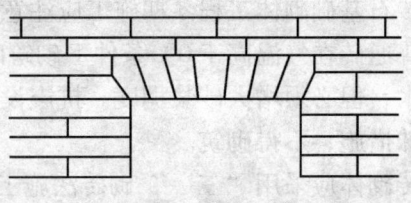

图 8-12 料石平拱

272. 毛石基础工程质量如何控制？

石砌体工程质量分为合格和不合格。

质量合格标准：主控项目应全部符合规定；一般项目应有 80% 及以上的检查点符合规定，其余检查点的偏差不得超过允许偏差的 1.5 倍。

石砌体工程质量：

（1）石材及砂浆强度等级必须符合设计要求。

石材检查数量：同一产地的石材至少应抽检一组。

砂浆试块检查数量：每一检验批且不超过 $250m^3$ 砌体的各种类型及强度等级的砌筑砂浆，每台搅拌机应至少抽检一次。

检验方法：料石检查产品质量证明书，石材、砂浆检查试块试验报告。

（2）砂浆饱满度不应小于 80%。

检查数量：每步架抽查不应少于 1 处。

检验方法：观察检查。

（3）石砌体的轴线位置及垂直度允许偏差应符合表 8-12 的规定。

检查数量：外墙按楼层（或 4m 高以内）每 20m 检查 1 处，每处 3 延长米，但不应少于 3 处；内墙按有代表性的自然间抽查 10%，但不应少于 3 间，每间不应少于 2 处，柱不应少于 5 根。

表 8-12 石砌体的轴线位置及垂直度允许偏差

项次	项目		允许偏差/mm						检验方法
			毛石砌体		料石砌体				
					毛料石		粗料石	细料石	
			基础	墙	基础	墙	基础	墙	墙柱	
1	轴线位置		20	15	20	15	15	10	10	用经纬仪和尺检查，或用其他测量仪器检查
2	墙面垂直度	每层		20		20		10	7	用经纬仪、吊线和尺检查或用其他测量仪器检查
		全高		30		30		25	20	

273. 砖石基础砌体工程冬期施工应注意哪些？

砖石基础砌体工程冬期施工应注意以下方面：

普通砖在气温高于0℃条件下砌筑时，应浇水湿润。在气温低于0℃条件下砌筑时，可不浇水，但必须增大砂浆稠度。抗震设防裂度为9度的建筑物，普通砖无法浇水湿润时，如无特殊措施，不得砌筑。

砖砌体应采用"三一"砌砖法施工，灰缝厚度不应大于10mm。

每日砌筑后，应及时在砌体表面进行保温性覆盖，砌体表面不应留有砂浆。在继续砌筑前应扫净砌体表面杂物。

砂浆试块的留置，除应按常温规定要求外，尚应增加保留不少于1组与砌体同条件养护的试块，检验其28d强度。

基土无冻胀性时，基础可在冻结的地基上砌筑；基土有冻胀时，应在未冻的地基上砌筑。在施工期间和回填前，均应防止地基遭受冻结。

冬期施工方法：砌体工程冬期施工方法可选用外加剂法、冻结法、暖棚法，应优先选用外加剂法。对绝缘、装饰等有特殊要求的工程，可采用其他方法。

1. 外加剂法

外加剂法是在砌筑砂浆中掺加氯盐或亚硝酸钠等盐类外加剂。

氯盐应以氯化钠为主。当气温低于 -15℃时，也可以将氯化钠与氯化钙复合使用。氯盐掺量应按表8-13选用。

表8-13 氯盐掺量（与水重量之比）

氯盐及砌体材料种类		日最低气温时掺量（%）			
		≥ -10	-11 ~ -15℃	-16 ~ -20℃	-21 ~ -25℃
氯化钠（单盐）	砖、砌块石	3	5	7	—
		4	7	10	—
复盐	氯化钠 氯化钙 砖、砌块	—	—	5	7
		—	—	2	3

注：掺盐量以无水盐计。

外加剂溶液应设专人配置，应先配置成规定浓度溶液置于专用容器中，然后按规定加入搅拌机中拌制成所需砂浆。

采用外加剂法施工时，砂浆温度不应低于5℃，并宜将砂浆强度等级按常温施工的强度等级提高一级。

砌体每日砌筑高度不宜超过1.2m。墙体留置的洞口，距交接墙处不应小于500mm。

掺用氯盐砂浆砌体不得在下列情况下使用：

（1）对装饰工程有特殊要求的建筑物；
（2）使用湿度大于80%的建筑物；
（3）配筋、钢埋件无可靠的防腐处理措施的砌体；
（4）接近高压电线的建筑物（如变电所、发电站等）；

(5) 经常处于地下水位变化范围内,以及地下未设防水层的结构。

2. 冻结法

冻结法是用热砂浆砌筑。砌筑完后任其冻结,砂浆冻结期间其强度不增长,靠砂浆与砖、砌块间粘结,保持砌体稳定。待气温升高后,砂浆解冻其强度增长,砌体强度也随之增长。采用冻结法施工的砌体,在解冻期内应制定观测加固措施,并应保证其强度、稳定性和均匀沉降符合要求。

采用冻结法施工时,当室外气温分别为 0℃ ~ -10℃、-11℃ ~ -25℃、-25℃以下时,砂浆使用最低温度分别为 10℃、15℃、20℃。

当日最低气温高于 -25℃时,砌筑承重墙的砂浆强度等级应较常温施工提高 1 级;当日最低气温等于或低于 -25℃时,应提高 2 级。砂浆强度等级不得小于 M2.5,重要结构的砂浆强度等级不得小于 M5。

用冻结法施工,宜采取下列构造措施:

(1) 在基础水平面位置的转角、交接和交叉处应配置拉结筋,并按墙厚计算,每 120mm 配置 1 ϕ 6 钢筋,其伸入相邻墙内的长度不得小于 1m。拉结筋末端应设置弯钩。

(2) 基础砌体砌筑完后,应及时安装(或捣制)梁、板,并应采取适当的锚固措施。

(3) 采用冻结法施工的基础墙体,与已经沉降的基础墙体交接处,应留沉降缝。

为保证砌体在冻结期间稳定性和均匀沉降,施工时应遵守下列规定:

(1) 施工应按水平分段进行,工作段宜设在变形缝处。每日砌筑高度及临时间断处的高度差,均不得大于 1.2m。

(2) 对未安装楼板或屋面板的墙体,特别是山墙,应及时采取临时加固措施,以保证墙体的稳定性。

(3) 跨度大于 0.7m 的过梁,应采用预制构件。跨度较大的梁、悬挑结构,在砌体解冻前应在下面设临时支撑,当砌体强度达到设计强度的 80% 时,方可拆除临时支撑。

(4) 在门窗框上部应留出缝隙,其宽度在砌体中不应少于 5mm,在料石砌体中不应小于 3mm。

(5) 留置在砌体中的洞口和沟槽等,宜在解冻前填砌完毕。

(6) 砌体在解冻前,应清除建筑物中剩余的建筑材料等临时荷载。

下列砌体不得采用冻结法施工:

(1) 混凝土小型空心砌块砌体;

(2) 毛石砌体;

(3) 砖薄壳、双曲砖拱及受侧压力的砌体;

(4) 在解冻期间可能受到振动或其他动力荷载的砌体;

(5) 在解冻时,砌体不允许结构产生沉降。

3. 暖棚法

暖棚法是在砌体砌筑地点搭设暖棚,砌体在暖棚内砌筑。暖棚法适用于地下工程、基础工程以及工程量比较小而又急于施工的砌体结构。

采用暖棚法施工时,砌块、砖和砂浆在砌筑时的温度不应低于 5℃。

砌体在暖棚内的养护时间,根据暖棚内的温度,应按表 8-14 的规定。

表 8-14　暖棚法砌体养护时间

暖棚内温度/℃	5	10	15	20
养护时间/d	≥6	≥5	≥4	≥3

上表中数值为最少养护期限，并限于不掺盐的砂浆，如果施工要求强度有较快增长，可以延长养护时间或提高暖棚内的养护温度，以满足施工进度的要求。

274. 基础砌体工程冬期施工质量如何控制？

基础砌体工程施工质量应从以下几个方面进行控制：

（1）水泥进场使用前，应分批对其强度、安定性进行复验。检验批应以同一生产厂家、同一编号为一批。

当在使用中对水泥质量有怀疑或水泥出厂超过三个月（快硬水泥、硅酸盐快硬水泥超过一个月）时，应复验，并按其结果使用。

不同品种的水泥，不得混合使用。

（2）凡在砂浆中掺入塑化剂、早强剂、缓凝剂、防冻剂等，应经检验和试验符合要求后方可使用。有机塑化剂应有砌体强度的型式检验报告。

（3）砖和砂浆的强度等级必须符合设计要求。

抽检数量：每一生产厂家的砖到现场后，按烧结砖15万块为一检验批，抽检数量为一组。砂浆试块的抽检数量执行《砌体结构工程施工质量验收规范》GB 50203—2011 中的相关规定。

检验方法：检查砖和砂浆试块的试验报告。

（4）砖砌体的转角处和交接处应同时砌筑，严禁无可靠措施的内外墙分砌施工。对不能同时砌筑而又必须留置的临时间断处应砌成斜槎，斜槎的水平投影长度不应小于高度的2/3。

抽检数量：每检验批抽20%的接槎，且不应少于5处。

检验方法：观察检查。

（5）砂浆的强度等级必须符合设计要求。

抽检数量：砂浆试块的抽检数量执行《砌体结构工程施工质量验收规范》（GB 50203—2011）有关规定。

检查方法：查砖和砂浆试块试验报告。

（6）挡土墙的泄水孔应均匀设置，在每1米高度上间隔2m左右设置一个泄水孔。

（7）泄水孔与土体间铺设长宽各为300mm，厚200mm的卵石或碎石作疏水层。

（8）石材及砂浆强度等级必须符合设计要求。

抽检数量：同一产地的石材至少应抽检一组。砂浆试块的抽检数量执行《砌体结构工程施工质量验收规范》的有关规定。

检验方法：料石检查产品质量证明书，石材、砂浆检查试块试验报告。

（9）钢筋的品种、规格和数量应符合设计要求。检验方法：检查钢筋的合格证书、钢筋性能试验报告、隐蔽工程验收记录。

第八章 砖石基础

（10）冬期施工所用材料应符合下列规定：

1）石灰膏、电石膏等应防止受冻，如遭冻结，应经融化后使用；

2）拌制砂浆用材，不得含有冰块和大于10mm的冻块；

3）砌体用砖或其他块材不得遭水浸冻。

第4.0.12条非强制性条文：

砌体砂浆试块强度验收时其强度合格标准必须符合以下规定：

同一验收批砂浆试块抗压强度平均值必须大于或等于设计强度等级所对应的立方体抗压强度；同一验收批砂浆试块抗压强度的最小一组平均值必须大于或等于设计强度等级所对应的立方体抗压强度的0.75倍。

注：①砌筑砂浆的验收批，同一类型、强度等级的砂浆试块应不少于3组。当同一验收批只有一组试块时，该组试块抗压强度的平均值必须大于或等于设计强度等级所对应的立方体抗压强度。

②砂浆试块强度应以标准养护，龄期为28d的试块抗压强度试验结果为准。

抽检数量：每一检验批且不超过250m³砌体的各种类型及强度等级的砌筑砂浆，每台搅拌机至少应抽检一次。

检验方法：在砂浆搅拌机出料口随机取样制作砂浆试块（同盘砂浆只应制作一组试块），最后检查试块强度试验报告。

参 考 文 献

[1] 建设部标准定额司.建筑工程施工质量统一标准（GB 50300—2001）[S].北京：中国建筑工业出版社，2001.

[2] 建设部标准定额司.建筑地基基础施工质量验收规范（GB 50202—2001）[S].北京：中国建筑工业出版社，2002.

[3] 住房和城乡建设部.砌体结构工程施工质量验收规范（GB 50203—2011）[S].北京：中国建筑工业出版社.2011.

[4] 建设部标准定额司.混凝土结构工程施工质量验收规范（GB 50204—2002）[S].北京：中国建筑工业出版社，2002.

[5] 中华人民共和国建设部、中华人民共和国质量监督检验检疫总局联合发布.钢结构工程施工质量验收规范（GB 50205—2001）[S].北京：中国计划出版社.2001.

[6] 住房和城乡建设部.地下防水工程质量验收规范（GB 50208—2011）[S].北京：中国建筑工业出版社，2002.

[7] 中国工程建设标准化协会标准.钢管混凝土结构设计与施工规程.CECS 28：90.

[8] 中华人民共和国住房和城乡建设部.砌筑砂浆配合比设计规程（JGJ/T 98—2010）[S].北京：中国建筑工业出版社，2010.

[9] 中华人民共和国国家质量监督检验检疫总局.建设用砂（GB/T 14684—2011）[S].北京：中国标准出版社，2011.

[10] 中华人民共和国国家质量监督检验检疫总局.建设用卵石、碎石（GB/T 14685—2011）[S].北京：中国标准出版社，2011.

[11] 中华人民共和国住房和城乡建设部.钢筋机械连接技术规程（附条文说明）（JGJ 107—2010）[S].北京：中国建筑工业出版社，2010.

[12] 中华人民共和国住房和城乡建设部.混凝土结构设计规范（GB 50010—2010）[S].北京：中国建筑工业出版社，2010.

[13] 中华人民共和国建设部.普通混凝土用砂、石质量及检验方法标准（JGJ 52—2006）[S].北京：中国建筑工业出版社，2006.